黑洞宇宙學概論 II

升級版

張洞生 著

真實而奇妙的黑洞和宇宙

$$M_b T_b = (C^3/4G) \times (h/2\pi\kappa)$$
$$E_{ss} = m_{ss}C^2 = \kappa T_b = \nu h/2\pi$$
$$M_b/R_b = C^2/2G$$
$$m_{ss}M_b = hC/8\pi G$$
$$M_{bm} = (hC/8\pi G)^{1/2} = m_p$$
$$\tau_b \approx 10^{-27} M_b^3$$

六個基本公式決定了黑洞和宇宙的生長衰亡規律和命運

 蘭臺出版社

《黑洞宇宙學》原理簡介

愛因斯坦：「對真理的追求比對真理的佔有更為可貴。」

居里夫人：「人類看不見的世界，並不是空想的幻影，而是被科學的光輝照射的實際存在，尊貴的是科學的力量。」

〈黑洞宇宙學〉是二門新學科的簡稱，即「新黑洞理論」和「黑洞宇宙學」的合併稱呼，是作者首次在本書中提出來的，是用作者新完善的「新黑洞理論及其六個基本公式」來解釋解決許多前人未解決的「黑洞和宇宙」中的重大問題。它是二門邊緣學科，前沿學科；它是一部深入淺出、創新、有真實資料的科學著作和科普讀物，它開闊視野、啟人心智、發人深思、令人神往。它蘊藏著宇宙中無窮的奧祕，展示了自然界中微觀和宏觀、複雜和簡單、混亂和和諧、變化和守恆、無序和有序、物質和能量、過去和未來、前沿和本源等等方面的對立統一，看似錯綜複雜、雜亂無章、變幻莫測的黑洞和宇宙現象，其實和諧有序，它吸引著學者們用智慧，愉快好奇地，去欣賞思考探索和揭露它們之間正確的本質關係和規律，建立正確的新公式，將「未知」變成「已知」。

本書是理工科高中大學生和老師們優良易懂的參考書和教科書，也是「黑洞和宇宙學」愛好者們良好的課外讀物。本書力求深入淺出，結合常識和真理，理論觀念和公式的數值計算，使讀者們讀後可用創新的觀念、理論和方法，簡單明瞭地認識真實的「黑洞」和「宇宙」的過去和未來、宏觀和微觀。

　　這本《黑洞宇宙學概論 II 》是宇宙一部全新的、有精確資料的〈時間簡史〉，還建立了一個全新的、正確的、有許多個性能參數互相自洽的「宇宙黑洞模型」。

　　在本書第一篇中，作者以著名的霍金黑洞的溫度公式為主導，結合 $E = MC^2$ 和史瓦西對廣義相對論方程的特殊解，霍金的黑洞壽命公式，和作者新推導出的二個公式，用這六個正確有效而簡單普遍的基本公式，組成了「新黑洞理論」和「新黑宇宙學論」的新的完整的科學理論體系，讀者們無需自己去推導這六個公式，而只用它們把「黑洞和宇宙學」中的重大問題當做習題來演算和演繹，即可有效地取代解複雜難解甚至無解的「廣義相對論方程 GRE」，正確地解決認識「黑洞和宇宙學」中許多基本的重大問題。正如人們可用牛頓運動三定律和萬有引力定律能解決複雜的物體的運動問題一樣，也正如歐幾里德用五條普遍公理和五條幾何公理，推演出一套正確完整的幾何學，有異曲同工之妙。作者在書中所有的數值計算，就是在向讀者們示範，如何運用「新黑洞理論和許多基本公式」，認識和解決「黑洞和宇宙學」中的問題。本書第一篇建立了完善的「新黑洞理論」，還發展了「黑洞熱力學」，推導出黑洞的信息量 I_m 和熵 S_b 的許多公式。第二篇用「新黑洞理論」及其公式，證明了我們宇宙是一個真正的「史瓦西宇宙黑洞 M_{bu}」，它誕生於無數「最小黑洞—$M_{bm} = m_p$ 普朗克粒子」，它們不停地合併膨脹的黑洞公式（1c），完全符合哈勃定律，和近代天文觀測資料。我們宇宙的「生長衰亡規律」完全符合黑洞所有的基本公式，並且建立了正確互洽的「宇宙黑洞模型」。第三篇的主要成果是：用黑洞新理論求出物理學中最神秘未知的精密結構常數 $1/\alpha = Fn/Fe = hC/(2\pi e^2)$；對最近 LIGO 測量引力波一些不合乎實際的觀點提出了異議；對我們宇宙演變過程中的「明物質」、「暗物質」、「暗能量」等，作者重新作

了新的解釋和計算。最後，作者用黑洞理論公式對 GRE
學者們對「宇宙加速膨脹」的說法提出了異議。作者認
為沒有理由、證據和跡象，證實宇宙發生過「加速膨
脹」。

　　本書充滿獨創性、知識性、啟發性、真實性、科學
性和哲理性。

　　作者「新黑洞理論」之所以能夠較正確有效地解決
「黑洞和宇宙學」中的許多重大問題，是因其基本公
式，來源於牛頓力學、相對論、熱力學和量子力學，四
大經典物理學的基本理論和公式，黑洞和宇宙就是這些
理論綜合作用的結果。而「廣義相對論方程 GRE」的
根本缺陷是只有物質的引力作用，沒有「熱力學和量子
力學」的作用，是它無法解決「黑洞和宇宙學」問題的
根源。

　　有興趣的讀者可將本書與霍金的名著《時間簡史》
對照著看，大家就很易從觀念理論和計算中比較出二者
的對錯優劣實處。本書所有章節都是新觀念、新論證、
新方法、新結論的和諧結合。本書最大的特色，是使人
們可用一整套公式計算驗證宇宙「從生到死」每時每刻
變化的規律，和其性能參數值。而霍金著名的〈時間簡
史〉只是用文字和圖形解釋宇宙的變化概念，幻想誤解
錯誤不少，許多觀念是故弄玄虛。作者深信，在書中推
舉和新推導出來的諸多基本公式，如黑洞的六個基本公
式，霍金輻射 m_{ss} 攜帶的基本信息量 I_0 和熵 S_{bm} 等等，
能夠經得起未來時間和實踐的檢驗。書中的「簡介序言
和編後記」以及文中大量的論述表達了作者的宇宙觀
（黑洞宇宙觀）科學觀哲學觀價值觀和方法論，如讀者
們能對書中的各種錯誤提出批判，作者無限感激。

　　　　　　　　　　　　　作者　　2018 年 11 月

《黑洞宇宙學概論 II》前言

恩格斯：「一個民族如要站在科學的最高峰，一刻也不能沒有理論思維。」

巴斯德：「一個科學家應該考慮到後世的評論，不必考慮當時的辱罵或稱讚。」

愛因斯坦：「我深信，宇宙的規律是既美麗又簡潔的。」

龐加萊：「科學家並不是因為大自然有用才去研究它。他們研究大自然是因為他們從中得到了樂趣，而這種樂趣來源於大自然的美。大自然的美是深邃、本質的美，它來自各部分和諧的秩序，並且能為一種純粹的智慧所掌握。」他認為，「大自然的簡單和深遠都是美。」作者以「另類思維」在本書中僥倖而創新地提出了二門新的前沿科學學科，名為「新黑洞理論」和「黑洞宇宙學」，它將一些過去抽象的、猜測的、不切實際的、互不相容的黑洞和宇宙學中的許多概念、猜想和幻想，變成為二門能自洽的可用公式作數值計算的科學理論體系，它有一整套正確適用的基本數學公式，計算結果符合近代觀測資料。這是二門很有深意、值得人們永遠思考探索、和為之添磚加瓦或改樑換柱的學科，因為「宇宙」的本意就是表示時間上空間上是無限的、人類智慧不可窮盡的大自然。

本書不僅是一般定性地描述黑洞和宇宙特性和變化概念的科普讀物，而是作者在霍金黑洞熱力學理論的基礎上，發展推導而成的二門新的、有一組正確基本公式的前沿和邊緣學科。作者主要是根據霍金的黑洞理論和其它經典理論的正確有效四個經典理論公式：

$$（1a）-M_bT_b=（C^3/4G）\times（h/2\pi\kappa）\approx10^{27}gk$$

（1b）—$E = m_{ss}C^2 = \kappa T_b = Ch/2\pi$ $_{ss} = \nu_{ss}h/2\pi$

（1c）—$GM_b/R_b = C^2/2$

（1f）—$\tau_b \gg 10^{-27} M_b^3$

再加上作者在上面幾個公式的基礎上，新推導發展出 2 個黑洞理論的普遍有效的新公式如下：

（1d）—$m_{ss}M_b = hC/8\pi G = 1.187 \times 10^{-10} g^2$

（1e）—$m_{ssb} = M_{bm} = (hC/8\pi G)^{1/2} = m_p = 1.09 \times 10^{-5} g$

上面這六個公式就是構成「新黑洞理論」的最簡單的、不可再分解的最基本的公式，它們就是支撐起「新黑洞理論」的六塊基石和六根支柱。不是嗎？龐加萊、愛因斯坦、楊振寧等大師都讚美物理學中的「美與簡潔」。正如 $F = ma$，$E = mC^2$，$\Delta E \times \Delta t \approx h/2\pi$ 等一樣，是不能再分解為更加簡單的子公式的。而愛因斯坦的「廣義相對論方程 GRE」卻只有形式上的「簡單和美」，它實質上是可以分解為許多個複雜難解的二階微分方程組。它並不是最簡單最基本的公式，因此在積分和解方程式過程中，必須加入許多互恰的、符合實際和熱力學等等的初始（前提）條件，才能得出一個正確的特殊解，這是多麼困難的事！而用黑洞這六個最基本公式完滿互洽的組合，完善的形成了作者的「新黑洞理論」的科學理論體系。它的六個基本公式能夠成功有效地取代「廣義相對論方程 GRE」，解決「黑洞和宇宙」本身的生長衰亡的規律和命運，和其許多重要性能等重大問題。在六個公式中，黑洞在其視界半徑 R_b 上的狀態參數（M_b，R_b，T_b，m_{ss}，τ_b）只決定於黑洞的總質—能量 M_b，而 M_b 的量是與黑洞內部的成分、運動狀態和結構無關的。因此，就無需用廣義相對論方程，解決黑洞內部結構、狀態參數的分佈、粒子的運動等複雜而無法解決的問題。這六個公式是來源於廣泛正確有效地、應用於物理世界的牛頓力學、相對論、熱力學和量子力學的最基本公式，不僅能很好取代只有物質單純引力作用的

GRE，而且還能解決黑洞和宇宙學中的許多重大的新老問題，並能證明黑洞最後只能收縮成為最小黑洞 M_{bm} ＝普朗克粒子 m_p，而不可能塌縮為「奇點」。

　　在上述六個公式中，前四個公式（1a）（1b）（1c）（1f）的來源和推導都較複雜高深，但它們是被廣泛運用於現代物理世界、是符合實際的正確理論和公式，我們可以不管來源，不需要重新推演，只運用公式本身就可以創造奇跡。比如數論學者們至今尚未證明 $1+1=2$，但是人們幾萬年來都可熟練運用 $1+1$。再比如，牛頓運動第二定律 $F=ma$，海森伯測不準原理，$\Delta E \times \Delta t \geqq h/2\pi$ 等，差不多每個高中生都會用，誰能會追究其來源？作者沒有加添新的假設和附件條件，只作進一步推導，而得出後面的二個新公式（1d）和（1e），從而建立了完善的「新黑洞理論」。所以本書又是淺顯易懂的而符合實際的、簡單和美的科學理論。本文中所有的觀念、論證、公式推導和結論都是嶄新的，完全不同於有複雜的高深數學公式的廣義相對論方程的推導和結論。

　　「黑洞宇宙學」是一門什麼學問？它是用作者新完善的「新黑洞理論」的六個基本公式為基礎，證明我們宇宙「從生到死」就是真實的「史瓦西宇宙黑洞」，其「生長衰亡的規律」完全符合任何黑洞的生長衰亡演變的規律。本書對（宇宙）黑洞不只是定性的概念闡述，它是一門能用一組正確公式、計算出來黑洞的真實可靠的每時每刻的物理參數值的科學。不管人們是否認同作者在本書中的觀念、論證、理論、數學公式和結論，但是作者首先提出了「新黑洞理論」和「黑洞宇宙學」這二門理論作為新學問，為它提出了六個互相融洽的基本公式，至少可為後來有興趣的學者們起到「拋磚引玉」的帶頭作用。

　　本書適合於高中大學理科生和各科老師們作為課

外讀物和教科書，以增廣興趣，擴張視野，創新思維，鼓勵人們不必跟在前輩科學巨人的屁股後面追趕而望塵興嘆，而要善於利用前輩們的偉大成就，站在他們的肩膀上找尋新的起飛點，走出新路。

本書是想像力與理性思維結合的產物。閱讀本書雖不需要有高深複雜的數學，因為本書只運用大師們推導出來的幾個現成的最簡單的經典基本公式，而無需知道其來源和複雜高深的推導過程。但需要讀者們熟知大量近代和古典物理學各科的許多基本觀念和理論。讀者們如果在瞭解了本書中的觀念和公式的數值計算後，再去研究牛頓力學、相對論、量子力學、熱力學等各學科，會有新觀念和新視野。

雖然，「廣義相對論方程 GRE」作為時空統一觀有重大的理論和哲學意義。但是它在實際的運用上，只有物質粒子的單純的引力作用，沒有熱力學和量子力學的作用，導致它無法有解決「黑洞和宇宙學」中實際問題的功能，因為黑洞和宇宙黑洞本身就是一具將物質轉變為霍金輻射能量 m_{ss} 的轉換機。

本書中的「新黑洞理論」和「黑洞宇宙學」是二門新學科，前者根據許多新公式確定了「黑洞」的「生長衰亡的規律」和它的基本性質；而且計算出來了我們宇宙的一部新的、正確的《時間簡史》，它每時每刻的十來個性能參數值都可以用黑洞公式計算出來。作者還建立了一個正確完善融洽的「宇宙黑洞模型」，可以正確地取代過時的、錯誤百出的「大爆炸標準宇宙模型」。作者對宇宙的過去和未來、宏觀和微觀作了詳盡的論述論證和計算。但願本書能夠引起讀者們的興趣、思考和疑問。

本書的「新黑洞理論」和「黑洞宇宙學」取得了哪些新的成功？解決了「黑洞和宇宙學」中的哪些重要問題？

1.由於作者推導出來了上面的霍金輻射 m_{ss} 的 2 個新公式（1d）和（1e），這是霍金大師一生「夢寐以求」而未得出的公式，從而建立了完善正確的「新黑洞理論」。證明了所有黑洞最後必定因發射霍金輻射 m_{ss} 會收縮成為「最小黑洞 M_{bm}＝普朗克粒子 m_p」，而消失在普朗克領域，而不可能塌縮成為密度無限大的、在宇宙中了無蹤跡的「奇點」，並且將現在的黑洞宇宙與普朗克領域無縫地連接起來了。

2.黑洞存在的本身就是四大經典物理理論——牛頓力學、（狹義廣義）相對論、熱力學、量子力學綜合效應作用的結果，本書的「新黑洞理論」就是根據這四大物理理論的基本公式建立起來的。因此，這四大理論是根基，其基本公式構成了「新黑洞理論」的基礎，作者的演繹開出了燦爛的花朵。而只有單純引力作用、沒有熱力學和量子力學作用的「廣義相對論方程 GRE」，只能得出許多背離實際的錯誤結論，如「奇點」。

3.發展了黑洞熱力學，將霍金輻射 m_{ss} 與基本信息量 I_o 和熵 S_{bm} 聯繫起來了。證明了每個 m_{ss} 就是一個最小信息量 I_o 和一個最小熵 S_{bm} 的攜帶者。

4.證實了我們宇宙就是一個真正的巨無霸「史瓦西宇宙黑洞 Cosmos BH」，它誕生於普朗克領域（Planck Era）無數的最小黑洞 $M_{bm}＝m_p$。無數的 M_{bm} 的不斷合併所造成的膨脹，就形成了我們「宇宙黑洞」直到現在的、合乎哈勃定律的以光速 C 的膨脹。

5.用許多正確的基本公式，計算出來了我們宇宙（黑洞）演變過程中的、有十多個正確的性能參數值，構成了一部正確的《時間簡史》，和一個正確完善的「宇宙黑洞模型」。

6.獨創性的解決了黑洞理論和宇宙學中的一些重大問題。比如論證了物理學中最神秘的「精密結構常數 $1/\alpha＝hC/（2\pi e^2）＝137.036$」；對最近 LIGO 觀測到雙黑

洞碰撞時，產生引力波的一些錯誤解釋提出了質疑和反對。對宇宙演變過程中有關「明物質」、「暗物質」和「暗能量」的問題，作者提出了自己的新觀點。論證了在宇宙演變過程中，沒有發生宇宙「加速膨脹」的來由證據和跡象。這些文中正確地解釋論證和計算，反過來又驗證了作者新黑洞理論及其公式的正確性。

作者相信，作者推導出來的那些新公式之所以正確有效，是因為按照新公式計算出來的資料符合實際（見第二篇 2-2 表二），這些公式的互相配合實際上形成了一個完整的理論體系，可完好地取代背離了實際的、好看而複雜難解的廣義相對論方程 GRE，解決了黑洞和宇宙學中許多重要的理論和實際的基本問題。

順便說一下，作者認為，世界上沒有什麼理論是絕對真理，要想在科學上作創新的研究，首先要有懷疑批判的精神，不要搞偶像崇拜。具體說，就是要善於對現有的理論「找漏洞」和「鑽空子」，即在其理論和公式作用變化的範圍和區間裡，檢查是否存在背離物理世界實際、常識、公理等謬誤的點和區間，如果有背離實際之處，必有錯誤，定要深究。亞里士多德：「沒有一個人能全面把握真理。」

在科學研究上「鑽死胡同」是好是壞很難說，取決於個人的學識、性格、靈感和運氣等。自從霍金和彭羅斯 60 多年前由解「廣義相對論方程」得出黑洞和宇宙存在「奇點」的結果以來，廣義相對論方程實際上成果渺渺，卻謬誤多多。作者才疏學淺，自知無力追隨相對論，只好採取對黑洞追本溯源的研究方法，寫成粗淺的此書。如有新意，或許是「天道酬勤」吧。

杜甫：「細推物理需行樂，何用浮名絆此身。」

　　作者深信，龐大複雜宇宙的和諧來源於其簡單，所以科學的本質應該是簡單樸實和諧的。極其龐大而複雜的宇宙，歸根究底只有「物質和能量」二種東西或曰元素，它們在不同溫度和其它條件下的互相依存對抗和轉換，形成了物質的複雜結構、變化規律，演化成了千變萬化、千萬物種、智慧生命的大千世界。在這個五彩繽紛的花花世界裡，並不是雜亂無章的，而是有序的，有規可依的，有因果律的。科學工作者的樂趣和使命就是「求真」和尋找「規律」，努力探尋宇宙中各種各樣事物性質，和事物之間的關係和變化規律。

　　科學無高級低級之分，只有正確與錯誤、優與劣、準確與誤差多少的區別。牛頓的運動三定律難道不夠簡單嗎？歐幾里德幾何學不就是建立在最簡單的五條基本公理，和五條幾何公理基礎之上嗎？一個科學理論的好壞標準不在於其構想多麼奇妙、其數學公式多麼複雜美觀，而在於它是否建立在普遍正確有效的多個公理和真實的實驗資料的基礎上。在主流學者們的眼裡，或許會對本書中提出的概念、理論、公式、結論，由於簡單、低級、另類而不屑一顧，作者也未指望很快就會得到畢生研究廣義相對論學者們的承認和支持。作者認為，只要文中的觀念、公式和結論是新的、又能有效完滿的解決黑洞和宇宙學中的一些重大的理論和實際問題，並經得起時間和實踐的檢驗，就是真實的科學。

　　本書中除了公式的推導論證和推論之外，作者在大部分章節裡面，加進了大量的解釋、引申和發揮，體現了作者對「新黑洞理論」和「黑洞宇宙學」的認識、分析和論證，也反映了作者的宇宙觀哲學觀和方法論。是對是錯，請大家批評指教。

　　一個有經驗有智慧的讀者，在閱讀一本書的正文之前，往往先看作者前面的序言和後面的編後記，以便判斷該書的價值和意義，這是一個「大致不差」的閱讀方

法。請再看看作者本書後面的編後記吧。

　　本書的成功得到過許多親朋好友的親切關懷鼓勵與熱情幫助。在此向馬宏寶博士、麥中凡教授、裴瑉教授、戰東茂工程師、郭選年院長、董麗華女士、Frank Zhang 等表示衷心地感謝。對臺灣蘭臺出版社同仁們的合力協助深表謝意。

　　作者誠懇希望各位學者、專家、讀者對文章中的錯誤和缺點進行批判和指正，也歡迎讀者和學者們來電郵與作者探討「黑洞和宇宙學」中的問題，不勝感激。至謝至謝。

作者　　2018.11

《黑洞宇宙學概論 II》升級版 序言

愛因斯坦:「追求客觀真理和知識是人的最高和永恆的目標。」

霍金:「在經典物理框架中,黑洞越變越大,但在量子物理框架中,黑洞因輻射而越變越小。」

《黑洞宇宙學概論 II》「第 2 版」是《黑洞宇宙學概論》「初版」的更新版、升級版和精簡後的擴增版,內容比「初版」更加豐富、精彩、深刻,觀念理論和證明的高度廣度和深度比初版好太多了。第 2 版的各篇文章題材廣泛,在理論證明分析和數值計算上更加深入準確和完善,定會增加人們的新鮮感和興趣,提高人們用正確的理論和公式,深刻認識黑洞和宇宙。

第一、對「初版」的回顧與審查

首先要說明的是,作者經過四年多的深入思考和對「初版」的審查,證明「初版」的「新黑洞理論」和「黑洞宇宙學」中的所有的理論公式和計算資料都是完全正確無誤的,這些全都更加精煉正確有效地保存在「第 2 版」中。但是,初版(原書)內容雖然全新但浩繁雜亂,初讀者看來,可能顯得過於分散零亂。其次,「初版」原有 27 篇文章,並非每篇皆可獨立成文。作者新的「第 2 版」中,縮減為 22 篇文章,每篇皆是獨立完整的文章。其中有新文章九篇,還增加了許多重要新內容而更新改寫的初版文章有六篇。同時對「初版」中所有保留在「第 2 版」裡的七篇舊文章作了重要的刪減、修改、補充論證和計算,更加精煉和深入,保持了全書理論的完整性,而總頁數有所增加。

第二、第 2 版和初版共同的基本特徵

1.兩版中所有的觀念理論公式論述和結論都是獨

創的全新的，前無古人的，正確有效的，符合實際的。

2.兩版都沒有高深玄奧的理論和複雜難解的數學方程，只有幾個基本物理學科中的幾個最簡單、最普適、最有效、最基本的公式組成了一個完整的、和諧匹配的「新黑洞理論」的科學理論體系，成功地解決了許多「黑洞和宇宙學」中的許多基本的和重大的問題，得出了許多正確的、前無古人的新觀點和結論。

3.兩版都注重的是，用「新黑洞理論」中的簡單基本公式，把許多「黑洞和宇宙學」中的問題當作習題（家庭作業）來作詳細的數值計算，以求正確有效的解決實際問題，絕無「故弄玄虛」之嫌。作者堅信，「魔鬼隱藏在正確有效的公式和對物理參數值的詳細數值計算中。」Pythagoras 早就認為數位具有精神上的意義，可以揭露事物背後的真相。

第 2 版比初版的一個重大改變，是將霍金著名的黑洞壽命公式 $\tau_b \approx 10^{-27} M_b{}^3$，正式納入「新黑洞理論」，作為黑洞的第六個基本公式（1f），使「新黑洞理論」變得更加完整正確，無懈可擊。這有效的證實了作者的「新黑洞理論」是一個完全開放的體系。

第三、「第 2 版」的一些重要的特點如下：

1.由於「第 2 版」增加了新的九篇精彩的重要文章（1-0＊、1-5＊、1-6＊、2-4＊、3-2＊、3-3＊、3-4＊、3-6＊、3-7＊）；改寫了六篇文章，（1-2＃、1-7＃、2-1＃、2-2＃、2-5＃、3-1＃），各篇都加入了新的重要內容。它們佔據了全書 2/3 以上的篇幅。對保留的 7 篇舊文作了大量的精減修改，增加了新內容。因此，所有第 2 版的新舊文章中的理論、公式、推演、計算和結論，都達到了新的高度、深度和廣度，使「第 2 版」大放異彩。

2.「第 2 版」特別注重每篇文章的完整性與獨立性，各篇文章都可以獨立成一篇完整的文章。當然也造成了

一些重複論述的副作用。

　　3、因為「新黑洞理論」及其六個基本公式，是本書的基礎和柱石，突出了「新黑洞理論」的重要性和多方面的成就。因此，第 2 版中的第一篇，更加全面深入地論證和分析「新黑洞理論」及其公式的正確有效性，擴大了其運用範圍。

　　第四、「第 2 版」的編排與「初版」相同，也分為三大篇。第一篇的八篇文章，推導和論證了「新黑洞理論」的基本理論和六個基本公式的廣泛運用，準確地論證了其基本觀念理論公式和結論，更加廣泛和深入地解決了黑洞自身的許多性能參數和變化規律問題。並且與「廣義相對論方程 GRE」作了詳細的對比，論證了各自的「對錯優劣」；用「新黑洞理論」發展了「黑洞熱力學」。第二篇的七篇文章，是運用「新黑洞理論」及其公式，建立新的正確的符合實際的「黑洞宇宙學」，用許多正確的公式和計算資料，準確地計算出宇宙演變過程中的、每個時刻有十多個正確的物理參數值的一整套資料，譜寫了我們宇宙正確的每時每刻的「時間簡史」，建立了正確有效的「宇宙黑洞模型」。以前大師們，沒有一個人可以用他們自己建立的一組正確有效的公式，計算出來了宇宙任何一個時刻的正確的物理參數值的。第三篇的七篇文章，仍然是用「新黑洞理論」及其公式解決「黑洞理論和宇宙學」甚至物理學中的一些重大問題，反過來驗證了「新黑洞理論及其公式」的正確性和有效性。

　　第五、「第 2 版」提出和解決了「黑洞和宇宙學」中哪些新的重大問題？對「初版」中，作者建立的「新黑洞理論」和新的「黑洞宇宙學」，此處不贅述了。下面帶有＊號的文章是第 2 版的新文章，帶有＃號的文章是第 2 版增加了許多新內容後修改的初版文章。

　　（1）1-0＊：在此新文章中，作者簡短地回顧和論

述了，「黑洞理論和宇宙學」的發展演變的歷史，回顧了前輩大師們的卓越貢獻和奮鬥，以及作者如何在他們的偉大成就和不足中，建立了「新黑洞理論」和新的「黑洞宇宙學」和發展了「黑洞熱力學」。

（2）1-2＃：對此舊文章，只採用了其部分舊資料，刪減了大部分原文。在理論上證明上和計算上都作了重大的新增補，嚴格從經典理論證明了黑洞發射「霍金輻射」的機理，從各方面論證了輻射能性能的複雜性和多面性。實質上更像是一篇新文章。

（3）1-5＊：在此新文章中，作者詳細地分析論證了史瓦西用「相對論性四維時空坐標系」，解「廣義相對論方程」，「各種度規」得出物體的運動，並不是物體本身運動的真實狀況，論證了「鐘慢尺縮」效應只是觀察者的「幻象」，而非物體運動的真實狀況，是導致後來的學者們，違反愛因斯坦和史瓦西的本意，得出了「奇異性黑洞」的錯誤結論的重要原因之一。

（4）1-6＊：在此新文章中，作者詳細地對比分析和論證了作者的「新黑洞理論」和「廣義相對論方程 GRE」，在解決「黑洞」問題時，在理論上和方法上的重大差異，導致得出許多相反的結論，證實了「新黑洞理論」在解決「黑洞和宇宙學」問題，比 GRE 更加正確有效，鮮明的對比出來了 GRE 產生謬誤的根源。

（5）1-7＃：在修改此文章中，作者對恆星級黑洞作了系統地詳細論述，系統的論證了其內部不可能出現「奇點」的原因。

（6）2-1＃：在此文中，作者雖然採用了許多舊文章內容，但是在理論上用新方法嚴格地證明了，我們宇宙一直就是一個真實的「史瓦西黑洞」，它誕生起源於無數的「最小黑洞 $M_{bm} = m_p = 10^{-5}g$」，經過 137 億年的合併，以光速 C 膨脹成為我們現在巨大的「宇宙黑洞」，其光速膨脹速度完全符合哈勃定律和實測資料。

（7）2-2＃：在此修改文章中，新增加了「＃5宇宙原始黑洞」，它是輻射時代結束時最後的「非透明黑洞＝等溫等密度黑洞」。並且論證了中微子是我們宇宙中最小的物質粒子。

（8）2-4＊：在此新文章中，作者建立了新的正確完善融洽的「宇宙黑洞模型」，可以完全取代過時的、錯誤百出的、S.溫柏格計算的「宇宙大爆炸標準模型」，他錯誤地認為「大爆炸」後的宇宙，是封閉系統的「絕熱膨脹」，這不符合哈勃定律。

（9）2-5＃：在此舊文章中，作者對宇宙「原初暴漲」產生的機理，作了新的理論上的重大的補充和計算論證，篇幅超過原文。這是作者耗費大量時間和思考的結果。實質上更像是一篇新文章。

（10）3-1＃：作者對「初版」原文作了一些重要的理論上的補充和修改，用「新黑洞理論」更加正確嚴謹和完善地證明了，「精密結構常數」是夸克的核強力/電磁力。同時證明了狄拉克大數 L_n＝電磁力/引力＝10^{39}。

（11）3-2＊：在此新文章中，作者對宇宙「原初微型黑洞」的性質作了詳細深入的探討，並且作了詳細計算，證明了這種「原初微型黑洞」，不可能殘留在現在的宇宙空間，也不可能如霍金所說，可以在太陽內部「不長大也不縮小」。

（12）3-3＊：在此新文章中，作者詳細地用「新黑洞理論」及其公式，論證和指出了 LIGO 的科學家們對於他們所報導的，關於測量到宇宙空間 2 個黑洞碰撞，發出的引力波的某些解釋，是不合實際的，錯誤的。就是說，作者的「新黑洞理論」是有能力解決「黑洞和宇宙學」中出現的新的重大事件的問題的。

（13）3-4＊：在此原文中，作者一方面作了大部分的刪減，同時寫進了許多重要的新內容，實際上是一

篇新文章，它論述了廣義相對論方程作為科學上的「早產嬰兒」，有許多重要的先天缺陷，和無法正確地解決「宇宙學」中問題的重要歷史原因。

（14）3-6＊：在此新文章中，作者根據「新黑洞理論」建立起來的「黑洞宇宙學」的原理，對宇宙演變過程中，出現的明物質、暗物質、暗能量，經過詳細地論證和計算，提出了不同於主流學者們的許多正確的新觀念。

（15）3-7＊：在此文中，作者從各方面論證和計算中，證實了我們宇宙在其一直以光速 C 平順地演變過程中，沒有任何「突變」的跡象發生，這表明沒有宇宙外的「正負能量或者物質」進入到我們宇宙，因此 GRE 學者們所謂的宇宙「加速膨脹＝空間暴漲」，在觀念上和數學公式上，都無法證實，而有造假的嫌疑。

第六、作者以經典物理的六個普遍有效的基本公式組成的「新黑洞理論」，創建了一個新的科學理論體系。

「新黑洞理論」之所以符合實際，和能夠解決「黑洞和宇宙學」中的許多理論和實際的重大問題，在於這六個基本公式，來源於四大經典物理學的最基本有效的普遍公式，無需任何附加條件，原汁原味地證明了黑洞和我們宇宙的變化規律是「和諧自洽的」，它有序的演變過程完全符合「因果律」和「物質和能量的守恆和轉換規律」，物質和能量兩者共同形成了「相反相成又相輔相成的」的完整實體。因此，它們就和大自然（物理世界）的任何其它事物一樣，都符合「生長衰亡的規律」、「熱力學第二定律（熵增加定律）」、「因果律」、「質量能量不滅和互換定律」、「各種守恆定律」等等。反觀廣義相對論方程，得出黑洞和我們宇宙都有「無窮大密度的奇點（無限）」和沒有「事件邊界（無界）」，即無熱抗力（不符合熱力學第二定律，即熵增加定律），也無法遵守和運用相對論中的「質量能量不滅和互換定律

$E = MC^2$」。因此，它只能得出許多無量化的物理參數值的許多虛妄概念和謬論，如奇點、奇異性黑洞、白洞、蟲洞、多維宇宙等等，將黑洞理論和宇宙學理論引入歧途，而成為無物理參數值的「玄學」。科學的目的是「求真」，科學理論和公式在於找到宇宙事物之間真實的「質和量」之間的準確的規律，而不是得出一些無量化的、無性能參數值的虛妄的物理觀念和結論。

第七、用六個基本公式組成的「新黑洞理論」體系是一個融洽的、完整的、合乎物理世界實際的、能實證的科學理論體系。其原理正如歐幾里德用五條幾何公理和五條一般公理，而推演發展成一整套完整的歐幾里得幾何學的原理是同樣的。

走出自己的科學研究道路。現代物理學理論需要重新選擇新的多種研究的方法和道路，不能死抱著「廣義相對論方程」和「萬能理論」的那種「先驗式」的研究方法和模式一條道走到黑。近代的物理學大師們都以建立深奧複雜的數學方程為傲，以建立「萬能理論」為最高追求，這些理論都是出自大咖大師們「先驗性」的「簡單的虛構假設」，突發奇想，沒有也不可能有堅實廣泛的實驗資料和一些公理作基礎，基礎不牢，虛無縹緲，問題不少。作者才疏學淺，追不上大師們的玄奧遐想，只能執意地走上一條科學上「返璞歸真」的、追求本源的、務實的、無人問津的原始叢林，撿回幾塊小小發光的石頭，它們就是牛頓力學相對論熱力學和量子力學四大經典物理的基本理論和公式，像一支小小燭光，照亮著作者，在「新黑洞理論」和「黑洞宇宙學」的小道上踽躅前行，偶有所獲。希望這一點小小的亮光，也能給走在科學茫茫昏暗小道上的年輕學子們，一些啟發，不要總是走在大師們走出的平坦大路上亦步亦趨。追求科學就是「求真」和「創新」地找出事物之間的規律，要樂此不疲，奉獻科學，無怨無悔。

第八、作者經過 10 多年的學習和對「黑洞理論」和「宇宙學」的探究，知道自己沒有能力克服解 GRE 方程中的上述的諸多重大難題，只有根據現行的物理學科的基本理論與公式，用現成的、在物理世界行之有效的、沒有附加任何前提條件的、最基本的四大物理經典理論和公式，組成正確有效的「新黑洞理論」理論體系，以解決「黑洞理論和宇宙學」中的理論和實際問題。

現在看來，建立新的科學理論，其實存在二種不同的模式和道路：一是根據已有多種公理、多個基本公式，實驗（觀測）資料和模型，抽象成基本概念，找出規律，建立新公式，形成理論，經過推演和發展，以解決物理世界中的新舊難題。歐幾里德幾何學、牛頓力學、麥克斯韋電磁理論、熱力學和量子力學等，其成功靠的都是走這條道路，作者也是遵循的這條老路，這些理論及其公式都是基礎牢固的、經得起實驗和時間的檢驗的，所以是正確有效的。二是愛因斯坦建立廣義相對論的模式和道路，是他用鋼球壓縮橡皮（彈簧）床的類比的「先驗性」思維建立起來的，當今的諸多新理論，如弦論、膜論、多維理論、萬有理論等，都是追崇愛因斯坦模式的大師們建立起來的。他們似乎臆想用「分導式導彈」：「一彈打中許多的目標」。因此，愛因斯坦說：「在建立一個物理學理論時，基本概念起了最主要的作用。」他的這句話有誤導作用，問題在於沒有指明是根據一個還是多個「基本概念」起作用和建立的。用一個基本概念建立一個公式，比如牛頓第二定律、測不準原理、庫侖定律、理想氣體狀態方程等等，是正確有效的。但是用一種觀念一個公式一根支柱建立起來的廣泛的理論體系可能多半是「基礎不牢，問題不少」。作者的「新黑洞理論」是根據牛頓力學相對論熱力學和量子力學的最基本和行之有效的多個基本公式建立的，為人們指出了一條建立新理論的「返本歸原」的正確老路，這

是一條「千里之行始於足下」的道路。作者愚鈍，沒有奢望，只想用「多彈打一隻鳥」，只需解決「黑洞和宇宙學」中的問題，不想也沒有能力搞什麼「終極理論」。

　　第九、總之，本書「第 2 版」更豐富多彩，更完善，從理論到論證再到數值計算會更讓人信服。

　　作者認為，真正的科學是實證的，它不僅要表現在從概念到理論的定性的論證分析和邏輯上，更應該表現在定量的、符合物理世界真實性的準確地用公式作數值計算上。本書大量的繁雜數值計算，是本書能夠經得住未來時間考驗的重要特點。本書另一個特點是樸實易懂。盧瑟福：「一個好的理論應該連酒吧女郎都能看懂。」

　　作者認為，科學就是求真求實，它們只有「正確或錯誤、真或假、優或劣、誤差的大或小」的區別。凡是能夠正確解釋、證明、計算出世界中諸多事物之間的準確數量關係的規律，就是「真科學」，否則，就是「假偽科學」；現在尚無法「證實」和「證偽」的，就是假說。

　　以上是作者對「第 2 版」《黑洞宇宙學概論》的解說，錯誤和不當之處，衷心接受指教和批判。

　　向精誠合作的蘭臺出版社同仁致以衷心的感謝。

　　衷心希望讀者學者大師們對本書中的觀念理論公式論證和結論，提出批評批判否定和打假，以推動「黑洞理論和宇宙學」的發展和進步，感激不盡。

作者　2019.1

目　　錄

【作者註明】：下面文章目錄上有＊者，是作者在第 2 版中的新文
　　　章；文章目錄上有＃者，是更新了許多重要新內容的文章。

第一篇　黑洞理論的新進展和完善

第二篇 在「新黑洞理論」和公式的基礎上建立成了新的《黑洞宇宙學》

本書中常用的一些重要物理常數、代號和公式

$h = 6.63 \times 10^{-27} g*cm^2/s$：普朗克常數

$C = 3 \times 10^{10} cm/s$：光速

$G = 6.67 \times 10^{-8} cm^3/s^2*g$：萬有引力常數

$\kappa = 1.38 \times 10^{-16} g*cm^2/s^2*k$：波爾茲曼常數

M_b（g）：
任何一個黑洞的總質－能量

R_b（cm）：
黑洞 M_b 的視界半徑

T_b（k）：
黑洞 M_b 在其視界半徑 R_b 上的絕對溫度（閥溫）

m_{ss}（g）：
黑洞 M_b 在視界半徑 R_b 上的霍金輻射（輻射能）的相當質量

M_{bs}（g）：
宇宙中實際可能存在過的次小黑洞，它們是宇宙誕生的細胞；
$M_{bs} = 1.62 M_{bm} \approx （2m_p = 2M_{bm} = 2.2 \times 10^{-5} g）$

最小黑洞 M_{bm}（g）：
$m_{ssb} = M_{bm} = （hC/8\pi G）^{1/2} = m_p = 1.09 \times 10^{-5} g$

M_{bm} 的其他參數如下：

R_{bm}（cm）：
M_{bm} 的視界半徑；$R_{bm} \equiv L_p \equiv (Gh/2\pi C^3)^{1/2} \equiv 1.61 \times 10^{-33}$ cm

T_{bm}（k）：
M_{bm} 在 R_{bm} 上的溫度；$T_{bm} \equiv T_p \equiv 0.71 \times 10^{32}$ k，宇宙最高溫度

t_{sbm}（s）：
M_{bm} 的史瓦西時間
$t_{sbm} = R_{bm}/C = 0.537 \times 10^{-43}$ s $= 1.61 \times 10^{-33}/3 \times 10^{10}$

ρ_{bm}（g/cm³）：
M_{bm} 的密度 $= 0.6 \times 10^{93}$ g/cm³

λ_{ss}（cm）：
m_{ss} 的波長，$\lambda_{ss} = 2R_b$

$d\tau_b$（s）：
黑洞發射兩鄰近霍金輻射粒子 m_{ss} 的間隔時間（秒），

m_p（g）$= (hC/8\pi G)^{1/2}$： 普朗克粒子 $= M_{bm}$

L_p（cm）$= (Gh/2\pi C^3)^{1/2}$： 普朗克長度

T_p（k）$= m_p C^2/\kappa = 0.71 \times 10^{32}$ k： 普朗克溫度

現在我們宇宙 M_u 的實測年齡：
$A_u = t_u = t_{ub} = 137$ 億年 $= 4.32 \times 10^{17}$ s $=$ 我們宇宙黑洞 M_{bu} 的史瓦西時間 $t_{sbu} = 137$ 億年；

現在我們宇宙（黑洞）M_{bu} 的實測密度
$\rho_u = \rho_{bu} = 0.958 \times 10^{-29}$ g/cm^3

由此得出我們現在的宇宙 M_u 和現在的宇宙黑洞 M_{ub} 的視界半徑
$R_u = R_{bu} = R_{ub} = Ctu = Ct_{sbu} = CA_u = 1.3 \times 10^{28}$cm

由此得出我們現在的宇宙的總質—能量
$M_u - M_{ub} = M_{bu} = M_{ur} = 8.8 \times 10^{55}$g

GRE，即「廣義相對論方程」，可簡稱為「場方程」
ΔE×Δt≈h/2π—量子力學的最基本公式，測不准原理—
Uncertainty Principle

I_o（**g*cm^2/s**）**=h/2π**：
黑洞霍金輻射 m_{ss} 的信息量＝宇宙中最小的信息量＝M_{bm} 和 m_p 的信息量＝宇宙中任何輻射能攜帶的信息量

$S_{Bbm} = \pi$，最小黑洞的熵＝（$M_{bm} = m_p$ 的熵）＝宇宙中最小的熵

$I_m = 4GM_b{}^2/C$：黑洞 M_b 的總信息量

$S_B = S_b = 2\pi^2 R_b{}^2 C^3/hG = \pi I_m/I_o$：黑洞 M_b 的熵總量
下面是本書中的一些重要公式，前面有＊者是作者新推導出來的公式。

$M_b T_b =$（$C^3/4G$）$\times$（$h/2\pi\kappa$）$\approx 10^{27}$gk………（1a）：
霍金黑洞 M_b 在 R_b 上的溫度公式

$$E = m_{ss}C^2 = \kappa T_b = Ch/2\pi\lambda = \nu h/2\pi \cdots\cdots\cdots （1b）：$$

輻射能在黑洞 M_b 的 R_b 上的不同能量的轉換公式，作者根據愛因斯坦的質—能轉換公式 $E = m_{ss}C^2$ 對霍金輻射 m_{ss} 提出的多種能量轉換公式

$$GM_b / R_b = C^2/2 \cdots\cdots\cdots （1c）$$

史瓦西對 EGTR 的特殊解，規定了黑洞存在的充要條件

$$*m_{ss}M_b = hC/8\pi G = 1.187\times10^{-10}g^2 \cdots\cdots\cdots （1d）：$$

作者新推導出來的黑洞在 R_b 上的一個普遍有效公式

$$*m_{ssb} = M_{bm} = (hC/8\pi G)^{1/2} = m_p = 1.09\times10^{-5}g \cdots\cdots （1e）：$$

作者新推導出來的任何黑洞最後消亡的普遍公式

$$\tau_b \approx 10^{-27} M_b^3 (s) \cdots\cdots\cdots （1f）：$$

霍金黑洞因發射霍金輻射 m_{ss} 而消亡的壽命公式

$$*\rho_b R_b^2 = 3C^2/ (8\pi G) = 1.61\times10^{27}g/cm \cdots\cdots\cdots （1m）：$$

作者新推導出來的黑洞在 R_b 上的，另一個普遍有效公式

$$V = H_o R；H_o t_u = 1；H_o^2 = 8\pi G\rho/3 = 1/t_u^2：$$

哈勃定律的各種形式，H_o—哈勃常數

$$*d\tau_b \approx 0.356\times10^{-36}M_b (s)：$$

作者新推導出來的任何黑洞發射兩個相鄰的霍金輻射 m_{ss} 所需時間間隔的公式

$$S_a/S_b = 10^{18} M_b/M_\theta：$$

霍金·伯恩斯坦的恆星塌縮前後熵改變的公式

$S_b = S_B = A/4L_p^2 = 2\pi^2 R_b^2 C^3/hG$：
霍金的黑洞熵總量的公式

*$I_o = h/2\pi$：
作者新推導出來的所有黑洞 M_b 的霍金輻射 m_{ss} 的信息量都相等的公式。I_o 與 M_b 和 m_{ss} 的量無關

*$I_m = 4GM_b^2/C$：
作者新推導出來的黑洞 M_b 的總信息量公式

*$S_{bm} = \pi$：
作者新推導出來的普朗克粒子 m_p 和最小黑洞 M_{bm} 的熵公式，即是宇宙中黑洞最小的熵。

*$4GM_b m_{ss}/(hC/2\pi) = 1$…………（2da）：
判別霍金輻射 m_{ss} 能否逃出黑洞 M_b 的判別式

*$\lambda_{ss} = 2R_b$：
黑洞霍金輻射 m_{ss} 的波長 λ_{ss} 與其視界半徑 R_b 的關係

*$dM_b/dt_u = C^3/2Gdt_u = 2\times10^{38}g$…………（3d）：
任何黑洞 M_b 以光速膨脹時，每秒可吞食外界物質的量

*$dM_b = C^3/2Gdt_u = 2\times10^{38}g$
宇宙黑洞在膨脹過程中，當 $dt_u = 1$ 秒時，其吞食外界物質的質量－能量達到 $2\times10^{38}g$ 時，其 R_b 的膨脹速度就可以達到光速 C。

$Tt^{1/2} = k_1$，$\underline{R = k_2 t^{1/2}}$，$TR = k_3$，$\rho R^4 = k_4$………（2ma）：
「宇宙大爆炸標準模型」在 400,000 年前演變公式

＊$Tt^{1/2} = k_5$，$\underline{R = k_6 t}$，$TR^{1/2} = k_7$，$\rho R^2 = k_8$……（**2mb**）：
「宇宙黑洞模型」在 400,000 年前演變的公式

$Tt^{2/3} = k_{11}$，$\underline{R = k_{12} t^{2/3}}$，$TR = k_{13}$，$\rho R^3 = k_{14}$……（**2na**）：
「宇宙大爆炸標準模型」在 400,000 年後到現在演變公式

＊$Tt^{3/4} = k_{15}$，$\underline{R = k_{16} t}$，$TR^{3/4} = k_{17}$，$\rho R^2 = k_{18}$……（**2nb**）：
「宇宙黑洞模型」在 400,000 年後到現在演變公式

第一篇　黑洞理論的新進展和完善——作者根據四大經典物理的基本理論和公式建成了「新黑洞理論」的科學理論體系

—「新黑洞理論」將黑洞總質—能 M_b，霍金量子輻射 m_{ss}，普朗克粒子 m_p，黑洞的信息量 I_m 熵 S_b，和普朗克常數 $h/2\pi$ 等等概念和公式融合貫通地聯繫起來了—

> 康德：「世界上有兩件東西能夠深深地震撼人們的心靈，一件是我們心中崇高的道德準則，另一件是我們頭頂上燦爛的星空。」
>
> 巴普洛夫：「搞科學研究的頭等重要任務是制定研究方法。」

序言

作者在本書第一篇中所發展和完善的「新黑洞理論」是正確有效和完整的黑洞理論的科學理論體系，為建立新的「黑洞宇宙學」和完善「黑洞熱力學」奠定了堅實的基礎。

1-0：在此新文章中，回顧了前輩大師們的卓越貢獻和奮鬥，以及作者如何在他們的偉大成就和不足中，建立了「新黑洞理論」和新的「黑洞宇宙學」和發展了「黑洞熱

力學」。

1-1：作者在黑洞 M_b 在其視界半徑 R_b 上，組建了六個黑洞的基本公式，其中包括作者推導出來的霍金輻射 m_{ss} 的二個新公式，它們共同互恰地組成了完整的「新黑洞理論」的科學理論體系。這六個公式是自然物理參數 G，C，κ，h 的不同組合，證明了「新黑洞理論及其基本公式」是根據牛頓力學熱力學相對論力學和量子力學四大經典理論的基本公式建立的，它們決定了黑洞和宇宙黑洞的各種性能，和其「生長衰亡的變化規律」。

1-2：證實公式（1c）和（1d）——$m_{ss}M_b=hC/8\pi G = 1.187\times10^{-10}g^2$ 的物理意義，是黑洞 M_b 對 m_{ss} 在 R_b 上的引力與其離心力的平衡，而推導出霍金量子輻射 m_{ss} 逃出黑洞的判別公式（2da）。作者論證了只有用「新黑洞理論」和其基本公式，才能正確解釋黑洞 M_b 發射霍金輻射 m_{ss} 的機理；m_{ss} 離開黑洞就是由高溫高能向低溫低能區域的自然流動。

1-3：「新黑洞理論」發展了黑洞熱力學。證明了任何一個黑洞的霍金輻射 m_{ss} 攜帶的資訊 $I_o=h/2\pi=$ 基本單元信息量＝最小黑洞 $M_{bm}=$ 普朗克粒子 m_p 的信息量，攜帶熵 $S_{bm}=\pi$，而與黑洞的總質—能量 M_b 和 m_{ss} 的大小無關。推導出來黑洞的總信息量的新公式 $I_m=4GM_b^2/C$。證明了黑洞的熵 S_b 就是其信息量 I_m 的倍數。並用公式將黑洞的 M_b、m_{ss} 和 I_o 統一起來了。證明了普朗克常數 $h/2\pi$ 就是單位信息量 I_o。

1-4：作者詳細論證了「廣義相對論方程 GRE」的根本缺陷是其能量─動量張量項中，無輻射能的「熱抗力＝輻射壓力」以對抗物質粒子的引力，使導致 GRE 產生「奇點」的主要原因。

1-5：「廣義相對論方程 GRE」在研究物體在「引力場源」內外的運動時，會用「四維時空的相對論性參照系」，建立一個連續統一的方程─度規，而將它直接用於「引力場源」內外兩個物理性質大不相同區域，造成了重大錯誤。

1-6：「新黑洞理論」與「廣義相對論方程」的對比，前者不需要任何附加前提條件；「廣義相對論方程」是愛因斯坦的一種先驗性的假設和構想，沒有普遍的事實根據，用唯一的物質粒子的引力決定粒子的運動，基礎不牢，問題不少。

1-7：用「新黑洞理論」談談「恆星級黑洞」，證明「恆星級黑洞」是現今宇宙空間最小的黑洞，其內部不可能有「奇點」。

總之，用作者的「新黑洞理論」取代「廣義相對論方程 GRE」，以解決「黑洞和宇宙學」中的所有問題，是正確有效的途徑。

1-0　黑洞理論的演變和發展

　　——作者「新黑洞理論」是創新的、自洽的、符合實際的、融合貫通多個學科的、正確解決「黑洞和宇宙學」中問題的科學理論體系。

> 孔子：「學而不思則罔，思而不學則殆。」
> 開爾文在瞭解到邁爾經歷之後得出評價：「一個科學家在新觀點面前也會表現得很無知。」
> 亞里斯多德：「吾愛吾師，但更愛真理。」

　　—在本書中，只研究無旋轉、無電荷、球對稱的引力黑洞，即史瓦西（牛頓）黑洞。本書所有計算均採用「C，G，S」制。=

　　前言：通過回顧對黑洞理論的發展演變，結合上世紀科技和觀測天文儀器的飛躍進步，我們可以看到學者和大師們是如何追求真理、大智大勇、克服困難、超越時代地推進科學理論和實踐向前飛躍進步的。

　　關鍵字：牛頓力學黑洞＝史瓦西黑洞≠愛因斯坦奇異性黑洞；拉普拉斯；約翰・蜜雪兒；愛因斯坦奇異性黑洞；作者的「新黑洞理論及其六個基本公式」；廣義相對論方程 GRE；霍金；霍金黑洞與黑洞熱力學；霍金量子輻射 m_{ss}；霍金—伯恩斯坦黑洞熵公式。

1-0-1　牛頓力學黑洞＝史瓦西黑洞的由來，它可以從牛頓力學原理推導出來，它是宇宙中真實存在的實體。

蜜雪兒和拉普拉斯 Laplace（1749—1827）首先提出了「黑星」即現代「黑洞」的概念。

18 世紀末，約翰‧蜜雪兒（John Michell）牧師和皮爾‧西蒙‧拉普拉斯（Pierre Simon Laplace），將光作為有引力質量的粒子，把光速與牛頓力學中的逃逸速度概念結合起來，從而發現引力的最富魅力的結果：「黑星」即現代的「黑洞」。

第一位提出可能存在引力強大到光線不能逃離「黑星」的人是約翰‧蜜雪兒，他於 1783 年向英國皇家學會陳述了這一見解。蜜雪兒的計算依據，是牛頓引力理論和光的微粒理論。他把光設想為有如小型炮彈的微小粒子（現在叫光子）流。蜜雪兒假定，這些光粒子應該像任何其它有引力質量的物質粒子一樣受到引力的影響。由於奧利‧羅默（Ole Romer）早在 100 多年前就精確測定了光速，所以蜜雪兒得以計算一個具有太陽密度的天體必須有多大，才能使逃逸速度等於光速。如果這樣的天體存在，光就不能逃離它們，所以它們應該是黑的。蜜雪兒在一次特具先見之明的評論中指出，雖然這樣的天體是看不見的，但如果其它發光體圍繞它們運行，我們仍有可能根據繞行天體的運動軌跡推斷中央天體的存在。換言之，如果黑洞存在於雙星中，就最容易被發現。但這一有關黑洞的見解在 19 世紀被遺忘了。

　　皮爾・西蒙・拉普拉斯（Pierre Simon Laplace）於 1796 年得出了同樣睿智的結論。拉普拉斯在其《宇宙體系論》裡有一段話：「天空中存在著黑暗的天體，像恆星那樣大，或許也像恆星那樣多，一個具有與地球同樣的密度而直徑為太陽 250 倍的明亮星球，它發射的光將被它自身的引力拉住而不能被我們接收，正是由於這個道理，宇宙中最明亮的天體很可能卻是看不見的。」

　　現在按照拉普拉斯的上述論點作一些驗算。

　　根據牛頓定律，設整體物體的中心質量 M 對其邊界半徑 R 上粒子質量 m 的引力與離心力達到平衡，即 m 在 R 上作圓周運動時，得出第一宇宙速度 v_1，

$$v_1^2 = GM/R \cdots\cdots\cdots\cdots\cdots\cdots\cdots\cdots\cdots\cdots\cdots\cdots\cdots（a）$$

　　上式中 G 是引力常數。如果 m 的徑向逃逸速度 v_2，即第二宇宙速度，按照 m 勢能與其動能平衡原理，

$$v_2^2 = 2GM/R \cdots\cdots\cdots\cdots\cdots\cdots\cdots\cdots\cdots\cdots\cdots\cdots（b）$$

　　對地球而言，$v_1 \approx 8 km/s$，$v_2 = 2^{1/2} v_1 \approx 11.2 km/s$

　　現在根據羅默和拉普拉斯上面提出了的資料進行驗算，

　　G：萬有引力常數 $= 6.67 \times 10^{-8} cm^3/s^2 {*}g$，

　　取地球密度 $\rho_e = 5.5 g/cm^3$，太陽半徑 $R_\theta = 7 \times 10^{10} cm$，得：$v_2^2 = 2 \times 6.67 \times 10^{-8} \times 4\pi \times 5.5 \times (7 \times 10^{10} \times 250)^2/3 = 307 \times 10^{-8} \times (7 \times 10^{10} \times 250)^2$

　　$\therefore v_2 = 3.067 \times 10^{10} cm/s = C = $ 光速。

　　這表明拉普拉斯的計算是正確的，並與近代測出的光

速 C 極其相符。可見，將光作為有相當引力質量的粒子並無不可，也證明黑洞的存在是可以無需廣義相對論方程的。或者說，從廣義相對論方程 GRE 中得出的「史瓦西黑洞」，就是「拉普拉斯—牛頓力學黑洞」的翻版。

然而，這只是拉普拉斯想像的、在自然界不可能存在的一種龐大的固體黑洞。根據計算，該黑洞的質量達到 $Mx = 10^{41}g$，如此龐然大物，只能是一個「巨型黑洞」，內部可能存在一個「中心大黑洞」和一些「恆星級黑洞≈6×$10^{33}g$」；或者早就通過許多「核聚變」和超新星爆炸分裂成一大團星雲和許多「恆星級黑洞」了；或者是一團有中心較大黑洞的星雲了。這說明在數學公式中存在的東西，不一定是人們想像中的、真實物理世界存在的某些東西。記住這一點非常重要。

如下面圖 1 的左圖所示，蜜雪兒和拉普拉斯 Laplace（1749—1827）首先提出了「黑星」即現代的「黑洞」的概念，指的是如果一個天體的質量足夠大（更重要的是密度），其中光是無法透射出來的。設一個物體沿球對稱引力場矢徑方向運動，牛頓引力理論的能量守恆公式，即第二宇宙速度為：

$mV^2/2 - GMm/R = 0$，

其中 m 是物體的質量，M 是中心天體的質量。將上式用於光子，令 C＝V，可得牛頓黑洞的半徑：

$$R_{bn} = 2GM/C^2 \quad \cdots\cdots\cdots\cdots\cdots\cdots\cdots\cdots (c)$$

　　按照上式計算，牛頓黑洞的密度是有限的。小質量的牛頓黑洞密度很大，大質量的牛頓黑洞的密度可以是很低的，黑洞內部充滿物質是正常的。因此，其內部不可能有「奇點」。

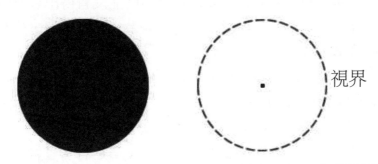

視界

圖 1　左邊是牛頓經典黑洞，即拉普拉斯黑洞，右邊是愛因斯坦奇異性黑洞

　　史瓦西在 1916 年，在解廣義相對論方程 GRE 後，從史瓦西度規得出的愛因斯坦引力黑洞是無電荷、無旋轉、球對稱的基本黑洞＝牛頓力學黑洞。在愛因斯坦 1955 年逝世前，他和史瓦西等並沒有認為黑洞內部的物質引力可以塌縮成為「奇點」，這是違反物理世界的真實性和常識的。

　　史瓦西對廣義相對論方程的特殊解即「史瓦西度規」，建立了下面黑洞 M_b 和視界半徑 R_b 的史瓦西公式，

$$GM_b/R_b = C^2/2 \quad\cdots\cdots\cdots\cdots\cdots\cdots\cdots\cdots\cdots\cdots\cdots\cdots（1c）$$

　　1915 年 12 月，愛因斯坦廣義相對論剛發表一個月後，德國天文學家 Karl Schwarzschild，即卡爾·史瓦西得到了

一個用廣義相對論彎曲空間概念描述的靜態球狀物體周圍引力場的精確解。史瓦西指出，如果緻密天體的全部質量 M_b 壓縮到某一半徑 R_b 範圍內，它周圍的空間就因引力而足夠彎曲到任何物質和輻射都逃不出來，這一天體就成為黑洞（請注意：史瓦西和愛因斯坦當時並沒有得出黑洞內有奇點的結論）。後人稱這一半徑 R_b 為史瓦西半徑，或視界半徑 R_b。

（1c）式就是黑洞形成和存在的必要條件，它是由解複雜的 GRE 得出的，前面拉普拉斯早已經用牛頓力學得出了，根本不需要「時空彎曲」的觀念。

將（1c）式與（b）式相比較，在 $v_2 = C$ 時，二者是完全相同的。說明任何物質和輻射能都逃不出物體或黑洞的機理沒什麼區別，只取決於 M_b/R_b 之比，當 $2GM_b/R_b = C^2$ 達到 C^2 時，就成為黑洞；當 $2GM/R = v_2{}^2$ 小於 C^2 時，就是普通物體。

如果黑洞內外的粒子或輻射只能在 R_b 上或在 R_b 外附近作圓周運動，而受 M_b 的引力作用，不能離開 R_b 而逃到黑洞外界，如用牛頓力學解釋，粒子或輻射 m 的離心力與其中心物質 M 或 M_b 的總引力達到平衡，其速度即為（a）式中的 v_1；如用廣義相對論的觀點表示，輻射只能在以 R_b 為圓周上依測地線運動，$v_1 = C$。將（1c）式與（b）式作比較，它們之間的差別在於：牛頓力學是將物體的總質量都集中到中心作為中心點的集中引力，而在相對論中，物體的總質量應該是作為均勻分散在整個半徑 R_b 的球體內

的質點來處理的。

　　由上可見，牛頓力學的（a）（b）式與相對論力學的（1c）式的形式是完全一樣的，物質或輻射 m 的運動速度和軌跡都同樣為物體 M 或黑洞 M_b 總質量的引力和 M/R 或 M_b/R_b 的值所決定。在我們所處的現實宇宙時空中，綜合運用牛頓力學、量子力學、熱力學幾乎能解決黑洞和宇宙學中所有問題（除了物體的運動速度接近光速，需要修正以外），廣義相對論 GRE 的時空結合觀也許是一種前瞻性的宇宙觀，但是 GRE 中的時空究竟是如何彎曲而對外界物體產生引力的呢？能夠正確的描述真實時空是如何的結合嗎？有什麼普遍的事實根據，認定粒子（光線）運動的軌跡（測地線）就是時空彎曲呢？事實表明 GRE 的許多解都是錯誤的。

1-0-2　「愛因斯坦奇異性黑洞」實際上是一個數學上（非物理世界）的「奇點」。這種從違背實際的、解「廣義相對論方程」推導出來的虛妄的黑洞當然不可能在宇宙中存在。

　　由「廣義相對論方程 GRE」的史瓦西解，得出的黑洞是一個在宇宙中只會因吞噬外界能量—物質長大而永不消失的怪物。一旦黑洞按照史瓦西解式生成後，它只會吸收外界能量—物質而按照史（1c）膨脹增大，在宇宙中永不消失。

　　在愛因斯坦 1955 年逝世 10 年之後，霍金和彭羅斯從數學和拓撲學證明了「奇點」是黑洞存在的必要條件。於

是得出「愛因斯坦奇異性黑洞」，它是完全不同於「史瓦西黑洞＝牛頓力學黑洞」的一種「幻象」。如圖 1 的右圖所示，它實際上是一個數學上的奇點。黑洞邊界就是所謂的史瓦西半徑，其計算公式與牛頓引力的黑洞半徑的公式一樣，即第二宇宙速度的公式。該黑洞認定史瓦西半徑內部是真空，而且時空顛倒，質量集中在奇點上。嚴格地講，根據廣義相對論，「愛因斯坦黑洞」是假設沒有「熱抗力」的單純的物質引力崩塌的結果，物質被無窮地壓縮，密度無窮大，黑洞內是真空，已經沒有結構可言，這些虛妄的結論和觀念，是與真實的物理世界和常識和熱力學定律不相容的。這種黑洞當然不可能存在一個實體的「事件視界」。如果黑洞有轉動，就是所謂的「克爾黑洞」，質量仍然集中在奇點上，只不過克爾半徑內的時空扭曲更複雜些罷了。

廣義相對論方程 GRE 無法解決黑洞和宇宙學中的問題。因為其一般解無法解出。用愛因斯坦的話說，該方程完美到無法加進去任何東西。其先天的缺陷是場方程中無熱力以對抗引力收縮和無法進行能量一質量的互換。其後天的缺陷是，以後的學者們就只能退而求其次，力圖找出該方程的某些特殊解，為此就要提出許多簡化假設，作為解方程的初始條件和前提，如一團等質一能粒子團的運動（封閉系統）和零壓（等壓）宇宙模型，無熱抗力，宇宙學原理等，其目的是將一團宇宙中物質粒子的運動簡化（理想化）為可用經典力學的方程來處理。然而，正是這些個假設前提條件違反了現實宇宙中之最重要而普遍的規

律——熱力學定律，從而導致解場方程時出現「奇點」、史瓦西度規和弗里德曼（Freidmann）方程 R－W 度規（Robertson-Walker 度規）等不切實際的錯誤的甚至荒謬的結論。從物理常識、力學規律和邏輯就可以得出結論，只有引力而無斥力的定量的理想物質粒子流在無外力的作用下，必然會向其質量中心收縮聚集。而解 GRE（場方程）又須知其內部物質密度等分佈，這是一條走不通的道路和方法。這就是近 100 年來，除了由解場方程得出少數幾個近似解外，而無普遍建樹的原因。

1-0-3　牛頓力學黑洞＝史瓦西黑洞＝引力黑洞，但是它們絕對不是「愛因斯坦奇異性黑洞」，這是事實上的共識。

【作者的重要注釋 I】：

在 1916 年，史瓦西最初解出廣義相對論方程時，得出史瓦西黑洞公式（1c）$-GM_b/R_b = C^2/2$ 時，他指出，「如果緻密天體的全部質量 M_b 壓縮（他當然是指被外力壓縮，而不是靠自身的引力收縮）到某一半徑 R_b 範圍內，它周圍的空間就因引力而足夠彎曲到任何物質和輻射都逃不出來，這一天體就成為黑洞。」請注意，在史瓦西心中，認為黑洞內部是充滿物質的，是不可再壓縮的。他決不會認為黑洞內部的物質自身的引力可以無限收縮成為「奇點」（當時根本沒有「奇點」觀念）。其實，只要深思一下，就可以認識到「無法排熱的物體物質」是無法壓縮的。

【作者的重要注釋 II】：

按照史瓦西定義的黑洞，實際上與牛頓黑洞的性質是相同（相等）的。因此，現在人們一般將球對稱無電荷無旋轉的黑洞（內部非真空）稱之為史瓦西黑洞＝牛頓黑洞。實際上，對於霍金、彭羅斯等由廣義相對論得出的「愛因斯坦奇異性黑洞」，在廣義相對論學者做具體計算涉及到奇異性時，是做不下去的。因此廣義相對論學者們就經常用「牛頓黑洞」來偷樑換柱地說成為「愛因斯坦奇異性黑洞（史瓦西黑洞）」，把牛頓黑洞的行為說成是廣義相對論的結果。然而二者的差別是水火不相容的，是不可能相互代替的。為了嚴格討論，我們首先需要對二者加以區分。

而「愛因斯坦奇異性黑洞」，即黑洞中心為奇點、黑洞內部空間為真空、黑洞內時空顛倒的「黑洞」，這種內部真空的「黑洞」當然不可能存在「視界（事件邊界）」的，這種「黑洞」更是不可能在真實的宇宙中出現和存在的，這就是霍金過去曾否認黑洞存在「視界（事件邊界）」的原因。然而，沒有事件邊界的黑洞還是黑洞嗎？

「愛因斯坦奇異性黑洞」在物理學上是一個病態的東西，在自然界中根本不可能存在。天文學上從來沒有觀察到愛因斯坦奇異性黑洞存在的跡象，也不可能觀察到這種東西的存在。事實上在宇宙這個大黑洞裡，人類感覺到的一切都是正常的，物質既沒有被壓縮到「奇點」，也不存在時間座標與空間座標的互換顛倒問題。

在上世紀 60—70 年代，由於霍金、彭羅斯等科學家們錯誤地解場方程和錯誤地解讀（解釋）「特定座標下得到的度規」，而對黑洞得出上述諸多背離實際的荒謬的結論，是他們強迫真實的物理世界服從其數學方程的結果。首先，一團大量定量物質粒子 M 的收縮，必然會產生熱抗力以對抗其收縮，而廣義相對論方程中又沒有熱抗力，就必然會錯誤地出現物理世界本來就沒有的「愛因斯坦奇異性黑洞」。將一個只有引力作用，而無量子力學和熱力學作用的 GRE 數學方程用於真實的物理世界，必然會得出荒謬的結論。

1-0-4 作者推導出來了黑洞新公式（1d）（1e），使黑洞理論成為完善的正確有效的「新黑洞理論」。

這裡所指「霍金黑洞」是已經形成的黑洞。霍金創造性地建立了一門「黑洞物理學（熱力學）」的新科學，證明黑洞會因發射霍金輻射 m_{ss} 損失質—能量而縮小，霍金的黑洞理論是劃時代的符合宇宙客觀實際的理論，它是建立在熱力學和量子力學的基礎上的。霍金提出了在黑洞視界半徑 R_b 上有溫度 T_b，就成為一個冷源，能發射熱輻射，即量子輻射 m_{ss}。霍金建立的黑洞總質能量 M_b 與視界半徑 R_b 上的溫度 T_b 的公式是對黑洞理論的最偉大的貢獻之一。溫度公式為：

$$T_b M_b = (C^3/4G) \times (h/2\pi\kappa) \approx 10^{27} gk \cdots\cdots\cdots\cdots (1a)$$

霍金的上述黑洞溫度公式（1a）的推導（見王永久：

黑洞物理學）證明很複雜，我們用上述結果即可。它表明，黑洞會因發射霍金量子輻射 m_{ss} 而縮小直到最後消亡，否定了史瓦西黑洞只會吞噬外界能量—物質長大而不衰亡的錯覺，使黑洞與宇宙中的任何物體一樣，具有生長衰亡的普遍規律。所以正是霍金的黑洞理論挽救了廣義相對論的黑洞理論。

【作者重要注釋 III】：

現在有一些中國學者從理論的建立和公式的推導上完全否定公式（1a），認為「黑洞熱力學」不成立。在霍金提出黑洞熱力學後不久，伯恩斯坦 Jacob Bekinstein 提出了「黑洞熵」的觀念和理論。霍金最初並不同意，後來認為是對的，並且與伯恩斯坦一起，建立了著名的 Bekenstein -Hawking 黑洞熵公式。既然黑洞有熵，那麼，黑洞的視界半徑 R_b 上有溫度 T_b 就是確定的。而且在運用時，上面（1a）式與黑洞熵公式完全一致。因此，否定黑洞熱力學和（1a）式，就沒有實際的意義。正如有一些人詳細證明，而否定公式 $E=MC^2$，但是它在實際的「高能粒子物理學」的應用中，毫無差錯，否定就無效。另外，既然黑洞熵和溫度 T_b 都是確定的，那麼，愛因斯坦奇異性黑洞中，黑洞內部是真空和無熱抗力等結論都肯定是錯誤的，霍金、彭羅斯等用拓撲學對廣義相對論方程「無熱力」的解也肯定是錯誤荒謬的，也證明了廣義相對論的理論和方程是背離實際而荒謬的。

但是，霍金沒有推導出霍金量子輻射 m_{ss} 的相當質量

和黑洞總質能量 M_b 之間的準確公式,只知霍金黑洞會損失其質－能而收縮,沒有推論出黑洞收縮的量化規律公式,和最終命運是收縮成為普朗克粒子 m_p 而消失在普朗克領域。這使愛因斯坦和霍金的黑洞理論都仍然存在重大缺陷。

霍金黑洞理論的溫度公式(1a)與史瓦西在其視界半徑 R_b 上的(1c)公式一起只有兩個「風馬牛不相及」的公式,但僅有這兩個公式遠遠不能解決黑洞理論中其餘的重大問題,特別是因為不知道霍金輻射 m_{ss} 的性質和量,就不能知道黑洞的許多重要性能,及其生長衰亡的規律。

遺憾的是,也許由於霍金的「智者千慮必有一失」,或固執地忙於從虛幻的狄拉克海的真空能(虛粒子對)去尋找霍金輻射 m_{ss},所以他最終沒有求出霍金輻射 m_{ss} 與黑洞質能量 M_b 之間的準確關係和公式,而使作者現在有「愚者千慮必有一得」的僥倖。作者在本書中只跨出了一小步,就得出來 m_{ss} 和 M_b 的兩個黑洞重要和普適的新公式(1d)(1e),使黑洞理論成為完善的正確有效的「新黑洞理論」。

由於霍金在走進不確定的「虛粒子狄拉克海」的誤區後,走不出來,不可能得出霍金輻射 m_{ss} 的公式。為了完善其黑洞熱力學理論,霍金絞盡腦汁、時不時地提出一些不可捉摸的概念。比如霍金認為黑洞輻射產生的物理機制,是黑洞視界周圍時空中的真空量子漲落。霍金

早先提出過黑洞無毛，認為黑洞只有質量、角動量和電荷；又提出過「資訊悖論」，認為黑洞因發射霍金輻射消失後，資訊丟失了；霍金宣稱過黑洞不黑，應該叫做「灰洞」；霍金提出過「黑洞火牆」，但在 2014 年 1 月 22 日發表一篇文章，提出另一種新的說法，認為黑洞事件視界不存在，所以也沒有什麼火牆；在 2016 年 1 月的一篇網上文章中，霍金又有了新花樣，他和劍橋大學同事佩里，及哈佛大學的斯特羅明格的文章，後來發表在《物理評論快報》上，上述文章認為，在霍金原來對黑洞輻射的解釋中有兩個隱含的錯誤假設，一是認為黑洞雖然有熵但仍然無毛，二是認為真空是唯一的。不久前，霍金等三人通過考慮存在黑洞時的電磁現象來解釋資訊悖論，據說得到不錯的結果，稱之為黑洞的「軟毛定理」。總之，霍金時不時的對黑洞熱力學提出一些搖擺不定和捉摸不定的新概念，一是表明他始終沒有找出霍金輻射 m_{ss} 的公式，不能形成一條完整自洽正確的「黑洞理論」，所以矛盾和混亂的觀念層出不窮；二是表明他始終在思考和修正其觀念和理論，雖然沒有得到正確有效的結果，但是有利於促進科學的發展進步。這些都表明霍金在不停地努力追求完善的黑洞理論，精神可欣可佩，但是方向錯了，註定徒勞無功。作者的「新黑洞理論及其公式」完全能解決霍金的上述的各種疑難。

1-0-5　作者的「新黑洞理論」發展了黑洞熱力學，建立了新的黑洞熵和信息量公式，霍金輻射 m_{ss} 就是輻射能，就是熵和信息量的攜帶者。

作者在本書 1-3 章中，建立和證明了無論黑洞總質—能量 M_b 和其每個霍金輻射 m_{ss} 的大小，每個 m_{ss} 所攜帶信息量都同樣是 $I_o=h/2\pi=m_{ss}C^2/\nu_{ss}$，$I_o$＝宇宙中最小的信息量＝單位信息量＝宇宙中最小黑洞 M_{bm} 即普朗克粒子 m_p 的信息量，而黑洞 M_b 的總信息量 $I_m=4GM_b^2/C$。黑洞的每個霍金輻射 m_{ss} 攜帶的熵 S_{bm}，就是最小黑洞 M_{bm} 即普朗克粒子 m_p 的熵 $S_{bm}\equiv\pi$＝最小熵值，黑洞 M_b 的總熵 $S_b=\pi4GM_b^2/CI_o=A/4L_p^2=\pi I_m/I_o$。

宇宙中只有 2 種獨立存在的實體：物質和輻射能，霍金輻射 m_{ss} 就是所有輻射能的總稱，物質物體是信息量的攜帶者是人所共見共知的，「新黑洞理論」證明了霍金輻射 m_{ss}（輻射能）也是熵 S_{bm} 和信息量 I_o 的攜帶者。熵和資訊本身是不能脫離物質和輻射能而獨立存在的，正如人的思想意識不能離開活動的人體一樣。

作者對黑洞熱力學的發展和貢獻有：（1）作者將信息量 I_o 和熵 S_{bm} 帶進了黑洞熱力學，使信息量和熵成為黑洞熱力學的重要組成部分。黑洞的每個霍金輻射 m_{ss}（就是輻射能）都是一個最小信息量 I_o 和最小 S_{bm} 的攜帶者，霍金認為黑洞發射霍金輻射使資訊消失的觀點是不對的，因為他根本就不知道 m_{ss} 是什麼，I_o 是什麼，二者是什麼關係。

1-0-6　作者以「新黑洞理論」為基礎建立的「黑洞宇宙學」和「黑洞宇宙模型」在理論上是自洽的，在實踐上是符合哈勃定律和近代天文觀測的資料。

作者按照「新黑洞理論及其六個基本公式」，建立了新的、正確有效和符合實際的「黑洞宇宙學」，證明了我們宇宙「從生到死」一直就是一個不斷增大的「史瓦西宇宙黑洞」，它的性質和變化規律完全符合作者的「新黑洞理論和公式」。

我們宇宙（黑洞）演變的十來個基本物理參數由「新黑洞理論」中相應的公式精確的推導出來，所推導出來的宇宙演變的各個時刻準確的物理參數數值，完全符合近代天文精密觀測儀器的實測資料。據此制定出來了宇宙各個時刻有精確的各個物理參數數值的《時間簡史》和「黑洞宇宙模型」。請讀者們參看對照霍金著名的《時間簡史》，只有虛幻的概念變化和圖形，找不出宇宙中任何一個時刻的一組物理參數數值。作者正確而符合實際的「黑洞宇宙模型」完全可以取代過時的「錯誤百出」的「宇宙大爆炸標準模型」。

根據近代精密天文儀器對我們宇宙的實測年齡 $A_u = (1.369\pm0.013) \times 10^{10} = 137$ 億年，運用上面的公式（1m）— $\rho_b R_b^2 = 3C^2/(8\pi G) = 1.61\times10^{27} g/cm$，計算 $\rho_u R_u^2$ 數值完全符合（1m），因此完全證實了我們宇宙就是一個真實的巨無霸「史瓦西宇宙黑洞」。反過來，如果已知 R_u，運用（1m）式求出 ρ_{ur}，其數值 $\rho_{ur} = \rho_u = 10^{-29} g/cm^3$，

這個 $\rho_u = 10^{-29} g/cm^3$ 是天文學家們經過 80 多年測量，直到現在才測量出來的精確數值，而運用作者「新黑洞理論」的公式，就可以精確地、不費吹灰之力的計算出來，難道不是「新黑洞理論」正確的符合實際的有力證明嗎？

1-0-7 「新黑洞理論」是創新的、自洽的、符合實際的、融合貫通多個學科的、正確解決黑洞和宇宙學問題的科學

一、作者用六個正確有效的經典基本公式，組成的「新黑洞理論」是正確的科學理論體系，（1a）（1b）（1c）（1f）來源於牛頓力學相對論量子力學和熱力學的最基本的公式，（1d）（1e）兩個新公式是根據以上幾個公式，由作者新推導出來的。它們能自洽有效地描述和證實「黑洞」和「我們宇宙黑洞」、「生長衰亡」的正確規律，以及黑洞宇宙在變化中任何確定時間的各個物理參數的數值，其結果和結論與 GRE 所得出的是截然不同、甚至是相反的（詳細參見 1-1、2-1 章）。

二、上述「新黑洞理論」的六個公式加上（1m）告知人們什麼？（1）證明所有黑洞都符合宇宙事物「生長衰亡」的普遍規律，按照史瓦西公式（1c）生成和長大，按照公式（1d）和（1e）衰減到最後成為最小黑洞 M_{bm} $= m_p$ 普朗克粒子、而解體消亡在普朗克領域。（2）黑洞內不可能出現和存在奇點。最後只能因為不停地發射霍金輻射 m_{ss}，而成為 $M_{bm} = m_p$ 普朗克粒子，解體消亡在普朗克領域。

1-0-8　不同科學理論是否可以分為「高大深難」和「低小淺易」兩種不同的檔次？

不同科學理論之間的對比不是什麼「高大深難」和「低小淺易」兩種檔次的區別，也不是數學公式「高難」和「低易」的區別，而是「正確和錯誤」、「優和劣」、「誤差多少」的區別。

作者的「新黑洞理論」除了其六個基本公式之外，還推導出來了許多其它的新的基本公式，這許多新舊公式將其它的一些重要理論融合貫通地與黑洞公式聯繫起來了。

（1）作者「新黑洞理論」及其六個公式本身，就是牛頓力學，相對論，熱力學和量子力學四大經典物理理論和其基本公式綜合作用的結果；（2）將我們現今的「物質—能量」共存，和物質向能量轉變的物理世界，與「普朗克領域」無縫地聯繫起來了；（3）將「質量—能量」與「信息量和熵」的關係搞清楚和融合了，並且將「信息量和熵」與普朗克常數 h 聯繫起來了，而發展和完善了「黑洞熱力學」；而且每個霍金輻射 m_{ss} 攜帶的信息量 $I_o=h/2\pi$，它就是普朗克常數；（4）完全證實了我們宇宙就是一個符合黑洞六個公式的巨無霸「史瓦西宇宙黑洞」；證明了宇宙起源於無數的最小黑洞 M_{bm}；建立了正確的符合宇宙實際的「黑洞宇宙模型」，可以取代過時的錯誤的「大爆炸標準宇宙模型」。就是說，只有「新黑洞理論」及其公式是正確的有效的，才能和諧有效的與其

它許多理論和領域連接（聯繫）貫通地融合起來。

　　在「廣義相對論方程」發表後整整 100 年時的 2015 年 11 月，在臺灣出版了作者的《黑洞宇宙學概論》一書，其「新黑洞理論」為人們提供了一條不用「廣義相對論方程」研究黑洞和宇宙的正確途徑，即綜合幾種經典理論的基本公式而推導出新公式，以這一組新舊公式而組成一個新的理論體系，其原理正如用五條幾何公理和五條一般公理，而發展成一整套歐幾里得幾何學一樣。歡迎讀者們將「新黑洞理論」與廣義相對論方程兩者作比較，將本書與霍金的《時間簡史》作比較，將「黑洞宇宙模型」與「宇宙大爆炸標準模型」作比較，以判斷出其中「是非對錯優劣」。衷心希望感謝讀者們能對本書指教批判和打假。

＝＝＝＝＝＝＝＝＝＝＝全文完＝＝＝＝＝＝＝＝＝＝＝

參考文獻：

1.王永久，《黑洞物理學》，湖南師範大學出版社，2000 年 4 月。

2.張洞生，《黑洞宇宙學概論》，臺灣，蘭臺出版社。

3.梅曉春，俞平，黑洞熱力學不成立與霍金黑洞輻射不存在的嚴格證明 http://www.sohu.com/a/163536175_99973296，file:///C:/Users/Admin/Downloads/黑洞熱力學不成立和霍金黑洞輻射不存在的嚴格證明（終稿）.pdf

1-1 「新黑洞理論」是由黑洞 M_b 在其視界半徑 R_b 的六個基本公式組成的科學理論體系，是綜合四大經典物理學的基本理論和公式建立的；「黑洞無奇點」

> 盧瑟福：「一個好的理論應該連酒吧女郎都能看懂。」
> 普朗克：「一個新的科學真理取得勝利並不是通過讓它的反對者們信服並看到真理的光明，而是通過這些反對者們最終死去，熟悉它的新一代成長起來。」
> 春秋・老子：「萬物之始，大道至簡，衍化至繁。」

—本文只研究無電荷、無旋轉、球對稱的史瓦西（引力）黑洞。文中所有的計算全用「C，G，S」制。—

前言：作者才疏學淺，經過十多年的探索，另闢奇徑，不用「廣義相對論方程」，在霍金偉大的「黑洞物理學」理論的基礎上，用六個正確有效的經典基本公式，不附加任何前提條件，組成了作者的「新黑洞理論」，它能自洽有效地用公式定質定量地證實「黑洞」和「我們宇宙黑洞」「生長衰亡」的正確規律，及其在變化中任何確定時間的各個物理參數的數值。因此，作者的「新黑洞理論」是能準確地計算出黑洞和我們宇宙各個時間性能參數的「時間簡史」，且符合近代天文觀測資料的資料，這是霍金等大師尚未做到的事情。在「廣義相對論方程」發表後整整 100 年時的 2015 年 11 月，出版了作者的《黑洞宇宙學概論》一書，其中的「新黑洞理論」為人們提供了一條不用「廣義相對論方程」研究黑洞和宇宙的有效途徑，歡迎學者們將

二者作比較，判斷出其中「是非、對錯、優劣」。衷心希望學者們能從批判否定作者的「理論公式和結論」中，得出新的理論和公式，以推進黑洞和宇宙科學的進步。

愛因斯坦於 1915 年發表了他的「廣義相對論方程 GRE」，它是愛因斯坦頭腦中的產物，不是建立在堅實可靠而廣泛實驗物理事實或者公理的基礎上的，當時還沒有哈勃定律的宇宙膨脹的概念，沒有黑洞理論，量子力學剛剛起步。從物理學上來講，廣義相對論方程中，名義上是能量—物質密度使時空彎曲產生引力作用，實際上只有物質粒子的引力，而無對抗引力的「熱斥力」是先天不足的，是無法解出物體內部粒子的運動軌跡的，因為宇宙中任何物體的穩定存在，都是其內部物質及其結構的引力與斥力相平衡的結果。一個只有物質純引力的場方程必然使每個粒子都永遠處在不穩定的奔向其「質量中心」的收縮運動中，其最後的歸宿只能是向其質量中心收斂成密度為無限大的「奇點」，這是違反熱力學定律即因果律的結果，從邏輯推理就可得出的結論。

除了史瓦西 Karl Schwarzschild 對 GRE 的解（度規），不考慮黑洞的形成條件和過程，而能得出唯一正確的「黑洞的史瓦西公式」之外，100 年來，其餘所有的對「廣義相對論方程」玩花樣的傑出的學者們，包括霍金和彭羅斯在內，對「廣義相對論方程 GRE」的解大多數是錯誤的，或者背離實際的。因為他們解方程的許多前提都是違反熱力學、否定熱抗力的；否定輻射能有相當的質量，無法按

照 $E=MC^2$ 實現質量和能量交換的。而黑洞正是將質量轉換為能量的轉換機。

【注意】:本文中所謂的「史瓦西黑洞＝牛頓經典黑洞」≠愛因斯坦—霍金「奇異性黑洞」,前二者實質上是相同的。不僅黑洞公式相同,而且內部充滿物質,都無奇點。而非霍金和彭羅斯在愛因斯坦死後搞出的「奇異性黑洞」,因為愛因斯坦生前和史瓦西並沒有認為黑洞內有「奇點」的概念。

關鍵字:新黑洞理論;無電荷、無旋轉、球對稱的史瓦西(引力)黑洞;史瓦西(引力)黑洞在其視界半徑 R_b 上的六個普遍公式;六個公式奠定了作者「新黑洞理論」的基礎;黑洞在其視界半徑 R_b 上的霍金溫度公式,黑洞的霍金輻射 m_{ss} 及其公式;黑洞最後只能因不停地發射霍金輻射而收縮成為「最小黑洞 $M_{bm}=(hC/8\pi G)^{1/2}=10^{-5}g=m_p$」的公式;黑洞不可能在內部出現「奇點」;廣義相對論方程 GRE。

1-1-1　史瓦西(引力)黑洞在其視界半徑 R_b 上的六個基本公式,它們奠定「新黑洞理論」的基礎;普朗克領域。

找出五個物理參數 M_b,R_b,T_b,m_{ss},τ_b 在黑洞視界半徑 R_b 上的六個簡單普遍正確的經典公式,這六個公式決定了黑洞的狀態及其生長衰亡的規律,它們奠定了本書黑洞新理論的基礎,因為視界半徑 R_b 的膨脹和收縮的變化決定了黑洞整體的生長衰亡(與其內部的成分結構物質分佈

和狀態無關）規律。所有黑洞必須服從下面的（1a）、（1b）、（1c）、（1d）、（1e）、（1f）六個普遍公式，違反者就不是黑洞。

下面直接採用的舊的經典公式（1a）、（1c）、（1f），其來源和推導都相當高深複雜，但它們是現今物理世界行之有效的基本公式，本書只應用其正確的結果，不附加任何前提條件。作者進一步根據（1a）、（1b）、（1c）三式，推導出來（1d）、（1e）新公式，這六個公式是本書新黑洞理論的六根頂樑柱和根基。

下面（1a）是著名的霍金經過複雜推導出來的黑洞在其視界半徑 R_b 上的溫度公式，

$$\underline{M_b T_b = (C^3/4G) \times (h/2\pi\kappa) \approx 10^{27} gk} \cdots\cdots\cdots (1a)$$

M_b—黑洞的總質—能量；R_b—黑洞的視界半徑，T_b—黑洞的視界半徑 R_b 上作為冷源的溫度，m_{ss}—黑洞在視界半徑 R_b 上的霍金輻射的相當的質量，h—普朗克常數＝$6.63 \times 10^{-27} g*cm^2/s$，C—光速＝$3 \times 10^{10} cm/s$，G—萬有引力常＝$6.67 \times 10^{-8} cm^3/s^2*g$，波爾茲曼常數 $\kappa = 1.38 \times 10^{-16} g*cm^2/s^2*k$，$L_p$—普朗克長度；$T_p$—普朗克溫度；最小黑洞 M_{bm} 的視界半徑 R_{bm} 和 R_{bm} 上的溫度 T_{bm}。

m_{ss} 既然是黑洞在 R_b 上的霍金量子輻射，就必須按照其在視界半徑 R_b 上的 T_b 作為閥溫，就符合將引力能完全轉換為輻射能的閥溫公式，再根據能量粒子的波粒二重性，就必然會得出下面普遍適用的（1b）式，並且確信（1b）式在理論和計算上是正確的，是 $E = MC^2$ 公式的體應用。

　　在本書中各處，認為黑洞發射的輻射能（霍金輻射）m_{ss}，都是具有相當的引力質量的，這是與廣義相對論方程中的觀念的重大區別之一。（1b）式顯示了輻射能性質的多面性和複雜性，輻射能又是信息量和熵的攜帶者，再加上其紅移藍移和量子的諸多複雜特性，但是人們現在對輻射能 E_{ss} 的特性及其互相之間作用的複雜性的認識還是很不完全的。

$$E_{ss} = m_{ss}C^2 = \kappa T_b = \nu h/2\pi = Ch/2\pi\lambda \quad\cdots\cdots\cdots\cdots（1b）$$

　　作者在（1b）式中首先將輻射能 E_{ss} 的相當質量、溫度、波長的三種能量的轉換統一和轉換在一個公式（1b）裡。（1b）式的重要性還在於將霍金輻射 m_{ss} 的相當質量轉換成能 $m_{ss}C^2$ 後，與其粒子的熱能 κT_b 和波能 $\nu h/2\pi$ 同一地聯繫起來了，表現出輻射能的波粒二重性，並與測不准原理和普朗克常數準確地聯繫在一起，用物理學中最基本的公式表現出了輻射能各方面的基本特性。就是說，（1b）式將牛頓力學相對論與熱力學和量子力學聯繫在一起了。作者第一次正確地運用（1b）式在「新黑洞理論」中，是「新黑洞理論」成功的重要原因之一。黑洞正是用（1b）式將其內部的能量－物質 M_b 通過 R_b 轉換成霍金輻射 m_{ss} 發射到外界的。

　　下面的（1c）式是史瓦西黑洞公式（度規）＝牛頓黑洞公式，而非 GRE「奇異性黑洞」，它是黑洞形成和變化的必要條件；

$$GM_b/R_b = C^2/2R_b = 1.48\times10^{-28}M_b\cdots\cdots\cdots\cdots\cdots（1c）$$

將（1b）$m_{ss}C^2 = \kappa T_b$ 代入（1a），作者得出一個黑洞在 R_b 上的新普遍公式（1d），

$$\underline{m_{ss}M_b = hC/8\pi G = 1.187 \times 10^{-10} g^2} \cdots\cdots\cdots\cdots\cdots （1d）$$

公式（1b）和（1d）都是黑洞的視界半徑 R_b 上普遍有效的公式。既然 $M_b T_b$ 和 $m_{ss}M_b$ 之積均為常數，根據熱力學第三定律，必定有 $T_b \neq 0$ 和不能是無窮大，因此，依次可得出 $M_b \neq 0$，$m_{ss} \neq 0$，$R_b \neq 0$，$\rho_b \neq 0$ 等和不能是無窮大。就是說，（1d）中的 m_{ss} 和 M_b 都必定有個極限。同樣，按照（1a）、（1b），（1c）式，T_b、R_b 也都不可能是無限大和零，都必定有個極限。再根據部分不可能大於全體的公理，這個極限就是（1d）中最大的 m_{ssb} 必定等於最小的 M_{bm}，即 $M_b = M_{bm} = m_{ssb} = （hC/8\pi G）^{1/2}$。再從量子引力論得知 $（hC/8\pi G）^{1/2} \equiv m_p = $ 普朗克粒子。於是黑洞 M_b 最後只能因為發射霍金輻射 m_{ss} 而收縮成為 m_p[3] $\equiv$ 普朗克粒子 = 最小黑洞 $M_{bm} = $ 最大的 m_{ssb}，於是作者得出了又一個黑洞普遍的新公式，證明了黑洞不可能出現「奇點」。

$$\underline{m_{ssb} = M_{bm} = （hC/8\pi G）^{1/2} = m_p = 1.09 \times 10^{-5} g} \cdots\cdots （1e）$$

黑洞壽命公式（1f）是霍金大師根據相對論力學熱力學和量子力學的基本規律，經過極為複雜的推導出來的。

$$\tau_b \approx 10^{-27} M_b^3 \cdots\cdots\cdots\cdots\cdots\cdots\cdots\cdots\cdots\cdots\cdots （1f）$$

本書新版與初版的區別，是將（1f）正式納入「新黑洞理論」成為第六個基本公式，證明「新黑洞理論」是一個開放體系。

按照上面的公式，求出最小黑洞 M_{bm} 的其它參數

R_{bm}，T_{bm}，t_{sbm}，ρ_{bm} 的公式和數值，與「量子引力論」完全相同。

$$\therefore R_{bm} \equiv L_p \equiv (Gh/2\pi C^3)^{1/2} \equiv 1.61 \times 10^{-33} cm \cdots\cdots (1g)$$

$$\therefore T_{bm} \equiv T_p \equiv 0.71 \times 10^{32} k \cdots\cdots\cdots\cdots\cdots\cdots\cdots\cdots (1h)$$

$$\therefore m_{ssb} = hC/8\pi GM_{bm} = (hC/8\pi G)^{1/2} = 1.09 \times 10^{-5} g \cdots (1i)$$

$\therefore M_{bm}$ 的康普頓時間 Compton time t_c = 史瓦西時間 t_{sbm}，

$$\therefore t_c = t_{sbm} = R_{bm}/C = 1.61 \times 10^{-33}/3 \times 10^{10} = 0.537 \times 10^{-43} s \ (1j)$$

從 $M_b = 4\pi\rho R_b^3/3$ 和 （1c），下面（1m）對於任何一個黑洞都是正確有效的，ρ_b 是黑洞的平均密度。

$$\therefore \rho_{bm} = 0.6 \times 10^{93} g/cm^3 \cdots\cdots\cdots\cdots\cdots\cdots\cdots (1k)$$

$$\underline{\rho_b R_b^2 = 3C^2/(8\pi G) = Constant = 1.61 \times 10^{27} g/cm \cdots (1m)}$$

（1m）式中，$\rho_b R_b^2 =$ 常數，所以 R_b 和 ρ_b 不可能為 0，也不可能為無窮大，這正是（1e）式表示的任何黑洞都不可能塌縮成為「奇點」的根據。（1m）也成為黑洞的另一個普遍公式，凡符合（1m）者的，就是黑洞。

根據量子引力論，普朗克粒子 $m_p = (hC/8\pi G)^{1/2} \equiv$ 最小黑洞 M_{bm}，普朗克長度 $L_p \equiv (Gh/2\pi C^3)^{1/2} \equiv R_{bm}$。因此，普朗克粒子 m_p 與最小黑洞 M_{bm}，在 $T_{bm} \equiv T_p = 0.71 \times 10^{32} k$ 的條件下恆等，表明兩者是宇宙中兩種狀態共存的「臨界點」。

（1）什麼是黑洞？

上面六個公式（1a）（1b）～（1f）規定了黑洞五個物理參數 M_b、R_b、T_b、m_{ss}、τ_b 之間的準確關係，就是說，凡是五個物理參數符合六個公式的準確關係的，才是黑

洞，不符合的就不是黑洞。從這六個公式可以看出，黑洞就是一個將其內部的全部物質 M_b，通過發射 m_{ss} 後的引力收縮，最終攪碎（轉換）成 m_{ss} 能量的攪碎機（轉換機）。

比如，我們太陽就不是黑洞。太陽質量 $M_\theta = 1.989 \times 10^{33}$g，太陽半徑 $R_\theta = 6.9599 \times 10^{10}$cm，如果太陽是黑洞，則其質量 $M_\theta = M_b = 1.989 \times 10^{33}$g，應該其 $R_b = 3 \times 10^5$cm $<< R_\theta$；可見，我們太陽離黑洞還是太遠了。

（2）如何求出最小黑洞 M_{bm} 的前身一次小黑洞 M_{bs}？

可以粗略的認為 M_{bm} 與 m_{ss} 是從某一個前身的次小黑洞—M_{bs} 最後分裂出來的一個極短命的最小黑洞 M_{bm}，和等於普朗克粒子（最大輻射能）m_p。因此，它在宇宙中就是非最短命而獨立存在過的就是次小黑洞＝M_{bs}。

$\therefore M_{bs} \approx 2M_{bm}$

當然，也可利用（1d）式 $m_{ss}M_b = hC/8\pi G$ 精確地求出 $M_{bm} = m_{ss}$ 的前身一次小黑洞 M_{bs}。由於 M_{bs} 最後分裂為 M_{bm}，所以可從 $m_{ss}M_{bs} = hC/8\pi G$，轉變為：$M_{bs}(M_{bs} - M_{bm}) = hC/8\pi G = M_{bm}^2$，所以，$M_{bs}^2 - M_{bm}M_{bs} = M_{bm}^2$，於是，

$\underline{M_{bs} = 1.62\,M_{bm} \approx (2M_{bm} = 2m_{ss} = 2m_p = 2.2 \times 10^{-5}g)}$ ⋯⋯⋯（1n）

就是說，從（1n）可見，最小黑洞 M_{bm} 的前身一次小黑洞 $M_{bs} = (1.62{\sim}2)\,M_{bm}$。

（3）克爾 Kerr 黑洞：克爾對史瓦西黑洞的修正

如果黑洞 M_b 有動量矩 J 而旋轉，成為旋轉的克爾 Kerr 黑洞。1962 年，新西蘭物理學家 R・P・Kerr 給出了因轉動而非球形史瓦西黑洞的引力半徑，稱之為克爾半徑 R_{bk}，

其公式為：下面（1p）式中 $a = J/M_bC$，

$$R_{bk} = GM_b/C^2 + (G^2M_b^2/C^4 - a^2)^{1/2} \cdots\cdots\cdots\cdots (1p)$$

R_{bk} 取代了（1c）$-GM_b/R_b = C^2/2$ 中的 R_b，因為史瓦西黑洞中的（1a）（1b）（1d）（1e）中均與 R_b 無關，故四式均適用於克爾黑洞。由於黑洞旋轉，霍金輻射 m_{ss} 在 R_{bk} 上產生了離心力，而 m_{ss} 在 R_{bk} 和 R_b 只能是光速 C，故 M_b 相同的黑洞，$R_{bk} < R_b$。

說明：克爾黑洞的中心不會出現如霍金和彭羅斯所說的「裸奇點」，他們的錯誤正如其認為史瓦西黑洞中心必然存在「奇點」是同樣的，是他們錯誤地解「廣義相對論方程」的結果。實際上，當旋轉黑洞形成時，如果其內部有大量向中心螺旋旋轉的粒子，它們就會向中心加速旋轉，而形成如大海中的龍轉風似的高速「粒子柱」流噴射出去，最後剩下為像太陽一樣旋轉的黑洞球體。而沒有噴射出去、在黑洞內旋轉的粒子流，具有離心力，有少許對抗粒子引力收縮的作用。

1-1-2 從對上面的「新黑洞理論的六個最簡單最基本公式」的觀察和分析，可得出許多極其重要的結論和推論，它們大大地推進和完善了「黑洞理論」和「宇宙學理論」。

一、「新黑洞理論和公式」最重大的成就是找出了黑洞發射的霍金輻射 m_{ss} 與黑洞總質－能量 M_b 的正確的新公式（1d）和（1e）。霍金因為沒有找到 m_{ss} 的量和與 M_b 的正確關係式，所以他不時地發表出對「黑洞存在或

不存在」、「資訊是否從黑洞消失」的自相矛盾的許多觀點。

　　二、「新黑洞理論和六個基本公式（1a）~（1f）」，定質定量地正確地確定了黑洞和宇宙黑洞從生到死的變化規律和命運，它的生死輪回。公式（1c）規定了黑洞的「生和長」的變化規律，（1c）的正確性符合牛頓力學的宇宙速度的公式，還符合量子引力論的公式（1ah）（見下面 1-1-6 節）。

　　三、根據（1c）可知，當一個黑洞 M_b 形成之後，無論它因吞食外界能量—物質而膨脹，還是因發射霍金輻射 m_{ss} 而收縮，在它最後收縮成為最小黑洞 M_{bm} ＝普朗克粒子 m_p 之前，它將永遠是一個大小不同的質—能量 M_b 的黑洞。

　　而且，當黑洞在其視界半徑（Event Horizon）上因發射霍金輻射（Hawking Radiation） m_{ss} 而收縮或者因吞噬外界能量—物質而膨脹時，其視界半徑 R_b 上各種物理量（參數）的變化，與其內部成分結構與物質密度的分佈和狀態等無關，而只取決於黑洞總質—能量 M_b。從而證明：黑洞的視界半徑 R_b 最後只能因不停地發射霍金輻射而收縮成為最小黑洞 $M_{bm}＝（hC/8\pi G）^{1/2}＝10^{-5}g＝m_p$，即普朗克粒子時，就在普朗克領域爆炸消失。因此，黑洞就不可能在其視界內部的中心出現「奇點」。這也是早期 Fred Hoyle 的觀念。

　　作者的「新黑洞理論及其公式」證明了，現實宇宙

中的黑洞不可能出現「奇點」，所以「史瓦西黑洞＝牛頓力學黑洞」，是宇宙中真實存在的實體，而「愛因斯坦的奇異性黑洞」不可能存在宇宙中，它只存在於霍金和彭羅斯等大師們的數學公式中或者拓撲學中的一個虛假的「奇點」。

這些正確的公式和資料確鑿的結論，是 100 年來玩弄「廣義相對論方程」的學者們無法得到的。宇宙中和黑洞內找不到「奇點」的蹤跡，證實作者「新黑洞理論」的正確性。

四、黑洞是四大經典理論，即牛頓力學，相對論、熱力學和量子力學的基本原理和公式綜合性關係和作用的產物。黑洞的六個基本參數 M_b，R_b，ρ，T_b，m_{ss}，τ_b 完全取決於四個自然常數 h，C，G，κ 的不同的單值組合，因此黑洞是宇宙中最簡單的物體實體。G 表示牛頓力學中的萬有引力；κ 表示熱力學的基本性質；h 表示量子力學的基本原理，即測不準原理；C 表示相對論的基本公式 $E = mC^2$。可見，黑洞理論中的問題就只能綜合上述四個經典理論綜合來解決，這是正道。什麼弦論、膜論、多維理論、量子引力論等都對黑洞無濟於事。

五、黑洞的各個物理量 M_b，R_b，T_b，m_{ss}，τ_b 只是黑洞在視界半徑上的狀態，而與黑洞內部的成分、狀態和結構沒有關係。所以，同等質量 M_b 黑洞的狀態、性質和五個物理參數值是完全相同的。這就是可以不用「廣義相對論方程」的原由。決定黑洞五個物理量的六公式中，

（1d）和（1e）二式是作者新推導出來的，由於有了新的（1d）式，才能推導出（1e）公式，（1e）式決定了黑洞的最終命運，有了這二個公式，才使新黑洞理論趨向完整和完善。愛因斯坦：「方程式是永恆的。」

六、公式（1e）$M_{bm} = (hC/8\pi G)^{1/2} = 10^{-5}g = m_p$ 表示，高溫高能量子的 m_p 與最小黑洞 M_{bm} 在宇宙最高溫度 $T_{bm} \equiv T_p \equiv 0.71 \times 10^{32}k$ 時可共存和互相轉化，於是將「普朗克領域」與我們現實的「黑洞宇宙」領域在其臨界點天衣無縫的連接起來了，正如液體水和固態冰在 0°C 時，水和冰兩態可連接共存在一起一樣。說明大宇宙既有物質—能量的同一性和可轉換性，又有狀態和階段的差異性，宇宙不同的狀態和階段應有不同的理論和公式來描述。

七、本文中的所有結論與廣義相對論方程 GRE 的結論完全不同。因為 GRE 在實際運用中，只有「物質粒子單純的引力作用」，否定了熱力學和量子力學作用。而在解 GRE 時，又無法將熱力學和量子力學的效應反映到 GRE 中去，所以所有解 GRE 得出的結論，必然違反熱力學和量子力學，而錯誤荒謬。其次，以往的科學家們為了能解出複雜的 GRE，提出了許多違反熱力學定律和量子力學的簡化假設，如封閉系統、可逆過程、忽略物質粒子的熱抗力、忽略溫度密度的改變而造成熱抗力的增減等等，提出「宇宙學原理」「人擇原理」等，結果導致出現「奇點」和許多背離實際的謬論。

　　八、作者「新黑洞理論及其六個基本公式」成立的前提，是能正確而有效地組合了，牛頓力學相對論熱力學和量子力學四大經典物理學中最基本的、不可再分解幾個公式，是產生於其本源的。因此能夠建立正確有效的「新黑洞理論」和「黑洞宇宙學」的科學理論體系。看看所有成功的科學理論，如牛頓力學，歐式幾何學，熱力學，電磁理論，量子力學等，都是幾個最基本最簡單和不能分解的公式（公理）組成的。而 GRE，如愛因斯坦所說的「簡單和美」，是整形和變形出來的，它實際上是很複雜的，能分解出十個獨立微分方程。而且 GRE 中沒有 h 和 κ，可見 GRE 中根本沒有量子力學和熱力學的作用。因此，GRE 只能成為某些物理學家手中的花瓶。今後，用作者的六個新黑洞理論的公式取代 GRE 以解決黑洞和宇宙學中的問題是正確有效而必然的。

　　由於 GRE 可以分解為 10 獨立的二階微分方程，而積分必須給出符合實際的初始條件，才能得出正確的解。不同的初始（邊界）條件，會得出一個不同的「宇宙」解。而 GRE 又沒有熱力學和量子力學的作用和效應。因此，GRE 學者們是不可能給出符合我們宇宙實際的初始條件的。這就是他們得出「奇點」不可能在我們現實宇宙中出現和存在的根本原因。作者「新黑洞理論」的六個基本公式，就像六塊基石和六根支柱，互相配合共同支撐「新黑洞理論」的大廈；它無需解微分方程，無需邊界條件，黑洞和宇宙的性能參數直接取決於其 M_b，

因此，所有結論符合我們物理世界的真實性。

　　九、霍金說：「在經典物理框架中，黑洞越變越大，但在量子物理框架中，黑洞因輻射而越變越小。」霍金將每個黑洞有二種功能誤認為宇宙中有二種不同類型的黑洞。作者的「新黑洞理論」是將「黑洞」的「吞噬外界能量—物質的變大和發射霍金輻射的變小」、「吐故和納新」兩種功能統一於「黑洞」的。就是說，「新黑洞理論」中的黑洞是一個開放系統，而且是一個符合 $E＝mC^2$ 的質量—能量轉換機。愛因斯坦後半生執拗地欲將廣義相對論與量子力學的方程式統一起來，但徒勞無功，為什麼？因為廣義相對論方程是一個封閉系統，又無法進行質量—能量轉換。

　　十、用新理論公式簡單證明我們視界內的宇宙就是一個真實的史瓦西「宇宙大黑洞」。

　　根據近代天文儀器精確的觀測資料和計算，我們宇宙實測的年齡 A_u，我們宇宙實測的平均密度 ρ_u；

　　$A_u＝137$ 億年 $＝1.37×10^8×3.156×10^7s＝4.32×10^{17}s$；

　　$\rho_u＝10^{-29}g/cm^3$；因此我們宇宙的視界半徑 $R_u＝CA_u＝1.3×10^{28}cm$；

　　由上面的（1m）式，符合此式的即是黑洞，$\rho_b R_b^2＝3C^2/（8\pi G）＝$ 常數 $＝1.61×10^{27}g/cm$，

　　$\therefore \rho_u R_u^2＝10^{-29}×（1.3×10^{28}）^2＝1.7×10^{27}g/cm＝\rho_b R_b^2＝1.6×10^{27}g/cm$；

　　這證明我們宇宙就是一個真實的史瓦西「宇宙大黑洞」。

1-1-3　為什麼用六個公式的組合能有效地解決黑洞和宇宙學中的許多重要問題，而「廣義相對論方程（GRE）」卻無能為力？也許，學者們企圖在「黑洞和宇宙物理學」中建立一個完整統一公式的邏輯體系，但是到現在還是徒勞的。

　　本文向大家提出了一個尖銳的問題：如要解決黑洞和宇宙學中問題，是用一個有一些附加前提條件的統一的方程，如 GRE 去解決好呢，還是用幾個現成的、經典的、被實踐證明又廣泛運用的多個基本公式組合去共同解決好呢？

　　如果要想解決黑洞和宇宙學中實際問題，其公式必定要有「熱力學和量子力學」的作用，但是 GRE 無法加進二者的作用，而只有物質單純的引力的作用。現在用作者「新黑洞理論」的六公式組群顯然是較簡單合適有效的，因為它運用了「熱力學和量子力學」的基本公式。GRE 雖然看來好像是一個完整理論的邏輯體系，但是它太複雜，靠「單一的物質引力」獨木難撐大廈，需要假定許多背離宇宙客觀實際的前提條件，才能勉強得出一個背離實際的特殊解和諸多謬論。

　　溫伯格（S. Weinberg）在他的《引力論和宇宙論——廣義相對論的原理和應用》一書的開篇，寫下這樣一段話：「物理學並不是一個已完成的邏輯體系。相反，它每時每刻都存在著一些觀念上的巨大混亂，有些像民間史詩那樣，從往昔英雄時代流傳下來；而另一些則是像空

想小說那樣，從我們對於將來會有偉大的綜合理論的嚮往中產生出來。」

愛因斯坦也指出：「物理學構成了一種處在不斷進化過程中的思想邏輯體系。」物理學理論作為思想邏輯體系並沒有完成，二位頂級的物理學大師實際上說明了，在物理學史上，沒有那個理論的邏輯體系是已經完成了的。愛因斯坦說得客氣一些，都「處在不斷進化過程中」。

實際上，無論是牛頓力學體系、還是廣義相對論方程（GRE）、量子力學、熱力學（統計力學）、電磁理論等都是未完成的體系，特別是 GRE 建立在哈勃定律出現之前約 14 年，它只是愛因斯坦頭腦中的產物，而沒有實際的宇宙觀測資料和事實作為依據。比如，作為一個理論體系，牛頓理論並沒有完成，質量和慣性等在牛頓體系中起著核心作用，但其起源卻無法解決。麥克斯韋（J. C. Maxwell）建立了電磁理論，統一了電和磁的現象，預言了電磁波，描述了帶電體、光和電磁波的運動，是 19 世紀物理理論的偉大成就。在麥克斯韋理論中出現了光速 C。但是，按照麥克斯韋理論，加速電荷應該發出輻射，然而，計算結果卻出現無法處理的無限大，至於後來發現的微觀尺度上的電磁現象，經典的麥克斯韋理論根本無法解釋。可見，麥克斯韋電磁理論作為一個理論體系對於在宏觀尺度上的電磁現象並不是已經完成的。至於另一偉大成就的熱力學和統計物理學，其基本原理一直不完全清楚，無法建立統計規律與個體規律間的本

質區別和聯繫。因此作為一個理論體系也沒有完成。對統計物理有偉大貢獻的玻爾茲曼 （L.Boltzmann）為此甚為憂慮，後來他神秘地自殺身亡。

20 世紀量子力學在各方面取得了偉大的成就，各派對量子力學的爭執就說明它遠未成為一個理論完整的邏輯體系。費恩曼（R. P. Feynman）早就說過：「我可以放心地說，沒有一個人懂得量子力學。」 在晚年，他還說過：「按照量子力學的觀點看待世界，我們總是會遇到許多困難。至少對我是如此。現在我已老邁昏花，不足以達到對這一理論實質的透徹理解。對此，我一直感到窘迫不安。」蓋爾曼（M. Gell-Mann）也說過：「全部現代物理為量子力學所支配。這個理論華麗宏偉，卻又充斥著混亂。……這個理論經受了所有的檢驗，沒有理由認為其中存在什麼缺陷。……我們知道如何在問題中運用它，但是卻不得不承認一個事實，沒有人能夠懂得它。」

作者用六個公式組成了一個「新黑洞理論」完整的科學理論體系，能通過公式的計算解決「黑洞理論」和「宇宙學」中的許多重大的理論和實際問題，簡單方便正確地計算出任何黑洞 M_b 和其它的物理常數 R_b，T_b，m_{ss}，τ_b 的數值，但是無法像 GRE 一樣，用一個完整統一的公式表達出來。

當然，還有更高層次的問題可以提出，為什麼一個複雜難解的統一的 GRE 數學方程，就一定是「一個理論完整的邏輯體系」呢？由五條一般公理＋五條幾何公理

組成的歐幾里德幾何學，難道不是「一個理論完整的邏輯體系」嗎？由牛頓運動三定律加上引力定律難道不算是「一個理論完整的邏輯體系」嗎？過分地追求「統一完整的數學方程理論體系」，是在鼓勵誤導學者們追求虛幻的各種「萬能理論」。

1-1-4　在宇宙中，黑洞是通過（1d）—$m_{ss}M_b = hC/8\pi G = 1.187 \times 10^{-10}g^2$，將全部 M_b 轉變為逐個的 m_{ss}，而在太陽中心的核聚變，是將物質的 0.007 轉變為能量（輻射能）的。

從前面的證明可知，「新黑洞理論」證明，黑洞就是通過「引力收縮」，將其內部全部的物質 M_b，緩慢地變成霍金輻射 m_{ss} 後發射出去。黑洞就是將全部 M_b 攪碎成 m_{ss} 能量的攪碎機。而恆星內部的核聚變是將很小一部分物質轉變為能量。而核聚變必須在確定的高溫高壓條件下才能完成。

恆星中心的核聚變的結果，是將四個氫原子聚合成一個氦原子。這個過程能夠將 0.00719 的物質轉變為能量，這是一個不可逆的熵增加的過程。氫原子質量 H＝1.0079，氦原子質量 He＝4.0026。當 4 氫原子合成 1 氦原子後，其質量損失的總和為：1.0079x4－4.0026＝4.0316－4.0026 ＝ 0.029。而質量轉變為能量的百分比為：0.029/4.0316＝0.00719。

四個質子質量的 0.00719 的損失將產生二個中微子+

二個正電子+三個高能光子（γ 射線）。二個中微子將立即
從太陽中流出並帶走一小部分能量物質。二個正電子將發
現二個負電子然後湮滅成γ 射線，這將轉換成輻射能量。
當然，它將繼續產生更多新的高能光子（γ 射線），為了保
持太陽核心溫度的平衡，必須有多餘的高能光子逃離核心。

　　相對的說，黑洞是將其全部能量—物質 M_b 轉變為逐
個的霍金輻射 m_{ss}，但是它的壽命是非常非常的長的。一
個恆星級黑洞的壽命約為 10^{65} 年。而恆星的核聚變是將其
小部分物質轉變為能量，它的過程時間卻相對的短得多，
約為 10^9 年。

1-1-5　附錄：量子引力論的有關結果，引用自參考文獻[3]

　　量子引力論是將量子力學中的測不準原理引入到引力理論中，即
有，$\Delta E \times \Delta t \approx h/2\pi$ ································· （1aa）
將上式用於兩個基本粒子的反應過程，

$\Delta E = 2mC^2$ ····································· （1ab）
產生或湮滅兩個基本粒子的時間量級為，

$\Delta t = t_c = h/2mC^2$ ······························ （1ac）
t_c 稱為康普頓時間（Compton time），光穿過質量為 m 的基本粒子
的史瓦西半徑的時間為，

$t_s = 2Gm/C^3$ ·································· （1ad）
t_s 稱為史瓦西時間，一般來說，$t_c < t_s$，當 $t_c = t_s$ 時，對應的質量為，

$m_p = (hC/8\pi G)^{1/2}$ ··························· （1ae）
m_p 就是普朗克粒子的質量，其長度 L_p 稱為普朗克長度，

$$L_p = (Gh/2\pi C^3)^{1/2} \cdots\cdots\cdots\cdots\cdots\cdots\cdots\cdots\cdots (1af)$$

所以 $m_p/L_p = C^2/2G \cdots\cdots\cdots\cdots\cdots\cdots\cdots\cdots (1ah)$

上面證明

$$(1ae)=(1e),(1af)=(1g),(1ah)=(1c) \cdots\cdots\cdots (1aj)$$

＝＝＝＝＝＝＝＝＝＝＝全文完＝＝＝＝＝＝＝＝＝＝＝

參考文獻：

1.王永久，《黑洞物理學》，湖南師範大學出版社，2000 年 4 月，
　公式（4.2.35）。

2.蘇宜，《天文學新概論》，華中科技大學出版社，2000 年 8 月。

3.何香濤，《觀測天文學》，科學出版社，2002 年 4 月。

4.張洞生，《黑洞宇宙學概論》，臺灣，蘭臺出版社，2015 年 11 月。

1-2　只有用經典理論才能解釋黑洞M_b發射霍金輻射m_{ss}的機理；m_{ss}離開黑洞是由高溫高能向低溫低能區域的自然流動

龐加萊：「正是為了理想本身，科學家才獻身於漫長而艱苦的研究之中。」

霍金：「我的目標很簡單，就是把宇宙整個弄明白——它為何如此，為何存在。」

前言：

黑洞內部能量—物質的超強引力，使得在其球面視界半徑R_b內的光子也無法逃出黑洞，所以黑洞成為真正的「黑體」。但是由於霍金證明了黑洞在其R_b上有溫度T_b的冷源，能像黑體一樣，成為輻射源。黑洞的霍金輻射m_{ss}就是通過黑洞在R_b上的閥溫T_b作為冷源，在黑洞內部物質粒子的強大的引力收縮下，將其內部能量—物質轉變為相應溫度T_b的輻射能。高溫時可將黑洞內的物質粒子直接轉變為輻射能，低溫時就將輻射能的溫度轉變為T_b而向外發射的過程。黑洞不停地發射m_{ss}的結果，使得黑洞不停地收縮，而不停地提高視界半徑上T_b的溫度，使黑洞內的物質隨著溫度的增高而逐步被融化變為高溫輻射能粒子m_{ss}而逃離黑洞。最後結果就是黑洞收縮為「最小黑洞$M_{bm}＝m_p$普朗克粒子」而爆炸消亡在普朗克領域。

約翰—皮爾·盧考涅重複霍金對霍金輻射的解釋

說：「黑洞的輻射很像另一種有相同顏色的東西，就是黑體。黑體是一種理想的輻射源，處在有一定溫度表徵的完全熱平衡狀態。它發出所有波長的輻射，輻射譜只依賴於它的溫度而與其它的性質無關。」現今的主流學者們對霍金輻射的權威解釋，包括霍金自己在內，都用「真空中的能量漲落而能生成虛粒子對」的概念。他們認為：「由於能量漲落而躁動的真空，就成了所謂的狄拉克海，其中遍佈著自發出現而又很快湮滅的正－反粒子對。量子真空會被微型黑洞周圍的強引力場所極化。在狄拉克海裡，虛粒子對不斷地產生和消失，一個粒子和它的反粒子會分離一段很短的時間，於是就有四種可能性：1、兩個夥伴重新相遇並相互湮滅；2、反粒子被黑洞捕獲而正粒子在外部世界顯形；3、正粒子捕獲而反粒子逃出；4、雙雙落入黑洞。」

霍金計算了這些過程發生的機率，發現過程二最常見。於是，能量的賬就是這樣算的：「由於有傾向性地捕獲反粒子，黑洞自發地損失能量，也就是損失質量。在外部觀察者看來，黑洞在蒸發，即發出粒子氣流。」

如果上述這種解釋是正確的話，那麼，推而廣之，不僅黑洞發射霍金輻射，甚至任何物體發射能量－物質，就都可以用這種虛幻的「真空中虛粒子對的產生和湮滅」的概念來解釋了，比如太陽發射電磁波、粒子和噴流，甚至人體發出紅外線熱能，呼出的二氧化碳甚至於出汗等等似乎都可以套用這種「神通廣大的虛粒子對」

去解釋了。從公式（1d）可見，黑洞不停地發射 m_{ss} 的相當質量，是由小到大不停地改變的，到最後收縮的最小黑洞 $M_{bm} = m_p$ 時，其能量密度約為 $10^{93} g/cm^3$。那麼，只有虛粒子對的相當質量與不同大小的每一個霍金輻射 m_{ss} 能夠匹配時，才能保證 m_{ss} 從黑洞發射出來，而現今宇宙空間的能量密度約為 $10^{-29} g/cm^3$，這就導致科學家們的計算出來真空能的密度會高達 $10^{122 = 93 + 29} g/cm^3$ 的荒謬結論。

　　與其用這種高深莫測的虛幻概念和複雜的數學公式去作故意兜圈子的證明，黑洞外面多出一個正粒子，不如直接按照作者在本文中的論證：「黑洞向外發射的霍金輻射 m_{ss} 就是這個逃出黑洞的正粒子來得簡單明瞭而自洽」。這就是作者在本文中試圖用經典黑洞理論來更圓滿地解釋黑洞發射霍金輻射的緣由。作者將以公式證明：黑洞發射霍金輻射的機理無需神秘化，它與太陽發射可見光以及物體發射熱輻射的機理是一樣的，都是輻射能從高溫高能向低溫低能場的自然流動。

　　霍金之所以解釋不清黑洞發射霍金輻射 m_{ss}，是因為他不知道 m_{ss} 與黑洞質量 M_b 的準確關係公式（1d）。

　　關鍵字：黑洞；黑洞 M_b 在視界半徑 R_b 上的閾溫 T_b；黑洞的霍金輻射 m_{ss}；狄拉克海的真空虛粒子對；黑洞霍金輻射 m_{ss} 的三種能量形式；用經典理論解釋發射霍金輻射 m_{ss} 的機理。

　　內容摘要：

　　黑洞 M_b 在其視界半徑 R_b 上發射（蒸發）霍金量子輻射 m_{ss}，簡稱霍金輻射。在上面一文中，作者「開天闢地」地找到了霍金輻射 m_{ss} 的正確公式（1d）— $m_{ss}M_b = hC/8\pi G = 1.187 \times 10^{-10}g^2$。本文的目的就是要將霍金沒有弄明白的霍金輻射 m_{ss}，弄得更清楚更明白。

　　宇宙中任何事物，包括我們視界內的宇宙，都符合生長衰亡的普遍規律，為什麼？因為宇宙和其中的任何事物時刻都在互相聯繫和影響著而變化，它們都必定有「吐故納新，新陳代謝」。史瓦西對廣義相對論方程的特殊解（1c），解決了黑洞的「納新」問題，但是不知道「吐故」什麼。霍金的黑洞理論指出了黑洞的「吐故」就是發射霍金量子輻射 m_{ss}，但他不知道它的許多性質和量，不知道它與黑洞 M_b 的關係，不知道 m_{ss} 被發射出來的機理。本文就是要解決和回答這些問題。

　　霍金對黑洞熱力學理論劃時代的偉大貢獻是提出了在黑洞視界半徑 R_b 上，存在作為冷源的閥溫 T_b，能像黑體一樣發射量子輻射 m_{ss}。這是建立在熱力學和量子力學的堅實的基礎上的，是符合實際物理世界的理論。

　　由廣義相對論 GRE 的史瓦西公式得出的黑洞是一個怪物。一旦形成，它就只能吞噬外界能量—物質而膨脹長大，在宇宙中永不消亡。霍金的黑洞理論證明，黑洞還會因發射霍金量子輻射 m_{ss} 而縮小消亡,使黑洞與宇宙中的任何物體和事物一樣，具有「生長衰亡」的普遍規律。所以是霍金的黑洞理論彌補挽救了片面的愛因斯坦

黑洞理論。但是霍金沒有得出霍金輻射 m_{ss} 的公式，所以他不可能知道任何黑洞最後只能收縮成為普朗克粒子 m_p，而不可能收縮為「奇點」。他對其發射機理的解釋卻是不能讓人信服和恭維的。霍金解釋說，由於真空是大量的「虛粒子對」不斷快速產生和湮滅的真空海洋，就使得虛粒子對中的負粒子被黑洞捕獲而正粒子留在外部世界顯形，這就成為黑洞中正粒子逃出黑洞的原因。這種解釋是在用無法證實的、不確定的「狄拉克海」的新物理概念來忽悠人。作者在本文中將用前文找出的霍金輻射 m_{ss} 的正確公式（1d），並且論證：黑洞的霍金輻射 m_{ss} 就是直接從其視界半徑上 R_b 逃到外界的，是從高溫高能量場向低溫低能量場的自然流動，是符合熱力學定律的。

1-2-1 史瓦西黑洞 M_b（球對稱，無旋轉，無電荷）在其視界半徑 R_b 上的六個守恆公式，這幾個公式是對黑洞普遍適用的基本公式。

下面「新黑洞理論」的（1a）（1b）（1c）（1d）（1e）各式的來源和證明請參看前面的 1-1 章。

$$T_bM_b = (C^3/4G) \times (h/2\pi\kappa) \approx 10^{27}\text{gk}\cdots\cdots\cdots\cdots（1a）$$

$$E = m_{ss}C^2 = \kappa T_b^2 = Ch/2\pi\lambda_{ss} = \nu_{ss}h/2\pi\cdots\cdots\cdots\cdots（1b）$$

$$GM_b/R_b = C^2/2\cdots\cdots\cdots\cdots\cdots\cdots\cdots\cdots\cdots\cdots\cdots\cdots（1c）$$

$$m_{ss}M_b = hC/8\pi G = 1.187 \times 10^{-10}\text{g}^2\cdots\cdots\cdots\cdots\cdots（1d）$$

$$m_{ssb} = M_{bm} = m_p = (hC/8\pi G)^{1/2} = 1.09 \times 10^{-5}\text{g}\cdots\cdots（1e）$$

$$\tau_b \approx 10^{-27} M_b^3 \cdots\cdots\cdots\cdots\cdots\cdots\cdots\cdots\cdots\cdots （1f）$$

將（1f）微分後，得（1g）式。如果再令 $dM_b = 1$ 個 m_{ss}，則 $-d\tau_b$ 就是黑洞發射兩個鄰近 m_{ss} 之間所需的間隔時間。由於霍金等大師，沒有推導出新公式（1d），當然無法知道（1g）（1h）式。

$$\therefore -d\tau_b = 3 \times 10^{-27} M_b^2 dM_b \cdots\cdots\cdots\cdots\cdots\cdots\cdots（1g）$$

微分後，$-d\tau_b \approx 3 \times 10^{-27} M_b^2 dM_b \approx 0.356 \times 10^{-36} M_b \cdots$（1h）

比如，對於我們宇宙作為一個「巨無霸宇宙黑洞」，其發射二個鄰近 m_{ss} 之間所需的間隔時間為：

$-d\tau_{bu} \approx 0.356 \times 10^{-36} M_u = 0.356 \times 10^{-36} \times 10^{56} = 0.356 \times 10^{20}$ 秒 $= 0.356 \times 10^{20}/3.156 \times 10^7 = 10^{12}$ 年 $= 1$ 萬億年，我們宇宙的壽命才 137 億年呢。

1-2-2 霍金輻射 m_{ss} 在黑洞 M_b 的視界半徑 R_b 上的受力和運動能量。公式（1c）和（1d）的物理意義。黑洞是永遠不穩定的實體，黑洞膨脹和收縮的原因。

一、按照第一宇宙速度的原理，求黑洞 M_b 對霍金輻射 m_{ss} 在其視界半徑 R_b 的引力 F_{bg} 與其離心力 F_{bc} 的平衡，即 $F_{bg} = F_{bc}$，以判定能逃出黑洞的輻射量子 $m_{sl} < m_{ss}$，求黑洞總質—能量 M_b 在 R_b 上對 m_{ss} 的引力，按照上面（1d）式，

$$m_{ss}M_b = hC/8\pi G = 1.187 \times 10^{-10} g^2 \cdots\cdots\cdots\cdots\cdots（1d）$$

從（1d）式的左右兩邊各 $\times 2G/R_b^2$，得

$$2GM_b m_{ss}/R_b^2 = hC/4\pi R_b^2 \cdots\cdots\cdots\cdots\cdots（2a）$$

既然以 R_b^2 除以兩邊，就是表示將 M_b 看做集中於黑洞

中心的中心力，從（1d），$m_{ss}M_b$＝const，從形式上看，黑洞M_b在其視界半徑R_b上對m_{ss}的引力＝F_{bg}，它反比於$R_b{}^2$，而與 M_b 和 m_{ss} 的量無關。令 M_b 在 R_b 上對 m_{ss} 的引力 F_{bg} 為，

$$F_{bg}=2GM_bm_{ss}/R_b{}^2 \cdots\cdots\cdots\cdots\cdots\cdots\cdots\cdots（2b）$$

再由前面（1c）式 $2GM_b/R_b$＝C^2，可變為

$$2GM_bm_{ss}/R_b{}^2=m_{ss}\times C^2/R_b \cdots\cdots\cdots\cdots\cdots\cdots（2ba）$$

由（2ba）可見，$2GM_bm_{ss}/R_b{}^2$ 是黑洞 M_b 在其視界半徑 R_b 上對 m_{ss} 的引力 F_{bg}，由於來源於廣義相對論方程的 M_b 是分佈在黑洞內整個空間，而不是集中於黑洞中心，所以 $F_{bg}=2GM_bm_{ss}/R_b{}^2$。而 $m_{ss}\times C^2/R_b$ 則是 m_{ss} 以光速 C 在 R_b 作圓周運動（按廣義相對論的說法是測地線運動）的離心力 F_{bc}。從（2a）、（2ba）得

$$F_{bc}=hC/4\pi R_b{}^2=m_{ss}\times（C^2/R_b）\cdots\cdots\cdots\cdots\cdots（2c）$$

因此，由（1c）和（1d），可推出的（2a）、（2ba）和（2c），都表示 m_{ss} 在 R_b 上以光速 C 圍繞 M_b 運動時，M_b 對 m_{ss} 的引力與其離心力的平衡，而 C^2/R_b 就是 m_{ss} 的離心加速度，於是，

$$m_{ss}=h/（4\pi CR_b）\cdots\cdots\cdots\cdots\cdots\cdots（2ca）$$

$$F_{bg}=F_{bc}=2GM_bm_{ss}/R_b{}^2=hC/4\pi R_b{}^2=m_{ss}\times（C^2/R_b）\cdots（2d）$$

由（2d）得，$\underline{4GM_bm_{ss}/（hC/2\pi）=1}$ $\cdots\cdots\cdots\cdots$（2da）

（2da）式表明霍金輻射 m_{ss} 在其視界半徑 R_b 上所受的引力 $2GM_bm_{ss}$ 與離心力（$hC/4\pi$）的平衡，而分母（$hC/4\pi$）＝常數。因此，黑洞內凡是粒子 $m_{sl}<m_{ss}$ 的粒

子或輻射能 m_{sl} 才可以逃離出黑洞。

因此，（2da）式就成為 m_s 逃離黑洞的一個判別式。

二、黑洞是永遠不穩定的變化著的實體，黑洞在不停地膨脹或收縮，（1d）—$m_{ss}M_b$＝$hC/8\pi G$ 就成為永遠不平衡的公式。

黑洞是宇宙中最嚴格定量地按照規律「吐故納新」和進行「質量—能量轉換」的實體（攪碎機），毫不含糊。它嚴格地按照史瓦西黑洞公式（1c）從外界吞食能量—物質而膨脹增加其 R_b，嚴格按照黑洞公式（1d）（2da）一個接一個地向外發射小於霍金輻射 m_{ss} 的 m_{sl} 而收縮其 R_b，又嚴格地按照公式（1b）—E_{ss}＝$m_{ss}C^2$＝κT_b＝$vh/2\pi$ 將黑洞的能量—物質轉換為霍金輻射 m_{ss} 而發射到外界。由於 m_{ss} 在其視界半徑 R_b 上不可能同時既維持與 M_b 的引力平衡，又維持與外界的熱平衡，因此，它只能在外界無能量—物質可吞食後，不停地發射 m_{ss}，最後收縮為 M_{bm}＝m_p 而消失。從黑洞公式（2da）—$4GM_bm_{ss}/(hC/2\pi)$＝1 來看，黑洞的特殊性是與其它絕大多數物體不同，它所吐出的 m_{ss} 是輻射量子，無論 M_b 是多少，（$hC/2\pi$）是常數，而 M_bm_{ss} 也必須維持常數，因此，在黑洞失去一個 m_{ss} 後，必定使 M_b 減少，R_b 收縮，緊接著下一個 m_{ss} 必定增大，使 M_b 再減少，這種「熱不平衡」和「引力不平衡」的循環會不停地演變下去，直到黑洞收縮到 M_{bm}＝m_p 消失為止。所以黑洞是宇宙裡一個永遠不停地工作、變化、將物質轉變為能量（霍金輻射 m_{ss}）

的、永不穩定的實體和攪碎機。

　　m_{ss} 在 R_b 是不可能同時維持兩種平衡—熱平衡與引力平衡，特別是不可能與 R_b 的外界達到熱平衡。這是 m_{ss} 不停地流向外界而導致 M_b 不停地減少、黑洞不停地收縮的根本原因。由於任何黑洞霍金輻射 m_{ss} 在其 R_b 的溫度 T_b 總是高於其外界幾乎是真空的溫度。因此，m_{ss} 在其 R_b 總是處於熱不平衡的狀態，而必定流向外界。但是當一個 m_{ss} 從 R_b 流出黑洞外後，引力 $m_{ss}M_b$ 整體變小不能與其離心力 $hC/2\pi$ 平衡，於是只有使 M_b 縮小一點點，而使 m_{ss} 大大地增加，但是由於 m_{ss} 變大和 M_b 縮小後，於是黑洞只能收縮以提高溫度，以求達到黑洞內引力收縮效應與熱膨脹效應達到新的暫時平衡。但是 m_{ss} 的溫度更加升高後，反而更加容易流向外界。因此，m_{ss} 就永遠不可能同時在 R_b 上達到熱平衡和引力平衡，於是，M_b 只能不停地收縮下去，直到最後收縮成為最小黑洞 $M_{bm}=m_p$ 而爆炸消失在普朗克領域。

　　三、將公式（1d）—$m_{ss}M_b=hC/8\pi G$ 變換成下面的（2f）

$$m_{ss}M_b=k_1 \cdots\cdots\cdots\cdots\cdots\cdots\cdots\cdots\cdots\cdots\cdots\cdots\cdots\cdots（2f）$$

　　當黑洞發射出去一個 m_{ss}，下一個霍金輻射 m_{ssn} 為，$m_{ssn}=（m_{ss}+m_a）$，m_a 是下一個霍金輻射 m_{ssn} 的增量，按照（1d）和（2f）—$（M_b-m_{ss}）（m_{ss}+m_a）=k_1$，於是，$m_{ss}M_b-m_{ss}^2+M_bm_a-m_am_{ss}=k_1$，即 $m_a（M_b-m_{ss}）-m_{ss}^2=0$；因此，$m_a（M_b-m_{ss}）=m_{ss}^2$；於是，

$m_{ssn} = (m_{ss} + m_a) = m_{ss} + m_{ss}^2 / (M_b - m_{ss}) > m_{ss}$（2g）

$\therefore$　顯然 $M_b - m_{ss} < M_b$······························（2h）

公式（2g）、（2h）證明了，當黑洞發射一個 m_{ss} 後，下一個霍金輻射必然增大，黑洞 M_b 必然變小而收縮，直到最後收縮成為 $M_{bm} = m_p$ 而消亡。

1-2-3　黑洞 M_b 在其視界半徑 R_b 上有閥溫 T_b：T_b 就相當於黑體的溫度，即冷源；所以從上面可見，R_b 實際上像是一個嚴密的單向漏網，而 T_b 值就相當於漏網漏孔的大小。凡是黑洞內小於霍金輻射 m_{ss} 的量子 m_{sl} 就是其漏網之魚，會自動地流向黑洞 R_b 的外界。

用（2da）可判定，只有黑洞內輻射量子 $m_{sl} < m_{ss}$ 才能自由逃出黑洞，因為在黑洞 R_b 的近乎真空的外界，所有大於等於 m_{ss} 的粒子和輻射能 m_{sb} 都早已經被黑洞吞噬進去了。所以 R_b 的外界是比 R_b 上的溫度更低的區域，接近真空。因此，m_{sl} 流出 R_b 的外界是量子由高溫高能區向低溫低能區的自由流動。

一、黑洞的視界半徑 R_b 將黑洞內外分隔成兩個完全不同的世界，兩者有完全不同的狀態和結構，差異極大。任何物理參數在兩者之間都沒有連續性，所有的公式都不可以連續地通用於黑洞內外，黑洞內只有小於閥溫 T_b 的霍金輻射 m_{ss}（輻射能）的 m_{sl} 可以通過 R_b 逃離到外界，而在黑洞 R_b 的外界附近，除了符合第一宇宙速度的質—能粒子（能量子和粒子），在黑洞外附近可能形成圍繞黑洞旋轉的

吸積盤外，黑洞外界附近的空間幾乎就是真空。

　　二、其實，任何輻射能在 R_b 上轉變為閥溫 $T_v = T_b$ 時都可轉變為輻射能，而輻射能也可通過特定的閥溫 T_v 改變其溫度。黑洞在其視界半徑 R_b 上的溫度 T_b，作為冷源，是黑洞的最低溫處，而 R_b 的外界幾近真空，溫度更低。黑洞內部稍高溫的量子（粒子和能量）在 R_b 上降溫後，就可流動到外界。這和太陽內部的高溫 γ －射線經過太陽表面的低溫後，向外輻射低溫光子的道理是完全相同的。比如在太陽中心的核聚變，其高溫約為 $> 1.5 \times 10^7 k$，就能使 $m_h = \kappa T_v/C^2 = 0.23 \times 10^{-29} g$ 的粒子（即正負電子，可見只有當溫度高到能將正負電子湮滅為 γ －射線時，才能破壞氫原子，而釋放出核能）轉變為高能光子（ γ －射線），γ －射線從在太陽中心的高溫沿途降溫而到達太陽的表面時，經過太陽表面溫度約 5800 k 的降溫後，就成為發出可見光的輻射能。而 1100 C 的紅鐵則發出紅外線輻射能。宇宙中存在的 $6 \times 10^{33} g$ 的「恆星級黑洞」，其在 R_b 上的閥溫低到 $T_b = 10^{-6} k$，所以只發射極低能量、現在不可見的引力波。

　　三、從（2da）可見，黑洞內所有大於 m_{ss} 的輻射能 m_{sb} 和粒子都不可能逃到 m_{ss} 所在的 R_b 上，也不可能逃出黑洞。

　　因為（2da）中的分母是個常數，是 m_{ss} 能否逃出黑洞的判別式。假定黑洞內側 R_b 附近某一個能量粒子 $m_{sb} > m_{ss}$，如果 m_{sb} 跑到 m_{ss} 所在的 R_b 上，將 m_{sb} 代入（2da）式，結果 > 1，因此，m_{sb} 只能重新返回黑洞內。

1-2-4　黑洞 M_b 在其視界半徑 R_b 上向黑洞外界發射霍金輻射 $m_s = m_{ss}$ 的機理。

　　霍金輻射 $m_s = m_{ss}$ 是如何從黑洞視界半徑 R_b 上逃離到外界的？其實它是與上述任何恆星和熾熱物體向外發射輻射能的機理是相同的，都是由高溫高能向外界低溫低能區域的自然流動的過程，也是由於光速 C 的 m_{ss} 的離心力（或者說動能大於其位能的結果）稍大於黑洞引力而逃離黑洞的結果。所以，只有用經典理論才能正確地解釋黑洞 M_b 發射霍金輻射 m_{ss} 的機理。

　　一、當粒子或者輻射能 $m_s = m_{ss}$ 時，由於 m_s 有振動和溫度，因此，m_s 有一半時間處在其溫度和波能小於平均值狀態，其引力質量，也相對應的小於平均值，再根據（2da）式，m_s 的引力質量會暫時的稍微減少，使得黑洞對它的引力暫時變小一點點，它就可能暫時離開 R_b 一點點，而流向低溫低能（接近真空）的外界（當然，如果黑洞外界較遠處有溫度和能量高於 T_b 的吸積盤，逃出黑洞的 m_s 遇到它是難逃過吸積盤而去的，可能會被吸積盤內的粒子吸收）。同時又由於黑洞外附近極近真空，溫度極低，於是黑洞由於失去一個 m_s 後，而立即縮小其 R_b 和提高 T_b 一點點，那個在外界的 m_s 由於黑洞視界半徑上溫度（能量）的提高，和受外界低溫的影響而稍許降溫，m_s 就再也無法回到黑洞裡去了，這就成為黑洞自然發射（蒸發）到外界的霍金輻射 $m_s = m_{ss}$。m_s 其實就是輻射能由高溫高能向 R_b 外低溫低能區自由流動的自然過程，就像太陽發射可見光的機理與

過程是同樣的。也是 m_s 的離心力暫時稍大於黑洞引力而逃離黑洞的結果。這就成為黑洞發射（滯留）到外界的霍金輻射 m_s，即逃到外界的一個 m_{ss} 正粒子。這個 $m_s = m_{ss}$ 的正粒子並不是像霍金和科學家們所設想的那樣，是什麼「虛粒子對」中由於被黑洞吸收一個負粒子後，而殘存在黑洞外面的那一個正粒子。

　　二、有些黑洞外不遠處有吸積盤 $R_x > R_b$。設 R_x 為吸積盤之間的平均半徑。當黑洞形成後不久，其 T_b 很低，而 m_{ss} 是很小的。因此黑洞 R_b 外面附近的大於 m_{ss} 的能量—物質很快就被黑洞吞食進去，而形成附近空間的極近真空。但是，在大於 R_x 的遠處空間，可能還有大量圍繞黑洞在不同方向以不同速度運動的能量—物質粒子存在，它們經過碰撞纏繞和調整速度後，就有可能出現圍繞黑洞高速旋轉的吸積盤，正如土星環圍繞土星旋轉一樣。吸積盤中的每個物質粒子的高速旋轉當然服從「第一宇宙速度定律」，即它在某一特定半徑 R_{xx} 上的引力與其離心力達到穩定的平衡。由於吸積盤離黑洞不遠，即 $R_x - R_b$ 不是很大，潮汐力就很大，因此，裡面不可能存在大的物質粒子。吸積盤是世界上能量轉換率極高的地方。它的轉換模式就是釋放引力勢能。據有人計算，以 0.1 克的水為例子，進入黑洞放出的能量可以殺死 18 億人。因此吸積盤上是幾百萬高溫的等離子體，放出大量的高能射線，比如 X 射線、伽馬射線。天文學家發現的第一個黑洞——天鵝座 X-1 就是一個強烈的 X 射線源，這個工作獲得了 2002 年的諾貝爾

獎。

　　當吸積盤的外面有物質粒子或物體撞入吸積盤而與盤中的粒子碰撞時，可能發生四種情況：1.同方向側向碰撞，二者調整速度後，改變軌道，或可都留在吸積盤內，或落入黑洞。2.反向或者接近 180 度的碰撞，雙方失去大部分速度，這種高速粒子的碰撞有可能產生 X 射線，二者因失速而落進黑洞更會產生 X 射線，伽馬射線。3.粒子的同向碰撞，如果外來粒子的動量很大，二者可同時被帶出吸積盤，飛向外太空。4.正反方向斜向碰撞，失速落入黑洞。

　　三、當黑洞初形成時，外界有很多能量—物質，黑洞會貪婪快速地吞噬完幾乎所有外界附近的能量—物質以增加黑洞的質—能量 M_b 和降低 T_b，除了可能有或大或小的吸積盤存在於黑洞之較遠處外，外界附近幾乎是真空。但是黑洞形成較長時間後，極少有外界能量—物質被吞噬進黑洞狀況，除非與其它的星體或者黑洞發生碰撞，而後吞食它們。此後，黑洞就因為不停地向外界發射霍金輻射，使 M_b 不斷減小和 T_b 不斷地升高，直到最後收縮成為兩個普朗克粒子 $m_p = M_{bm} \approx 10^{-5}g$ 在強烈的爆炸中消亡於普朗克領域。

　　結論：黑洞在其 R_b 上向外發射的霍金輻射 m_{ss} 就是由高溫向外界低溫區域的自然流動，黑洞內的能量—物質粒子 $m_{sb} > m_{ss}$ 時，m_{sb} 不可能跑出黑洞；只有 m_{sl} 小於等於 m_{ss} 時，m_{sl} 才能自由逃離黑洞，而 $m_s = m_{ss}$ 的粒子會在 R_b 上震動一會後流向外界。因此，這是符合熱力學定律和力

學定律的，與太陽發射可見光和熾熱金屬發射紅外線的機理沒有什麼區別的，完全不需要像霍金假設的、所謂「真空中的虛粒子對」概念來顯神通。只不過一個確定黑洞 M_b 在視界表面的溫度 T_b 都是確定的，所以每次只能發射一個 m_{ss}，而太陽的表面溫度各處是有差異的，太陽對其表面各處輻射的引力有較大的差異，各處還可能有不同的旋流爆發噴射活動，所以可同時在表面各處發射許多不同波長的輻射能和噴流。

1-2-5 對公式（1d）和（2da）的重要解釋和驗證：為什麼（1d）＝（2da）式中是 $4GM_bm_{ss}＝hC/2\pi$，而不是 $GM_bm_{ss}＝hC/2\pi$？

　　一、讓我們從研究牛頓力學開始。假設一個粒子 m 圍繞一個物體的中心旋轉，R 是 m 到中心的距離，質量 M_n 為集中在中心對 m 的引力 GM_nm/R^2 與 m 的離心力 $mV1^2/R$ 達到平衡，V1 即為第一宇宙速度，於是，

$$GM_nm＝mRV1^2 \cdots\cdots\cdots\cdots\cdots\cdots\cdots（5a）$$

　　當 M_n 變成為黑洞中心質量 M_{b1} 時，於是 V1 的 m 就變成為光速的 m_{ss}，

$$GM_{b1}m_{ss}＝m_{ss}RC^2＝C\times Rm_{ss}C \cdots\cdots\cdots\cdots（5b）$$

　　既然 m_{ss} 以光速 C 圍繞黑洞 M_{b1} 旋轉，m_{ss} 就已經是一個量子，它必需服從測不準原理 Uncertainty Principle。於是距離 R×動量 $m_{ss}C$ 就必須＝普朗克常數 $h/2\pi$，即 $Rm_{ss}C＝h/2\pi$，$GM_{b1}m_{ss}＝hC/2\pi$ $\cdots\cdots\cdots\cdots\cdots\cdots（5c）$

從公式（5c），$hC/2\pi$ 在公式右邊，就表示 $hC/2\pi$ 是 m_{ss} 以光速 C 圍繞 M_{b1} 旋轉的離心力，而 M_{b1} 是質量集中在中心的引力。再按照機械能守恆原理，可得出第二宇宙速度 V2，$V2^2 = 2GM_n/R$，

當 M_n 變成為 M_{b2} 是「中心質量黑洞」時，於是，

$$2GM_{b2}m_{ss} = Rm_{ss}C^2 = C \times Rm_{ss}C = hC/2\pi \cdots\cdots\cdots （5d）$$

$$2GM_{b2}m_{ss} = hC/2\pi \cdots\cdots\cdots\cdots\cdots\cdots\cdots （5e）$$

注意，在（5e）式左邊是（5c）式左邊的 2 倍，而二者的右邊是相同的。而（5e）中 m_{ss} 的光速 C 是在 R 的半徑方向飛出，相當於逃逸速度 V2，而 M_{b1} 和 M_{b2} 都是質量集中於中心的。

二、再分析公式（1c）—$GM_b/R_b = C^2/2$，可變換為：

$$2GM_{b3}m_{ss} = R_bm_{ss}C^2 = C \times R_bm_{ss}C = hC/2\pi \cdots\cdots\cdots（5f）$$

比較公式（5f）和（5b），兩者 m_{ss} 的離心力速度 C 都是 V1，即離心力 $hC/2\pi$ 是相同的。但是（5f）左邊的 M_{b3} 來源於廣義相對論方程 GRE，所以 M_{b3} 質量是分散在黑洞內部空間的。因此，$M_{b1}/2 = M_{b3}$，表示黑洞的分散質量的引力效果是集中質量的 2 倍。

根據上面的道理和分析，如果令 M_{b4} 是「質量是分散型黑洞」，並且 m_{ss} 是逃逸速度 C＝V2，則可得，

$$4GM_{b4}m_{ss} = hC/2\pi \cdots\cdots\cdots\cdots\cdots\cdots\cdots\cdots（5g）$$

於是（5g）＝（1d）

再比較（1d）＝（5g）—$4GM_{b4}m_{ss} = hC/2\pi$ 和（5f）—$2GM_{b3}m_{ss} = hC/2\pi$。既然（5f）和（5g）來自（1c）和（1d），

而都來源於 GRE，所以 M_{b3} 和 M_{b4} 都是「質量分佈型在黑洞」，M_{b1} 和 M_{b2} 都是「質量集中型在黑洞」。但是（5f）和（5c）中 m_{ss} 的光速 C 是 V1。而（5g）和（5e）中 m_{ss} 的光速 C 是 V2，即 m_{ss} 是從黑洞的半徑 R_b 的方向飛出的。

　　結論：（5g）＝（1d）的 $4M_{b4}$（質量分佈型、m_{ss} 的 C＝V2）＝$2M_{b3}$ 的（5f）的（質量分佈型、m_{ss} 的 C＝V1）＝$2M_{b2}$ 的（5e）的（質量集中型、m_{ss} 的 C＝V2）＝M_{b1} 的（5c）的（質量集中型、m_{ss} 的 C＝V1）＝$hC/2\pi$。

　　就是說，雖然 $4M_{b4}＝2M_{b3}＝2M_{b2}＝M_{b1}＝hC/2\pi$ 中的各個公式都是正確有效的，但是每個公式的意義是不同的。

1-2-6　關於黑洞發射霍金輻射 m_{ss} 的一些重要的結論

　　一、黑洞理論本是來源於經典理論，即是牛頓引力論、相對論、量子力學和熱力學等綜合作用的產物，所以只能用經典理論才能正確解釋黑洞 M_b 發射霍金輻射 m_{ss} 的機理。用什麼狄拉克海的「虛粒子對」來解釋是無法自圓其說的，因為「虛粒子對」無確定的數值，它必須與 m_{ss} 配對，而導致狄拉克海能量密度就需要達到 $10^{93}g/cm^3$ 的荒唐結論。這正是惠勒等主流學者的悖論。再者，如果狄拉克海中沒有與黑洞 m_{ss} 相等能量的虛粒子對來配對，黑洞就無法向外發射霍金輻射 m_{ss} 了嗎？這顯然是說不通的。

　　二、黑洞 R_b 上的三個公式（1a），（1c），（1d）只能用於任何黑洞的 R_b 上，不可用於黑洞內外的非黑洞區域。而唯一可用於 R_b 上和黑洞內外任何地方的輻射能的通用公

式是（1b）—$E_{ss}=C^2m_{ss}=\kappa T_b=Ch/2\pi\lambda_{ss}$，這就使黑洞內在 R_b 附近的 m_{ss} 可以改變溫度，通過 R_b 從黑洞的少許高溫區流向黑洞外界的更低溫區，成為黑洞發射到外界的霍金輻射 m_{ss} 的根據。正因為有了公式（1b），公式（1d）—$m_{ss}M_b=hC/8\pi G$ 中的 M_b 才能變成 m_{ss}，所以（1b）就像是黑洞的消化系統。

　　三、作者推導出來的霍金的黑洞 R_b 上的公式（1d）後，對黑洞發射霍金輻射 m_{ss} 用（2da）的「非平衡力」的解釋就順理成章了。但由於霍金沒有推導出 m_{ss} 的公式（1d），所以他不得不用「虛粒子對」解釋發射 m_{ss} 的機理，這種解釋是在無可奈何的為自己的錯誤理論打圓場，而忽悠人。由公式（1d）可知，霍金輻射 m_{ss} 的量僅僅取決於黑洞質量 M_b 的量，而且 M_b 發射一個 m_{ss} 之後，M_b 立即減小，下一個 m_{ss} 立即變大，公式（2g）和（2h）就是證明。這是沒有任何外力可以控制的。

　　四、黑洞視界半徑上 R_b 的球面就像一層單向能量篩檢 m_{ss} 的篩子，從（2da）式可知，一方面 R_b 阻止黑洞內大於 m_{ss} 的 m_{sb} 外流，而讓小於等於 m_{ss} 的 m_{sl} 外流。同時黑洞外界附近的 m_s，不管是大於等於還是小於 m_{ss}，如果 m_s 在 $R>R_b$ 處的離心力與黑洞 M_b 的引力平衡時，會圍繞黑洞旋轉，當離心力小時，m_s 會被吞進黑洞；當離心力大時，就會奔向更遠的太空。

　　結論：因此，黑洞發射霍金輻射 m_{ss}，就是 m_{ss} 在 R_b 上要維持熱平衡和引力平衡，而不能達到的結果；就是輻

射能由高溫高能區域向其外界的低溫低能區域自然流動的
過程，與任何熱物體物質向外發射熱輻射的機理是相同的。

1-2-7　對作者「新黑洞理論」中的黑洞公式（1b 和對霍金輻射 m_{ss}（輻射能）作更深入的解釋和分析。

一、霍金輻射（輻射能）m_{ss} 具有三種等價能量身份
$E_{ss}＝m_{ss}C^2＝\kappa T_b＝Ch/2\pi\lambda_{ss}$（$＝\nu_{ss}h/2\pi$）……………（1b）
作者的「新黑洞理論」是通過史瓦西黑洞公式（1c）—
$GM_b/R_b＝C^2/2$ 確定了黑洞形成的必要條件和吞食外界能
量—物質的規律，再通過其公式（1d）—$m_{ss}M_b＝hC/8\pi G$
確定了黑洞發射霍金輻射量子 m_{ss} 的規律和條件。打個比
喻，（1c）就像是黑洞的「納新」，（1d）就像是黑洞「吐故」，
從「納新」到「吐故」的「新陳代謝」，必須要有一個「消
化系統」將二者連接起來，所以（1b）式的作用就像是黑
洞的一個「消化系統」和「轉換系統」。

二、由新黑洞公式（1d）可見，不同大小質量黑洞
M_b 的霍金輻射 m_{ss}，就包括宇宙中各種波長和頻率的輻射
能，即 γ-射線，X-射線，電磁波，引力波

在宇宙中，最大黑洞質量與最小黑洞質量之比率為
10^{61}。相應地，霍金輻射 m_{ss} 的相當質量的比率也應該是
10^{-61}。這可按照公式（1d）—$m_{ss}M_b＝hC/8\pi G$ 得出。當黑
洞質量M_b由最小黑洞$M_{bm}＝1.09\times10^{-5}g$增加到我們宇宙黑
洞 $M_{bu}＝10^{56}g$ 時，其比率為 $M_{bu}/M_{bm}＝10^{61}$；按照公式
（1d），m_{ss}的比率反降為 $10^{-66}g/1.09\times10^{-5}g＝10^{-61}$。同理，

按照公式（1b）—$E_{ss}=m_{ss}C^2=\kappa T_b=Ch/2\pi\lambda=\nu h/2\pi$，相應地，黑洞的溫度 T_b 和 m_{ss} 的 λ，ν 的增加或者降低的比率也是 10^{61}。

根據（1b）和（1d），可得出下面的（7a）式和制定出表一；$\underline{\nu_{ss}=C^3/4GM_b}$；$\underline{\nu_{ss}M_b=10^{38}}$；$\underline{\lambda_{ss}=3M_b/10^{28}=2R_b}$；（7a）

表一：黑洞 M_b 與其霍金輻射 m_{ss} 的波長λ_{ss}（cm）和頻率ν_{ss}（Hz）

M_b，m_{ss}	γ-射線	x 射線	電磁波	引力波
$M_b=10^{-5}\sim10^{19}$ $m_{ss}=10^{-5}\sim10^{-29}$	$\lambda_{ss}=10^{-33}\sim10^{-9}$ $\nu_{ss}=10^{43}\sim10^{19}$			
$M_b=10^{19}\sim10^{18}$ $m_{ss}=10^{-29}\sim10^{-28}$		$\lambda_{ss}=10^{-8}$ $\nu_{ss}=10^{18}$		
$M_b=10^{18}\sim10^{35}$ $m_{ss}=10^{-28}\sim10^{-45}$			$\lambda_{ss}=10^{-10}\sim10^{7}$ $\nu_{ss}=10^{20}\sim10^{3}$	
$M_b=10^{35}\sim10^{56}$ $m_{ss}=10^{-45}\sim10^{-66}$				$\lambda_{ss}=10^{7}\sim10^{28}$ $\nu_{ss}=10^{3}\sim10^{-18}$

表一說明，研究霍金輻射 m_{ss} 可用以研究宇宙中其它任何輻射能的各種特性。所有相同頻率和波長的輻射能 m_{ss} 的特性都是同樣的。而宇宙中不同的大質量黑洞（大於 10^{33}g）能夠發射出所有不同頻率的輻射能。因此，研究黑洞的霍金輻射 m_{ss} 的各種性質就是研究宇宙中所有的輻射能。

在宇宙中，不同大小的黑洞，所發射的霍金輻射的波長可從「最小黑洞 $M_{bm}=10^{-5}$g」的最短的波長 3×10^{-33}cm，

到「我們宇宙黑洞 $M_{ub}=10^{56}g$」最長的波長 $3×10^{28}cm$，可相差 10^{61} 倍。因此，可以推論宇宙中任何一種波長的輻射能，比如一定波長的可見光，其波長 $\lambda_{vl}=10^{-4}cm$，它與同樣波長的霍金輻射的所有性能都應該是完全相同的。

　　三、對《弦論》的質疑：從前面的證明可知，實際上，我們宇宙只能誕生於 $M_{bm}=m_p=10^{-5}g$ 普朗克粒子，它就是宇宙中最高能量的「弦」＝最大的能量粒子，其波長 $\lambda_{ss}=2R_{bm}=3×10^{-33}cm$，其溫度＝$0.7×10^{32}k$，是宇宙中最高溫度最短波的「弦」。由於我們宇宙「最小黑洞 $M_{bm}=10^{-5}g$」的最短的波長 $3×10^{-33}cm$，到「我們宇宙黑洞 $M_{ub}=10^{56}g$」最長的波長 $3×10^{28}cm$，可相差 10^{61} 倍。因此其溫度頻率波長也相應地相差 10^{61} 倍。如果《弦論》中的彼「弦」不同於作者在本書中 m_{ss} 波長、溫度、相當質量的此「弦」，就無法解釋論證現實物理世界中 m_{ss} 作為「弦」的特徵和性質，《弦論》與我們現實宇宙何干？那麼，11 維、26 維等《弦論》、《膜論》就都不過是種種不切實際的「高級數學遊戲」而已。

1-2-8　三種輻射能—引力能、熱能、波能的換算舉例

　　我們太陽的表面溫度大約是 5800k，如將 5800k 看成為類似黑洞在 R_b 上的閥溫 T_b，則相應的太陽表面輻射能的相當質量 m_{sf} 為：$m_{sf}=\kappa T_b/C^2=10^{-33}g$，其相應的波長 $\lambda_{sf}=h/(2\pi Cm_{sf})=10^{-5}cm=10^{-7}m$。這就清楚地表明，太陽只會發射較低能量（低於 5800k）的 $\lambda_{sf}>10^{-7}m$ 的電磁波、

可見波、無線電波等。相對應的，如將 $m_{sf}=10^{-33}g$ 作為霍金輻射發射，該黑洞應為 $M_b=10^{23}g$。

1-2-9　幾點重要的看法：雖然作者在文中，對「霍金輻射 m_{ss}＝輻射能」的性質作了很多的論證，其實對它的所知不多。

　　一、宇宙中最偉大的力量在於物質和能量的作用和轉化，如超新星和新星的爆炸，恆星中心的核聚變，地球上巨大可怕的天災，如颶風暴雨海嘯洪水都是能量和物質物體互相作用的結果。而最精微有序的生物化學過程，也是結構精密複雜的生物體與能量互相作用的結果。所有這些物質物體與輻射能相互影響和作用的有序複雜的過程，人類知道多少呢？還有，輻射能之間的相互影響和作用人類又知道多少呢？

　　二、偉大的霍金推導出來了黑洞的溫度公式（1a），和黑洞的壽命公式（1f），與 Bekenstein 一起建立了黑洞熵公式（見下篇 1-3），從而奠定了「黑洞熱力學」的基礎。但是，由於霍金走進「狄拉克海虛粒子對」誤區，對他自己的心愛的霍金輻射 m_{ss} 反而沒有找到正確的公式。作者推導出來霍金輻射公式（1d）和（1e），只不過是僥倖地撿到了他的漏洞而已。同理，又由於霍金沒有找到黑洞公式（1d）和（1e），他就無法知道霍金輻射 m_{ss} 本身就是信息量 I_o 的攜帶者，而且作者得出了公式 $I_o \equiv h/2\pi_o$＝最小信息量（見下篇 1-3）。所以霍金曾經搖擺不定地時說，黑洞丟失了資訊，後來又否定。作者填補了黑洞理論的重要空缺，使黑洞理

論和黑洞熱力學更趨完善。

　　三、越是簡單的基本的東西，越難使人們搞清楚弄明白。但是所有的複雜都來源於簡單。現代科學對熱和溫度、萬有引力、熵、空間時間、測不準原理、質量、量子力學是什麼等基本問題說不清楚，至今都在瞎子摸象，對輻射能、電子、質子、中微子、夸克的性能和它們之間的互相作用所知並不多。但當人們能夠將它們的某些特性放進公式作為參數作量化的計算時，人們就會認識到它們的一些特性了。當人們探索新理論新科技時，別忘了對經典理論溫故知新。

= = = = = = = = = = = 全文完 = = = = = = = = = = =

參考文獻：

1. 約翰—皮爾·盧考涅，《黑洞》，湖南科學技術出版社，2000 年。
2. 張洞生，《黑洞宇宙學概論》，臺灣，蘭臺出版社，2015 年 11 月。
3. 蘇宜，《天文學新概論》第二版，華中科技大學出版社，2002 年 2 月。
4. 溫柏格，《宇宙最初三分鐘》，中國對外翻譯出版公司，1999 年。
5. 王允久，《黑洞物理學》，湖南科學技術出版社，2000 年 4 月。
6. 何香濤，《觀測宇宙學》，科學出版社，中國北京，2002 年。
7. 約翰·格里賓，《大宇宙百科全書》，海南出版社，2001 年 8 月。

1-3 「新黑洞理論」發展了黑洞熱力學。黑洞 M_b 的每個霍金輻射 m_{ss} 所攜帶的信息量 $I_o \equiv h/2\pi$，黑洞的總信息量 I_m

> 約翰·奧杜則：「現代天體物理學的進展，就像最奇妙的文學幻想小說一樣令人銷魂奪魄。」
> 愛因斯坦：「我認為只有大膽的臆測，而不是事實的積累，才能引領我們往前邁進。」

本文是「新黑洞理論」的第三篇，以公式確定了信息量 I_o、熵 S_{bm}、普朗克常數 $h/2\pi$ 與黑洞霍金輻射 m_{ss} 之間的量化規律（公式）。本文首次將黑洞霍金輻射 m_{ss}（能量子）攜帶的信息量 I_o 與熵 S_{bm} 統一在「新黑洞理論」中了，證實了黑洞的「熵」與其「信息量」成正比，二者有同質同體性，是一體的兩面。而且證明了每一個霍金輻射 m_{ss}，無論大小，無論頻率多少、波長多長，都只攜帶一個單元的最小信息量 $I_o \equiv h/2\pi \equiv m_{ss}C^2/\nu_{ss}$，即一個頻率之間的霍金輻射 m_{ss} 的能量 $m_{ss}C^2/\nu_{ss}$。普朗克常數 $H \equiv h/2\pi \equiv I_o$，其新的物理意義就是每一個輻射能 m_{ss}（霍金輻射）所攜帶的是一個單元的最小信息量 I_o。同時，增加了「新黑洞理論」的物理參數，將「新黑洞理論」與「黑洞熱力學」聯繫在一起了。

本文的主要任務在於用「新黑洞理論」和公式證明：1、無論任何大小質量的黑洞 M_b，它每次所發射的任何一個霍金輻射量子 m_{ss}，其所擁有的信息量 I_o 剛好等於宇宙中最

小的、最基本的信息量 $I_o \equiv h/2\pi \equiv H$，$I_o$ 就是普朗克常數 $h/2\pi$，而與黑洞的 M_b 和 m_{ss} 的質—能的量無關。2、證明最小黑洞，即普朗克粒子的熵 $S_{bm} \equiv \pi$＝宇宙中最小的熵。3、證明黑洞 M_b 的總信息量 $I_m = 4GM_b^2/C$；而其總熵 $S_b = \pi 4GM_b^2/CI_o = A/4L_p^2 = \pi I_m/I_o = \pi I_m/H$；4、證明了 $S_b = \pi I_m/H$，熵與資訊量具有同質同體性，是一體的兩面，正如波長和頻率是波的一體的兩面的特性是相同的。因此，黑洞發射任何一個霍金輻射 m_{ss} 就是向外發射一個單位的信息量和熵。

　　宇宙中只有三樣東西，物質、（輻射）能量和資訊。「新黑洞理論」將黑洞的物質 M_b、（輻射）能量 m_{ss} 和信息量 I_o 的關係通過作者推導出來的二個新公式，$m_{ss}M_b = hC/8\pi G$ 和 $I_o \equiv h/2\pi \equiv m_{ss}C^2/\nu_{ss}$ 量化地聯繫起來了。但是資訊並非有形的實體，物質 M_b 和（輻射）能量 m_{ss} 都是信息量 I_o 和 S_{bm} 的載體，I_o 就像是 M_b 和 m_{ss} 的意識形態或者靈魂，M_b 從生到死不斷地運動和變化造成 m_{ss} 的頻率和波長有序地隨著 m_{ss} 的增減而變化，這實際上就是對 M_b 有序變化的「編碼」，如果人們通過近代天文觀測儀器能夠連續地接收到和計算解讀出黑洞 m_{ss} 波長和頻率的改變，就可準確地認識到黑洞 M_b 本體的變化規律和命運。在已知宇宙的黑洞中，我們「宇宙黑洞」的總質—能量 $M_{bu} = 10^{56}g$，其霍金輻射 $m_{ssu} = 10^{-66}g$；最小黑洞 $M_{bm} = 10^{-5}g$，其霍金輻射 $m_{ssb} = 10^{-5}g$；太陽型黑洞的質量 $3M_{b\theta} \approx 6 \times 10^{33}g$，相應地其 $m_{ss\theta} \approx 2 \times 10^{-42}g$，因此，$m_{ss\theta}$ 的波長 $\lambda_{ss\theta}$ 應約為 18km。

關鍵詞：黑洞的霍金輻射 m_{ss}；霍金輻射 m_{ss} 的信息量 $I_o \equiv h/2\pi$；最小黑洞 $M_{bm} = m_p$ 的信息量 $I_o \equiv$ 普朗克常數 H $\equiv h/2\pi$；黑洞的信息總量 I_m；最小黑洞即普朗克粒子的熵 $S_{bm} = \pi$；黑洞的總熵 S_b；測不準原理；普朗克常數 m_p。

1-3-1　史瓦西黑洞 M_b（球對稱，無旋轉，無電荷）在其視界半徑 R_b 上的守恆公式，這六個公式是對黑洞普遍適用的基本公式。

下面（1a）（1b）（1c）（1d）（1e）<u>（1f）</u>式來源於 1-1 章，重述如下：

$$T_b M_b = (C^3/4G) \times (h/2\pi\kappa) \approx 10^{27}\text{gk} \cdots\cdots\cdots\cdots （1a）$$

$$E_{ss} = m_{ss}C^2 = \kappa T_b = Ch/2\pi\lambda_{ss} = \nu_{ss}h/2\pi \cdots\cdots\cdots\cdots （1b）$$

$$GM_b/R_b = C^2/2 ; M_b = 0.675 \times 10^{28} R_b \cdots\cdots\cdots\cdots （1c）$$

$$m_{ss}M_b = hC/8\pi G = 1.187 \times 10^{-10}\text{g}^2 \cdots\cdots\cdots\cdots\cdots （1d）$$

$$M_{bm} = m_p = m_{ssb} = (hC/8\pi G)^{1/2}\text{g} = 1.09 \times 10^{-5}\text{g} \cdots （1e）$$

$$\tau_b \approx 10^{-27} M_b^3 \cdots\cdots\cdots\cdots\cdots\cdots\cdots\cdots\cdots\cdots\cdots\cdots\cdots\cdots\cdots\cdots （1f）$$

$$\rho_b R_b^2 = 3C^2/(8\pi G) = \text{Constant} = 1.6 \times 10^{27}\text{g/cm} \cdots （1m）$$

宇宙中的最小黑洞 $M_{bm} = m_{ssb} = m_p = (hC/8\pi G)^{1/2} = 1.09 \times 10^{-5}\text{g}$，其視界半徑 $R_{bm} \equiv L_p \equiv (Gh/2\pi C^3)^{1/2} \equiv 1.61 \times 10^{-33}\text{cm}$，其史瓦西時間 $t_{sbm} = R_{bm}/C = 0.537 \times 10^{-43}\text{s}$。

M_b—黑洞的總能量—質量；R_b—黑洞的視界半徑，T_b—黑洞視界半徑 R_b 上的閥溫，m_{ss}—黑洞在視界半徑 R_b 上的霍金輻射的相當質量，λ_{ss} 和 ν_{ss} 分別表示 m_{ss} 在 R_b 上的波長和頻率，τ_b—黑洞壽命，C—光速 $= 3 \times 10^{10}\text{cm/s}$，$\kappa$—

波爾茲曼常數＝$1.38×10^{-16}$g*cm^2/s^2*k，h—普朗克常數＝$6.63×10^{-27}$g*cm^2/s，G—萬有引力常數＝$6.67×10^{-8}$cm^3/s^2*g。

1-3-2　求證最小黑洞 M_{bm} 的霍金輻射 m_{ss} 的信息量 I_o≡h/2π≡最小信息量。M_{bm}＝m_p 的熵 S_{bm}≡π≡最小熵值。論證：單位信息量＝存在＝能量×時間。

　　一、用類比法定義最小黑洞 M_{bm}＝m_p 的信息量 I_o，m_p 為普朗克粒子，

　　令 I_o＝H＝（h/2π） ……………………………（2a）

　　海森伯測不準原理說，互補的兩個物理量，比如時間和能量，位置和動量，角度和角動量，無法同時測準。它們測不準量的乘積等於某個常數，那個常數就是普朗克常數 h，即 h＝$6.63×10^{-27}$g*cm^2/s。用類比法求最小黑洞 M_{bm}＝m_p 的信息量 I_o，定義 I_o＝h/2π＝宇宙中最小信息量，即：

　　令 m_{ss} C^2×2t_s＝h/2π＝I_o……………………………（2b）

　　ΔE×Δt≈h/2π＝I_o………………………………（2c）

　　對比（2a）和（2b），（2c）式即是測不準原理的數學公式，可見，2t_s 對應於 Δt 時間測不準量，m_{ss}C^2 對應於 ΔE 能量測不準量。

　　下面證明（2b）（2c）的正確性。

　　證明最小黑洞 M_{bm}＝m_p 的信息量為 I_o＝h/2π＝宇宙中的最小信息量。由 M_{bm}＝（hC/8πG）$^{1/2}$，R_{bm}＝（G$_h$/2πC^3）$^{1/2}$，得出：

$I_o = 2t_{sbm} \times M_{bm}C^2 = 2R_{bm} \times M_{bm}C = h/2\pi = H \cdots\cdots$（2d）

按（1d）式後再按（1e）式，下面再次驗證（2b）式的普遍性：

$I_o = 2t_{sbm} \times m_{ss}C^2 = （2R_{bm}/C）（hC^3/8\pi GM_{bm}）\equiv h/2\pi\cdots$（2e）

（2d）（2e）證明了（2b）$\equiv$（2c）的普遍性。

由（2d）和（1c），$I_o = 2R_{bm} \times M_{bm}C = 4GM_{bm}^2/C \cdots\cdots$（2ea）

上式說明 H 值不多不少＝宇宙中「最小黑洞 $M_{bm} = m_p$ 即普朗克粒子」的信息量 I_o＝宇宙中一個最小資訊的單位元＝$h/2\pi$＝普朗克常數 H。因宇宙中不可能存在等於小於 $M_{bm} = m_p$ 的黑洞，所以信息量 I_o 就是宇宙中最小的、單元信息量。

二、下面求最小黑洞 $M_{bm} = m_p$ 的熵 S_{bm}，

下面是著名的 Bekenstein-Hawking 的史瓦西黑洞 M_b（球對稱、無電荷、無角動量）的總熵 S_b 的公式（2g）。

按照黑洞物理中的熱力學類比，愛因斯坦引力理論中的黑洞熵 S_b 可定為，

$S_b = A/4L_p^2 = 2\pi^2 R_b^2 C^3/hG = （\pi/I_o）（4GM_b^2/C）\cdots\cdots$（2g）

上式中，A 為黑洞面積，$A = 4\pi R_b^2$。L_p 為普朗克長度，

$L_p = （HG/C^3）^{1/2}\cdots\cdots\cdots\cdots\cdots\cdots\cdots\cdots\cdots\cdots\cdots$（2h）

（2g）式即有名的 Bekenstein-Hawking 黑洞熵公式。

再從史瓦西公式（1c）—$GM_b/R_b = C^2/2$，可得黑洞總熵 S_b，$S_b = A/4L_p^2 = 4\pi R_b^2/（4GH/C^3）= 2\pi^2 R_b^2 \times C^3/Gh = \pi R_b R_b C^3/GH = \pi \times Ct_s \times 2GM_bC^3/GHC^2 = \pi（2t_s \times M_bC^2）/H$，

t_s 為光穿過黑洞的史瓦西半徑 R_b 的時間。黑洞 M_b 的

總熵 S_b 可改為，

$S_b = \pi（2t_s \times M_bC^2）/H = \pi（2\pi/h）\times（2t_s \times M_bC^2）\cdots（2j）$

再將（1c）式代入（2j）式，即可得：（2j）＝（2g）

再按照（2g）式，最小黑洞 M_{bm} 的熵 $S_{bm} = \pi$ 為：

$\therefore S_{bm} = A/4L_p^2 = 2\pi^2 R_{bm}^2 C^3/hG = \pi^2 t_{sbm} \times M_{bm}C^2/（h/2\pi）$
$= \pi（h/2\pi）/（h/2\pi）= \pi \cdots\cdots\cdots\cdots\cdots\cdots（2k）$

三、引用著名的業餘物理學家方舟の女的觀念對（2b）（2d）式 $m_{ss}C^2 \times 2t_s = h/2\pi = I_o$ 進行解釋。

方女士對信息的解釋說，「這個是什麼意思呢？哲學上說，存在即是被感知，感知也就是資訊的獲得和傳遞，一樣不攜帶訊息的東西，是無法被感知的，所以資訊也就是存在。」所以，下面就論證信息量 I_o 就是普朗克常數。

普朗克常數 I_o ＝能量測不準量×時間測不準量

$\therefore$信息量 I_o ＝存在＝能量 $M_{bm}C^2 \times$ 時間 $2t_{sbm} = h/2\pi$

那為什麼存在＝能量×時間呢？這個反映了存在的兩個要素，存在的東西必須要有能量，沒有能量，就是處於能量基態的真空，是不存在的。存在的東西也必須要持續存在一定的時間，如果一樣東西只存在零秒鐘，那便是不存在。

1-3-3　任何黑洞 M_b 每次發射的任何一個霍金輻射 m_{ss} 都只是攜帶最小的信息量＝$I_o = h/2\pi$＝普朗克常數，而與黑洞的 M_b 和 m_{ss} 的數值大小無關。只有作者的「新黑洞理論」才能將黑洞的熵與信息量統一（聯繫）起來。任

何一個黑洞 M_b 的總信息量 $I_m = 4GM_b^2/C$。黑洞 M_b 的總熵 S_b 與其總信息量 I_m 的關係為（3k）式，$S_b = \pi I_m/I_o = 2\pi^2 I_m/h = 8\pi^2 GM_b^2/hC$。

一、求任一黑洞 M_b 的任何一個 m_{ss} 信息量 I_o 的普遍公式令任何黑洞的 $n_i = M_b/m_s$ 按照（1d），

$$n_i = M_b/m = 常數/m_{ss}^2 = M_b^2/常數 \cdots\cdots\cdots\cdots\cdots（3a）$$

根據上面的普遍公式（1c）和（1d）式，驗證黑洞任何 M_b 和 m_{ss} 的信息量 I_o 的普遍公式為（3b），$I_o \equiv h/2\pi$

$$I_o = m_{ss}C^2 \times 2t_s = C^2hC/（8\pi GM_b）\times 2R_b/C = C^2hC/$$
$$（8\pi GM_b）\times 2 \times 2GM_b/C \equiv h/2\pi \cdots\cdots\cdots\cdots\cdots\cdots（3b）$$

注意：由（1d）式可見，黑洞 M_b 發射其霍金輻射 m_{ss} 是間斷地每一次發射一個，由於 M_b 每發射一個 m_{ss} 後就減小了，所有下一個 m_{ss} 就比上一個增大了一點。因此，每個 m_{ss} 的量是不一樣的，是在逐漸地增大，直到最後變成為最小黑洞 $M_{bm} = m_p$ 而消失在普朗克領域為止。所以，$n_i = M_b/m_{ss}$ 只是表明在一個確定的值 M_b 時，是對應其 m_{ss} 的倍數，n_i 不是表明 M_b 最終能發射了多少個 m_{ss}。由於 m_{ss} 愈發射愈大，因此，黑洞最終能發射霍金輻射的實際數目應遠小於 n_i。

二、再求任一個黑洞 M_b 的總熵 $S_b = \pi M_b/m_{ss} = \pi（R_b/R_{bm}）^2$

根據（2g）式，黑洞的熵 S_b 只與其表面積 $4\pi R_b^2$ 成正比，而 S_{bm} 是最小黑洞 $M_{bm} = m_p$ 的熵，所以：

$$\therefore S_b = S_{bm}（R_b/R_{bm}）^2 = \pi（R_b/R_{bm}）^2 = \pi M_b/m_{ss} = \pi n_i \cdots（3d）$$

而 $n_i = M_b/m_{ss}$ ，由（1d）式，

$\therefore n_i = M_b^2/$常數 $= M_b^2/M_{bm}m_{ss} = M_b^2/M_{bm}^2$ ，

$\therefore n_i = (M_b/M_{bm})^2 = (R_b/R_{bm})^2 = M_b/m_{ss}$ ·········（3e）

三、求黑洞 M_b 的總信息量 $I_m = 4GM_b^2/C$

由（2d）和（1c）—$GM_b/R_b = C^2/2$ ，對於最小黑洞 M_{bm} ，

$I_0 = 2t_{sbm} \times M_{bm}C^2 = 2R_{bm} \times M_{bm}C = 4GM_{bm}^2/C$ ·········（3f）

相應地對比（3f）式，再由（3e）式得黑洞 M_b 的總信息量 I_m ；

$\therefore I_m = (2t_s \times M_bC^2) = n_iI_0 = 4GM_b^2/C$ ·············（3ga）

再由（3e）和（1d）也可得到，

$I_m = n_iI_0 = I_0M_b^2/M_{bm}^2 = (h/2\pi)M_b^2 \times 8\pi G/hC = 4GM_b^2/C$···（3gb）

$I_m = (2t_s \times M_bC^2) = n_i(2t_{sbm} \times m_{ss}C^2) = n_iI_0 = I_0M_b/m_{ss}$···（3h）

四、驗證黑洞 M_b 的總熵 S_b 的（2g）式，

$S_b = A/4L_p^2 = 2\pi^2R_b^2C^3/hG$

由（3a）、（3c）、（3e）、（3h），

於是 $n_i = M_b/m_{ss} = (R_b/R_{bm})^2 = S_b/\pi = I_m/I_o$ ·········（3i）

$\therefore S_b = \pi I_m/I_o = \pi 4GM_b^2/I_oC = 8\pi^2GM_b^2/hC =$

$2\pi^2R_b^2C^3/hG$ ····························（3j）

$\therefore$（3j）＝（2j）＝（2g）＝（3d）

五、由（3k）式證明任何黑洞的總信息量 I_m 的實質是與其總熵 S_b 二者成正比。

由（3i）式，可確定黑洞 M_b 的總信息量 I_m 和熵 S_b 成正比，

$S_b = \pi n_i = \pi I_m/I_o = 2\pi^2 I_m/h = 8\pi^2 GM_b{}^2/hC \cdots\cdots$ （3k）

（3j）＝（2g）＝（3k），證明作者本文中所定義的 I_o 而推導出的 S_b 與霍金公式定義的熵 S_b 完全相同。

六、可由上面得出，下面其它的幾個公式，$n_i = I_m/I_o = S_b/\pi = M_b/m_{ss} = (R_b/R_{bm})^2 = (M_b{}^2/M_{bm}{}^2) \cdots\cdots$ （3l）

由於 $n_i = M_b/m_{ss}$，對於任何二黑洞 M_{b1} 和 M_{b2} 而言，有 $I_{m1}/I_{m2} = S_{b1}/S_{b2} = M_{b1}{}^2/M_{b2}{}^2 = R_{b1}{}^2/R_{b2}{}^2 = n_{i1}/n_{i2} \cdots\cdots$ （3m）

七、結論：由（3j）＝（2g）＝（3k），表明以上所有證明都是正確和自洽的，因為從作者定義 I_o 到 I_m 再到 S_b 而達到與 Bekenstein-Hawking 黑洞熵公式（2g）完全相同。就是說，只要知道了作者新黑洞理論的六個普遍公式，就可推導出最小黑洞 M_{bm} 的 I_o 和 S_{bm}；進而推導出黑洞 M_b 的總 S_b 和總 I_m。

八、從（1b）式 $m_{ss}C^2 = (h/2\pi) \times C/\lambda_{ss}$ 中可得出，黑洞的任何霍金輻射 m_{ss} 的波長 λ_{ss} 等於黑洞 M_b 的直徑 D_b，λ_{ss} 是 m_{ss} 的波長，ν_{ss} 是 m_{ss} 的頻率。

$I_o \equiv h/2\pi = m_{ss}C^2 \times 2t_{bs} = m_{ss}C^2 \times D_b/C = m_{ss}C^2 \times \lambda_{ss}/C$

$\therefore \lambda_{ss} = 2t_{bs}C = 2R_b = D_b \cdots\cdots\cdots\cdots\cdots\cdots\cdots$ （3n）

$I_o \equiv h/2\pi \equiv m_{ss}C \times \lambda_{ss} \equiv m_{ss}C^2/\nu_{ss} \cdots\cdots\cdots\cdots\cdots$ （3p）

$\therefore I_o \equiv m_{ss}C^2/\nu_{ss}$，$m_{ss}C^2 = \nu_{ss} I_o \cdots\cdots\cdots\cdots\cdots$ （3q）

結論：從（3p）和（3q）可知，任何黑洞 M_b 的輻射能的能量 $m_{ss}C^2 =$ 其信息量 I_o 與其頻率 ν_{ss} 的乘積。而任一輻射能 m_{ss} 的信息量 I_o 是其一個頻率內的能量。

推論：什麼是黑洞？黑洞就是在其外界沒有能量—

質量可被吞食時，是一個不穩定的不停地收縮的引力收縮體，在 m_{ss} 連續流向外界時，每個 m_{ss} 所帶走熱能多於其引力能，而導致黑洞的 R_b 不停地收縮，R_b 上的溫度不斷地升高，於是將黑洞內的質—能量 M_b 統統通過視界半徑 R_b 轉變為一個接一個的、攜帶著信息量 I_o 和熵 S_{bm} 的霍金輻射 m_{ss}（能量子，熱輻射）流向外界，直到黑洞最後收縮成為最小黑洞 $M_{bm} = m_p$ 而爆炸消失在普朗克領域。每一個霍金輻射 m_{ss}，無論頻率多少、波長短長，都只攜帶一個單元的最小信息量 $I_o \equiv h/2\pi = m_{ss}C^2/\nu_{ss}$。可見普朗克常數 $H \equiv h/2\pi = I_o$ 就是每一個熱輻射（能量子，電磁波）所攜帶的一個單元的最小信息量 I_o。

1-3-4　作為實例，計算我們宇宙黑洞 M_{bu} 的總熵 S_{bu} 和總信息量 I_{mu}。

作者在本書後面第二篇 2-1 章中，已經證明我們宇宙就是一個巨無霸宇宙黑洞。我們宇宙現在的總能量—質量約為 $M_{bu} = 8.8 \times 10^{55}g$，

$M_{bu}/M_{bm} = 8.8 \times 10^{55}/1.09 \times 10^{-5} \approx 0.8 \times 10^{61}$，同樣，其視界半徑之比 $= R_{bu}/R_{bm} = 1.28 \times 10^{28}/1.61 \times 10^{-33} \approx 0.795 \times 10^{61}$，另外 $t_u/t_{sbm} = 10^{61}$。按最新精密的天文觀測，宇宙（黑洞）年齡為 $t_u = 137$ 億年 $= 4.32 \times 10^{17}s$。

一、我們宇宙黑洞總熵 S_{bu} 可按（2j）或（3j）式計算，

$S_b = \pi（2\pi/h）\times 2t_s \times M_bC^2$，

$\therefore S_{bu} = \pi（2\pi/h）\times 2 \times 4.32 \times 10^{17} \times 8.8 \times 10^{55}g \times C^2 \approx$

$0.62×10^{122}π$ $\cdots\cdots\cdots\cdots\cdots\cdots\cdots\cdots\cdots\cdots\cdots$（4a）

再從（3d），$S_{bu}=π（R_b/R_{bm}）^2≈0.632×10^{122}π$ $\cdots\cdots$（4b）

（4a）和（4b）來源不同，結果一樣。證明（3d）式的正確性。

二、我們宇宙黑洞總信息量 I_{mu}。

我們宇宙的總信息量 I_{mu} 可用（3i）、（3l）式，

$I_{mu}=10^{56}/10^{-66}I_o=10^{122}I_o=10^{122}×1.06×10^{-27}=10^{95}g_*cm^2/s$；

再用（3g）式，

$I_{mu}=4GM_b^2/C=4×6.67×10^{-8}×（10^{56}）^2/3×10^{10}=0.89×10^{95}$ g_*cm^2/s。

兩種計算方法的結果是相等的，佐證了所用公式正確。

三、由前面的黑洞公式（1m）求宇宙現在的實際密度 $ρ_{bu}$，$R_{bu}^2/R_{bm}^2=ρ_{bm}/ρ_{bu}$

$∴ρ_{bu}=ρ_{bm}R_{bm}^2/R_{bu}^2=10^{93}（10^{-61}）^2=10^{-29}g/cm^3$

$ρ_{bu}=10^{-29}g/cm^3$ 與當今對宇宙的實際的觀測資料完全相吻合，說明我們宇宙是一個真正的宇宙黑洞，證實了作者「新黑洞理論」的正確性。宇宙的平直性 $Ω≡1$ 是黑洞的本性。由廣義相對論方程得出的弗里德曼模型是一個不切實際的假命題，折騰了科學家們近百年還搞不清楚 $Ω$ 是否≡1。

1-3-5　關於黑洞熵和信息量的一些重要結論：信息量與熵是同質同體的、一體兩面的一回事，兩者成正比。正如頻率和波長是波的一體兩面的性質是相同的。

一、霍金輻射 m_{ss} 就是帶著熵和資訊的輻射能（粒）子和波：任何黑洞不論其 M_b 的大小，每次發射的任何一個霍金輻射 m_{ss} 都只含有或曰攜帶一個最小的信息量 $I_o \equiv h/2\pi \equiv 1$ 個單元信息量，也是一個最小單元的熵 $S_{bm} = \pi$。I_o 與 m_{ss} 和 M_b 的值無關。故霍金輻射 m_{ss} 就是攜帶信息量 I_o 和熵 S_{bm}、通過黑洞視界半徑 R_b，按照閥溫將其內的質—能轉變為輻射能發送到外界的。所以 m_{ss} 就是帶著熵和資訊的能量（粒）子和波。

$$S_{bm} I_o = \pi h/2\pi \equiv h/2 \cdots\cdots\cdots\cdots\cdots\cdots\cdots\cdots\cdots\cdots\cdots (51a)$$

$$S_b = 2\pi^2 I_m/h = n_i\pi \cdots\cdots\cdots\cdots\cdots\cdots\cdots\cdots\cdots\cdots (51b)$$

二、任一黑洞 M_{b1} 吞噬外界能量一物質或與其它黑洞 M_{b2} 合併的膨脹過程中，其總信息量 I_m 和總熵 S_b 是不守恆的，是增加的。

比如，當 $M_b = M_{b1} + M_{b2}$ 的二個黑洞合併時，其合併後的總信息量 I_m，合併前的總信息量 $I_{m1} + I_{m2}$。所以，$I_m = 4G M_b{}^2/C = 4G (M_{b1} + M_{b2})^2/C$，而 $I_{m1} = 4GM_{b1}{}^2/C$，$I_{m2} = 4GM_{b2}{}^2/C$。所以，

$$I_m \neq I_{m1} + I_{m2} > I_{m1} + I_{m2} \cdots\cdots\cdots\cdots\cdots\cdots\cdots (5b)$$

同樣，$S_b \neq S_{b1} + S_{b2} > S_{b1} + S_{b2} \cdots\cdots\cdots\cdots\cdots (5c)$

由上面公式可見，由於 $I_m \backsim (M_{b1} + M_{b2})^2$，而合併前 $I_{m1} \backsim M_{b1}{}^2$，$I_{m2} \backsim M_{b2}{}^2$，合併後之 $I_m > I_{m1} + I_{m2}$。所以黑

洞合併後總信息量 I_m 是增加的、不守恆的。同理，當黑洞 M_b 發射霍金輻射 m_{ss} 而縮小時，起初 $I_m \backsim M_b^2$，當 M_b 發射 m_{ss} 到 $0.5\ M_b$ 之後，剩餘的 $0.5 M_b$ 的信息量只有 $0.25 I_m$，而發射出去的 $0.5 M_b$ 卻帶走了 $0.75 I_m$。當然，I_m 的總量還是一樣的。這是因為每個 m_{ss} 的信息量 $I_o \equiv h/2\pi$。而在黑洞 M_b 大時，m_{ss} 小，其波長 λ_{ss} 較長，所以一個 I_o 所需的 m_{ss} 就小。熵的情況與信息量一樣的。

三、作者證實了各種不同的輻射能都攜帶有相同的信息量 $I_o = h/2\pi$；根據（1b）— $E_{ss} = m_{ss}C^2 = \kappa T_b = Ch/2\pi\lambda_{ss} = \nu_{ss}h/2\pi$，一定的輻射能 E_{ss} 值，對應著確定 m_{ss} 值、T_b 值、λ_{ss} 值和 ν_{ss} 值，這是對輻射能本質和特性的最重要的確定，是本文的重大的研究成果之一。

＝＝＝＝＝＝＝＝＝＝＝全文完＝＝＝＝＝＝＝＝＝＝＝

參考文獻：

1.方舟の女：《再論黑洞宇宙霍金熵，信息論，測不準原理和普朗克常數》，http://www.21chinaweb.com/article.asp?id＝44。

2.王永久，《黑洞物理學》。湖南科學技術出版社，2000 年 4 月。

3.何香濤，《觀測宇宙學》，科學出版社，2002 年，北京。

4.張洞生，《黑洞宇宙學概論》初版，臺灣，蘭臺出版社，ISBN 978-986-4533-13-4。

1-4 「廣義相對論方程」的根本缺陷是其能量—動量張量項中，無輻射能的熱力（輻射壓力）以對抗物質粒子的引力

> 以撒·阿西莫夫：「要是一種科學異說被公眾忽視或指責，它很可能是對的。要是一種科學異說受到公眾的熱烈支持，它幾乎肯定是錯的。」
>
> 佚名：「在自然界，任何打破平衡的行為都是極其危險的。」

內容摘要：

本文的重點在於分析和論證「廣義相對論方程 GRE」的先天不足的根本缺陷是其「能量—動量張量項」中的物質粒子無熱力（溫度，輻射壓力）以對抗其引力收縮，就是說，該方程是在「不言而喻」的假設條件下，認為熱量是可以完全自由地排出到外界的，這將使物質粒子團的純引力收縮必然違反熱力學規律，必然塌縮成為宇宙中不存在的「奇點」怪胎。恆星之所以能夠產生「熱核聚變」，就是因為其中心產生的熱量大大地多於排出的熱量，能使溫度升高到 1500 萬 k，而長期保持高溫的結果。因此，只有把每個粒子真實的熱抗力（溫度及其變化）加進到「能量—動量張量項」的每個粒子上去，才能使場方程符合物理世界的真實性。但這將使場方程變得更為複雜難解甚至無解。所以近百年來，無人能夠作到。這就是該方程對解決「黑洞和宇宙學」中的問題，只有某些定性的觀念，而無

法按照方程定量地正確解決問題，在大多數情況下，甚至得出錯誤的荒謬的結論。

宇宙中只有兩種東西，物質粒子和輻射能。二者還可以通過質—能互換公式 $E=MC^2$ 互相轉換。作者的黑洞公式（1b）—$E_{ss}=m_{ss}C^2=\kappa T_b=Ch/2\pi\lambda_{ss}=\nu_{ss}h/2\pi$ 就是 $E=MC^2$ 的具體的分類運用，它認為物質粒子總是有溫度，而離不開輻射能，輻射能總是有相當的「引力質量」而被物質吸引或者吸收。但在相對論學者看來，輻射能（輻射能量，光子）只有靜止質量，否定它們具有相當的「引力質量」，而有引力作用。這是導致他們沒有能力解決「黑洞和宇宙學」中問題的重要原因之一（另外，由於在解 GRE 中，無法運用 $E=MC^2$，因此，認為只有物質使時空彎曲產生引力，而無能量）。只不過物質粒子的引力質量遠遠大於輻射能 10^{21} 倍，所以主要表現為「引力收縮」，而輻射能的「引力質量」遠遠小於物質粒子，所以主要表現為「熱力膨脹」。因此，實際上，無論是粒子還是能量，兩者的個體都同時是引力與排斥、收縮和膨脹的對立統一體，都不可能只有一種作用。只不過我們宇宙中的輻射能的「引力質量」遠多於物質粒子的「引力質量」，所以宇宙主要表現為膨脹，更由於我們宇宙的時間方向，是通過黑洞和恆星不可逆地將物質粒子慢慢地轉變為輻射能，而無能力將輻射能聚集壓縮提高溫度，將輻射能轉變為物質粒子。因此，我們宇宙最終的命運，就是通過宇宙黑洞，將全部物質粒子轉換為「了無生息」的輻射能宇宙。

　　本文的主要目的，在於論證物體在「引力場」的運動軌跡（時空彎曲）不僅受「引力場」作用，還受「溫度熱力場」的重大影響，沒有「熱抗力」，任何物體都會塌縮成「奇點」。

　　關鍵字：廣義相對論方程 GRE；GRE 的「能量—動量張量」項沒有熱抗力以對抗引力；GRE 違反熱力學定律；GRE 無法運用公式 $E=MC^2$；奇點；普朗克粒子。

1-4-1　現在許多新物理觀念都與廣義相對論方程 GRE 的宇宙學常數項 Λ 聯繫在一起，它們往往是背離實際和謬誤的。

$$G\mu v = T\mu v + \Lambda g\mu v \cdots\cdots\cdots\cdots\cdots\cdots\cdots\cdots\cdots\cdots（4a）$$

　　（4a）是愛因斯坦廣義相對論方程 GRE，$G\mu v$—愛因斯坦張量，$T\mu v$—能量動量張量，$g\mu v$—度規張量，Λ—宇宙學常數；現在愛因斯坦的廣義相對論方程 GRE 的宇宙學項 Λ 幾乎與所有當代的物理學的新觀念聯繫在一起，比如，宇宙起源，奇點，黑洞，零點能，真空能，暗能量等等，這許多新觀念往往是背離實際、虛幻性的和謬誤的。其中最明顯而困惑科學家們數十年的「奇點」問題就是其中之一。宇宙中根本沒有具有無窮大密度「奇點」存在的任何跡象。再如，按照 J. Wheeler 等估算出真空的能量密度可高達約 $10^{95}g/cm^3$。這些都是不可思議的。既然由推導和解出廣義相對論方程得出「奇點」的結論不符合客觀世界的真實性，這證明廣義相對論方程本身有無法克服的先

天缺陷。

　　然而，五十多年前，R‧彭羅斯和霍金發現廣義相對論存在時空失去意義的「奇性」；星系演化經過黑洞終結於「奇點」，宇宙開端有奇性。甚至可能存在「裸奇性」，於是不得不提出「宇宙學原理」和「字宙監督原理」（hypothesis of cosmic censorship）來，為其荒謬結論解套。而根本的問題是沒有物質粒子的「如影隨形」的熱抗力以對抗其物質引力的收縮力，僅有粒子的引力收縮，必然導致任何大小的粒子團，都會收縮成為「奇點」，這是用邏輯推理和常識就可以得出的結論。「奇性」，這一理論病態的發現是理論研究的重要進展，卻又與等效原理不協調。這也是錯誤地將場方程作為可逆的連續過程來處理的結果。然而實際上，宇宙從始至今的膨脹降溫，表明其演變是一個熱力學的「不可逆過程」，有什麼力量能使宇宙整體或部分「可逆」地回歸到「奇點」呢？

1-4-2　廣義相對論方程是愛因斯坦頭腦中的產物，沒有堅實可靠的實驗基礎，而且當時還沒有宇宙膨脹的概念。

　　從物理學上來講，廣義相對論方程中只有能量—物質粒子之間的引力互相作用而無對抗引力的斥力是有先天缺陷的，是無法解出物體內部粒子的運動軌跡的，因為宇宙中任何物體的穩定存在都是其內部物質及其結構的引力與斥力相平衡的結果。一個只有物質粒子純引力的場方程實際上是一個動力學方程，必然使每個粒子都永遠處在不穩

定的運動中，其最後的歸宿只能是在「理想狀態」下，向其質量中心收斂成密度為無限大的「奇點」，這是違反熱力學定律即因果律的結果。正如流體力學中忽略流體的黏性必然會導致出現無窮大的「源」和「泉」。而後來從外部加進去的具有排斥力的宇宙常數 Λ 也是後天失調的，因為這種斥力是加在作為研究物件（系統）的物質粒子團的外部，其斥力效應只能是引起該物質粒子團的整體運動，無法對抗粒子團內部粒子之間的引力收縮。因此是無法求解出粒子運動的軌跡的，也無力對抗粒子團的引力收縮奔向「奇點」。

1-4-3　場方程本身無法克服的缺陷是能量—動量張量項中的粒子沒有熱抗力以對抗其引力，無熱力學效應。

　　熱力學第二定律是因果律在現今物理世界的化身。在以質子為物質世界基石的宇宙裡，任何理論如果違反熱力學定律，必然難以成功。已有的廣義相對論方程的各種解都普遍有三個最主要的假設前提，一是質量守恆（封閉系統），二是零壓（恆壓）宇宙模型，即忽略溫度的熱抗力，三是宇宙學原理。正是這三個假設違反了熱力學定律，而最終導致用 GRE 解出一團物質的引力收縮會成為違反熱力學第二定律的「奇點」。現假設有一大團定量物質粒子團 M 收縮時；

　　（1）當 M 在絕熱條件下由狀態 1 改變到狀態 2 時，根據熱力學第二定律，熱量 Q，熵 S 和溫度 T 的關係應該

是∫TdS＝C+Q2－Q1………………………………………（4b）

　　在絕熱過程中 Q2－Q1＝0 時，因為熵總是增加的，所以溫度 T 必然降低。這就是說，假設有一大團定量物質粒子 M（孤立系統）在自由絕熱狀態下改變其狀態時，根據熱力學第二定律，只能降溫膨脹，絕對不可能靠其粒子的自身的引力產生收縮。（如要使其收縮，就得加入能量或對它做功）。再根據熱力學定律，對於理想絕熱氣體，$V^{\gamma-1}T$＝常數，可見，膨脹與降溫是同時必然發生的。$\gamma＝C_p/C_v$。對於單原子分子的氣體，$\gamma＝1.67$。對於剛性雙原子氣體，$\gamma＝1.4$。對於剛性多原子氣體，$\gamma＝1.33$。所以 $\gamma >1$。

　　（2）在一大團定量物質粒子 M＝M1＋M2 時，根據熱力學定律，如 M 在絕熱過程中，當其中 M1 部分收縮而使得其溫度增高和熵減少時，必然使其另一部分 M2 的熵有更多的增加。這就是說，必須有能量或物質從 M1 中排除到 M2 中去，才能使 M1 收縮和提高溫度減少熵。如能繼續收縮，結果就是 M1 會愈變愈少，而 M2 愈來愈多。這就是宇宙中一團物質（包括黑洞）在實際過程中，符合熱力學定律的收縮。當物體中的熱量無法排出或有外界供給足夠的熱量時，物體是不可能收縮的。

　　大家都知道，無論是製造液體氮還是液體氧，都需要外界加壓和排出熱量降溫兩大條件，它們才能增大密度而收縮。這就是自然界符合熱力學規律的增大密度而收縮的客觀的實際過程，宇宙中根本就不存在如場方程所假定的、一糰粒子等壓不排熱的自然收縮以增大密度的過程。

所以場方程的假設前提是違反熱力學的,必然造成出現「奇點」。

（3）當 M_1 因排出能量—物質而收縮到史瓦西條件時,即當 $2GM_{1b}=C^2R_{1b}$ 時,M_{1b} 就成為黑洞。其視界半徑將能量—物質 M_{1b} 都禁錮在黑洞內,並能夠吞噬外界的能量—物質以增加其視界半徑 R_{1b}。當外界沒有能量—物質可被黑洞吞噬時,根據作者的「新黑洞理論」,黑洞只能不停地逐個的發射極微弱的霍金輻射量子 m_{ss}。使 M_{1b} 收縮變小的極限,就是最後成為「最小黑洞 $M_{bm}=(hC/8\pi G)^{1/2}=10^{-5}g=$ 普朗克粒子 m_p」,而在普朗克領域爆炸消失。這結論是作者前面 1-1 章的「新黑洞理論和公式」所證明的。可見,彭羅斯和霍金是假定永遠符合質量守恆、宇宙學原理和無熱抗力等的條件下而得出場方程會收縮為「奇點」的結論的,他們的假定是違反實際過程中的熱力學定律的。

1-4-4　假設有質量為 M 的物質粒子團在半徑為 R 的橡皮球內,溫度為 T。橡皮球的彈力忽略不計。

在真實的宇宙或者一團定量的上述 M 物質粒子團中,狀態和溫度的改變是如何影響粒子 m_s 在外部和內部的運動的呢?

（1）當 m_s 在 M 球體 R 的外面,距離球中心為 R_s,因此 m_s 受 M 的引力作用在 M 外作測地線運動（有等動量矩）,R_s 的曲率半徑為 K_s。當 M 絕熱膨脹到 T_1 時,半徑增大為 R_1,即 $R_1>R$,這表明 M 距離 m_s 更加近了,引力

也加大了，所以此時在 M 外面的 m_s 為了維持其引力與離心力的平衡，其運動的曲率半徑會變小，而曲率會變大而成為 K_{s1}，於是 $K_{s1} > K_s$。（注：牛頓力學將 M 集中於中心，所以溫度的改變不會影響 m_s 的運動軌跡。）

（2）當 M 因排熱收縮到 T_2 時，半徑減小為 R_2，即 $R_2 < R$，這表明 M 距離 m_s 更加遠了，引力減弱了，所以此時 m_s 運動的曲率半徑變大而曲率變小成為 K_{s2}，於是 $K_{s2} < K_s$。

（3）如果 m_s 在 M 內部，當 M 膨脹或收縮時，由於 R 的增大或減小，m_s 的引力只受其內側粒子的引力作用（根據 G・B Birkhoff 原理），其位置和運動的測地線也會隨著改變。

可見，解廣義相對論方程 GRE 所假設的「零壓宇宙模型」是與符合熱力學規律的真實的物理世界不相符的。無排熱的溫度變化對物質粒子在外部和內部運動的影響在任何情況下都存在，而且是不可以忽略的，忽略就會出現「奇點」。只有當一團物質粒子內部收縮的熱量能夠流出或排出到外界後，該團物質才會收縮。因此，假設任何一團物質粒子會收縮本身就是一個與物理世界真實相違背的偽命題。該團物質粒子能夠收縮成為「奇點」的充分必要條件必須是該團物質在任何條件下都能將內部熱量不斷地排除出去，而這是不可能的，因為不可能排出熱量使其溫度達到絕對零度，使粒子尺寸無限小。特別是物質團收縮成為黑洞後，因黑洞無法向外排出熱量，內部的物質就更無可

能靠其自身的引力繼續收縮，更絕無可能收縮為「奇點」。所以「奇點」是 GRE 學者在解方程時違背熱力學規律的假設條件所造成的惡果。

1-4-5　宇宙本身和其內物體結構的穩定存在都是在一定溫度條件下，其內部引力和斥力達到相對平衡的結果。

所以廣義相對論方程中只有引力而無斥力是違反我們宇宙和其內部物體物質結構穩定存在的普遍規律的，也就是違反熱力學定律和因果律的。

（1）氫原子是構成宇宙中任何物質物體的最小的基本單元，任何小於 10^{15} 克的物體，其中心不必一定要有一個較堅實的核心，因為該物體本身的電子結構就可以對抗自身的引力塌縮（注：在氫原子中，電力/引力＝狄拉克大數 $=10^{39}=10^{15}g/1.66 \times 10^{-24}g$）。但是質量大於 10^{15} 克的行星，恆星，緻密天體，星團，星系等等，其中心一定存在著對抗其自身引力塌縮的而密度較高的較堅實的核心。地球和行星的中心有堅實的鐵質流體或固體。太陽和恆星的中心有核聚變提供高溫的較堅實的中心能對抗中心外的物質的引力塌縮。白矮星的中心有密度約 $10^6 g/cm^3$ 的電子簡併的較堅固核心。中子星和約三倍太陽質量的恆星級黑洞，其中心有密度約 $10^{15} g/cm^3$ 的中子簡併的堅固核心，它由固體中子或者超子組成。每個星系的中心都有密度較大的巨型黑洞。

（2）在我們宇宙內，由於大小黑洞質量的差別可以達

到 10^{61} 倍，其密度的差別可以達到 10^{122} 倍。我們宇宙黑洞的密度是 $10^{-29}g/cm^3$，而宇宙誕生時的最小黑洞的密度是 $10^{93}g/cm^3$（參見下面的 2-1、2-2 章）。最實際的關鍵問題是，現在我們宇宙中所能產生的最大壓力是強烈的超新星爆炸。而這種壓力也只能將物質粒子壓縮到約 $10^{15}g/cm^3$ 的高密度，而形成中子星或恆星級黑洞，但還不能破壞質子中子的結構，將其壓垮。質子被壓垮變成夸克的密度須達到 $10^{53}g/cm^3$，而壓垮夸克的物質密度應達到 $10^{93}g/cm^3$（參見 1-7 章），也就是最小黑洞 M_{bm} 爆炸消失的密度。可見，主流學者們對 GRE 錯誤的解和解釋，認為物質粒子團的引力收縮會成為黑洞，黑洞內部物質的引力收縮會成為「奇點」，他們是寧可迷信錯誤的數學公式，如史瓦西度規，霍金彭羅斯的拓撲學，也不相信物理世界常識和實際的妄想症者。

（3）因為愛因斯坦在 1915 年建立廣義相對論方程時，只知道四種基本作用力中的兩種長程力，即引力和電磁力，而不知道尚有短程的弱作用力和強作用力（核力）。當大量的物質粒子因引力收縮而密度增大到相當高時，它們的弱力，電力和核力能夠構成堅實的物質結構的核心，它對引力收縮的對抗作用會隨著密度的增大而顯現出來。這就是上面所說的靠大量物質自身的引力收縮是不能壓垮這些力所構成的物體的堅實核心結構的。

1-4-6 原先只有兩項的廣義相對論方程實質上是一個動力學方程，它在什麼樣的條件下能得出較準確的結果？

廣義相對論方程 GRE 有效的適用範圍是什麼？為什麼水星近日點的進動，光線在太陽引力場中的偏轉會誤認為是廣義相對論方程較準確的驗證？一個不加任何限制條件的廣義相對論方程能解出來嗎？

如果用廣義相對論方程研究我們宇宙視界範圍以內的宇宙或者宇宙中的某一足夠大的區域或定量物體 M 時（只有在必須忽略其內部溫度改變的條件下），這應該能夠靠 M 單純的引力作用得出其外部的較近的物體或粒子 m_s 所作的較準確的沿測地線的運動軌跡。因為在這一定量物質粒子團 M 分佈而非集中於中心的場的能量—動量張量的作用下，可以看作其內部為恆溫（然而在實際上，M 內部的溫度會影響其週邊尺寸 R 的大小，從而影響 m_s 運動的曲率半徑，見上面的 1-4-3~4 節），因此，在描述 M 外的較近的粒子 m_s 沿愛因斯坦張量的時空幾何特性作測地線運動時，而能得出比牛頓力學較準確的結果。至於較遠的 m_s 的粒子運動軌跡，則完全可用牛頓力學解決，因為 M 中粒子分散的廣義相對論效應的影響會減小到可忽略。

（1）比如，當解決水星近日點的進動時，廣義相對論方程之所以能夠得出比牛頓力學較準確的計算數值，是因為牛頓力學將太陽全部質量 M_θ 當作集中於中心一點來處理的。而廣義相對論是將 M_θ 的質量當作分佈在其太陽半徑 R_θ 的轉動球體內的。這就使同等質量的 M_θ 對水星引力

效應產生差異。這是廣義相對論方程對牛頓力學的修正，和比牛頓力學較準確的原因。它還考慮了粒子繞中心的旋轉。

（2）當光線在太陽附近的引力場外運動發生偏轉時，因為按照狹義相對論，規定了光子無引力質量，而將太陽作為恆溫定直徑的恆質量的純引力球體，所以光線只能按照廣義相對論的解釋，在太陽週邊作較準確測地線運動。這是牛頓力學無法解決的問題。但如果不按照狹義相對論的觀點，而認為光子是有相當的引力質量粒子，如拉普拉斯那樣，用牛頓力學解決光線在太陽附近的偏轉運動也是完全可能的。

結論：廣義相對論對以上二個問題的解決之所以能夠得出較正確的結果，主要原因在於：A.水星和光線都是在太陽質量的 M_θ ＝常數附近的外面運動，因此，在解方程時可以將 M_θ 當作純引力的恆溫等直徑的狀態（即不是正在收縮或膨脹的狀態）來處理。B.既然 M_θ 是在一定（恆溫，表明 M_θ 中的粒子此時並未正在向奇點塌縮）溫度下（核聚變供熱）的穩定狀態，就可以忽略溫度改變對 M_θ 本身所能造成的影響和改變。這就使得水星和光線在太陽 M_θ 的外面能有較準確的測地線運動。C.以上問題之所以較正確，最重要的原因是沒有「相對論性」的效應。

1-4-7　將GRE用於研究物體M內部、或者宇宙內部分區域、或物體的（比如星系或者星體）內部運動

（1）當用無宇宙學常數 Λ 的廣義相對論方程研究宇宙內部或者宇宙內部分區域或物體 M 的（比如星系或者星體）內部運動狀況時，因為假設只有純粹的能量—物質引力，而無內部斥力（這些斥力包括有引力收縮時所產生的物質分子的熱抗力，物體的結構抗力，核聚變的高溫熱抗力和物質粒子間的泡利不相容斥力等）與其引力相對抗，即所謂的「零、恆壓宇宙模型」。所以任何物體或者粒子團 M 在其內部只有單純引力收縮的條件下，都處於正在向「奇點」塌縮的不穩定的運動狀態過程中，就只能一直塌縮成為荒謬的「奇點」。這就是 1970 年代 R·彭羅斯和霍金必然會得出的結論。

（2）如按照愛因斯坦的做法，將宇宙學常數 Λ 加在能量—動量張量項的外部，用於研究宇宙內部或物體內部各處粒子 m_s 的運動軌跡，因 m_s 受張量項內引力場和 Λ 引力場的雙重影響，GRE 如果不簡化，根本無法解出。

（3）如果將 Λ 加進能量—動量張量項內部，這雖然可能使 GRE 本身較符合真實的物理世界，但是 GRE 會變得極其複雜難解，甚至無法解出來。愛因斯坦 1917 年在忽略溫度（實際上是恆低溫條件）影響的條件下，就其場方程得出了一個似乎穩定態宇宙的解。後來，在 1927 年，勒梅特（Lemaitre）就指出和證明，愛因斯坦的解還是不穩定的，其實也是處在不穩定的在向「奇點」極緩慢的塌縮過程中。

1-4-8　只有在廣義相對論方程 GRE 內部每個有引力的粒子加上具有如影隨形的熱斥力和有堅實核心，方程才能符合物理世界的實際，但不能解出。

　　如果要想使廣義相對論方程可以用於解決宇宙或其中的某物體內部的運動狀態，就必須要在方程的能量─動量張量項內部，對有引力的每個粒子加具有如影隨形的斥力，即熱力，同時還要在物體的中心加入某溫度下存在足夠大的堅實核心作為附加條件，如能解出這種方程，結果才可以符合真實物理世界。這樣才有可能正確地從方程中解出物體結構（核心）內的各處粒子的的真實運動狀況，以避免其內部「奇點」的產生。但如此一來，這方程就會變得完全不可能解出來。反之，如果已經知道了物質團的內部的溫度密度分佈（斥力）和其核心的結構狀況，就不需要 GRE 了，用牛頓力學方程可更好地解決。這就是 GRE 除了作為一種宇宙觀之外，而沒有得出許多具有普遍性的科學結論的根本原因。

1-4-9　廣義相對論方程中本無斥力，所以無法解釋宇宙膨脹。

　　有排斥力的宇宙常數 Λ 是愛因斯坦後來加進方程中去的。Λ 是加在具有引力物質粒子團的外部，而不是能量─動量張量的內部，所以 Λ 的作用只能引起該物件物體（物質粒子團）的外在運動，而無法從廣義相對論方程解出物體內部質點的運動軌跡，即測地線。因此，從理論上講，

只有 Λ 進入能量—動量張量項的內部，並且只有在能夠考慮到溫度變化的條件下，使其內部的每一個粒子具有確定的引力和斥力，才能從該方程中解出物體內部各處粒子的測地線運動。但這種廣義相對論 GRE 完整體系的數學方程尚未建立。

1-4-10　用作者「新黑洞理論」的六個公式取代違反熱力學的 GRE 以解決「黑洞和宇宙學」中的問題是簡單正確有效的。

作者在 1-1-1 中已經證明，用黑洞新理論的六個基本公式，能成功地解決黑洞和宇宙本身的生長衰亡等許多問題。因為這六個公式只與黑洞質量 M_b 的數值有關，而 M_b 的量是與黑洞內部的成分、運動狀態和結構無關的。因此，就無需用廣義相對論方程解決黑洞內部結構、狀態參數的分佈、粒子的運動等問題。這六個公式不僅能很好取代 GRE，並能證明黑洞最後只能收縮成為普朗克粒子 $M_{bm}=m_p$，而不可能收縮為「奇點」。所以，廣義相對論方程，既不能將牛頓力學、熱力學、結構力學和量子力學等綜合統一起來，反而使人們在解方程時，提出許多違反熱力學和真實世界的假設，造成出現「奇點」和許多重大謬誤。因此，廣義相對論方程是近代科學上的一個花瓶工程，好看不管用。

GRE 的另一致命的缺點是對質能互換公式 $E=MC^2$ 毫無關聯。在愛因斯坦提出該公式的時候，大概他認為公式

$E＝MC^2$，只是在接近光速 C 時才發生作用。但在黑洞和宇宙演變中，閥溫公式 $m_{ss}C^2＝\kappa T$ 在任何溫度下都是有效的。因此，在無質—能互換的條件下解出的 GRE，其結果都不可能正確。

　　既然霍金與彭羅斯在 1970 年代證明了「奇點」是黑洞存在的必要條件，於是使「奇點」困擾科學界們 50 年以上。如果 GRE 內的每個粒子都有如影隨形的熱抗力，解方程就不會出現「奇點」。另外，黑洞內出現「奇點」是違反「量子力學的測不準原理」的。根據該原理，動量×距離 $\geq h/2\pi$；對於黑洞霍金輻射：$\underline{m_{ss}C×2R_b＞h/2\pi}$……………………（4c）

　　對於任何 M_b 黑洞，按照上面的黑洞公式（1d）—$m_{ss}M_b＝hC/8\pi G$，$R_b \neq 0$，因此，黑洞內不可能有「奇點」。將（1d）代入（4c）式，即可得到上面的黑洞公式（1c）。這就足夠證明用「新黑洞理論公式」取代 GRE，解決「黑洞和宇宙學」問題，不僅簡單正確有效，而且符合熱力學、量子力學和現實世界，也無須解複雜的微分方程組。

1-4-11　任何新理論和觀念如果違反熱力學，必然背離現實的物理世界。

　　推而廣之，任何現在物理學家所熱心研究的各種終極理論，如 T.O.E（Theory Of Everything）、弦論、膜論、多維理論等，如果不與熱力學效應聯繫在一起，不可能成功地解決現實質子物理世界的問題，而具有普適的意義。

　　還必須指出的是，由於廣義相對論方程中的粒子都是點

結構，由於粒子質量不可能為 0，當空間無限縮小時，必然
會出現密度為無限大的「奇點」。這說明連續的數學方程在
極限情況下不能描繪量子世界真實的不連續狀態。現在的弦
論膜論等的基元都非點結構，自然能從數學上可避免在無限
小的情況下出現「奇點」，但是它們是否是真實物理世界的
描寫呢？因為人類也許永遠無法觀測到微觀純能量的普朗
克領域的真實情況，那世界是受「測不準原理」的限制的。

　　結論：廣義相對論方程 GRE 成立的前提，是只有單純
的能量─物質引力，而無熱力學和量子力學的效應。因此，
它最多只能解決物體在「單純的物質引力場」外的運動問
題，比如水星圍繞太陽運動問題，光線在太陽附近的偏折
等。這是假定太陽本身和其產生的引力場都是恆定的，無熱
力的影響的。當用 GRE 來解決黑洞和宇宙的問題時，是必
然會存在「熱抗力」的問題的。此時 GRE 的解必然會出現
謬誤。因此，只能用「新黑洞理論的六個公式」解決，才是
正確有效的。

========＝全文完＝==========

參考文獻：

1.張洞生，《黑洞宇宙學概論》，臺灣，蘭臺出版社，2015 年 11 月。

2.王永久，《黑洞物理學》，湖南科學技術出版社，2000 年 4 月。

3.DNA-RNA，相對論體系面臨變革，這個體系面臨極其尖銳的來
　自我們宇宙的觀測事實的挑戰。

　http://phys.cersp.com/JCJF/sGz/ZJXKT/200612/1826.html

1-5 「廣義相對論方程」在研究物體在「引力場源」內外的運動時，會用「四維時空的相對性的參照系」，建立一個連續統一的方程，而造成重大錯誤。

　　「廣義相對論方程」在研究物體之間有相對運動時，由於在「引力場源」內外的物體的運動方程用同一個方程，就需用「相對論性四維時空座標參照系」，這會扭曲物體自身運動的真實性，同時用一個統一連續的公式（度規）用於「引力場源」內外二個性質和物態極不相同的區域，必定造成重大錯誤。「新黑洞理論」只研究黑洞和宇宙本身的性能和變化規律，不研究其它物體在黑洞和宇宙內外的運動，因為牛頓力學能夠更加準確地解決這類問題。

> 愛因斯坦：「一切狹義相對論性的時空非經典性效應，都『僅僅只是相對運動物系之間相互觀測的純粹外部關係的結果，而不是運動物體客觀上具有的真正的物體變化。』」
> 美國哲學家、實用主義創始人威廉・詹姆斯說的話：「每門學問的天生仇敵是那門的教授。」

　　前言：
　　「廣義相對論方程 GRE」及其各種度規公式的最主要和最複雜的問題之一，就是由於「引力場源」也在運動，它與其外面引力場中的物體有相對運動，於是採用「相對論性四維時空坐標系」。而宇宙中各個區域的物體物質的不同形態和性質主要取決於其密度和溫度的巨大差別。GRE

就是企圖用一個統一的連續的公式（度規）直接用於黑洞內外（引力場源內外）性質和狀態完全不同的二個區域，時空不同，其運動方程就不同，不連續。用一個物體（事件，粒子）的同一個運動公式來描述和論證在這二個不同區域內的運動實況，這是產生錯誤結論的主要根源。如果人們能用同一個公式來描寫一個物體在氣體和固體中的運動，那就會「自食惡果」。黑洞內外二個區域的形態和性質是極其不相同的，密度的差別至少大於 10^{20} 倍，溫度的差別至少大於 10^{10} 倍，比氣體和固體的差別還大得多。怎麼能夠將同一個史瓦西度規或者其它度規，直接用於黑洞內外極度懸殊的二個區域呢？能不荒謬嗎？試想能夠將氣體狀態公式用於液體和固體嗎？試想有誰能夠建立一個新公式可以同時準確地描述和論證氣體液體和固體的狀態和性質，又能準確地描述和論證一個物體同時在氣體液體和固體中的運動規律呢？當然，宇宙中也有一些在各個領域可以通用的定律，但是它們不是公式，比如物質（質量）能量和電量守恆定律，因果律，熱力學第二定律，動量和動量矩守恆和其它的各種定律等等。一般來說，這些定律在不停地領域運用時，可能變化成不同的公式。作者「新黑洞理論」及其六個基本公式之所以正確有效，在於它只是研究黑洞本身的狀態、性質、功能、特性及其自身的變化規律和命運，用的是牛頓絕對時空坐標系，不會產生相對論性的錯覺，不涉及其它的物體物質在黑洞內外的運動規律和軌跡問題，這些問題可以分別用牛頓力學公式正確有

效的解決。這是「新黑洞理論」與 GRE 的重大區別。

內容摘要：

1905 年愛因斯坦提出狹義相對論，其中有兩條基本原理：光速不變原理和相對性原理，根據這兩條原理可以得到一個推論，為了維持因果律，信號的傳遞速度應該低於光速。這裡的速度既包括物體運動的速度，比如宏觀物體和微觀物質微粒運動的速度，波的速度；又包括能量和力的傳送速率，以及廣義的資訊速度。而愛因斯坦在 2015 年建立「廣義相對論方程 GRE」時，就是根據上述二條原理的基礎，加上「引力質量和慣性質量的等效原理」推演而成的。GRE 是愛因斯坦頭腦構（假）想的產物，用空間彎曲產生引力只是一種假想。我們可以借惠勒之言概括廣義相對論的精髓：「（引力場源）物質決定時空如何彎曲，時空決定（引力場中的）物質如何運動。」

GRE 研究「引力場源」和物體之間的相對運動時，就必需採用「四維時空相對論性座標參照系」，而得出的度規公式會扭曲物體自身運動的真實性；於是會造成非經典性的「鐘慢尺縮」效應，但這只是觀察者的錯覺和假像。由於光速 C＝常數在不同參照系裡不變，比如一個人起始時看到外面的一個鐘是 12 點，當他以光速行進時，那個外面的鐘就定格在 12 點上，這只是假像，那個遠離的實體鐘已經過了 12 點了。

「廣義相對論方程 GRE」及其各種度規公式的最主要的另外一個問題，就是企圖用一個統一的連續的公式來描

述和論證一個物體（事件、粒子），在黑洞內外（引力場源內外）性質截然不同的兩個區域的運動實況，這是造成錯誤的另外一個重要原因，也是其產生許多荒謬結論的重要根源。

GRE 又不承認光子有相當的引力質量，不能在解方程時用 $E=mC^2$ 進行質量與能量互換，形成自相矛盾。而且在解出「廣義相對論方程」的一個特殊解前，學者們必須加進許多「背離熱力學規律和物理實際」的條件，其特定解必然是背離實際的，錯誤的，甚至出現荒謬的「奇點」。

作者「新黑洞理論」及其六個基本公式之所以正確有效，在於它們不附加任何前提條件，直接推演出黑洞和宇宙本身的狀態、性質、功能、特性及其自身的變化規律和命運，而不涉及其它物體物質在黑洞內外的運動規律和軌跡問題。新黑洞理論，對於物體在不同性質區域的運動，直接用牛頓力學即可，當然是用絕對時空，以得出真實的運動。

本文的目的在於分析和論證「廣義相對論方程 GRE」的學者們，恰恰是妄想用同一的度規（方程），通過一個物體在黑洞作為「引力場源」內外引力場的運動，來臆想推斷黑洞內部的狀態和特性。但是，黑洞內外的引力場的性質狀態和密度差別是極其懸殊的，這比企圖用同一個連續的公式，來描述一物體在空氣和冰中的運動還要荒謬。正是這個錯誤的企圖和錯誤的方式方法，因此得出許多錯誤結論。

1-5-1　1915 年，愛因斯坦提出了「廣義相對論方程 GRE」，或曰「場方程」，它可分解為複雜的 10 獨立的非線性的二階偏微分方程組

此方程組描述了「引力」是由「物質與能量」所產生的「時空彎曲」所造成。如同牛頓的「萬有引力」理論中質量作為重力的來源，就是說有質量就可以產生引力，愛因斯坦的相對論理論更進一步的指出，「動量與能量」皆可做為引力的來源，他所指的「能量」，實際上是指物體的「質能，引力能」，而非「熱能＝輻射能」，並且將「引力場」詮釋成「時空彎曲」。所以當我們知道「物質與能量」在時空中是如何分佈的，就可以計算出時空的曲率，而時空彎曲的結果即是重力。最主要的問題是，如 1-4 章所述，時空彎曲不僅受「引力場」的影響，還應該受「熱力場和溫度」的影響。

100 年來，傑出的主流物理學家們都用「廣義相對論方程 GRE」來解決「宇宙學」和「黑洞理論」中的問題，其實收效甚少，反而有許多結論皆背離實際，甚至謬種流傳，誤導世人。「奇點」是學者們解「廣義相對論方程」得出的最荒謬的結論之一。在愛因斯坦提出 GRE 幾個月後，在 1916 年，Karl Schwarzschild 第一次在解 GRE 時，用相對論性四維時空參照系，用 Schwarzschild metric 得出了該方程的靜態「引力場源」的「黑洞」解，以後的學者們幾乎都是走著這一條相同的的道路，並且加以發揮。在愛因斯坦 1955 年去世之前，對宇宙學的解釋，主要根據哈勃定

律，friedmann 方程，史瓦西度規並沒有顯示出它有關「黑洞」的特別重要性。但是在愛因斯坦逝世約十年後，天文學宇宙學和黑洞理論得到爆發性的大發展，1960 年代有四大發現：中子星、類星體、星際有機分子、宇宙 3K 微波輻射。再加上霍金和彭羅斯在 1970 年用拓撲學證明了「奇點」是「廣義相對論方程」存在的必要條件，黑洞內部「中心是奇點，內部是真空，黑洞內時空顛倒」等，成為「愛因斯坦奇異性黑洞」，這是違背真實物理世界的結論。其實，這些錯誤的結論也完全可以從史瓦西度規「極端地」推導出來。就是說，霍金和彭羅斯和史瓦西度規的錯誤結論，<u>就是強迫物理世界的實際必須在全部區間都要完全符合數學公式和幾何學。</u>這裡必須分清二個問題：（1）GRE本身的缺陷和問題；可見上篇 1-4 文章。（2）在解 GRE過程中出現的錯誤和問題。本篇主要論證和分析 GRE 用慣性性參照系（度規）產生的重大問題和錯誤。

1-5-2 「奇點」是愛因斯坦去世後，學者們解「廣義相對論方程」得出的最荒謬的結論之一。人們可以在數學公式中看到許多無窮大的「奇點」，但是在現實的物理世界，人們並沒有觀測到一個「奇點」，甚至連它們的影子都找不到，因為它違反我們物理世界的因果律和質量能量守恆定律

霍金和彭羅斯用幾何學（拓撲學）證明了黑洞中心必然存在「奇點」，現在宇宙中已經觀測到和證實的黑洞不少於幾十個，為什麼人們沒有觀測到黑洞內部「奇點」的「大

爆炸」呢？一個在宇宙空間的 $3M_\theta$ 恆星級黑洞的視界半徑才大約 10km，如果內部發生「奇點大爆炸」，其爆炸威力不比超新星和 Ia 超新星更加大大地猛烈嗎？那麼，黑洞還能存在嗎？再者，如果如 GRE 學者們所想像的那樣，黑洞所有的物質變成「奇點」後，經過「蟲洞」和「白洞」跑到另外一個宇宙去了，那麼，黑洞還能存在嗎？問題到底出在哪裡？

首先，無論是物質粒子還是輻射能，都有「如影隨形」的對抗其引力收縮的熱能和溫度（輻射壓力）。一團絕熱封閉系統的粒子只會自由膨脹，而不會自由收縮，這表明粒子的熱抗力總是要大於其引力收縮的效應的。忽略物質對引力收縮的「熱抗力」，必然產生「奇點」。（見前面 1-4 章）。其次，假設一團沒有熱能只有引力能的理想物質粒子，只能向其質量中心收縮，而最後必然無對抗地塌縮成為「奇點」，這是從邏輯推理就可以得出的結論。

其次，儘管愛因斯坦的「廣義相對論方程 GRE」（場方程）的形式看起來很簡單，實際上非常複雜，它是一組 10 個獨立未知函數的複雜的二階非線性偏微分方程式，為了得出某些簡化的特殊解，就得在解方程前和積分時，提出許多的前提和假設條件，提的條件愈多，其結果的錯誤就愈多愈大愈荒謬。物理學家費曼戲言：「只要給出四個自由參數，就可擬合出一頭大象，用五個參數，可以讓它的鼻子擺動。」

當然，用相對論性時空參照系解「廣義相對論方程

GRE」，得出各種度規（公式），把觀察者對觀測物件的相對運動的認知，當作該物件的真實狀況和真實運動，也是造成錯誤結論的重要原因。從 Schwarzschild metric 的建立起，到愛因斯坦逝世，有 40 年的時間，他們從來沒有說過或者認為「奇點」是「場方程」存在的必要條件。愛因斯坦很明確地表示過：「一切狹義相對論性的時空非經典性效應，都僅僅只是相對運動物系之間相互觀測的純粹外部關係的結果，而不是運動物體客觀上具有的真正的物體變化。」

1-5-3 學者們在用「廣義相對論方程」，解物體在引力場運動時，都要採用「相對論性時空四維參照系原理和度規」，為什麼會造成是錯誤的結果？

1.為什麼用廣義相對論方程必然會解出一個荒謬的黑洞結果呢？首先，因為學者們在解場方程時，必須同時採用兩套運動系統，一是「引力場源」本身在運動，二是其外面的引力場中的物體也在運動，如是就有了相對運動。就得根據「參照系相對性原理」建立的時空坐標系，而得出某種度規，來描述二個不同時空的幾何屬性等這些方法和規則，又規定資訊傳遞受光速 C＝常數的限制，而 C＝常數又在不同參照系裡不變。因為觀測物件整體的真實資訊不可能同時達到觀測者的儀器中和觀察者眼中，這就造成觀測者對其觀測物件造成「尺縮鐘慢」的錯誤的相對論性效應和假像，而這些形象並非「被觀測物件」本身整體

的真實形象和真實運動，產生這些虛假資訊錯誤的根源，在於他們用「虛假資訊」以當作「被觀測對象」的真實狀況，所以出現「尺縮鐘慢」、「黑洞內部有奇點、真空、時空顛倒」等等亂象，這些不過是觀察者對被觀測物件觀察到的假像。這是對數學公式的錯誤解讀，數學公式並不是與觀測物件的真實運動一一對應的。<u>正如愛因斯坦所說，</u><u>「不是運動物體客觀上具有的真正的物體變化。」</u>可見，這是在愛因斯坦死後，霍金和彭羅斯等學者用這種誤解「廣義相對論方程」的方法和結果。這都是違反愛因斯坦的本意的。

2.作者認為，如果要想觀測到被觀察物件的運動物體的真實尺寸和真實的運動速度加速度等，只有兩種方式方法可循：或者假定觀察者與被觀察物件在同一個坐標系一同運動，以確定觀測物件的真實尺寸和運動狀況；如果二者不在同一個坐標系，就得假定觀察者與被觀察者之間的資訊傳遞速度是無限大；否則，觀察者對其觀察物件以有限光速傳遞得到的資訊，就不是觀察物件的真實尺寸和真實的運動狀況。

3.把事物運行的軌跡彎曲的原因歸於物質質量產生的時空彎曲，這是太武斷的假設。一個高速運動的物體，其本身的尺寸不會縮短，時間本身是不會變快和變慢的，只是在其外的參考系的觀察者按照「場方程」的理論看來，誤以為該物體的尺寸縮短了。同樣，「奇點」也是觀察者對其「觀測物件」、按照「場方程解」的度規（公式）誤判的

結果。這不是愛因斯坦的原意和本意。霍金和彭羅斯等等在愛因斯坦死後曲解了愛因斯坦的本意，而誤導了世人。就是說，<u>愛因斯坦和史瓦西都沒有把在參照系作相對運動的物體的運動看作該物體的真實運動</u>。這就是用「廣義相對論方程」無法解決「黑洞和宇宙學」問題的另一個根本原因。

1-5-4　對 Schwarzschild metric 的解釋分析和結論

1.愛因斯坦在 1915 年提出「廣義相對論方程 GRE」時，他自己並沒有得出該方程的任何解。幾個月之後，愛因斯坦收到了 Schwarzschild 的一封信，信中，<u>史瓦西對場方程的四維時空提出了前提限制條件</u>，得出的解適用於「引力場源」本身是靜止的「球對稱、無旋轉（靜態）」物質的外部真空時空，其能量—動量張量為零。他將 16 個方程式簡化為一個方程，得出了一個很漂亮的特殊解。<u>就是說作為「引力場源」的黑洞是靜態的，才得出了正確的黑洞公式。</u>史瓦西度規（5a）如下；

【作者重要注釋】：上面史瓦西已經提出（5a）度規的前提限制條件是 1.黑洞（引力場源）是球對稱無旋轉的靜態物體；2.物體在引力場源作外部運動，根本不可用於「引力場源＝黑洞」的內部，就是說，在（5c）中，不可用於 r 小於 r_b；3.引力場源作為形成的黑洞，必須符合下面的（5d），而不管形成的過程和條件，正因為如此，（5d）式才能與前面的 1-0 章的拉普拉斯的「牛頓黑洞」的公式完

全相同。

$$ds^2 = -(1-2M/r)C^2dt^2 + dr^2(1-2M/r)^{-1} + r^2(d\theta^2 + \sin^2\theta d\varphi^2) \cdots\cdots (5a)$$

令 $da^2 = d\theta^2 + \sin^2\theta d\varphi^2 \cdots\cdots (5aa)$

在（5a）中，由於採用 $G/C^2=1$ 的自然單位制，2M 相當於 $r_s=2GM/C^2$。有了黑洞之後，（5a）被學者們發展改成為（5b）（5c）式；

$$ds^2 = -(1-2GM/C^2r)C^2dt^2 + dr^2(1-2GM/C^2r)^{-1} + r^2da^2 \cdots\cdots (5b)$$

當 $r_s = r_b$ 時，

$$ds^2 = -(1-r_b/r)C^2dt^2 + dr^2(1-r_b/r)^{-1} + r^2da^2 \cdots (5c)$$

於是，由史瓦西解得出的黑洞公式；

$$r_b = 2GM_b/C^2 \cdots\cdots (5d)$$

當 $M \to 0$ 或 $r \to \infty$ 時，史瓦西度規（5b）近似回歸為球坐標系的閔氏線元運算式（5e）；

$$ds^2 = -C^2dt^2 + dr^2 + r^2da^2 \cdots\cdots (5ba)$$

2.下面作者來對史瓦西黑洞公式（5b）、（5c）進行解讀和分析。

當然作者的分析是用作者「新黑洞理論」的原理，而不是用當今主流學者們錯誤的度規的慣性思維，他們的思維是按照史瓦西度規作為數學公式，而非物理真實來解釋的。

首先，要認清觀察者，觀測物件和數學公式三者之間的正確關係。觀察者是想要通過數學公式來觀測和描述其

觀測物件的真實狀況和其真實運動而不是相對運動的，而所用的數學公式不過就是一個工具，就像是一副望遠鏡，它是哈哈鏡還是萬花筒，不能輕信，被它誤導。也不能聽信製造望遠鏡老闆對其產品的吹噓，以假當真。

　　A.先看（5b）中的 M 就是（5c）、（5d）中的黑洞質量，該黑洞的視界半徑就是（5c）中的 r_b；如果一個物體 m 在黑洞 M 的 r_b 外部運動，距離黑洞中心為 r_s。假設 m 在黑洞外的 r_s 處的速度是 v，根據（5d）——$r_b=2GM_b/C^2$，這個就是黑洞的史瓦西公式，也是動能與勢能（位能）平衡的第二宇宙速度的公式，於是（5c）中的 r_s 可以變為：

$$r=2GM/v^2 \cdots\cdots\cdots\cdots\cdots\cdots\cdots\cdots\cdots\cdots\cdots\cdots\cdots (5e)$$

　　將（5d）、（5e）代入（5c）式，就變為下面的（5f）式，
$$ds^2 = -\left(1-v^2/C^2\right)C^2dt^2+dr^2\left(1-v^2/C^2\right)^{-1}+r^2da^2\cdots (5f)$$

　　【分析】：從上面的論述可以得出哪些結論呢？（1*）從（5f）式可見，（5c）式只能適用於引力場源（黑洞）的外部是真空。因此，學者們將（5c）、（5d）、（5e）直接從黑洞的外部連續地搬用到內部，是極其錯誤的。（2*）對於一個 m 在黑洞 M 外的真實運動完全無需用複雜的 GRE 及其一個附加的相對論性參照系，在 M 為靜止無旋轉的條件下，用牛頓力學可以簡單解決。（3*）從（5f）可見，它來源於（5c）式，由廣義相對論方程 GRE 的特殊解，史瓦西度規（5c）可以直接轉換成狹義相對論方程和洛倫茲變換的（5ba），因為二者所採取的都是四維時空的球對稱坐標系。在（5c）中的引力的比值轉換為（5ba）中的速度平

方的比值。其效果就是產生（5f）中「鐘慢尺縮」效應，dt 減小和 dr 增大的「相對論性效應」。而使人們對 m 物件的真實狀況和真實運動產生假像和錯覺。

B.在（5c）中，當 $r_b = r$ 時，即當 m 落在黑洞 M 的視界半徑 r_b 上時，（5c）變為 $ds^2 = -（1-r_b/r）C^2dt^2+dr^2（1-r_b/r）^{-1}+r^2da^2$。由於在 $r_b = r$ 時，上式中 $dr^2（1-r_b/r）^{-1}$ 為無窮大的「奇點（發散點）」。作為數學公式（5c）失去意義。後來有許多學者改用其它座標，r_b 上的「無窮大」就消失了，這表明以前學者們所提出的數學公式並不能對黑洞視界半徑 r_b 存在的物理意義有正確的認識，就是說，還沒有一個連續公式可以描述黑洞內外的真實狀況。這只證明了一點，黑洞的視界半徑與其外界是二個物理狀態極不相同和不連續的區域，比如黑洞外面像氣體，內面是固體一樣。因此，用一個連續的統一方程（度規）直接地論證一個物體（事件）在黑洞內外的真實運動狀況是極其困難的，甚至是不可能的。

其實，從物理的觀念上講，由於黑洞的密度比其外界的密度大的很多很多，在其 r_b 的外界附近幾乎近似真空，而形成能量─物質密度的大斷層落差。因此，從物理世界的真實狀況來看，任何物體物質或者粒子由黑洞外界進入黑洞內部，如果在黑洞外部不被潮汐力撕碎的話，他必定會以接近光速的速度通過其視界半徑沖入黑洞，而與黑洞內的密度很大的物體物質相碰撞而大大的減速後，為黑洞吸收，這就是一個 m 由黑洞外部進入黑洞內部的真實運動

過程。因此，學者們的目的和任務，是找出一個或者一組新公式，準確地描述這個複雜的適用於黑洞內外的物體或者粒子不連續運動變化的實際過程，而不是努力於用錯誤的公式和「牽強附會」的解釋，得出幻想的、物理世界沒有的「奇點」。

　　當然，由於在黑洞視界半徑 r_b 上，連光也逃不出黑洞。因此，在黑洞外面的觀察者，是在物質物體一旦進入黑洞視界，就不知道它的資訊和運動狀況了。

　　C.在（5c）中，當 $r_b > r$ 時，即當 m 落在黑洞 M 的視界半徑 r_b 以內時，（5c）式

$$ds^2 = -（1-r_b/r）C^2dt^2+dr^2（1-r_b/r）^{-1}+r^2da^2 \text{ 將變為：}$$

$$ds^2 =（r_b/r-1）C^2dt^2-dr^2（r_b/r-1）^{-1}+r^2da^2 \cdots\cdots（5ca）$$

　　於是，GRE 學者們立即從（5ca）得出結論說，由於 dt^2 由「－」變為「＋」，而 dr^2 由「＋」變為「－」。於是，異想天開的說黑洞內部「時空顛倒」，黑洞中心成為時間的「零點」，於是黑洞內的能量―物質都集中於中心成為無窮大的「奇點」，黑洞內部成為「真空」。於是，宇宙中真實存在的簡單的物質黑洞實體，就變成為 GRE 學者們頭腦中的「奇異性黑洞怪物」，黑洞理論變成為「玄學」。再者，為什麼 dt^2 和 dr^2 正負號的改變就是黑洞內部的時空顛倒呢？dt^2 和 dr^2 正負號的改變根本不是 dt 和 dr 正負號的改變，反而證明無論 dt 和 dr 是正還是負，都影響不了 dt^2 和 dr^2。其實，（5c）中的 ds^2，dt^2 和 dr^2 就是一個「向量的餘弦三角形」關係，dt^2 和 dr^2 正負號的改變就是由 ds^2+dt^2

$=dr^2$ 這個向量三角形變成為 $ds^2+dr^2=dt^2$ 那個向量三角形而已。

【分析】：（1）史瓦西度規不能直接用於黑洞（引力場源）的內部。無論是 GRE 的史瓦西度規（5b），還是（5c），都是採用相對論性參照系產生的時空非經典效應的結果，都只能描述物體或者粒子 m 在黑洞（引力場源）外部的運動狀況。由於黑洞定義為光子在其視界半徑 r_b 上也逃不出去，因此，當黑洞外部的光子達到 r_b 時，被黑洞 M 的引力束縛住，於是（5d）就成為形成黑洞的必要條件，這其實就是牛頓力學第二宇宙速度的極限情況。這從牛頓力學佐證了（5c）、（5d）符合實際的正確性。史瓦西度規（5c）、（5d）在 1916 年得出時，愛因斯坦和史瓦西雖然按照 GRE 的觀點認識到：「如果緻密天體的全部質量 M_b 壓縮（他當然是指被外力壓縮，而不是靠自身的引力收縮）到某一半徑 R_b 範圍內，它周圍的空間就因引力而足夠彎曲到任何物質和輻射都逃不出來，這一天體就成為黑洞。」他們絕對不可能認為黑洞形成後，有外部力量或者內部的物質粒子的「引力收縮」，可以將內部物質壓縮成為「奇點」。可見，這二個公式原本就是只為了論證和適用於黑洞（引力場源）外部的物理狀況的。再看（5f），它是（5c）的變換和延伸，從（5f）可以看出（5c）只能適用於黑洞外部，最多只能適用到黑洞的視界半徑為止，因為（5f）的極限是 v 只能達到等於 C 為止。但是，沒有任何事實證據證實（5b）（5c）可以直接從黑洞外部延用到黑洞內部也是正確有效的。（2）

在上一節，作者已經指出，一旦黑洞形成後，在黑洞內外是兩個截然不同性質和狀態的不連續的物理世界。二者的物質密度溫度是有斷岩式的落差的。比如一個在宇宙空間的真實的恆星級黑洞，其內部密度約為 10^{15}g/cm^3，而宇宙空間密度約為 10^{-29} g/cm^3，內外的密度相差約為 10^{34} 倍，內外的溫度相差約為 10^{15} 倍。怎麼能將一個物體 m 在黑洞外部的運動公式直接連續地搬到 m 在黑洞內部的運動呢？這比將一個物體在空氣中運動的公式直接用到地球內部或者中子星內部還要荒謬。(3) 再看（5c）中的 r_b/r，它的實質的物理意義是 r_b 與 r 內所包含的具有引力的物質質量 M，而不是二者的尺寸之比，GRE 也是一種物質粒子的引力理論，如果沒有物質的引力，哪裡來的空間彎曲呢？問題在於，將（5c）中的 r_b/r 直接挪用到黑洞內部時，r_b 和 r 內部所包含物質 M 是什麼呢？如果黑洞內部有物質分佈，而不是真空，那麼，r_b/r 就不是二者尺寸之比，或者可以按照 Birkhoff 定理求出 r_b/r 之比，但是這是否適用於原來的（5c）？其次，如果黑洞內部如 GRE 學者們所臆想的一樣，是真空，物質都集中在中心成為「奇點」，則 $r_b/r=1$，（5c）式成為發散的「無限大」，失去物理意義。(4) 如果 ds^2 是在黑洞外部，那麼，（5c）中只有黑洞總體物質 M 的引力可以影響外面的 m，而在黑洞內部 r_b/r 的引力之比對外面 m 的 ds^2 是不起作用的。如果將（5c）整個用於黑洞內部，即 ds^2 是在黑洞內部，那麼（5c）中的 r_b/r 的意義就會完全不同，而要改寫了。

　　D.在 r＝0 時,（5c）又會出現一個無窮大的「奇點」。這個「奇點」,迄今為止,還沒有學者能夠用改變座標的方法予以消除。在物理世界,人們並沒有找到一個真實存在的無窮大「奇點」。可見,「奇點」只存在於數學公式中,一些學者們將其亂用到物理世界以「蠱惑人心」和「造成幻覺」,以抬高自己科學魔幻師的身價,成為「偶像」、「大師」。特別是在人們看不見的黑洞內部,或者人們無法想像的宇宙起源處,造出「神乎其神」的「奇點」。然後接著造出「白洞」、「蟲洞」等等供人們想像和崇拜。為什麼大師們不說牛頓的萬有引力定律公式中,在 R＝0 時,也有無窮大的「奇點」呢?人們都知道世界各處都有物質和引力,如果有人說,萬有引力定律公式中有「奇點」,不就是說「奇點」無處不在嗎?不就是說每個人身邊甚至自己身體都會隨時發生「奇點大爆炸」嗎?誰會相信這種謬論呢?統治宇宙最強有力最有效的定律是因果律,如果一個人相信因果律,他就會問:「有限的『因』能夠產生出來無限的『果』嗎?」

　　結論:GRE 的史瓦西度規提出時,根本還沒有黑洞理論和黑洞實際存在的觀念,因此只能適用於靜止球體的外部,將球體發展為「奇異性黑洞」,是以後的事。在 1970年霍金和彭羅斯一起開創性地運用拓撲學的方法,證明廣義相對論方程導致「奇點解」,證明了黑洞和大爆炸「奇點」的不可避免性。但是數學公式或者拓撲學與真實的物理世界及其規律不可能各處都有一一對應的關係,數學公式有

許多會出現「奇點」，它們不存在於真實的物理世界。比如，人類可以製造出來魔方，不能說，宇宙中就存在魔方實體。不能因為拓撲學曲面或者數學方程中出現「奇點」，黑洞和宇宙就必然有「奇點」。因此，將史瓦西度規直接從黑洞外部搬用到黑洞內部，是強迫不連續真實的物理世界服從於連續的數學公式，所以得出了荒謬的結論。

1-5-5　「新黑洞理論」得出的宇宙是真實存在的黑洞

　　作者「新黑洞理論」中用六個經典基本公式，都是物理世界現成的最基本最簡單的公式，既無需用附加的參照系和相對性原理，也無需用任何假設前提條件，簡單到就像歐式幾何的十條公理，和牛頓運動三定律，不可能將它們中的任何一個再分解成多個子公式。而 GRE 是可以再分解為十多個微分方程的，而解微分方程前後是要加進許多初始條件的。因此，作者得出「黑洞」及其膨脹收縮變化規律和黑洞的各種特性，就是黑洞本身的真實的屬性、變化狀況和規律。黑洞中心不會出現「奇點」，能量—物質充滿黑洞內整個空間，每一點都有能量—物質，黑洞內部沒有怪異的「時空顛倒」，黑洞存在「事件邊界」就成為必然。就是說，宇宙中根本不可能出現「愛因斯坦奇異性黑洞」，那只是一些大師們，在數學遊戲中出現的忽悠人們的「寶貝玩意」。

　　所以霍金曾經指出，傳統定義（其實是他和彭羅斯等定義）下的黑洞可能是不存在的，這是對的。但是由作者

「新黑洞理論」得出的「黑洞」是霍金們無法否定的，它們是我們宇宙中普遍存在的物質實體，已被大量的近代天文觀測所證實，而且我們宇宙本身就是一個「真實的巨大的史瓦西黑洞」。

作者「新黑洞理論」中的六個基本公式表明，當一個黑洞外部沒有能量—物質可以被黑洞吞食時，黑洞 M_b 就會不停地按照公式（1d）— $m_{ss}M_b = hC/8\pi G$ 不停地發射霍金輻射 m_{ss}。直到最後，黑洞就按照（1e）— $M_{bm} = (hC/8\pi G)^{1/2} = m_p$ 收縮成為最小黑洞而消失。這就是作者「新黑洞理論」得出的宇宙真實存在的黑洞。

雖然，在主流學者們看來，作者的「新黑洞理論」近乎「旁門左道」或者低級荒謬。但是愛因斯坦說過；「如果一個想法一開始不荒謬，那麼它就毫無希望。」

＝＝＝＝＝＝＝＝＝＝＝全文完＝＝＝＝＝＝＝＝＝＝＝＝

參考文獻

1.張洞生，《黑洞宇宙學概論》，臺灣，蘭臺出版社，2015 年 11 月。
2.吳時敏，《廣義相對論教程》，北京師範大學出版社，1998 年 8 月，ISBN：7-303-04705-0。

1-6 「新黑洞理論」與「廣義相對論方程」的對比

二者最的根本區別是,「新黑洞理論」是根據牛頓力學,相對論,熱力學和量子力學的基本的原理和公式建立的,無需任何附加前提條件,基礎廣大牢固;而「廣義相對論方程」是愛因斯坦的一種先驗性的假設和構想,方程中只有「物質單項引力而無熱抗力」,違背熱力學,基礎不牢,問題不少。

> 老子:「人法地,地法天,天法道,道法自然。」
> 物理學家費曼戲言:「只要給出四個自由參數,就可擬合出一頭大象,用五個參數,可以讓它的鼻子擺動。」

前言:

1915 年,愛因斯坦在廣義相對論中提出了「引力場方程」,既「廣義相對論方程 GRE」,或曰「場方程」,它是一組含有 16 個方程式(10 獨立的方程式)的非線性的二階偏微分方程組,任何大師也根本無法得出一般解。此方程組描述了「引力」是由「物質與能量」所產生的「時空彎曲」所造成。愛氏更指出,「動量與能量」皆可做為引力的來源,並且將「引力場」詮釋成「時空彎曲」。所以當人們知道「物質與能量」在時空中是如何分佈的,就可以計算出時空的曲率,而時空彎曲的結果即是引力。我們可以借惠勒之言概括廣義相對論的精髓:「物質決定時空如何彎

曲，時空決定物質如何運動。」他的話實質上道出了 GRE 的根本性錯誤在於：完全否定了「物質與能量的守恆和互換定律，即 $E＝MC^2$」，也否定了輻射能有相當的「引力質量」和「熱抗力＝輻射壓力」。從而導致 GRE 完全違反熱力學和量子力學的定律。

其實，對「廣義相對論」一直就存有爭議。對「奇點」問題，Penrose 和 Hawking 的理論證明越是嚴密，越是說明「廣義相對論」存有漏洞，說明它被用到其適用範圍之外，<u>因為他們只是在證明其數學公式的正確性和嚴密性，而非物理世界的真實性</u>。對「廣義相對論」的美譽有，M.Born：「人類智慧最偉大的成就。」H.Weyl：「思維威力的一個最美妙的例證。」M. Dirac：「它具有優美的特徵，偉大的數學美。」但是，不少人認為，一個理論的優美，並不能保證它的正確。H.Bouasse：「愛因斯坦的理論不屬於物理理論的範疇，它是一種先驗的、凌駕於一切之上的，不可理解的理論。」本文就是試圖將從「廣義相對論」與「新黑洞理論」的詳細對比中，從物理世界的真實性中，全面地理解「廣義相對論」。

一、100 年來，傑出的主流物理學家們都用「廣義相對論方程」來解決「宇宙學和黑洞理論」中的問題，其實收效並不大，而且有許多結論皆背離實際，謬種流傳，誤導世人，「奇點」是學者們解「廣義相對論方程」得出的最荒謬的結論之一。

首先，無論是物質粒子還是輻射能，都有「如影隨形」

的對抗其引力收縮的熱能和溫度，熱力學第三定律規定「物質和能量」都不可能達到絕對零度。霍金和彭羅斯等大師，在解場方程得出「奇點」的謬論，重要的原因之一就是因為場方程的能量─動量張量項中無「溫度和熱能」以對抗「物質的引力收縮」。一團定量有引力的「理想無黏性無熱抗力物質粒子」，在其自身的引力作用下，只能向「質量中心」收縮成為「奇點」，這用流體力學和邏輯推理就可以得出的簡單結論。

　　二、其次，「廣義相對論方程」在理論上認為「物質與能量」使「時空彎曲」而產生引力。但是在實際上其學者們無法在解方程時運用「質─能守恆和轉換公式 $E=MC^2$」，而否定「輻射能」有「與物質相當的引力質量」。因此，他們的「廣義相對論方程」變成為實際上只能較好地解決一團純「物質粒子的引力場源」外面的引力場，引起的「時空彎曲」問題，如水星繞太陽的進動問題，光線在太陽附近的偏折等。這實際上只是對牛頓力學（流體力學）方程的一種修補而已。

　　三、由於「廣義相對論方程 GRE」是用一個「統一方程」，解決物體在「引力場源」的外面和內部的運動問題，而「引力場源」本身在運動和變化，與物體有相對運動，因此，就得運用「四維時空的相對論性座標參照系」，一方面造成「鐘慢尺縮」的假像，另一方面「引力場源」內外是二個密度差別極大的物理狀態區域，用一個統一連續方程描述一個物體在這二個區域的運動和狀態，這比用一個

統一公式，描述一個物體在氣體和固體兩種「狀態場」中的運動還要困難得多。這就是 GRE 的各種度規公式，背離實際和產生謬誤的重要原因。

　　四、儘管愛因斯坦方程（場方程）的形式看起來很簡單，實際上它們可分解成 16 個複雜的二階非線性偏微分方程組，無法得出方程組的一般解。為了積分得出其某些簡化的特殊解，就不得不在解方程前，提出許多（組）「違背實際」的簡化的前提條件和假設條件，比如封閉系統、可逆過程、等壓宇宙模型、無熱抗力、宇宙學原理、宇宙監督原理等等，因此絕大多數就只能得出錯誤的荒謬結果。所以物理學家費曼戲言：「只要給出四個自由參數，就可擬合出一頭大象，用五個參數，可以讓它的鼻子擺動。」

　　五、所有「終極理論」，包括「廣義相對論方程 GRE」都存在以下無法克服的困難：（1）用一個統一的連續的方程描述宇宙的演變，但是這連續方程可以描述物體和宇宙在一塊平滑區間的連續運動，卻無法描述它們不連續的結構和狀態性能參數，無法描述結構經過「臨界點」後的性能參數的變化；（2）所有現在正確有效的各種物理學理論，都是用多個公式或者公理組成的，都很成功，比如牛頓力學由萬有引力公式和運動三定律組成；麥克斯韋由其四個公式方程組描述電力和磁力之間的關係；熱力學和量子力學的公式更多；作者「新黑洞理論」用六個基本公式描述物質引力和輻射能「熱抗力（溫度）」之間的互相對抗和轉換作用；（3）唯有廣義相對論方程 GRE，只是一個複雜無

解的單一的物質引力作用的方程，「獨木難支大廈」。違反中國古老哲學「相反相成，相輔相成」的基本原理。黑洞本身就是將物質轉化為「輻射能」的轉換機和攪碎機。GRE本身的狹窄性使學者們幻想將它當作「萬能理論」來擴大運用範圍，只能加入許多違反實際和其它物理學定律的簡化前提條件，而導致許多謬論。

六、作者經過十多年對「黑洞理論」和「宇宙學」的探究，悟到了「自知之明」，知道自己沒有能力克服 GRE 中上述的諸多重大難題和弊端，不得不另闢奇徑，回歸到「黑洞理論」和「宇宙學」的本源，用牛頓力學、相對論、熱力學和量子力學的基本公式的綜合運用，用它們「原汁原味」的、在物理世界行之有效的最基本公式，組建成「新黑洞理論」及其六個基本公式的理論體系，以求真求實的精神加以演繹和發揮，才可能解決「黑洞理論和宇宙學」中的許多重大的理論和實際問題。

因此，正好在「廣義相對論方程」發表後 100 年之際，於 2015 年 11 月由臺灣的蘭臺出版社出版了拙作——《黑洞宇宙學概論》第一版。再經過四年的再深入思考修改舊文和增加多篇新文章後，出版了現在的第二版。大大地提高和發展了「新黑洞理論」及其公式運用和數值計算的正確性和有效性。

七、因此，「新黑洞理論」具有「順乎自然合乎實際基礎牢固」的優越性，黑洞 M_b 在其視界半徑 R_b 上的六個普遍有效的公式，完全是真實的物理世界最簡單、最基本、

最普遍地應用於現實的、行之有效的公式，實際上已經成為六條黑洞物理的公理，得出了一整套黑洞和宇宙學的正確結論。其原理正如用五條幾何公理和五條一般公理，而推演發展成一整套歐幾里得幾何學的道理是一樣有效的。

作者在前面 1-1、1-2、1-3、1-4、1-5 的五篇文章中，成功地利用四個經典理論的基本公式，奠定了「新黑洞理論」的較堅實完善的理論基礎，用這些公式所作的各種物理參數的數值計算完全符合近代的天文觀測資料，得出了許多「切合實際和可重複驗證」的重要的新觀念和新結論。

愛因斯坦的「廣義相對論方程 GRE」沒有堅實的實際（實驗）資料作基礎，也沒有可靠的公認的公理作基礎。它只是愛因斯坦一整套的先驗性的構想和假設。因此，基礎不牢，問題不少。愛因斯坦建立 GRE 的整套思路可以簡單歸結為：「宇宙中的能量－物質粒子只有唯一的引力使時空彎曲變形，這種變形一方面成為粒子運動的軌跡即最短路徑，另一方面這種變形可以簡單化為某種時空四維空間球面幾何學，於是，GRE 最終變成為一種時空幾何學，霍金和彭羅斯將其變成為拓撲學，而成為終極理論。」

內容摘要：

前面的 1-1、1-2、1-3、1-4、1-5 五篇文章詳細地介紹分析和推演出來了，作者「新黑洞理論」及其六個基本公式的來源，所有的觀念、理論、公式、推演、分析和結論都是全新的，基礎牢固的，前無古人的，形成了「新黑洞理論的科學體系」，在世界上「僅此一家，別無分店」。前

面的 1-4、1-5 兩篇分別指出和詳細地分析了「廣義相對論方程 GRE」兩大主要缺點和其它的許多缺點，論證了這許多缺點產生的來源和錯誤的結果。在 1-4 文章中，作者論證了「廣義相對論方程」中的「物質和能量」，實際上只有物質「引力能」，而沒有「熱能」，更沒有「引力能」和「熱能」的互換 $E=MC^2$ 和對抗，這是完全背離物理世界的真實性和熱力學定律的。在 1-5 文章中，作者論證了用「狹義相對論」的時空非經典性效應坐標系，觀察者用有「相對論性參考系」得出各種度規公式，來定義和解釋物體的真實運動，並非該物件的真實運動和結果，只是觀察者的錯覺。特別是將一個連續的度規公式直接用於「引力場源」的黑洞內外二個密度溫度相差極大的區域。必定導致其結論謬誤。

至於解場方程時所規定的許多前提條件，如可逆過程、封閉系統均勻等壓系統完全背離實際，也必然荒謬。

上面略略談了廣義相對論方程一些主要問題，這些問題主要是由於當時的歷史條件和科技水準造成的，當時並沒有黑洞理論、哈勃的宇宙膨脹定律、波粒二重性、中子星和霍金的黑洞熱力學等。但廣義相對論方程的幾大功績仍然具有劃時代的意義，如：（1）狹義相對論建立了質—能互換定律 $E=MC^2$，至今尚無否定的證據；它為高能物理、基本粒子物理和原子能技術奠定了基礎。（2）廣義相對論方程的另一偉大成就是史瓦西 Schwarzschild 在 1916 得出 GRE 的特殊解，即史瓦西公式 $GM_b/R_b=C^2/2$，從而

規定了球對稱、無電荷、無旋轉的史瓦西黑洞和克爾黑洞存在的必要條件。這是黑洞理論的第一個正確公式。（3）由大質量天體引力源外引力場產生的單純引力效應，定性地預測到了許多重大的天體事件，如引力透視，引力波，引力紅移等。（4）對於許多「大質量天體作為引力場源」，當將全體物質作為分佈在「場源」內部空間，而忽略其溫度和熱效應時，對其場外的物體運動可得出較準確的軌跡，如水星繞太陽的運動，光在太陽附近的偏折等。

　　本文的目的在於全面詳細地對比分析和評價「廣義相對論方程 GRE」與作者的「新黑洞理論及其六個基本公式」，在解決「黑洞理論和實際運用」問題中的作用、應用範圍和二者的優點和缺點，成就和錯誤。使讀者和看客們能夠更進一步地對作者「新黑洞理論」的科學理論體系有更加清晰深入的理解，認識到新理論有更多的優越性，和深刻地認識到「廣義相對論方程」難以彌補的'與生俱來'的缺陷。

　　關鍵字：新黑洞理論及其六個公式組成的「新黑洞理論」的理論體系；黑洞內部是其「能量—物質粒子的引力」與其「熱抗（斥）力」達到暫時平衡的結果；「新黑洞理論」是牛頓力學、相對論與量子物理、熱力學「對立統一」綜合作用的結果；廣義相對論方程 GRE；「新黑洞理論」可以成功地取代廣義相對論方程解決「黑洞理論和宇宙學」中的重大問題。

1-6-1　進一步分析和論證「新黑洞理論」的六個基本公式的性質和作用，進一步的解釋。

「新黑洞理論」的六個基本公式：

$$M_bT_b = (C^3/4G) \times (h/2\pi\kappa) \approx 10^{27}gk \cdots\cdots\cdots\cdots (1a)$$

$$E_{ss} = m_{ss}C^2 = \kappa T_b = \nu h/2\pi = Ch/2\pi\lambda \cdots\cdots (1b)$$

$$GM_b/R_b = C^2/2, R_b = 1.48 \times 10^{-28}M_b \cdots\cdots\cdots (1c)$$

$$m_{ss}M_b = hC/8\pi G = 1.187 \times 10^{-10}g^2 \cdots\cdots\cdots\cdots (1d)$$

$$m_{ssb} = M_{bm} = (hC/8\pi G)^{1/2} = m_p = 1.09 \times 10^{-5}g \cdots\cdots (1e)$$

$$\tau_b \approx 10^{-27} M_b^3 \cdots\cdots\cdots\cdots\cdots\cdots\cdots\cdots\cdots (1f)$$

根據球體公式 $M_b = 4\pi\rho_bR_b^3/3$ 得出另一個黑洞普遍有效的公式（1m）如下

$$\rho_bR_b^2 = 3C^2/(8\pi G) = Constant = 1.61 \times 10^{27}g/cm \cdots\cdots (1m)$$

1.作者黑洞的六個基本公式，使黑洞物理參數 M_b、R_b、T_b，ρ，m_{ss}、M_{bm}、τ_b 為四大物理自然常數 h，κ，C，G 的不同組合所決定。由於有了這四個物理常數，黑洞就成為牛頓力學相對論力學熱力學和量子力學四大經典理論綜合效應作用的產物。而且（1a）、（1f）式為霍金的、「黑洞熱力學」奠定了基礎。黑洞 M_b 在其視界半徑 R_b 上有溫度 T_b 作為冷源和「閥溫」，它就會像「黑體」一樣，一定會向外發射霍金輻射 m_{ss}。

2.黑洞公式（1b）—$E_{ss} = m_{ss}C^2 = \kappa T_b = \nu h/2\pi = Ch/2\pi\lambda$；這是作者根據能量等價轉換原理，量子力學測不准原理和波粒二重性原理等，提出了輻射能三種能量的等價轉換公式。將輻射能（熱能）的三種能量形式統一在（1b）式中，

即引力能 $m_{ss}C^2$，作為粒子的熱能 κT_b 和作為波能的 $\nu h/2\pi$ 和 $Ch/2\pi\lambda$。再一次將相對論熱力學和量子力學的最基本的公式貫通在一起了。在前面的文章中，作者已經指出了「廣義相對論方程 GRE」中另外一個重大的缺點，是無法將它自己的能量—物質（質量）轉換公式 $E_{ss}=m_{ss}C^2$ 用於 GRE 中。在「廣義相對論方程 GRE」中，雖然有「動量與能量張量」項，實際上無法將能量加進該項中。後來的學者們在解 GRE 時，幾乎都只用物質。

正是通過公式（1b），作者將「廣義相對論黑洞—史瓦西黑洞」，與輻射—霍金量子輻射的「霍金黑洞」融合為同一種黑洞具有兩種功能。因此，每個黑洞，都有按照史瓦西公式（1c）生長和吞進外界能量—物質的功能，和同時按照公式（1b）、（1d），發射霍金輻射 m_{ss} 的兩種不同的功能，而不是宇宙中存在兩種截然不同的、老死不相往來的黑洞—史瓦西黑洞和霍金黑洞。這是多麼大的觀念和理論上的飛躍和轉變！

3.史瓦西黑洞＝牛頓黑洞，有同樣的公式（1c）— $GM_b/R_b=C^2/2$，這是球對稱、無旋轉、無電荷黑洞形成和存在的必要條件的公式。就是說，只要黑洞的總能量—物質 M_b 被壓縮在其視界半徑 R_b 內形成（1c）的關係，就是黑洞，就是光在 R_b 上也逃不出去。（1c）只表示黑洞形成後的結果，而與黑洞形成的過程無關。

4.新黑洞公式（1d）— $m_{ss}M_b=hC/8\pi G=1.187\times10^{-10}g^2$；這是作者根據公式（1a）、（1b），而推導出來的一個黑洞在

其 R_b 上普遍有效的新公式。新黑洞理論因為有了（1d）和 m_{ss}，黑洞理論就成為一個完整的理論，黑洞成為宇宙中能夠「吐故納新」和「新陳代謝」的兩種不同功能的「生長衰亡」的活體了。

大家知道，愛因斯坦逝世前 30 年，一直努力致力於統一廣義相對論與量子力學，終究未能成功。作者的新黑洞公式（1d）—$m_{ss}M_b = hC/8\pi G$ 終於將微觀的霍金輻射量子 m_{ss} 與宏觀的黑洞物質 M_b 聯繫統一在一個公式裡了，這或許不符合愛因斯坦「高大上」所幻想的本意，但是（1d）卻是黑洞理論中的關鍵公式，能夠解決「黑洞和宇宙學」中重大的實際問題。公式 $E = MC^2$ 之所以至關重要，也是因為它將物質與輻射能的等值轉換關係準確地確定下來了。

5.新黑洞公式（1e）—$m_{ssb} = M_{bm} = (hC/8\pi G)^{1/2} = m_p = 1.09 \times 10^{-5}g$；公式（1e）是作者新推導出來的。任何黑洞通過（1c）而誕生形成，通過（1c）吞食外界能量-物質而長大，再通過（1d）而衰弱，最後通過（1e）而死亡，完成黑洞的一個「生死輪迴」。

6.黑洞壽命公式（1f）—$\tau_b \approx 10^{-27} M_b^{3}$，是霍金大師根據相對論力學熱力學和量子力學的基本規律推導出來的。

1-6-2　比較「廣義相對論方程 GRE」與作者「新黑洞理論 NBHT」及其六個基本公式：二者的適用範圍；它們的正確和錯誤；它們的優點和缺點。

【附注】作者認為「狹義相對論 SR」是對的，本書沒有非議 SR 之處。下面只是 NBHT 與 GRE 的「對錯優劣」的對比。GRE 是愛因斯坦早產的殘障嬰兒，如果愛因斯坦能活到 1970 年，相信 GRE 會改寫。

表 1　比較「廣義相對論方程 GRE」和「新黑洞理論 NBHT 及其六個基本公式」的適用範圍，比較它們的正確和錯誤，優缺點。

「廣義相對論方程—GRE」	「新黑洞理論— NBHT」
1.GRE 假定「動量和能量」使「時空彎曲」產生引力場，作為一種假想的因果關係。GRE 實際上只有「物質引力」而無熱抗力是該方程成立的前提，導致它必然會收縮成為其質量中心的「奇點」。這是 GRE 違反熱力學定律致命的先天性缺陷，是 GRE 產生錯誤背離實際的根源。	1.NBHT 及其六個基本公式來源於普遍有效應用物理世界的牛頓力學相對論熱力學和量子力學的四大經典物理學的不可分解的基本公式，黑洞的各種性質變化規律和命運是這些基本公式綜合效應作用的結果，它無需任何附加的前提條件，它們是 NBHT 成立的前提和基礎。

2.由於 GRE 必須同時解出一個物體在「引力場源」內部和其外部的運動方程—度規，必須用一個「相對論性時空參照系」,但物體在場內外的時空是不連續的，物體在內外場的運動方程也就不連續。因此，用同一個運動方程去描述觀測物體在「引力場源」內外的運動和狀態，就會得出物件物體運動「鐘慢尺縮」的假像。更大的錯誤，是將這個統一連續的史瓦西度規（公式）直接用於黑洞內外性質狀態大不同的二個區域。必定導致霍金等學者對黑洞得出許多謬論：如黑洞內部「時空顛倒、空間真空、奇點、沒有視界邊界」等。GRE 學者強迫人們將數學中的「奇點」當作物理世界的真實存在，很不科學。

2.NBHT 及其六個基本公式只研究黑洞自身性質狀態和運動變化及其生死命運的規律。它不研究一個物體在黑洞內部和外部的運動規律和軌跡，因為牛頓力學流體力學氣體力學等比 GRE 能夠更正確有效地解決此等問題。因此，NBHT 不需要其它的附加參照系，它實際上用的是牛頓絕對時空體系，它得出的所有結論都是黑洞自身真實的性質狀態和變化規律，而得不出黑洞內部「奇點、時空顛倒、內部真空、鐘慢尺縮」等謬論。NBHT 是研究黑洞性質狀態和變化規律的物理學，不是空間幾何學拓撲學。NBHT 中黑洞物質的「引力收縮」，最後只能成為「最小黑洞 M_{bm}」,而不是「奇點」,完全符合物理世界的真實性。

3.GRE 的限制：宇宙中只有兩種東西：能量與物質，二者可以在特定的溫度下互相轉變。而 GRE 實際上只有物質的引力作用，否認輻射能有相當的引力質量，和熱抗力產生的熱膨脹作用，無法運用其自身的能一質轉換公式 $E=MC^2$。實際上，任何黑洞都是將其能量一物質轉換為霍金輻射的轉換機。GRE 是自相矛盾的。	3.NBHT 的公式 （1b）定義了輻射能有其自身的相當的引力質量。公式（1d）嚴格地和定量地規定了黑洞 M_b 與霍金輻射 m_{ss} 之間的轉換關係。NBHT 定義的黑洞就是將黑洞內全部的能量-物質 M_b 按照 $E=MC^2$ 不可逆地轉換為霍金輻射 m_{ss} 的轉換機，黑洞最後只能收縮為「$M_{bm}=m_p$」而消亡，而非「奇點」。
4.GRE 方程組太複雜，需解十個難解的二階微分方程，沒有一般解。為了使 GRE 得出簡化的特殊解，學者們必須提出許多前提假設條件，比如：宇宙學原理、宇宙監督原理、封閉系統、可逆過程、無熱抗力等壓宇宙模型等，這些都是違反熱力學和物理實際的，導致最終出現「奇點」。	4.NBHT 的六個基本公式和所用的其它公式都是物理學中的最基本普遍有效的公式。NBHT 無需解任何微分方程和任何附加的條件，所有的結論都是根據其六公式「順其自然」推演的結果。因此，黑洞所有的結論都是符合實際的，符合現在各個物理學的基本規律的。
5.霍金錯誤地認為宇宙有二種不同類型的毫不相干的黑洞，一種類型是按照（1c）吞食物質的「膨脹」黑洞，另一種是按照（1a）發射霍金輻射的「收縮」黑洞。	5.NBHT 證實任何黑洞都有吞食外界能量-物質的「膨脹」和發射霍金輻射「收縮」的二種功能。這種「新陳代謝」使黑洞符合宇宙事物「生長衰亡」的普遍規律。

6.實際上 GRE 只能用於與外界沒有能量一物質交換的「封閉系統」和理想過程。GRE 只能用於「可逆過程」，它違反熱力學，沒有時間方向	6.NBHT 適用於與外界有能量一物質交換的「開放系統」，也適用於「封閉系統」和非理想過程。NBHT 中黑洞的膨脹和收縮都是「不可逆過程」，符合熱力學
7.GRE 最大的缺陷是只有物質的引力作用，無法加入有熱抗力和有少許引力質量的輻射能，因此，無法得出輻射能是信息量和熵的攜帶者的重要結論。	7.NBHT 的公式至始至終將物質和輻射能的守恆和互換聯繫在一起，因此能夠得出霍金輻射 m_{ss} 就是輻射能、就是信息量和熵的攜帶者的重要結論。
8.只有物質引力的 GRE 無法解釋黑洞和宇宙的膨脹。沒有能量排出無法解釋能量一物質自動的收縮。GRE 甚至無法從物理上解釋「熱脹冷縮」的因果關係。	8.NBHT 的黑洞公式（1c）表明黑洞因吞噬外界能量一物質而膨脹，（1a）、（1d）表明黑洞因發射霍金輻射而收縮。因果關係明確。
9.GRE 實際上是一團物質粒子引力的動力學方程，因為它無法解決能量和物質的互換問題。因此，它無法正確求出黑洞和宇宙本身的性質有關的物理參數，如霍金輻射 m_{ss}，信息量 I_o 和熵 S_{bm} 等。霍金的黑洞熱力學解決了黑洞的 T_b，熵 S_b，壽命 τ_b，霍金最大的遺憾是沒有求出 m_{ss}。	9.NBHT 將牛頓力學和 GRE 中的黑洞理論和霍金的黑洞理論「合二為一」，統一和發展了黑洞理論和黑洞熱力學，求出了霍金輻射 m_{ss}，證明了 m_{ss} 是信息量 I_o 和熵 S_{bm} 的攜帶者。使黑洞理論得以完善和發展。NBHT 不解決其它物體在黑洞內外的運動問題。

10. GRE 的各種特殊解，如將史瓦西度規一個連續的公式，直接運用於黑洞（引力場源）內外二個物理世界差別極大的區域，是極其錯誤的，結論必定荒謬。	10.NBHT 與一個物體在黑洞內外的運動無關。因此，與黑洞內外的物理狀況無關。黑洞的性能和變化規律只取決於黑洞質量 M_b 的變化，不受外部環境影響。
11.為了解出 GRE，就必須知道黑洞和研究物件內部的物質和密度等分佈情況，這使 GRE 極難得出正確解	11.NBHT 無需知道黑洞內部的物質成分，結構和分佈等情況。黑洞的性質和變化只決定於其總能量-物質的量 M_b。
12.愛因斯坦說過，他的 GRE 完美到無法加進去任何東西。	12.NBHT 是一個開放系統，作者加進去了 m_{ss}，I_m 等許多東西，後來者還可加進去新的物理參數。
13.GRE 和 Hawking 對黑洞推演出來的物理參數只有：M_b，R_b，ρ_b，T_b，τ_b，S_b，等六個，有些互相矛盾，不能相容互恰。	13.NBHT 對黑洞已經推出了 10 多個物理參數的公式，M_b，R_b，ρ_b，T_b，τ_b，S_b，m_{ss}，I_o，I_m，S_{bm}，$-d\tau_b$，$M_{bm}=m_p$，m_{ss} 的頻率 ν_{ss} 和波長 λ_{ss} 等，彼此相容互恰。
14.GRE 好像一個大框，除了黑洞之外，幾乎所有新物理觀念都可以裝進宇宙學常數，但是沒有看到有什麼成功的跡象，充其量只能有 M，R，ρ，T 物理性能參數之間的關係，且不互恰正確。	14.NBHT 只限於有效的解決「黑洞和宇宙學」本身的性質，變化規律和命運有關的問題。所有的性能參數 M_b，m_{ss}，R_b，ρ_b，T_b，τ_b，S_b，I_m 等都有準確的公式。

15.GRE 是單純物質引力的統一連續的動力學運動學方程，無法得出黑洞和宇宙本身的性能參數，如溫度 T_b，τ_b，S_b 等等。	15.NBHT 能夠得出黑洞和宇宙本身所需的 10 多個性能參數。
16.結論：以上是 GRE 解決「黑洞和宇宙學」時，必然會出現「背離實際，產生謬誤」的根源，上面的 1、2、3、4 項是主要原因。	16.結論：NBHT 的正確性，用它取代 GRE 以解決「黑洞和宇宙學」的問題，就能夠得出正確有效和符合實際的原因和結果。

重點的解釋分析和結論：總起來說，對 NBHT 與 GRE 的根本區別，作幾點上面表 1 中無法詳細解釋的補充；

（1）「新黑洞理論」認為我們宇宙中只有兩種東西：物質粒子與輻射能，兩者在宇宙各種特定溫度的條件下都在按照公式 $E=MC^2$ 進行轉化。兩者都同時具有「引力質量」和「熱量（溫度）」，兩者通過其「引力質量」產生引力和收縮，通過「熱量（溫度）」產生排斥和膨脹。兩者的個體都同時是引力與排斥、收縮和膨脹的對立統一體，從生到死都不可能只有一種作用。只不過物質粒子的「引力質量」比輻射能大的太多，因此，物質粒子主要表現出其引力收縮效應，其「熱排斥力」相對小的很多，但是仍然表現出來較小的「熱脹冷縮」效應。而輻射能的相對「引力質量」是太小了。因此，其「排斥膨脹效應」就遠遠大於其「引力收縮效應」，所以輻射能的主要表現就是「排斥和膨脹」。當輻射能糾纏碰撞在粒子內部，無法排除出去時，就會抗拒其引力收縮。但是，宇宙中的輻射能的

總量是遠多於物質粒子的總量的，所以宇宙整體的表現是不斷地「膨脹降溫」，而在物質粒子佔優勢的小部分地區則表現為「引力收縮」，成為恆星星系和黑洞。由於宇宙中的黑洞和恆星正在緩慢地不可逆地將物質粒子轉變為能量（霍金輻射，輻射能），因此，宇宙最終的命運是將全部的物質，通過黑洞自然強大的「引力收縮」力量，在 10^{134} 年之後，轉變為輻射能。

但在 GRE 學者看來，輻射能（輻射能量，光子）的「溫度和熱抗力」和其「相當的引力質量」是可以忽略不計的，因為他們在解場方程時，無法將「溫度和熱抗力」的作用加進到方程中去，也無法遵循「能量質量守恆和互換」，只能否定它們的「熱抗力」和「能量密度」的存在，結果導致解方程出現荒謬的「奇點」。也因否定輻射能的「引力質量」，認為宇宙中有缺失的能量—物質，無法解釋宇宙的平直性。

（2）GRE 用「相對論性時空座標參照系」，得出物體運動的史瓦西度規，將其直接用於黑洞內外兩個「截然不同」、密度至少相差 10^{40} 倍的區域，是造成黑洞內部出現「奇點」的另外一個重要原因。

1-6-3　一些必要的回顧和說明

（1）「新黑洞理論」鮮明的特點是，不僅對新理論觀念作了定性地論證，還用其六個公式，再配合物理學中其它的基本公式，就能夠對黑洞的十多個性能參數推導出正

確有效的公式和作出準確的數值計算，結果與真實的物理世界和哈勃定律完全吻合，比如，由黑洞公式，可直接計算出來宇宙真實密度，幾乎與實測資料 $0.958 \times 10^{-29} g/cm^3$ 完全相同。

（2）愛因斯坦給物理學家昂德里克·洛倫茨（Hendrik Lorentz）曾經寫信說：「理論家出錯有兩種情況」：「A.魔鬼用一個錯誤的假說牽著他的鼻子走（這種情況值得同情）；B.他的論證是錯誤、荒謬的（這種情況該挨打）。」

大家可以在前面的五篇文章中，找不到作者如魔鬼犯有上述兩種錯誤，作者沒有提出任何新的假設，更沒有被什麼錯誤的假設牽著鼻子走，而是被近代物理學中正確的基本公式牽著鼻子走。因此，所有論證和推演幾乎都是根據現有基本經典公式組合運用推導的結果，遵循和符合所有現實物理世界的規律。

（3）作者「新黑洞理論」成功的重要原因之一是綜合運用現有的一些基本公式，組合成新公式，比如（1b）式—— $E_{ss} = m_{ss}C^2 = \kappa T_b = vh/2\pi = Ch/2\pi\lambda$ ，它符合質量—能量的互換關係、波粒二重性和測不准原理，這就是能較完滿地解決「黑洞」和「宇宙學」中許多重大問題的關鍵。

（4）根據「新黑洞理論」，宇宙中只有「合乎六個黑洞公式」的一種黑洞，霍金所說的「兩種黑洞」，實際上都是所有黑洞具有的兩種功能。

史蒂芬·霍金說：「在經典物理框架中，黑洞越變越大，但在量子物理框架中，黑洞因輻射〔作者注：但是霍

金最大的失誤是並未找到霍金輻射 m_{ss} 的公式（1d）〕而越變越小。為什麼霍金不能像作者一樣，認為任何黑洞都同時具有上述兩種功能呢？因為在霍金的頭腦中，堅持地認為輻射能沒有「相當的引力質量」，不認為「物質」與「輻射能」可以按照「新黑洞理論」的（1b）公式互相轉變。因此，他就必定認為黑洞內的「物質」不能轉變為「輻射能」，而存在二種不同性質、而又「老死不相往來」的黑洞。如果一個人不知道人類有「消化系統」，他就可能認為世界上有二種人類，一種人類只會吃而不斷地長大，另外一種人類是只會排泄而走向死亡。而實際上，人類之所以能夠長期存在，就是因為人類有「消化系統」，可以將吃進的食物，通過其「消化系統」轉變為「排泄物」。同樣，黑洞之所以能夠極度長期地存在，就是因為可以通過（1b）（1d）式，將吞噬進來的能量—物質統統轉變為輻射能而發射出去。

（5）可見，「新黑洞理論」中的「黑洞」的六個公式，是將「變大與變小」、「吞噬能量—物質與發射霍金輻射」、「吐故和納新」的「對立雙方」二者完善地結合統一起來，合二為一，各司其職，各得其所，相反相成，但絕不是二者的互相否定。在「新黑洞理論」中，是將當今四大理論中的牛頓力學相對論和量子力學熱力學之間的對立統一了起來，是將對立的二者統一於黑洞的「吞噬外界能量—物質」與「發射霍金輻射」的不同功能的「相反相成」統一起來的結果。

（6）「新黑洞理論」論證了，在黑洞的「事件邊界＝視界半徑 R_b」上，會達到能量子（霍金輻射 m_{ss}）的離心力與黑洞總能量—質量 M_b 引力的暫時平衡，而暫時不能逃離黑洞；所以「事件邊界」就像人的皮膚和細胞膜一樣，是確實存在的。它一方面可將膜外的能量—物質吞噬進黑洞內，可長期地將它們捆綁在黑洞內，它還會使膜內物體的能量—物質，按照公式（1d）—$m_{ss}M_b＝hC/8πG$，轉換成一個比一個大的 m_{ss} 逃到外界，使能量—物質作選擇性的「吐故納新」「有進有出」的交換，以維持其存在。可見，黑洞的「事件視界 R_b」是真實存在的，霍金之所以否定「事件視界 R_b」的存在，是因為他錯誤地解「場方程」，認為黑洞內有「奇點」，和沒有找出霍金輻射 m_{ss} 的結果。

（7）為什麼作者的「新黑洞理論」比「廣義相對論方程」正確有效呢？因為作者得出的「黑洞」是真實的「黑洞」和真實的「黑洞的性能和變化規律」。

根據史蒂芬·霍金於 2014 年 1 月 26 日的論述，認為：「愛因斯坦的引力方程式的兩種奇點的解，分別是黑洞跟白洞。不過理論上黑洞應該是一種『有進沒出』的天體，而白洞則只能出而不能進。然而黑洞卻有粒子的輻射，所以不再適合稱其名為黑洞，而應該改其名為『灰洞』，先前認為黑洞可以毀滅資訊的看法，是他『最大的失誤』。」霍金是在為維護他自己的「奇點」、「黑洞白洞」等謬論而作出自相矛盾的「詭辯」。他「最大的失誤」應該是未能找到霍金輻射 m_{ss} 與黑洞質量 M_b 的關係公式（1d）（1e）。

　　其實，根據「廣義相對論方程」得出「黑洞和白洞」和「奇點」概念，跟流體力學中，得出理想流體方程有「源和泉」的「奇點」論證和結論是幾乎相同的。而作者在「新黑洞理論」中的「有進有出」的論述，是指黑洞按照（1c）吞噬進外界能量—物質而膨脹，同時按照（1d）向外界發射輻射能而縮小。不存在什麼霍金虛幻的「白洞」通過「蟲洞」連接「黑洞」。如果承認這種「黑洞」存在「事件邊界」，他們就不能自圓其說。

　　在 2014 年，霍金因為否定「黑洞的事件邊界—Event Horizon 的存在」而否定黑洞的存在，這當然是正確的。表明霍金已經意識到，這是他在上世紀 60-70 年代錯誤地「解廣義相對論方程」的必然結果，必然是無法「自圓其說」。但是他並沒有承認（認識到），正是「廣義相對論方程」本身的諸多弊端及他們在解方程時，需設定諸多錯誤的前提條件，所必然導（解）出的荒謬結果。

1-6-4　「新黑洞理論及其六個基本公式」是一個創新的、自洽的、完整的、合乎物理世界真實性的（能實證的）、能正確解決黑洞和宇宙學問題科學理論體系

　　它以正確的公式確定了黑洞和我們宇宙黑洞各種性能的物理參數，和它們的變化規律，這些公式的數值計算值準確地符合哈勃定律和近代天文觀測資料。

　　（1）「新黑洞理論」之所以符合實際和能夠解決「黑洞和宇宙學」中許多重要的理論和實際問題，在於其黑洞

的六個基本公式，來源於物理學的四大經典理論及其基本
公式，證明了黑洞和我們的宇宙都是「有限的」和「有界
的」。因此，它們就和大自然（物理世界）的任何其它事物
一樣，都符合「生長衰亡的規律」、「熱力學第二定律（熵
增加定律）」、「質量能量不滅和互換定律」等等。反觀廣義
相對論方程 GRE 的學者們，他們說，黑洞和我們宇宙都有
「奇點（無限）、內部真空、時空顛倒」和沒有「事件邊界
（無界）」，沒有確定的物理參數值，只能得出許多無物理
參數值的虛妄概念，如奇點、奇異性黑洞、白洞、蟲洞等
等，將黑洞理論和宇宙學理論引入歧途，成為玄學。

　　（2）「新黑洞理論」及其公式的正確性，在於它本身
就是建立在牛頓力學相對論熱力學和量子力學，四大經典
物理學的理論和基本公式的基礎上的。黑洞和宇宙本身就
是這四大經典物理學定律綜合作用的結果。而 GRE 本身實
際上只有物質單純的引力作用，而沒有熱力學和量子力學
的作用，就已經不符合物理世界的真實性了。

　　（3）「新黑洞理論」及其公式的正確性和自洽性，表
現在黑洞所有性能的物理參數都是四大自然常數 G，C，h，
κ 的不同的單值的組合，協調而相容。

　　（4）「新黑洞理論」及其公式的正確性和自洽性，還
表現在將黑洞性能的物理參數擴大到十多個，如：M_b，R_b，
ρ_b，T_b，τ_b，S_b，m_{ss}，I_o，I_m，S_{bm}，$-d\tau_b$，$M_{bm}=m_p$，ν_{ss}，
和 λ_{ss}，etc。它們之間都有準確的公式互相聯繫著，協調
而相容。而且得出了霍金輻射能 m_{ss} 就是信息量 I_o 和熵 S_{bm}

的攜帶者的結論，和信息量 I_o 就是普朗克常數的結論，即 $I_o = h/2\pi$。

（5）「新黑洞理論」中最有創新和成效的公式是（1d）— $m_{ss}M_b = hC/8\pi G$，它將宏觀黑洞總質量 M_b 與微觀的霍金粒子輻射 m_{ss}，簡明而美觀地聯繫在一個不可分解的基本公式裡，不知道愛因斯坦和霍金看到以後，會不會感到驚奇。這能不能可以看成是某種 GRE 與量子力學的低級統一呢？當然，這與愛因斯坦去世前 25 年，所追求的 GRE 與量子力學的高級統一，也許是不能相比擬的吧！但是非常地有用和適用。

（6）「新黑洞理論及其公式」的最大的優越性，在於完全運用「物質和輻射能（即霍金輻射 m_{ss}）守恆和轉換定律」，而順利地推導出輻射能是信息量和熵的攜帶者。GRE 無法做到。

（7）作者堅信，用沒有任何假設和前提條件的六個經典有效的基本公式，組成的「新黑洞理論」體系，可替代複雜難解的廣義相對論方程。用愛因斯坦的話說：「任何一個有智力的笨蛋都可以把事情搞得更大，更複雜，也更激烈。往相反的方向前進則需要天份，以及很大的勇氣。」廣義相對論方程是在 100 年前，沒有哈勃定律、沒有大爆炸宇宙模型、沒有黑洞霍金量子輻射、沒有黑洞熱力學等等的情況下，而「把事情搞得更大，更複雜，也更激烈」而超前的一件科學上的大歷史事件，但是令人難以得出場方程的一般解。作者的「新黑洞理論」體系，也確實是把

「複雜的事情搞得簡單化了，作者是用黑洞視界半徑 R_b 的簡單變化，以代替 GRE 用黑洞物質量的複雜變化來研究黑洞的變化規律的。」但是如果這個理論和公式都是正確的、符合物理世界實際的，又有什麼不好呢？

　　（8）也許有學者們說，由六個公式組成的「新黑洞理論」，太零亂、不統一、不完整，「旁門左道」。但是，回頭來看看，牛頓力學體系，歐幾里德幾何學，量子力學等，它們都是由多個公理或者基本公式組成的，都是正確有效的，經得起時間的考驗的。作者不過是學著前輩大師們的研究方法，學著走一條「追求本源、返璞歸真」的道路而已。作者的「新黑洞理論」是道地的原創新創、是世界上「別無分店和前無古人的一家之言」，是物理理論，而不是玩數學遊戲。如果入不了學者大師們的法眼，衷心願意接受任何批判和打假，以利「黑洞理論和宇宙學」的進步發展。

＝＝＝＝＝＝＝＝＝＝＝全文完＝＝＝＝＝＝＝＝＝＝＝

參考文獻：

1.張洞生，《黑洞宇宙學概論》，1-1、1-2、1-3、1-4、1-5 各章，臺灣，蘭臺出版社，2015 年 11 月，ISBN：978-986-4533-13-4。

2.蘇宜，《天文學新概論》，華中科技大學出版社，2000 年 8 月。

3.何香濤，《觀測天文學》，科學出版社，2002 年 4 月。

4.吳時敏，廣義相對論教程，北京師範大學出版社，1998 年 8 月，ISBN：7-303-04705-0。

1-7　用「新黑洞理論」談談「恆星級黑洞」

愛因斯坦：「方程式對我更重要，因為政治只看眼前，而方程式是永恆的。」
桑德奇：「偉大的科學好比偉大的藝術，存在於最顯而易見的地方。」

1-7-1　恆星級黑洞塌縮前後的霍金熵比公式的物理意義

一、恆星級黑洞塌縮前後的霍金熵比公式

按霍金恆星塌縮前後的熵公式（7a），任何一個恆星在塌縮過程中，熵總是增加的。假設 S_b—恆星塌縮前的熵，S_a—塌縮後的熵，M_θ—太陽質量＝2×10^{33}g，

$$S_a/S_b = 10^{18} M_b/M_\theta \cdots\cdots\cdots\cdots\cdots\cdots\cdots\cdots\cdots （7a）$$

一般認為，大約 $3M_\theta \approx 6 \times 10^{33}$g 質量的黑洞為「恆星級黑洞」。Jacob Bekinstein 指出，在理想條件下，$S_a＝S_b$，就是說，如果熵在恆星塌縮的前後不變時，就從（7a）式可得出一個小型黑洞 $M_{bo}＝2 \times 10^{15}$g。這個小型黑洞常被稱之為宇宙的「原初小黑洞＝M_{bo}」。

原初小黑洞 $M_{bo}＝2 \times 10^{15}$g 的密度 $\rho_{bo}＝0.7 \times 10^{53}$g/cm^3；其視界半徑 $R_{bo}＝3 \times 10^{-13}$cm；R_{bo} 上的溫度 $T_{bo}＝0.4 \times 10^{12}$k；其霍金輻射 $m_{sso}＝6 \times 10^{-24}g\cdots\cdots\cdots\cdots\cdots\cdots\cdots$（3b）

二、從 Bekinstein 對恆星塌縮的前後熵不變的解釋可以得出有非常重要意義的結論。Bekinstein 對霍金公式（7a）只作了一個簡單的數學說明，使其能夠和諧地成立。但是沒有給出其中的恰當的物理意義。作者認為，（7a）應

該能夠用於解釋恆星塌縮過程中有一些重要的物理含意。

1.首先，（7a）表明黑洞在密度 $<\rho_{bo}=10^{53}$g/cm^3 的塌縮過程中是不等熵的。這表示質子（超子）作為粒子在此過程中能夠保持質子的結構沒有被破壞而分解為夸克，所以質子才有熱運動、摩擦和熵的改變。質子可能變為超子 Λ 或 Σ 僅僅是質子具有高能量和高溫，但它仍然由夸克組成。

2.然而，既然密度從 $\rho_{bo}>10^{53}$g/cm^3 到 10^{93}g/cm^3（最小黑洞 M_{bm} 的密度）的改變過程中，不管是膨脹還是收縮，熵不能改變，這顯然可看成為就是理想過程。因此，質子必須在此過程中分解為夸克。換言之，夸克就是沒有熱運動和摩擦可在密度 10^{53}g/cm^3 和 10^{93}g/cm^3 之間作理想過程的轉變的。既然夸克在過程中作等熵運動，表明與膠子在一起的夸克可能是具有超導性的物質，它們可以一直存在到密度達到 10^{93}g/cm^3 的普朗克領域，而會成為阻止任何物體和黑洞內部質量引力塌縮的堅實核心。

3.現在宇宙中所能產生的最強烈的爆炸是超新星爆炸，它們所能產生的最大內壓力只能將其中心物質殘骸壓縮成密度約 5×10^{15} g/cm^{3}的中子星或宇宙中最小的 3 M_θ 恆星級黑洞的核心。這就是實際上，觀測到中子星和恆星級黑洞能在宇宙空間真實存在的根據。可見，黑洞從密度 5×10^{15}g/cm^3 到 10^{53}g/cm^3 的塌縮或膨脹過程就是非等熵過程，質子的結構未被破壞。這特性也許就是質子在宇宙中有大於 10^{31} 年的長壽命而難以被破壞的原因。

4.既然恆星級黑洞在 $3M_\theta$ 和 $M_{bo}=2\times10^{15}g$ 的密度 ρ_{bo} $<0.7\times10^{53}g/cm^3$，黑洞內部質子尚未破壞分解為夸克，而具有密度大約為 $5\times10^{15}g/cm^3$ 的 $3M_\theta$ 恆星級黑洞，又是現實宇宙中密度最大、質量最小的黑洞。這充分表明，在現實宇宙中，還沒有比超新星爆炸更為強大的宇宙力量，可以將質子壓縮分裂成為夸克。因此，恆星級黑洞內部的引力收縮是不可能壓碎質子的，GRE 學者們聲稱，黑洞內部的引力收縮定會收縮成為無窮大密度的「奇點」，純屬「天方夜譚」。

1-7-2 宇宙中任何大質量物體的中心必定有一個比較堅實的核心，以阻止其上面物質的「引力塌縮」。我們宇宙年齡已經是 Au＝137 億年，如果宇宙中缺乏這種自然機制，宇宙早就各處都是「奇點」了，哪裡還有現在千變萬化的物質世界？

在愛因斯坦建立廣義相對論的 1915 時代，他只知道引力和電磁力這兩種長程力，在其作用下，物質所能達到的最大密度，是太陽中心的密度約為 $10^2g/cm^3$。那時，不知道還有核心密度為 $10^6g/cm^3$ 的白矮星，和密度為 $10^{15}g/cm^3$ 的中子星。更不知道弱作用力和強作用力可以組成密度為 $10^{16}g/cm^3\sim10^{53}g/cm^3$ 的質子，和密度為 $10^{53}g/cm^3\sim10^{93}g/cm^3$ 的夸克。因此，那時許多科學家們想當然的認為，物質粒子的引力可以自由而無休止地收縮和增大密度而達到「奇點」。這是可以被理解的歷史原因。然而，現在主流的的科

學家們還固執的堅持物質粒子的引力可以收縮而壓碎其中心堅實的高密度核心，再繼續塌陷成為「奇點」，這是盲目而失去理智的。可見，宇宙現實中最強大的爆炸力—超新星爆炸，也只能壓縮出來一些密度約 10^{15}g/cm^3 的中子星，或許還有恆星級黑洞。學者們用違背實際和熱力學定律的數學公式，證明黑洞內部物質的「引力收縮」，會塌縮出來人們毫無知覺的「奇點」，似乎是一種偽科學「臆想症」。

在我們現今宇宙中，實際存在的大概有四種類型的大黑洞：一是恆星級黑洞 $M_{bs} \approx 6 \times 10^{33}$g（$3M_\theta \sim 20M_\theta$）；二是中型黑洞，約從 $10^2 M_\theta \sim 10^4 M_\theta$；三是巨型黑洞 $M_{bh} \approx (10^6 \sim 10^{12}) M_\theta$；四是我們宇宙黑洞 $M_{bu} = 10^{56}$g。在宇宙進入物質占統治時代（Matter-dominated Era）後不久，幾乎每一個星系和星團的中心，都會塌縮出巨型黑洞 M_{bh} 成為星系團密度較高的核心，類星體是部分巨型黑洞 M_{bh} 的少年時期。由於其質量巨大，所以其 R_b 很大，其密度很小，$\rho_{bh} < (10^3 \sim 10^{-8})$ g/cm^3，所以在較大的 M_{bh} 內也可能存在恆星級黑洞。至於我們宇宙黑洞 $M_{ub} = 10^{56}$g，它誕生於普朗克領域無數的「最小黑洞 M_{bm}＝普朗克粒子 $m_p = 10^{-5}$g」，它們不斷地以光速 C 合併膨脹，經過 137 億年，而成為我們宇宙黑洞 $M_{ub} = 10^{56}$g。在我們宇宙黑洞 M_{ub} 內，有許許多多巨型黑洞 M_{bh}，中型黑洞和恆星級黑洞 M_{bs}，這是由實際的觀測已經證實的事實。

在宇宙中獨立存在和運行的星體都有較大的質量，其中心必有對抗引力塌縮的較堅實的核心或者高密度高溫抗體。

1.質量小於等於 10^{15}g 的物體中,其氫原子的數目約為 $n_p < 10^{15}/1.67 \times 10^{-24} = 10^{39} =$ 狄拉克大數。一個典型的慧星質量也有大約 10^{15}g。由於物質的質量小,所產生的引力收縮往往能為該物體的外層電子結構所承受,而形成不改變結構的熱脹冷縮,因而可以沒有一個較堅實的核心。

2.小於 0.08 $M_\theta > 10^{15}$g 質量的行星:其中心都有密度較大溫度較高的較堅實的鐵質核心,因為其氫原子的數目約為 $n_p > 10^{15}/1.67 \times 10^{-24} > 10^{39}$,其較堅實的核心層,必然是由電子層能夠承受較高壓高溫的重金屬所組成;它一方面承受週邊物質壓力以對抗引力的塌縮,一方面又維持對週邊物質的足夠引力使其不會逃離出去,以保持該物體的整體的穩定性。這種氣體或者固態行星的中心多為固態或液體的鐵所形成的較堅實核心,以平衡和對抗其週邊物質的引力收縮。

3.太陽的質量 $M_\theta = 2 \times 10^{33}$g,質量大於 M_θ 的星體,由物質收縮所產生的高溫可達到 > 1500 萬 k 時,能夠點燃其中心的核聚變,只要核聚變所提供的熱能能夠保持住核心的高溫高壓不下降,就能長期地對抗外層物質向中心的引力塌縮。

我們知道,當大質量恆星演化的末期,在其核心的氫氦碳等元素在核聚變反應中耗盡後,經由引力塌縮會產生新星或超新星爆炸。根據原始恆星質量的大小,其內部殘骸可被壓縮成為白矮星、中子星、夸克星或者恆星級黑洞等緻密天體。無論是最終形成哪一種天體,都由於新星爆

炸時，其中心殘骸受到爆炸時的超強內壓力壓縮而成。

白矮星質量為（0.17~1.44）M_θ，1.44M_θ是白矮星的最大質量，稱之為錢德拉塞卡極限。當一個小於 1.44M_θ的白矮星吸收其週邊物質，將質量增加到 1.44M_θ時，就會產生強烈的 Ia 型超新星爆炸，炸成高能粒子粉末和高能輻射。

中子星質量為（1.35~2.1）M_θ，其中心的最大密度可到約 4.3×10^{11}~5×10^{15}g/cm^3。具有如此高密度核心的中子星可與其伴星合併，或者掠奪外界的能量—物質而長大，當其總質量長大到 $\geq 3M_\theta$ 時，中子間的「泡利斥力」頂不住萬有引力的作用，就收縮成為一個 $3M_\theta$ 的恆星級黑洞，$3M_\theta$ 稱之為奧本海默-沃爾科夫極限。一個 $3M_\theta$ 的恆星級黑洞的中心，必然會有一個較高密度的核心能夠對抗黑洞內物質的引力收縮。

1-7-3 恆星級黑洞 $M_{bs} \approx$（2~3）M_θ與奧本海默極限

一、恆星級黑洞 $M_{bs} \approx$（2~3）M_θ是現實宇宙中存在的密度最大、質量最小黑洞，它們各約為（5~8）M_θ 的原始星雲經過核聚變後塌縮形成。而（8~50）M_θ 的原始星雲能否形成恆星級黑洞，尚未有實際的觀測資料證實，有可能先直接收縮成為大於（3~10）M_θ 的黑洞，然後在其內部塌縮成為 $M_{bs} \approx$（2~3）M_θ 的黑洞，並且爆炸而向外拋射出大量物質—能量。

下面是恆星級黑洞 M_{bs} 的資料，太陽質量 $M_\theta \approx 2 \times 10^{33}$g。於是，$M_{bs} = 3M_\theta = 6 \times 10^{33}$g，根據（1c）式，其 R_{bs}

$=1.48×10^{-28}M_{bs}=9×10^5$cm，再根據（1m）式，$\rho_bR_b{}^2=3C^2/$（$8\pi G$）$=1.6×10^{27}$g/cm，所以 $\rho_{bs}=1.6×10^{27}/81×10^{10}=2×$ 10^{15}g/cm^3。可見，恆星級黑洞的密度 ρ_{bs} 就是中子星的密度，也就是現今宇宙中原子核的密度。於是證明了現實宇宙中，尚無強大的自然力量，可以破壞質子，或者壓縮其成為夸克。

因此，一般中子星質量約為（1.35 到 2.1）M_θ，當中子星成為雙星系統的伴星時，它會吸收伴星的能量-物質，當其總質量增加到約 3M_θ 時，就會塌縮成為一個恆星級黑洞 M_{bs}。這同時也表明，在現實宇宙中，所可能存在的最高密度的物質就是原子核，而新星和超新星的爆炸的內壓力也只能將單獨的元素壓合（聚合）成大小不同的原子核。因此，恆星級黑洞 $M_{bs}≈$（2~3）M_θ 就成為現實宇宙中所可能存在的最小黑洞，從 1-1-1 公式（1m）—$\rho_bR_b{}^2=3C^2/$（$8\pi G$）$=$Constant$=1.61×10^{27}$g/cm 可見，黑洞愈大，其密度愈低。這還表明，即使大於 3M_θ 的大黑洞內出現超新星爆炸，也只能塌縮出一個恆星級黑洞 M_{bs}。

1-7-4 奧本海默極限，Tolman-Oppenheimen-Volkoff 方程，可簡稱為 T-O-V 方程（4a）。

$-R^2dP/dR=GM（R）\rho（R）×[1+p（R）/\rho（R）]×[1+4\pi R^3p（R）/M（R）]×[1-2GM（R）/R]^{-1}……$（4a）

（4a）這個方程的推導來自愛因斯坦引力場方程在一個廣義的定態且球對稱度規（不一定是史瓦西度規）條件

下的解。它是在廣義相對論 GRE 框架下描述一個處在定（靜）態引力平衡狀態下的各向同性球對稱物體結構的約束方程。它所描述的是恆星在輻射壓力和自身引力作用下的相對論性流體靜力學平衡，故稱做恆星的流體靜力學平衡方程。該方程是 T-O-V 從解 GRE 得出的一個微分方程，用於研究物質粒子團組成的恆星塌縮成為一個黑洞所需的物質量的極限。

（4a）須滿足初始條件是：M（0）＝0時，ρ（0）＝0；而 p 與 R 無明顯的關係，即仍然是等壓宇宙模型，表示熱量可以排出。

【作者重要注釋】：

最重要的結論是：上面的 TOV 方程（4a）規定了初始條件，在 M（0）＝0 時，ρ（0）＝0，就消除了產生「奇點」的可能性。為什麼對史瓦西度規等，GRE 學者們不能同樣規定而取消「奇點」呢？可見，用數學公式與拓撲學中的「奇點」，證明物理世界存在「奇點」是人為的荒謬結果。

（4a）式右端三個方括號因數是廣義相對論對牛頓力學的修正。用它討論恆星的內部結構時，恆星內部的壓力 p 與密度 ρ，比熵 s（每個核子平均的熵）等的分佈與化學成分有關。如果不考慮（4a）式右端三個方括號因數的修正，使其均＝1，則 T-O-V 方程可退化和還原為牛頓流體靜力學方程，即下面的（4b）式。但要積分解出（4a）式，需要作出許多假設的邊界條件，以便近似的求（給）出 p

（R），ρ（R），M（R）的分佈後（這種分佈必然還要有一個較堅實的核心），積分解出方程，這是很不容易的。

　　按照牛頓力學，決定恆星基本特徵的只有兩種力，自身引力和壓力在平衡時形成星體，如（4b）。

　　$-dP/dR = GM（R）ρ（R）/R^2$ ………………（4b）

　　奧本海默極限：羅伯特・奧本海默和喬治・沃爾科夫得到的中子星質量上限約為 0.7 倍太陽質量 $0.7M_\theta$，這在今天看來應該是錯誤的，當質量大於 $0.7M_\theta$ 的中子星吸收外界或其伴星的能量—物質而長大時，可坍縮為一個（1.5—3）M_θ 恆星級黑洞。理論上講，根據 T-O-V 極限，大於（1.5—3）M_θ 的恆星質量可以從「引力收縮」而成。但是實際上，由於大於 $3M_\theta$ 的星團物質中心的熱量難以排出，靠單純自身的引力收縮不可能塌縮出 $3M_\theta$ 恆星級黑洞。實際觀測的資料是：宇宙中已經觀測一個 $1.7M_\theta$ 的最小恆星級黑洞，可能是由中子星吸收物質而成。其餘為（3—20）M_θ 的恆星級黑洞。因此，奧本海默極限實際上只能由實際觀測資料得出，其理論只有參考的價值。唯一的解釋就是中子星和恆星級黑洞不是由「引力收縮」直接形成，而是由 $M =$（3~10）M_θ 恆星的核聚變完成後，發生新星或超新星爆炸，在產生的極其強大的內壓力下，可使其殘骸坍縮成一個（1.5—3）M_θ 黑洞。

　　所有宇宙中獨立存在的實體，特別是能夠較長期存在的個體，其內部結構必定存在對抗自己引力塌縮的機制，使其內部的引力與斥力，塌縮力與其對抗力能夠達到較長

期的平衡和穩定的結果，各種星體和黑洞也不例外。各種物體和能量粒子團的本性表明：在其體積收縮時所增強的熱壓力是引力如影隨形的對抗力量，因此，只要能夠保持其熱量不流失和溫度不降低，它就不會收縮。同時，星體內部必定在其中心形成密度更大的堅實核心以對抗其週邊物質的引力收縮。黑洞在宇宙中長期存在的事實就表明其內部斥力（無法排出的熱抗力）與引力達到了極好的平衡，所以能保持長期的穩定存在，而有極長的壽命。這就從邏輯推理上否定了黑洞內部具有無窮大密度的「奇點」存在的可能性。

為什麼恆星級黑洞 M_{bs} 形成後，內部不可能靠自身能量─物質的引力收縮塌縮出「奇點」呢？

A.因恆星級黑洞形成後，其內部物質已經是新星或超新星爆炸後的殘骸，它們再無可能產生核聚變，不可能再發生超新星爆炸。

B.星雲之所以能夠收縮成為恆星，是因為物質粒子在收縮時所產生的熱量可由輻射能不斷地帶出收縮的粒子團以排除熱力，使物質粒子團能繼續收縮到點燃核聚變而成為恆星，而恆星之所以能夠長期地發熱發光，就是因為散發出去的能量能與其核聚變產生的能量達到平衡。而當恆星級黑洞形成後，除了發射極其微弱的霍金輻射 m_{ss}（ $< 10^{-44}g$ ）之外，黑洞內部（熱）能量在黑洞強引力的束縛下，無法散到黑洞外面，黑洞內部物質收縮而產生的高溫抗力就足以與其自身的引力達到平衡，而不可能繼續一直

收縮成為「奇點」。

C.從以上各節可見，即使恆星級黑洞內真能按照相對論學者們想像的那樣繼續塌縮，也只能塌縮成普朗克粒子 m_p 在普朗克領域解體消失，而不是成為「奇點」。

D.如果真如相對論學者們所說，黑洞內會塌縮出「奇點」，一旦「奇點」出現，必然在黑洞內出現「奇點」的「大爆炸」，結果只有二種可能，一是將黑洞炸成粉粹，黑洞消失了；二是不能炸開黑洞，那這種「大爆炸」就會在黑洞內形成無窮盡的「塌縮成奇點—奇點大爆炸」的循環。我們宇宙空間有許許多多的恆星級黑洞，我們為什麼沒有感覺到它們「大爆炸」的威脅呢？這表明黑洞內部根本沒有「奇點」。

E.其實，我們宇宙本身就是一個巨無霸宇宙黑洞 CBH（證明可見第二篇），如果有「奇點」，它的「大塌縮」和「大爆炸」必然會威脅人類的生存，奇怪的是人類根本沒有感覺到。這表明宇宙黑洞內根本就沒有「奇點」的跡象存在。

1-7-5 一些簡單的結論

（1）霍金、彭羅斯等根據在解廣義相對論方程時得出的結果和史瓦西度規都對黑洞作了錯誤的解答。他們認為物質團在收縮成黑洞後，黑洞內部能量—物質的自身引力會繼續塌縮成「奇點」。他們之所以得出這些錯誤的結論，是由於他們在解廣義相對論方程時，至少犯了二個根本性的錯誤：一是未考慮粒子收縮時引力能所產生的熱能，如果不被排出，就能對抗物質粒子團的收縮。二是當物質粒子團收縮出現黑

洞之後，黑洞內外的狀態，如溫度密度等，都產生了極大地改變，不能用一個同一個連續方程（度規）來描述（參見 1-4、1-5、1-6 各章）。

（2）恆星級黑洞是宇宙中的「次生黑洞」，是由宇宙中的星系或者超星星爆炸的內壓力，壓縮其殘骸而成；或者是在雙星系統中的中子星，吸收其伴星的物質長大而成。

（3）恆星級黑洞是現實宇宙空間能夠存在的質量最小、密度最大的黑洞。因為現實宇宙中，星系和超星星爆炸產生的內壓力，是宇宙中最大的壓力，只能將物質壓縮到大約 $5 \times 10^{15} \text{g/cm}^3$ 的密度，而成為中子星或者恆星級黑洞。

（4）恆星級黑洞內部物質的引力收縮，必然增高其溫度，熱能無法排出，就能對抗黑洞的引力收縮，內部不會出現「奇點」。這是符合熱力學定律的物理事實。這不是任何背離實際的數學公式所能主宰的。

＝＝＝＝＝＝＝＝＝＝＝全文完＝＝＝＝＝＝＝＝＝＝＝

參考文獻：

1. 王永久，《黑洞物理學》，湖南師範大學出版社，2000 年 4 月。
2. 張洞生，《黑洞宇宙學概論》，臺灣，蘭臺出版社。
3. 吳時敏，《廣義相對論教程》，北京師範大學出版社，1998 年 8 月，ISBN 7-303-04705-0。

第二篇　在「新黑洞理論」和公式的基礎上建立成新的《黑洞宇宙學》;「新黑洞理論和公式」證明了我們宇宙是一個「史瓦西宇宙黑洞」,它起源於無數的最小黑洞 $M_{bm}=m_p$,而不是「奇點」,無數 M_{bm} 合併而以光速 C 膨脹的定律就是哈勃定律,符合天文觀測資料

亞里斯多德:「大自然的每一個領域都是美妙絕倫的。」

Einstein 指出:「在建立一個物理學理論時,基本概念起了最主要的作用。在物理學中充滿了複雜的數學公式,但是,所有的物理學理論都起源於思維與觀念,而不是公式。」

前言:

上面第一篇的「新黑洞理論」證明,一旦黑洞形成後,除因為不停地發射霍金輻射、最後變成「最小黑洞 $M_{bm}=m_p$ 普朗克粒子」,而消亡在普朗克領域外,它永遠是一個黑洞。

第二篇《黑洞宇宙學》的實質就是要運用作者的「新黑洞理論」的公式,證明我們宇宙是一個「真正的史瓦西黑洞=牛頓黑洞」,它的性質和變化規律完全符合作者的黑洞公式、哈勃定律和天文觀測資料;並且根據黑洞公式完

成一部我們宇宙正確的有真實資料的「時間簡史」和符合實際的「宇宙黑洞模型」，並且解決了宇宙中許多重大的理論和實際問題。

　　1.完全令人信服地證明了我們現在膨脹的宇宙 $M_u =$ $M_{ub} = 10^{56}g$ 就是一個真實的巨無霸「史瓦西宇宙黑洞 Cosmos-BH」。黑洞公式（1c）、（1e）就是正確描述我們宇宙誕生於極大量的最小黑洞 $M_{bm} = m_p$，它們不停地合併，造成宇宙以光速 C 膨脹的規律，這符合哈勃定律和天文觀測資料。由於黑洞 M_b 規定了唯一密度 ρ_b，所以宇宙黑洞的平直性 $\Omega \equiv \rho_o/\rho_c \equiv 1$ 是宇宙黑洞的本性，因此科學家們數十年來，用弗里德曼模型定義的 Ω 去判斷宇宙是開放還是封閉，實際是一個偽命題。而且，廣義相對論根本無法解釋哈勃定律。

　　2.按照時間對稱原理，本書唯一的假設是：在我們宇宙誕生前，有「前輩宇宙」的一次「大塌縮—Big Crunch」，並由此可計算出當「前輩宇宙」「大塌縮」到最後成為 M_m $= M_{bm} = m_p$ 時，在普朗克領域的「大爆炸」解體消亡後，不可能塌縮成為「奇點或奇點大爆炸」。其殘骸物必定會在普朗克領域重新聚集而恢復其引力、結合成為新的無數的次小黑洞 $M_b = 2M_{bm} = 2m_p$，它們就是誕生我們新宇宙黑洞的細胞。

　　3.在 2-2 章的表 2，由作者黑洞新公式計算出來的資料，顯示了我們宇宙黑洞「時間簡史」各時刻物理參數數值的正確性，並在 2-4 章驗證了「宇宙大爆炸標準模型」

的許多重大錯誤，必須以正確的「宇宙黑洞模型」取而代之。

4.在第 2-2 章，作者從宇宙八種大小不同的典型黑洞 M_b 的演變來分析「我們黑洞宇宙」的膨脹演變，由各種黑洞的物理參數值，計算定出了我們宇宙「時間簡史」中不同時刻的宇宙黑洞的性能參數和不同特性。

5.作者在 2-4 章提出了用正確可靠的「宇宙黑洞模型」以取代「過時的背離實際的、有錯誤諸多的」、「宇宙大爆炸標準模型」。

6.作者用新的簡單的原理論證了我們宇宙為什麼會有「原初暴漲 Original Inflation」，並證明了宇宙現在以光速 C 膨脹，就是層層疊疊的、極大量的原初次小黑洞 $M_{bs}=2M_{bm}=2m_p$ 不斷地合併的結果，哈勃定律就是它們合併膨脹的證明。

2-1 用作者的「新黑洞理論」和公式建立起新的「黑洞宇宙學」，證明了我們宇宙 M_u 是一個真正的「史瓦西宇宙黑洞 M_{ub}」

即 $M_u = M_{ub} = 8.8 \times 10^{55} g$，我們宇宙（黑洞）誕生於無數「次小黑洞 M_{bs}＝最小黑洞 $2M_{bm}$」，它們不停地合併膨脹造成我們宇宙一直以光速 C 平順的膨脹，它完全符合哈勃定律和最新天文觀測的真實準確的資料。

> 羅曼羅蘭：「我們只崇敬真理—自由的，無限的，不分國界的真理，毫無種族歧視或偏見的真理。」
> 哥白尼：「人的天職在勇於探索真理。」

前言：

本篇摘錄改編自拙作《黑洞宇宙學概論》[4]初版一書的第二篇，但是改用另外一種不同於原書、而用簡明的方法，證明我們宇宙是一個「真正的史瓦西宇宙黑洞」，它誕生於無數「次小黑洞 M_{bs}＝$2M_{bm}$」，可謂殊途同歸，相互印證。

「我們宇宙從哪裡來，往哪裡去」，這是人類永遠要想知道的一個最神秘的終極命題。

「宇宙學」要想成為一門學問即顯學，而不僅僅是一些互相矛盾的「概念」和公式的堆積，或者是一門「玄學」，它最低限度必須能夠比較明確的、合乎邏輯的和因果關係的回答和解釋三個宇宙中最基本自洽的問題。一是「我們宇宙」從從哪裡來；二是對「我們宇宙」的性質、現狀和

變化，用一些正確有效互恰的公式，對其一些性能參數，能作量化的計算；三是對「我們宇宙」的未來的演變和命運有一些有根據的、合乎規律的推斷。學者們 100 年來用愛因斯坦建立的「廣義相對論方程」求解，和後來的「宇宙大爆炸標準模型」，都不能邏輯地、合乎因果關係地、系統性地、相容互恰地解釋上面宇宙的三個最基本的問題。它們認為我們宇宙起源（誕生）無任何物理參數值的、無窮大密度的「奇點和奇點大爆炸」，最後只能歸功於上帝的傑作；接下來「大爆炸」後的宇宙，包括現今的物理世界的膨脹，就只能是「絕熱膨脹」，而這種膨脹是不符合「哈勃定律」的，並且與「宇宙大爆炸標準模型」公式中的宇宙特定質量 M、溫度 T、時間 t、尺寸 R 和密度 ρ 的關係是不互恰的，互相矛盾的。用弗里德曼模型，假定出宇宙實際密度 ρ_o 與臨界密度 ρ_c 之比，以決定宇宙是「開放」還是「封閉」，也是一個「不合實際」的「偽命題」。這一套「東拼西湊」的東西怎麼可以稱之為「宇宙學」呢？

　　反觀作者在 2015 年，在出版的《黑洞宇宙學概論》一書中，建立起來的一整套「新黑洞理論及其六個基本公式」的完善的科學理論體系，在此基礎上，建立起來的新的「黑洞宇宙學」，才可以稱之為有真實資料的科學的「新宇宙學」。簡單地說，它詳細地、令人信服地用公式和計算資料，論證了我們宇宙來源於無數的「最小黑洞 $M_{bm} = m_p$ 普朗克粒子」，它們不停地以光速 C 的膨脹，完全符合哈勃定律和近代天文觀測資料，並且證明了我們宇宙是一個真正巨

大的「史瓦西宇宙黑洞」，它的各種性能參數的變化規律完全符合所有的黑洞公式，它最終的命運，只能像所有其它的黑洞一樣，因為不停地發射霍金輻射 m_{ss}，最終將收縮成為「最小黑洞 $M_{bm} = m_p$ 普朗克粒子」而消亡，這是我們宇宙（黑洞）的一個完整、連續、有序的「生死輪回」。

為了證明上述觀念和結論的正確性，本篇是要用作者在第一篇裡建立的「新黑洞理論」及其六個基本公式為基礎，來建立新的、科學的、完善的「黑洞宇宙學」。為此，必須首先證明我們「宇宙視界」以內的宇宙就是一個真實的「巨無霸史瓦西宇宙黑洞— Cosmos-BH）」。其次，既然我們宇宙是史瓦西黑洞，就必須證明它的膨脹收縮的變化規律和命運就應該完全符合「新黑洞理論」的六個黑洞的基本公式和其它的基本公式。只不過我們「宇宙黑洞」的總質量—能量 M_{ub} 比我們宇宙中的其它黑洞的總質量—能量 M_b 大得多多而已，其區別僅僅是 $M_{ub} >> M_b$ 在數量上的差別。這樣，我們就可以按照「新黑洞理論」中的許多公式，準確地計算出我們宇宙在「誕生、膨脹降溫、演變發展」的全過程中，各個時間節點的物理參數的正確數值，和形成不同的物質形態和能量特性。因此，我們宇宙的真實歷史，即其「時間簡史」，就由其任一時間的「宇宙黑洞的十多種」性能的物理參數的準確數值所構成，這些數值完全取決於「宇宙黑洞」在該時刻總能量—質量值 M_{ub} 和年齡值 A_u，而完全可用「新黑洞理論」中的諸多公式，準確地計算出來。這是「廣義相對論方程」建立 100 年來學

者們「絞盡腦汁」、想做而從未做到的事情。

關鍵字：我們宇宙；我們宇宙是真實的「史瓦西宇宙黑洞」；我們宇宙誕生於無數最小黑洞 $M_{bm} \equiv m_p$ 普朗克粒子，而不是廣義相對論方程解的「奇點」；我們宇宙的演變規律和命運完全符合黑洞公式演變的普遍規律和命運；以「新黑洞理論」的公式為基礎建立起來的「黑洞宇宙學」；哈勃定律是反映「我們宇宙黑洞」，由無數最小黑洞 $M_{bm} = m_p$ 不停地合併、而形成的以光速 C 的膨脹規律。

2-1-1 作者的「新黑洞理論」是以六個基本的經典公式為基礎建立起來的。

一、本節的理論和公式來源於前面第一篇的 1-1 章，作者提出和推導出下面六個在黑洞視界半徑 R_b 上的公式，描述黑洞的六個基本參數 M_b，R_b，ρ，T_b，m_{ss}，τ_b 在 R_b 上的變化，完全取決於四個物理自然常數 h，C，G，κ 的不同組合，可精確地用於決定每個黑洞 R_b 的變化和其最後的命運。M_b—黑洞的總物質—能量；R_b—黑洞的視界半徑；T_b—在視界半徑 R_b 上的絕對溫度；m_{ss}—黑洞在界半徑 R_b 上的「霍金量子輻射」的相當質量；λ_{ss} 和 ν_{ss} 分別表示 m_{ss} 的波長和頻率，τ_b—黑洞壽命；κ—波爾茲曼常數＝ $1.38 \times 10^{-16} g_* cm^2/s^2{*}k$，C—光速＝ $3 \times 10^{10} cm/s$，h—普朗克常數＝ $6.63 \times 10^{-27} g_* cm^2/s$，G—萬有引力常數＝ $6.67 \times 10^{-8} cm^3/s^2{*}g$。

下面六個公式完全適用於球對稱無旋轉無電荷的、任

何大小的史瓦西黑洞，包括我們現在的「宇宙黑洞 M_{bu}」。

$$M_bT_b＝（C^3/4G）\times（h/2\pi\kappa）\approx10^{27}gk\cdots\cdots\cdots\cdots（1a）$$

$$E_{ss}＝m_{ss}C^2＝\kappa T_b＝\nu_{ss}h/2\pi＝Ch/2\pi\lambda_{ss}\cdots\cdots\cdots\cdots（1b）$$

$$GM_b/R_b＝C^2/2；M_b＝0.675\times10^{28}R_b\cdots\cdots\cdots\cdots（1c）$$

$$m_{ss}M_b＝hC/8\pi G＝1.187\times10^{-10}g^2\cdots\cdots\cdots\cdots（1d）$$

$$m_{ssb}＝M_{bm}＝（hC/8\pi G）^{1/2}＝m_p＝1.09\times10^{-5}g\cdots（1e）$$

$$\tau_b\approx10^{-27}M_b{}^3（s）\cdots\cdots\cdots\cdots\cdots\cdots\cdots\cdots\cdots\cdots（1f）$$

作者用上面的六個公式共同組成了本書「新黑洞和宇宙學理論」的理論基礎和基本公式，它們決定了任何黑洞的形成條件、性能參數、變化規律，所有黑洞的最終命運都是因為在其外界無能量—物質可吞食後，會不停地發射霍金輻射 m_{ss}，而最後收縮成為最小黑洞 $M_{bm}＝m_p$ 消亡在普朗克領域。

相對應地，按照上面的公式，得出最小黑洞 $M_{bm}＝m_p$ 普朗克粒子的其它參數 R_{bm}，T_{bm}，t_{sbm}，ρ_{bm} 的公式和數值，

$$\therefore R_{bm}\equiv L_p\equiv（Gh/2\pi C^3）^{1/2}＝1.61\times10^{-33}cm\cdots（1g）$$

$$\therefore T_{bm}\equiv T_p\equiv0.71\times10^{32}k\cdots\cdots\cdots\cdots\cdots\cdots\cdots\cdots\cdots（1h）$$

$\therefore$最小黑洞 M_{bm} 的康普頓時間 Compton time $t_c＝$史瓦西時間 t_{sbm}，於是，

$$\therefore t_c＝t_{sbm}＝R_{bm}/C＝1.61\times10^{-33}/3\times10^{10}$$
$$＝0.537\times10^{-43}s\cdots\cdots\cdots\cdots\cdots\cdots\cdots\cdots\cdots\cdots\cdots（1j）$$

$$\therefore\rho_{bm}＝0.6\times10^{93}g/cm^3\cdots\cdots\cdots\cdots\cdots\cdots\cdots\cdots\cdots（1k）$$

下面 ρ_b 是任一黑洞的平均密度。運用球體公式 $M_b＝4\pi\rho R_b{}^3/3$ 於（1c）式，可得出另外一個與（1c）式等價的、

普遍的史瓦西黑洞的公式如下：

$\rho_b R_b{}^2 = 3C^2/(8\pi G) = \text{Constant} = 1.6 \times 10^{27} \text{g/cm} \cdots (1m)$

　　二、根據（1c）可知，當一個黑洞 M_b 形成之後，無論它因與其它黑洞 M_{ba} 合併，或吞食外界能量—物質而膨脹，還是因發射霍金輻射 m_{ss} 而收縮，在它最後收縮成為「最小黑洞 M_{bm}＝普朗克粒子 $m_p = (hC/8\pi G)^{1/2} = 10^{-5}\text{g}$」之前，它將永遠是一個不同質量 M_b 的黑洞。因此，黑洞就不可能如霍金等學者所說，在其視界內部的中心出現「奇點」。證明如下，

　　　　將（1c）式變為，$2GM_b = C^2 R_b$；$2GM_{ba} = C^2 R_{ba} \cdots$（1c）

　　　　將（1c）式微分，$2GdM_b = C^2 dR_b$ $\cdots\cdots\cdots\cdots\cdots$（1p）

　　　　（1c）±（1p），於是得出，

　　　　$2G(M_b + M_{ba} \pm dM_b) = C^2(R_b + R_{ba} \pm dR_b) \cdots\cdots$（1q）

　　　　（1q）式表明，形成後的黑洞 M_{bx} 無論是 $M_b + M_{ba}$，還是 $\pm dM_b$，它在最後收縮成為 M_{bm} 之前，將永遠是一個大小不同質量的黑洞。

　　請看下面如何以「新黑洞理論」為基礎建立起新的「黑洞宇宙學」。

2-1-2　首先根據天文觀測的最新資料，能夠證明我們現在宇宙是一個能量—質量為 $M_u = M_{ub} = 10^{56}\text{g}$ 的真實的巨無霸「史瓦西宇宙大黑洞」（Cosmos-BH）。

　　一、2009 年 5 月 7 日，美國宇航局 NASA 發布最新的 Hubble 常數測定值，根據對遙遠星系 Ia 超新星的最新測量

結果，該常數被確定為（74.2±3.6）km/（s*Mpc）。還有天文學家通過使用美國宇航局斯皮策紅外空間望遠鏡（Spitzer Space Telescope，縮寫為 SST），最新測定迄今最精確的哈勃常數，並對哈勃常數進行精確計算後，得出最新的數值為 74.3±2.1（km/s）/Mpc。另外有近代測定的 Hubble 常數的數值是，$H_r = (0.73±0.05) \times 100 kms^{-1}Mpc^{-1}$，三者數值相差甚小。取誤差較小的最後面的數值，由此算出我們宇宙球體的實際密度 $\rho_{ur} = 3H_o^2/(8\pi G) \approx 10^{-29} g/cm^3$。並得出宇宙球體史瓦西時間 $t_{ur}^2 = 3/(8\pi G\rho_r)$，$t_{ur} = A_u$〔宇宙年齡$= 0.423 \times 10^{18} s/3.156 \times 10^7 s = (134±6.7)$〕億年。故宇宙的視界半徑 $R_{ur} = 1.27 \times 10^{28} cm$，由此按照（1c）式，算出我們宇宙的總質—能量為 $M_{ur} = 0.675 \times 10^{28} R_{ur} = 8.6 \times 10^{55} g$。

如果僅依賴於威爾金森微波各向異性探測器 WMAP 所得的資料，最佳符合的宇宙年齡值 $A_u = (1.369±0.013) \times 10^{10}$ 年。而根據 2013 年普朗克衛星所得到的最佳觀測結果，宇宙大爆炸距今 $A_u = 137.98±0.37$ 億年$= 4.32 \times 10^{17} s$。

另外，通過下面三個獨立測算所得到的結果是相符的，即 1.通過觀測 Ia 型超新星來測量宇宙的膨脹；2.對宇宙微波背景輻射溫度漲落的測量；3.以及對星系之間相關函數的測量，科學家計算出宇宙的年齡大約 137.3±1.2 億年。

所以宇宙真實可靠的年齡 A_u 的觀測數值可定為，$A_u = 137$ 億年。由此可計算出，其視界半徑 R_u 一直在以光速

C 行進，其平均密度 $\rho_u = 3/(8\pi GA_u^2) = 0.958 \times 10^{-29} g/cm^3$，即，

$R_u = C \times A_u = Ct_{ur} = 1.3 \times 10^{28} cm$ ……………………（1r）

$\rho_{ur}R_u^2 = 10^{-29} \times (1.310^{28})^2 = 1.69 \times 10^{27} g/cm$ ……………（2aa）

$\rho_{ur}R_{ur}^2 = 0.958 \times 10^{-29} \times (1.27 \times 10^{28})^2 = 1.55 \times 10^{27} g/cm$ …（2ab）

$\rho_{ur}R_{ur}^2 = 10^{-29} \times (1.3 \times 10^{28})^2 = 1.61 \times 10^{27} g/cm$ ………（2ac）

$\rho_u R_u^2 = 0.958 \times 10^{-29} \times (1.3 \times 10^{28})^2 = 1.62 \times 10^{27} g/cm$ …（2ad）

二、根據真實的實測資料 $A_u = 137$ 億年和宇宙密度 $\rho_u = 0.958 \times 10^{-29} g/cm^3$，證實我們宇宙是一個真實的「史瓦西宇宙黑洞 M_{bu}」。

1.由（1r）可知，可以得出我們現在的宇宙視界半徑 $R_u = 1.3 \times 10^{28} cm$，再由黑洞公式（1m）計算公式（2ad）可以計算出來宇宙黑洞的視界半徑 $R_{bu} = 1.3 \times 10^{28} cm$，因此，可以得出結論，我們宇宙在其視界半徑 R_u 內，就是一個「史瓦西黑洞 M_{bu}」，其視界半徑 R_{bu} 和實測（真實）密度 ρ_{bu} 為；

$R_u = R_{bu} = 1.3 \times 10^{28} cm$；$\rho_u = \rho_{bu} = 0.958 \times 10^{-29} g/cm^3$ …（2ba）

2.我們現今的宇宙的總能量─質量 M_u 為；

$M_u = 4\pi\rho_u R_u^3/3 = 4\pi \times 1.62 \times 10^{27} R_u/3 = 8.81 \times 10^{55} g$ ……（2bb）

3.再由黑洞公式（1c），可以得出，在黑洞視界半徑 M_{bu} 內，我們現今的「宇宙黑洞的總能量─質量 M_{bu}」為；

$M_{bu} = 0.675 \times 10^{28} R_{bu} = 8.76 \times 10^{55} g$ ……………………（2bc）

由此可見，$\underline{M_b = M_{bu}}$ ……………………………（2bd）

所以 M_{bu} 就是一個真正的「史瓦西宇宙黑洞」，它完全

符合黑洞公式（1c）。

　　4.上面（2aa）、（2ab）、（2ac）、（2ad）的四組實測數值與黑洞公式（1m）的數值幾乎完全相等，如是可再次證明我們宇宙視界 R_u 之內的球體就是一個真實的「史瓦西宇宙黑洞」；特別是公式（2ad）的數值最精準，它表明近代天文觀測的宇宙年齡的數值 137 億年是最精確的數值。

　　5.從（1r）、（2ba）、（2bb）、（2bc）、（2bd）等式可見，我們宇宙黑洞 M_{bu} 的視界半徑 R_{bu} 一直在以光速 C 膨脹，$R_u＝R_{bu}$。

　　為了下面的計算方便，可根據黑洞公式的計算，統一規定為：我們「宇宙黑洞」的各種物理參數值為：總質量—能量為；$\underline{M_{ub}＝M_{ur}＝M_u＝8.8 \times 10^{55}g；R_{ub}＝R_{ur}＝R_u＝1.27 \times 10^{28}cm；\rho_{ub}＝\rho_{ur}＝\rho_u＝0.958 \times 10^{-29} g/cm^3；Au＝137 億年＝4.23 \times 10^{17}s}$ ……………………………………………（2c）

　　相應地，根據前面已有的黑洞公式的計算，可得出我們宇宙黑洞其它的物理常數值，在 R_{ub} 上霍金輻射的相當質量 $m_{ssu}＝10^{-66}g$；在 R_{ub} 上霍金輻射的溫度 $T_{ub}＝10^{-39}k$；霍金輻射 m_{ssu} 的波長 $\lambda_{ssu}＝2.5 \times 10^{28}cm$；$m_{ssu}$ 的頻率 $\nu_{ssu}＝10^{-18}Hz$。

　　結論：可見，一旦我們宇宙的任何時刻的年齡 Au，或者 M_{ub} 的數值確定，按照「新黑洞理論公式」，作為黑洞 M_{ub} 的其它所有參數值 R_{ub}，ρ_{ub}，T_{ub}，m_{ss}，λ_{ss}，H_o，τ_b 等數值都被唯一互恰的確定了。這就是完整的新的「黑洞宇宙學」。

2-1-3 哈勃定律（Hubble Law）證明我們宇宙（黑洞）M_{ub} 的視界半徑 R_{ub}，從誕生於最小黑洞 M_{bm} 起到現在，一直都在不停地合併其同類，而產生以光速 C 在膨脹。

　　既然我們現在的宇宙是一個真實的巨無霸「史瓦西宇宙黑洞」，而任何黑洞的形成，都由於在其外部極其巨大的壓力下，使其收（塌）縮而成。回顧在我們宇宙黑洞 137 億年的膨脹演變過程中的任何時刻，無法想像在我們宇宙外部曾經出現過如此超強大的外部壓力，能夠將我們宇宙壓縮成為「宇宙黑洞」。根據黑洞公式（1e），一個黑洞形成後，在其最後收縮成為最小黑洞 M_{bm} 前，將永遠是一個黑洞的道理，現在將我們一直膨脹的宇宙黑洞往回看，從邏輯上即可推論出來我們「宇宙黑洞」只能起源於最小黑洞＝普朗克粒子，即 $M_{bm} = (hC/8\pi G)^{1/2} = m_p = 1.09 \times 10^{-5}\text{g}$。

　　一、（1）由 Hubble 定律可以直接推導出史瓦西公式。Hubble 定律所反應的是宇宙視界半徑 R_u 一貫的膨脹速度 $R_u/A_u = R_u/t_u = C$ 的規律，從下面的（3c）式可見，它完全對應黑洞的史瓦西公式（1c）。Hubble 常數 H_o 是我們宇宙在某一時刻的平均密度為 ρ 時的常數：

$$V = H_o R \text{；} H_o t_u = 1 \cdots\cdots\cdots\cdots\cdots\cdots\cdots（3a）$$

$$H_o^2 = 8\pi G\rho/3 \cdots\cdots\cdots\cdots\cdots\cdots\cdots\cdots（3b）$$

　　在我們宇宙黑洞 $M_{ub} = M_u$，當其視界半徑 $R_{ub} = R_u = Ct_u = CA_u$ 的膨脹速度 $V = C$ 時，將（3a）、（3b）式代入球體公式，得，

$$M_u = 4\pi\rho_u R_u^3/3 = 4\pi（3H_0^2/8\pi G）C^3 t_u^3/3 = 4\pi（3H_0^2/8\pi G）$$

$C^3 t_u/3H_0^2 = C^3 t_u/2G = \underline{C^2 R_u/2G = M_{ub}}$ ‥‥‥‥‥‥‥（3c）

　　於是（3c）＝（1c）證明哈勃定律的宇宙膨脹＝黑洞公式(1c)的宇宙膨脹。

　　（2）再由（1p）—$2GdM_b = C^2 dR_b$，將 $M_b = 4\pi\rho_u R_u^3/3$ 和（3b）式 $H^2 = 8\pi G\rho/3$ 代入，可直接得出（3a）式，即 $C^2 = H^2 R_u^2$；

　　因此，（3c）與上面的（1c）和（1p）式完全相符合，證明了哈勃定律所證實的「宇宙膨脹」規律完全符合黑洞的「史瓦西公式（1c）」，證明我們宇宙作為「史瓦西宇宙黑洞」的膨脹與其它所有「史瓦西黑洞」的膨脹規律是完全相同的。因此證實「我們宇宙」就是一個「名符其實」的「史瓦西黑洞」。

　　（3）從史瓦西黑洞公式（1c）可以直接推導出哈勃定律，從史瓦西公式（1c）—$GM_b/R_b = C^2/2$ 和（$M_b = 4\pi\rho R_b^3/3$）得，

$C^2 = (8\pi G\rho_0/3) R_b^2$ ‥‥‥‥‥‥‥‥‥‥‥‥‥（3aa）

　　而哈勃常數 $H_0^2 = 8\pi G\rho_0/3$ ‥‥‥‥‥‥‥‥‥‥（3bb）

　　∴$C = H_0 R_b$，或者 $V = H_0 R$ ‥‥‥‥‥‥‥‥‥‥（3cc）

　　∴$H_0 = C/R_b$，$1/H_0 = R_b/C = t_{usb}$ ‥‥‥‥‥‥‥（3dd）

　　結論：（3cc）、（3dd）式證明了我們宇宙，作為一個「史瓦西黑洞」的膨脹，完全符合黑洞的膨脹公式（1c）和哈勃定律。在宇宙黑洞的 R_b 處，R_b 的膨脹速度達到光速 C，因為我們宇宙的膨脹一直就是無數小黑洞合併產生的膨脹，所以達到最高速 C。而任何非宇宙黑洞吞噬外界能量一

物質的膨脹，其 R_b 的膨脹速度是遠小於光速 C 的。

二、我們宇宙誕生於無數的最小黑洞 $M_{bm}=(hC/8\pi G)^{1/2}$ $=10^{-5}g=m_p$，這其實就是以前 Fred Hoyle 的觀念。它們不停地合併，造成我們宇宙黑洞 M_{ub} 的視界半徑 R_{ub} 一直在以光速 C 膨脹到現在，成為「宇宙黑洞 $M_u=M_{ub}=8.8\times10^{55}g$」。

從前面（1r）式可知，既然我們現在的宇宙黑洞 M_{ub} 的 R_{ub} 是一直在以光速 C 膨脹，那麼，它只能由過去的無數的最小黑洞 M_{bm} 一直以光速 C 膨脹而成。因為一個黑洞只靠吞噬外界的能量—物質，其 R_{ub} 的膨脹速度不可能達到光速 C 的。可見，從現在一直往後面推下去，推到最後，只能是我們現在的宇宙黑洞 M_{ub} 是來源於（誕生於）無數最小黑洞 $M_{bm}=m_p$，無數 $M_{bm}=m_p$ 只能是由「前輩宇宙」的一次「大塌縮」而來。因為在普朗克領域，是宇宙中極高能量的能量子，比 $M_{bm}=m_p$ 更小的黑洞不可能存在。就是說，從宇宙起源到現在形成「我們宇宙大黑洞」的中途的某一時刻，不可能出現另一種宇宙的極其強大的力量，能夠塌縮出比 $M_{bm}=m_p$ 更大的緊貼在一起許多小黑洞，而後一直合併膨脹成現在的「我們宇宙大黑洞」。

1.證明「我們宇宙黑洞」確實是誕生於無數「最小黑洞 $M_{bm}=m_p$」，它們不停地合併、而以光速 C 膨脹到現在，成為 $M_{ub}=8.8\times10^{55}g$ 的宇宙黑洞。從上面（1p）式，$2GdM_b$ $=C^2dR_b=C^2Cdt_u$，當 $dt_u=1s$（秒）時，即當任何黑洞 R_{ub} 外有足夠多、密度足夠高的能量—物質時，以光速 C 膨脹一秒增加的 dM_b，

$\underline{dM_b = C^3/2G = 2 \times 10^{38}g = 10^5 M_\theta}$ ·····························（3d）

　　我們宇宙年齡 $A_u = 137$ 億年 $= 1.37 \times 10^{10} \times 3.156 \times 10^7 = 4.32 \times 10^{17}s$，按照（3d）式，在宇宙誕生於 M_{bm}，而一直以光速 C 膨脹時，於是我們現在宇宙的總能量—質量 M_{ub} 應該是，

$\underline{M_{ub} = C^3/2G \times 4.32 \times 10^{17} = 8.74 \times 10^{55}g}$ ·····················（3e）

$\underline{而\ R_{bm}/t_{sbmn} = C；R_{ub}/Au = C}$ ································(3e1)

　　（3e）的 M_{ub} 與上面 2-1-2 節（2c）的 $M_{ub} = 8.8 \times 10^{55}g$ 的數值幾乎完全相等。證明了現在宇宙來源於 M_{bm}。（3e1）證明了宇宙黑洞 M_{ub} 從 M_{bm} 到 $M_{ub} = 8.8 \times 10^{55}g$ 一直在以光速 C 膨脹。這也完全證明了以六個黑洞公式組成的「新黑洞理論」的正確性和符合實際，即符合宇宙膨脹的哈勃定律和近代的天文觀測資料。

　　2.再次證明我們宇宙黑洞 M_{ub} 來源於許許多多 $M_{bm} \equiv m_p$ 不停地合併，而以光速 C 膨脹的結果。

　　按照上面的計算，取我們宇宙黑洞的總質—能量 $M_{ub} = 8.8 \times 10^{55}g$。如果它是 $M_{ub} = N_{ub} \times M_{bm}$ 合併而成，按照 2-1-1 節（1c）式 $GM_b/R_b = C^2/2$，N_{ub} 是組成現在宇宙的原始 M_{bm} 的數目。$N_{ubm} = M_{ub}/M_{bm} = 8.8 \times 10^{55}/1.09 \times 10^{-5} = 8.07 \times 10^{60}$；
由（1c）式，$R_{ub} = 2GM_{ub}/C^2 = 1.3 \times 10^{28}cm$；
則必定 $R_{ub}/R_{bm} = 1.3 \times 10^{28}/1.61 \times 10^{-33} = 8.07 \times 10^{60} \equiv N_{ubr}$

$M_{ub}/M_{bm} \equiv R_{ub}/R_{bm} \equiv 8.07 \times 10^{60} \equiv N_{ubm} \equiv N_{ubr}$ ·················（3f）

　　（3f）完全證明我們宇宙黑洞 $M_{ub} = 8.8 \times 10^{55}g$ 確實是由 $8.07 \times 10^{60} \equiv N_{ubm}$ 個 M_{bm} 以光速 C 膨脹合併而成。

3.根據上面的（3d）式，用最小黑洞 $M_{bm}=m_p$ 的資料對我們宇宙黑洞 M_{ub} 的膨脹和演變作進一步的論證，證明「新黑洞理論」的公式為基礎建立起來的「黑洞宇宙學」的正確性。

根據以上證明，M_{ub} 誕生於 $N_{ubm} \times M_{bm}$，求宇宙黑洞誕生後在其年齡 $A_{u1}=1$ 秒時的數據。

已知 $M_{bm}=1.09 \times 10^{-5}$g，由於誕生時，其外面有足夠多的 M_{bm} 供其合併，而能以光速 C 膨脹，按照（3d）式，M_{bm} 會在 1 秒的時間增長 $M_{ub1}=2 \times 10^{38}$g，於是 $M_{ub1}/M_{bm}=2 \times 10^{38}/10^{-5}=2 \times 10^{43}$ 倍，所以 $R_{ub1a}=1.61 \times 10^{-33} \times 2 \times 10^{43}=3.2 \times 10^{10}$cm；再根據史瓦西公式（1c）—$M_b=0.675 \times 10^{28}R_b$，可得 $R_{ub1b}=2 \times 10^{38}/0.675 \times 10^{28}=2.96 \times 10^{10}$cm；可見 $R_{ub1a}=R_{ub1b}=3 \times 10^{10}$cm＝光走 1 秒的行程。再看 M_{bm} 的史瓦西時間，按照（1j）式—0.537×10^{-43}s，1 秒/（0.537×10^{-43}）$=2 \times 10^{43}$ 倍$=M_{ub1}/M_{bm}$。

結論：我們宇宙從誕生於無數最小黑洞 $M_{bm}=m_p$ 起，就是無數 M_{bm} 不停地合併，所產生的以光速 C 的膨脹，直到現在形成為我們宇宙黑洞 $M_{ub}=M_u=8.8 \times 10^{55}$g，完全合乎哈勃定律和近代天文觀測資料。前面（3cc）、（3dd）、（3d）、（3e）、（3f）等式，證明了我們宇宙，作為一個「史瓦西黑洞」，不停地合併其週邊諸多「最小黑洞 M_{bm}」產生的膨脹，才完全符合公式（1c）和哈勃定律。相反，無論是沒有宇宙學常數Λ，或者有Λ的「廣義相對論方程 GRE」，都是不符合「哈勃定律」的，因為 GRE 中的粒子只有引力

作用，對於起源於「大爆炸」一個「封閉系統的宇宙」來說，其膨脹和其後的收縮，都只能是絕熱膨脹的。因此，GRE 只能將Λ定義為「負能量＝暗能量」，以符合哈勃常數 H_o。但是 H_o 隨宇宙年齡而改變，Λ就成為一個不可捉摸的「負能量」。這就是 GRE 的荒謬論斷。

三、現在來談談上面（3d）式的意義。（3d）式告訴人們，對於任何一個大小的黑洞 M_b，當它吞噬外界能量一物質，如要使得其視界半徑 R_b 以光速 C 膨脹 1 秒時，其在黑洞 R_b 外的延長半徑 R_o＝30 萬 km 的環形球狀空間裡，就必須有密度足夠大的能量一物質 $M_0 = 2 \times 10^{38} g = 10^5 M_\theta$ 個太陽質量的能量一物質（同樣，如果在 10^{-10} 秒裡，則 R_o＝3cm，就必須要有密度足夠大的 $M_{u0} = 2 \times 10^{28} g$ 能量一物質）。如果能量一物質 M_{uo} 少於此數，就只能以小於光速 C 的速度膨脹。如果 M_{u0} 大於此數，多餘的能量一物質是無法在 1 秒時間裡被吞食進黑洞裡去，會被暫時排斥到黑洞外面而稍後以多於 1 秒的時間合併。

四、根據「新黑洞理論」推斷，我們現在「史瓦西宇宙黑洞—$M_{ub} = 8.8 \times 10^{55} g$」有 3 種可能的最終命運。

我們「宇宙黑洞 M_{ub}」誕生於無數最小黑洞 M_{bm} 的合併，造成一直以光速 C 膨脹到現在，其最後結局的可能性有：（1）如果我們「宇宙黑洞」外已經沒有多餘的 M_{bm} 可被合併進來，就會停止膨脹而變為極其緩慢一個接一個地發射極其微弱、現在無法探測到的霍金輻射 $m_{ssu} = 10^{-66} g$（極微弱的引力波），此時哈勃常數 H_r 會變為極小而接近

於 0。從上面（1f）式可見，我們「宇宙黑洞」的壽命應是 $\tau_{bu}=10^{-27}M_{bu}^3=10^{-27}(8.8\times10^{55})^3\approx10^{133}$ 年 yrs。（2）然而實際上，從上節看，我們宇宙現在實測的哈勃常數值為：$H_r=(0.73\pm0.05)\times100$ kms^{-1}Mpc^{-1}，說明我們宇宙還在以光速 C 膨脹，表明我們宇宙誕生時，這個「宇宙包」內實有的最小黑洞 M_{bm} 的數目 $N_{ubmr}>>(N_{ubm}\equiv N_{ubr}=8.07\times10^{60})$，見（3f）式。因此，這個「宇宙包」內實有的「宇宙黑洞」的總能量—質量 $M_{bur}>> M_{bu}$；其 $\tau_{bur}>>>(\tau_{bu}\approx10^{133}$ 年 yrs）。如何求出 M_{bur}？只有在未來的某一時間的哈勃常數 $H_r=0$ 時，可計算出那時的宇宙年齡 Au＝宇宙黑洞的史瓦西時間，得出那時的 M_{bur}。（3）萬一在遙遠的未來，或有可能我們「宇宙黑洞 M_{bur}」與其外的其它宇宙碰撞合併，就會形成一個「超級巨無霸宇宙黑洞」，其年齡就會更長。

　　總之，黑洞無論大小，如果「該黑洞」外還有能量—物質可被吞噬，它就會因吞噬外界能量—物質而以小於光速 C 的速度膨脹，直到吞噬完外界所有能量—物質後，不再膨脹，轉而一個接一個地發射極其微小的霍金輻射 m_{ss}，而極其緩慢的損失能量—物質，經過極長時間發射霍金輻射後，所有黑洞最後的命運就是收縮成為 $M_{bm}\equiv m_p$ 而爆炸解體消亡在普朗克領域。「我們宇宙黑洞 M_{ub}」從宇宙最高溫最高密度的許多能量子 $m_p\equiv M_{bm}$ 誕生合併膨脹到最後，因發射霍金輻射 $m_{ss}=M_{bm}\equiv m_p$ 而爆炸消亡，完成了「我們宇宙」生長衰亡的生命過程，這是一個不可逆過程。按照佛教的基本觀點，宇宙有無量無邊那麼多的世界，每一個

世界包括「我們宇宙」在內，都會經過「成住壞空」四個步驟，這叫一個大劫。

按照霍金黑洞的壽命公式（1f）：τ_b 是黑洞在某一確定能量—質量 M_b，從開始發射霍金輻射到最後收縮成為最小黑洞 $M_{bm} = m_p$，消亡在普朗克領域的總時間（秒），即其壽命 τ_b。

2-1-4　根據「時間對稱原理」，本書唯一的一個假設是：我們現在膨脹的宇宙，起源於「前輩宇宙」的一次「大塌縮」（Big Crunch）。下面將論證，在「前輩宇宙」「大塌縮」後，是如何轉變為誕生我們現在的「新宇宙（黑洞）」的？

一、前面已經證實過，我們的宇宙就是一個按照哈勃定律膨脹而來的「史瓦西宇宙黑洞 M_{ub}」，它只能是起源於無數「最小黑洞 M_{bm}」合併，以光速 C 膨脹而來。追到源頭，我們現在的「宇宙黑洞」只能來源誕生於無數的最小黑洞 $M_{bm} \equiv m_p$。

既然普朗克粒子 $m_p \equiv M_{bm}$ 最小黑洞，已經達到宇宙最高溫度 10^{32}k，其內部能量子 m_p 之間因無足夠的引力和時間傳遞引力而收縮，以對抗其最高熱抗力，因而只能在普朗克領域爆炸解體。那麼，在我們宇宙誕生前，它就應該有一個「前輩宇宙 Pre-universe」的「大塌縮」（Big Crunch）發生，這個「前輩宇宙」的狀況也不可能將其全部物質-能量壓縮成「無窮大密度的奇點」，而只可能塌縮成為無數的普朗克粒子 $m_p \equiv M_{bm}$ 最小黑洞，而在普朗克領域爆炸解體消亡。就是說，作者的「新黑洞理論」認為，我們「新生宇宙」不可能

誕生於虛無，或者誕生於「前輩宇宙」的「奇點」或「奇點的大爆炸」，而只能誕生於大塌縮產生的無數 $m_p \equiv M_{bm}$ 最小黑洞產生的合併「大爆炸」。這是本書唯一一條合乎因果律邏輯的假設。

只有在「前輩宇宙」一次「大塌縮」後，使無數舊的 $m_p \equiv M_{bm}$ 最小黑洞（$M_{bm} = 1.09 \times 10^{-5}g$，$R_{bm} = 1.61 \times 10^{-33}cm$，$T_{bm} = 10^{32}k$）在普朗克領域產生一次「大爆炸」後，使宇宙密度稍微降低一點，才能產生新的稍大的較長壽命的「次小黑洞 $M_{bs} = 2M_{bm}$」，它們才能穩定的長大成為我們「新宇宙（黑洞）」誕生的細胞，它們不停地合併，使得新生的我們宇宙 $M_u = M_{ub}$ 的視界半徑 R_{ub} 保持以光速 C 膨脹到現在，而成為現在的宇宙黑洞 $M_u = M_{ub} = 8.8 \times 10^{55}g$，哈勃定律就是描述現在「宇宙黑洞」的膨脹定律。因為任何黑洞吞噬外界物質—能量的膨脹，只能使其視界半徑 R_b 的膨脹速度遠遠小於光速 C。

二、「前輩宇宙」是如何在普朗克領域消失的？

我們現在宇宙的物質—能量不可能來源於虛無，「因果律」是宇宙有序轉化的根本規律。按照時間對稱原理，假設有個「前輩宇宙」有一次「大塌縮—Big Crunch」，是符合宇宙「因果律」邏輯的。很顯然，其最後的「大塌縮」規律只能與我們現今「宇宙黑洞」的收縮規律相同，即「前輩宇宙」的「大塌縮」，只能塌縮出無數的最小黑洞 $M_{bm} = m_p$，而產生一次「大爆炸」解體消亡在普朗克領域。因此，「前輩宇宙」最後的「大塌縮」在時空上，只會同時產生三種狀態和後果，為我們宇宙的誕生提供了充分和必要的條件：1.

「前輩宇宙」「大塌縮」到 $M_{bm}=m_p$ 後，產生的「大爆炸」使前輩宇宙發生「相變」，即從「塌縮相」轉變為「膨脹相」，使其最高的密度就會「不增反減」，從而阻止「前輩宇宙」繼續塌縮成為「奇點」。2.前輩宇宙的「大塌縮」變成為 M_{bm} 最後的「大爆炸」，使宇宙密度和溫度的少許降低而使宇宙中能夠產生比 M_{bm} 稍大、壽命比 M_{bm} 的史瓦西時間稍長的新的「次小黑洞—$M_{bs}=2M_{bm}$」，他們才能成為我們新生宇宙的、能夠穩定成長的「次小黑洞 M_{bs}」，它們才是形成我們新宇宙的細胞。3.「前輩宇宙」的一次「大爆炸」使 M_{bm} $=m_p$ 解體後的全部能量—物質碎末，為在普朗克領域，轉變組成為新宇宙的「新細胞」（新的次小黑洞 M_{bs}）提供了所有的能量—物質，它們是全部轉化為誕生我們新宇宙能量—物質的來源。這完全符合質量能量守恆和互換定律。

　　三、我們「新宇宙」是如何從「前輩宇宙」的廢墟中誕生的？關鍵是產生新的稍大的「次小黑洞—$M_{bs}=2M_{bm}$」，它們是誕生我們新宇宙的「新生細胞」。

　　關鍵在於從「前輩宇宙」解體的廢墟中的能量—物質，能夠重新集結成為新的稍長壽命的「次小的引力（史瓦西）黑洞 $M_{bs}\approx（2M_{bm}=2m_p）$」。其實，在溫度 10^{32}k 和密度 10^{93}g/cm^3 如此最高的普朗克領域，本來就是能量與粒子隨時都在湮滅和產生而互相轉換的。我們知道它們湮滅和產生的時間就是康普頓時間，即 Compton Time $t_c=$ 史瓦西時間 t_{sbm}。因此，只有當在 M_{bs} 形成時刻，新生的稍大粒子的「次小黑洞 M_{bs}」的壽命 τ_{bs} 大於其康普頓時間 t_c 時，那些粒子才不會「爆炸」，而能存活下來，合併長大下去，成為穩定

的新的「次小黑洞」。上面已論證過，稍長壽命的黑洞 M_{bs} 一旦形成，它們將不停地合併長大下去，直到它們合併完為止，它們將成為一個大黑洞。按照霍金黑洞壽命 τ_b 公式：

$$\tau_b \approx 10^{-27} M_b^3 \text{（s）} \cdots\cdots\cdots\cdots\cdots\cdots\cdots\cdots\cdots\cdots\text{（1f）}$$

$$t_c = t_s = R_b/C \cdots\cdots\cdots\cdots\cdots\cdots\cdots\cdots\cdots\cdots\cdots\cdots\text{（4b）}$$

因此，只有在黑洞的 $\tau_b > t_s$ 時，即 $10^{-27} M_b^3 > R_b/C$ 時，新產生的「次小黑洞 M_{bs}」才能存活，並互相合併或吞噬外界能量一物質而不斷地長大，從（1f）、（4b）和公式（1c）—$GM_b/R_b = C^2/2$，可得出：

$$M_b = M_{bs} = 2.2 \times 10^{-5} g = 2M_{bm} \cdots\cdots\cdots\cdots\cdots\cdots\text{（4c）}$$

$\therefore M_{bs} = 2M_{bm}$ 的壽命 τ_{bs} 為：

$$\tau_{bs} = 10^{-27} M_{bs}^3 = 10^{-27} （2.2 \times 10^{-5} g）^3$$

$$\therefore \tau_{bs} = 1.06 \times 10^{-41} s \cdots\cdots\cdots\cdots\cdots\cdots\cdots\cdots\cdots\text{（4d）}$$

於是 $\tau_{bs}/\tau_{bm} = （1.06 \times 10^{-41} s / 10^{-42}）\approx 10.6 \cdots\cdots\cdots\text{（4e）}$

於是 $\tau_{bs}/t_{sbm} = 1.06 \times 10^{-41}/1.07 \times 10^{-43} = 100 \cdots\cdots\cdots\text{（4f）}$

M_{bs} 的視界半徑 $R_{bs} = 3.2 \times 10^{-33} cm$；$M_{bs}$ 的平均密度 $\rho_{bs} R_{bs}^2 = 1.6 \times 10^{27} g/cm$；

$\therefore \rho_{bs} = 0.16 \times 10^{93} g/cm^3$；而 M_{bm} 的平均密度 $\rho_{bm} = 0.6 \times 10^{93} g/cm^3$；可見 M_{bs} 的密度比 M_{bm} 的密度降低了 3.75 倍。

可見，此 M_{bs} 的壽命 τ_{bs} 比最小黑洞 $M_{bm} = m_p$ 的壽命和史瓦西時間—τ_{bm} 和 t_{sbm} 增長約八倍多。這就是容易形成穩定的 $M_{bs} = 2M_{bm}$ 的原因，它們是形成我們宇宙的新細胞。它們稍長的壽命使它們能夠不停地互相合併，而不會像最小黑洞 M_{bm} 一樣，因發射霍金輻射而爆炸，只能持續長大。

我們「新宇宙」誕生時的再次「大爆炸」：一旦大量的

新 $M_{bs}＝2M_{bm}$ 形成後，它們仍然是在極高溫極高密度下緊貼在一起的，於是無數的 M_{bs} 會立即合併互相連在一起，而產生「原初暴漲」造成超光速的空間暴漲，此即我們新宇宙的次小黑洞 M_{bs} 合併的再次「大爆炸」。此後，無數 M_{bs} 在「原初暴漲」後，迅速暴漲成許許多多較大的「原初小黑洞 $M_{bo}＝10^{15}g$」，但是它們仍然在高密度下緊貼著又會不停地以光速 C 合併膨脹，造成了我們宇宙以光速 C 膨脹到現在。直到膨脹演變 137 億年後，成為現在還在膨脹的「我們宇宙黑洞 M_{ub}」。(關於「原初暴漲」的詳細證明，見 2-5 章)

　　四、結論：我們新宇宙誕生的幾個必要條件和過程是：

　　1.必有「前輩宇宙」一次「大塌縮」形成無數的最小黑洞 $M_{bm}＝m_p＝1.09×10^{-5}g$，它們組成了許多個極高溫高密度如一串葡萄狀「宇宙包 M_{uo}」，我們現在的宇宙，只不過是其中的一粒葡萄 M_{uo} 而已。它們在普朗克領域「大爆炸」解體消亡，其全部能量—物質轉變為我們「新宇宙」誕生的能量—物質。

　　2.「前輩宇宙」的「大塌縮」，最後在普朗克領域形成 $M_{bm}＝M_p$ 一次「大爆炸」解體後，使前宇宙從「塌縮相」轉變為「膨脹相」，密度轉而膨脹降低，阻止宇宙出現「奇點」。

　　3.「前輩宇宙」及其舊的無數的最小黑洞 $M_{bm}＝m_p$ 的一次「大爆炸」後的全部能量在溫度密度有少許降低後，而轉變形成為較大的較長壽命的穩定的新的「次小黑洞 $M_{bs}≈$（$2M_{bm}＝2m_p$）」，它們就成為形成我們新宇宙的胚胎。只有極大量的 $N_{bu}>10^{61}$ 個 M_{bs} 胚胎形成後，它們的合併才造成

宇宙空間的「超光速暴漲」的新一次「大爆炸」，接著使宇宙一直以光速 C 膨脹，成為現在的「$M_{ub}=8.8\times10^{55}$g 宇宙黑洞」。

　　4.從「前輩宇宙」最後的「大塌縮」，使 $M_{bm}=m_p$ 在普朗克領域爆炸解體後，到在普朗克領域形成新的「次小黑洞 M_{bs}」，是一個密度下降的過程，不可能再反轉使宇宙密度增加達到無限大的「奇點」，而普朗克領域就成為一座「極高溫極高密度」的橋，使舊的「前輩宇宙」直接在普朗克領域「大爆炸」後，少許降低密度和溫度，直接過渡演變為新的「現在宇宙」，從而避免了宇宙「密度增加到無限大」的「奇點」。

2-1-5　一些分析和結論：從作者以「新黑洞理論」為基礎，到建立成新的「黑洞宇宙學」，可得出以下結論

　　什麼是作者的「新宇宙學」？由上面的論證可見，作者以「新黑洞理論及其基本公式」建立的「新宇宙學」就是新的「黑洞宇宙學」。作者證明了「我們現在的宇宙」就是一個巨無霸的「史瓦西宇宙黑洞 $M_{ub}=8.8\times10^{55}$g」，它誕生於普朗克領域無數的「次小黑洞 $M_{bs}=2M_{bm}=2m_p$」的合併膨脹，造成以光速 C 膨脹的規律，完全符合近代的最新的天文觀測資料和哈勃定律。在誕生後引起極短時間的「超光速空間暴漲」的「原初暴漲」後，而一直以光速 C 的膨脹到現在。我們「宇宙史瓦西黑洞」在演變過程中，其各時刻的物理參數值都可以用「新黑洞理論」及其公式準確地計算出來，成為我們宇宙的真實的準確的「時間簡史」。

　　由作者「新黑洞理論」及其六個基本公式為基礎建立的新「黑洞宇宙學」和「宇宙黑洞模型」，只有唯一一個「前輩宇宙」有「大塌縮」的、合乎「因果律」和「時間對稱」的最簡單假設。按照「奧卡姆剃刀」原則，作者合乎近代天文觀測資料的「黑洞宇宙學」，可能是最簡單而正確的「宇宙學」。反觀以「廣義相對論方程」為模式建立的舊「宇宙學」，霍金—彭羅斯等在解「方程」前，需要設定一大堆的假設前提條件，比如什麼「宇宙學原理」、「宇宙監督原理」、「封閉系統」、「可逆過程」、「無熱抗力」、「等壓宇宙模型」、「質—能無法互換」等，不一而定，才勉強解出一個特殊解，其結果結論必然「背離實際」。

　　霍金、彭羅斯等解「廣義相對論方程」得出的特殊解，往往能夠給人們製造許多迷（騙）人幻想，如白洞蟲洞穿越宇宙時空多維空間等等，也許能夠啟發作家們寫科幻小說。但很遺憾的是，在作者「新黑洞理論」基礎上建立起來的「黑洞宇宙學」，才會符合我們現在「物理世界」的真實和現實，能解釋解決「黑洞」和「宇宙學」中的一些重大的實際問題。

　　【附錄】

　　2019 年 4 月 10 日，人們終於親眼目睹黑洞存在的直接證據：橫跨地球直徑的八臺望遠鏡強強聯手，合作組成了史詩般的黑洞「視介面望遠鏡 Event Horizon Telescope，EHT）」，奉上了人類的第一張黑洞照片。合作組織協調召開全球六地聯合發佈，拍攝到 5500 萬光年，位於室女座一個巨型橢圓星系 M87 的中心，有超大質量黑洞的陰影照片，黑洞質量約為太陽的 65 億倍。它是黑洞存在的直接「視覺」證據，

從強引力場的角度驗證了愛因斯坦廣義相對論。這張照片於 2017 年 4 月拍攝，兩年後才「沖洗」出來。

這次對 M87 中心的黑洞質量做出了一個獨立的測量。此前，精確測量黑洞質量的手段非常複雜。受限於觀測解析度和靈敏度等因素，目前的黑洞細節分析還不完善。未來隨著更多望遠鏡加入，我們期望看到黑洞周圍更多更豐富的細節，從而更深入地了解黑洞周圍的氣體運動、區分噴流的產生和集束機制，完善對於星系演化的認知與理解。

LIGO 發現雙黑洞併合產生的引力波，可以視為黑洞確實存在的一個準直接證據——但畢竟我們只是「聽」到了黑洞併合的時空漣漪——親眼「看」見，總還是不太踏實。

黑洞成為解釋宇宙中強 X 射線源形成機制的一把鑰匙：如果黑洞這樣的緻密天體位於一對密近雙星中，它將掠食伴星的物質。來自伴星的物質在掉進黑洞的過程中，會形成一個旋進下落的「吸積盤」。由於物質在吸積盤的不同半徑處公轉速度不同，相鄰物質團塊之間會產生劇烈摩擦，使吸積盤達到極高的溫度，從而釋放出強烈的 X 射線。由於磁場的作用，一部分吸積盤上的物質會被從垂直於吸積盤的方向上向兩側噴出。黑洞的極端緻密，讓吸積盤物質掉落進黑洞之前，有機會把自身引力勢能的很大比例轉化成其他形式的能量釋放出來：核聚變的質能利用率只有 1%左右，而黑洞吸積盤釋放出的引力勢能折合成質量，則相當於掉落物質總質量的 30%多。這既是吸積盤上極高溫度的成因，也讓吸積盤噴流得以加速到接近光速。

結論：M87 黑洞照片使人們終於親眼目睹黑洞存在的直接證據，會使某些否定黑洞存在的學者們無可辯駁。同時也使得主張虛幻的「奇異性黑洞＝中心有奇點、內部真空和時空顛倒、無事件邊界的黑洞」

的學者們難以面對真實的實體黑洞。

＝＝＝＝＝＝＝＝＝＝＝全文完＝＝＝＝＝＝＝＝＝＝＝

參考文獻：

1.王永久，《黑洞物理學》，湖南師範大學出版社，2000 年 4 月。

2.蘇宜，《天文學新概論》，華中科技大學出版社，2000 年 8 月。

3.何香濤，《觀測天文學》，科學出版社，2002 年 4 月。

4.張洞生，《黑洞宇宙學概論》，本書前面的 1-1、1-2、1-3 章，臺灣，蘭臺出版社，ISBN：978-986-4533-13-4。

2-2 用「新黑洞理論的公式」計算出宇宙演變過程中各時刻的準確的參數值——〈時間簡史〉,八種典型黑洞的特性

> 霍金:「人類的思想史就是試著去理解宇宙的歷史。」
> 達芬奇:「人類的任何研究活動,假如不能夠用數學證明,便不能稱之為真正的科學。」

前言:

在上一篇 2-1 文章中,作者證明了「我們現今的宇宙」就是一個「名符其實」的「史瓦西宇宙黑洞 M_{ub}」,它誕生於「普朗克領域無數的『普朗克粒子 $m_p = M_{bm}$ 最小黑洞』的合併,造成了一直以光速 C 膨脹到現在,哈勃常數近年的實測數值就是證明。」我們宇宙黑洞經過 137 億年的膨脹,使其成為現在的一個「史瓦西宇宙黑洞—$M_{ub} = M_u = 8.8 \times 10^{55}g \approx 10^{56}g$」。

作者本文的目的,在於用前面各篇裡的「新黑洞理論」中的公式,在「我們宇宙黑洞」的 137 億年的膨脹演變過程中,取出其中出現過的、有某些特殊意義的、有代表性的「黑洞」,計算出它們的各種物理參數值,列在下面的表二裡,這些參數值就構成了我們宇宙演變的、有精確物理參數值的完整的「時間簡史」,和成為我們宇宙演變的正確的「宇宙黑洞模型」的基礎。這些數值是與「近代天文觀測資料」相符合的,但是和「宇宙大爆炸標準模型」的資料是「大相逕庭」的。這些資料是深入認識我們宇宙演變歷史的豐富寶庫。因為從愛因斯坦在 1915 年發表廣義相對論方程 100 年

多以來，還沒有一個學者能從宇宙演變的「時間簡史」中，計算出任何一個時間點的完整準確的各個物理參數值。

關鍵字：「新黑洞理論」和六個基本公式；我們宇宙有精確物理參數值的完整的「時間簡史」；宇宙膨脹演變過程中一些有特殊意義和有代表性的時間點的八種宇宙黑洞的參數值；宇宙演變「時間簡史」的表二中的各種參數值是認識研究「宇宙演變歷史」資料的豐富寶庫。

2-2-1　從宇宙演變過程中得出的八種大小不同的典型黑洞 M_{bu} 的完整準確的各時刻的物理參數值，準確地反映了我們宇宙過去演變的整個過程的「時間簡史」，還可清楚地認識「我們宇宙黑洞」各個時期的狀態特性及其變化規律。

因此，表二實際上是用「新黑洞理論建立的黑洞宇宙的資料模型」。

利用「新黑洞理論」的各公式和其它的物理學中的一些基本公式，作者計算出來了下面表二中的資料數據，這是分析研究黑洞和宇宙起源和演變過程的寶庫，並將「黑洞理論」和「宇宙學」緊密地聯繫在一起，完全證實了我們宇宙的演變就是「史瓦西宇宙黑洞」由小到大的膨脹演變，表二就成為我們宇宙演變的有真實正確資料和數據的完整的「時間簡史」。

從前面 2-1 一文章中可知，一旦「前輩宇宙」在「大塌縮—Big Crunch」，形成無數「最小黑洞 M_{bm}」在普朗克領域爆炸消亡後，就會少許降低密度和溫度，而隨即聚集

成新的無數的「次小黑洞 $M_{bs}=2M_{bm}$ 最小黑洞」，它們就是誕生我們現在新「宇宙黑洞」的原始細胞。以後就因為這些「次小黑洞」們的不停地合併而膨脹降溫，直到以光速 C 膨脹成為現在的「宇宙黑洞」。為了資料計算的簡便起見，我們權且將「M_{bm} 最小黑洞」用以代替「次小黑洞 $M_{bs}=2M_{bm}$」作為誕生我們宇宙（黑洞）的#1 黑洞—最小黑洞 M_{bm}，因為二者的各個物理參數值都同樣地只相差二倍。當 M_{bs} 在普朗克領域生成之後，它們仍然處在宇宙最高密度為 $10^{92}g/cm^3$ 和最高溫度 $10^{32}k$ 的「宇宙包 M_{ubo}」裡互相緊貼著的。它們最初的合併造成了宇宙的「原初暴漲」—宇宙空間的超光速膨脹，即無數次小黑洞 M_{bs} 合併的「大爆炸」。它們只有繼續不停地合併和膨脹才能降低宇宙內部的壓力和溫度密度。在「原初暴漲」後，#1 最小黑洞「暴漲」成為 $2\times10^{15}g$ 的 #2 微型黑洞，即宇宙原初小黑洞。但這許多的「微型黑洞」仍然是在高密度約 $10^{53}g/cm^3$ 下緊貼在一起，他們的繼續合併造成宇宙的繼續以光速 C 膨脹，即從下面表二中從#1 最小黑洞 ⇒#2 微型黑洞 ⇒#3 小型黑洞⇒#4 月亮級黑洞⇒#5 輻射時代結束時最後的「非透明黑洞＝等溫等密度黑洞」⇒#6 的三倍太陽質量的次生的「恆星級黑洞」⇒#7 星系或星團中心的「巨型黑洞」，直到最後成為 ⇒#8「我們宇宙巨無霸黑洞—Cosmos BH」。這就是我們宇宙黑洞膨脹演變的真實的「時間簡史」。從#1⇒#8 幾個特殊黑洞各有其特色的性質，下面將分別論述。各個時期的「宇宙黑洞」的各個物理參數值均經計算

後列於表二中。

一、計算出「宇宙黑洞」、「時間簡史」過程中的八種特殊黑洞的各種物理參數值所須用的公式

本表與原書《黑洞宇宙學概論》初版的區別在於增加了一個很重要的#5 最後的非透明黑洞 M_{bt}。

表二中列出了宇宙在膨脹過程中 8 種典型黑洞的參數值。所有公式在前面第一篇文章中都舉出了其來源和推導，現在列出計算公式如下：

（1）下面「新黑洞理論」的六個公式（見 1-1-1 節）完全適用於球對稱無旋轉無電荷的、任何大小的史瓦西黑洞，包括宇宙演變過程中的所有大小不同的「宇宙黑洞」。

$$M_b T_b = (C^3/4G) \times (h/2\pi\kappa) \approx 10^{27} \text{gk} \cdots\cdots\cdots\cdots（1a）$$

$$E_{ss} = m_{ss}C^2 = \kappa T_b = \nu_{ss}h/2\pi = Ch/2\pi\lambda_{ss} \cdots\cdots（1b）$$

$$GM_b/R_b = C^2/2 ; M_b = 0.675\times10^{28} R_b \cdots\cdots\cdots\cdots（1c）$$

$$m_{ss} M_b = hC/8\pi G = 1.187\times10^{-10} \text{g}^2 \cdots\cdots\cdots\cdots（1d）$$

$$m_{ssb} = M_{bm} = (hC/8\pi G)^{1/2} = m_p = 1.09\times10^{-5} \text{g} \cdots（1e）$$

黑洞壽命公式 $\tau_b = 10^{-27} M_b^3 \cdots\cdots\cdots\cdots\cdots\cdots\cdots\cdots（1f）$

$d\tau_b$ 就是黑洞發射兩個鄰近 m_{ss} 之間所需的間隔時間，

$$-d\tau_b \approx 0.356\times10^{-36} M_b \cdots\cdots\cdots\cdots\cdots\cdots\cdots\cdots（1h）$$

相對應地，按照上面的公式，得出「最小黑洞 $M_{bm} = m_p$ 普朗克粒子」的其它參數 R_{bm}，T_{bm}，t_{sbm}，ρ_{bm} 的公式和數值。

$$\therefore R_{bm} \equiv L_p^{[3]} \equiv (Gh/2\pi C^3)^{1/2} \equiv 1.61\times10^{-33} \text{cm} \cdots\cdots\cdots（1g）$$

$$\therefore T_{bm} \equiv T_p^{[3]} \equiv 0.71\times10^{32} \text{k} \cdots\cdots\cdots\cdots\cdots\cdots\cdots\cdots（1i）$$

$\therefore t_c = t_{sbm} = R_{bm}/C = 1.61 \times 10^{-33}/3 \times 10^{10} = 0.537 \times 10^{-43} s \cdots$（1j）

$\therefore \rho_{bm} = 0.6 \times 10^{93} g/cm^3$ ······························（1k）

下面 ρ_b 是任一黑洞 M_b 的平均密度，

$\rho_b R_b^2 = 3C^2/(8\pi G) = Constant = 1.6 \times 10^{27} g/cm \cdots$（1m）

宇宙年齡 $A_u = R_b/C$·······························（1n）

（2）下面先計算出#5 非透明黑洞 M_{bt} 的總能量—質量 M_{bt}：它在宇宙年齡為約 385000 年時、即宇宙「輻射時代」結束時消失，其視界半徑 R_{bt}，

$R_{bt} = CA_u = 3 \times 10^{10} \times 385000 \times 3.156 \times 10^7 = 3.6 \times 10^{23} cm \cdots$（1p）

$\therefore M_{bt} = 0.675 \times 10^{28} \times 3.6 \times 10^{23} = 2.5 \times 10^{51} g$···············（1q）

$T_{bt} = 4 \times 10^{-25} k$·····································（1r）

（3）令 $n_i = M_b/m_{ss} = (M_b/M_{bm})^2 = I_m/I_o = S_B/S_{Bbm}$·····（2n）

按照 1-3「新黑洞理論之 3」文中的公式，得出

$\lambda_{ss} = 2Ct_{sb} = 2R_b$，而頻率 $\nu_{ss} = C/\lambda_{ss}$················（2s）

霍金輻射 m_{ss} 的信息量 $I_o = m_{ss}C^2 \times 2t_s = h/2\pi$·········（2t）

黑洞 M_b 的總信息量 $I_m = 4GM_b^2/C = n_i I_o$············（2u）

黑洞 M_b 的總熵 $S_b = n_i \pi = \pi M_b/m_{ss}$·················（2v）

按照「大爆炸標準宇宙模型」的資料，宇宙從誕生的「輻射時代」結束時，宇宙年齡 $A_u = t_u$ 與宇宙輻射溫度 T_u 的關係式為下面的（2w）式：

$Tt^{1/2} = k_1$ ·····································（2w）

所有上面的公式和表二中的計算資料完全適用於後面 2-4 章中的「宇宙黑洞模型」，而且按照上面的公式，可以計算出來宇宙演變過程中，每時每刻的各種物理參數值。

二、宇宙在膨脹過程中 8 種典型宇宙黑洞的各種物理參數值列在下面的表二中【注：表中數值都簡化為 1 位或 2 位數，如要作精確計算，可用上面公式】，它就是宇宙的「時間簡史」過程的資料記錄，也可據此作出宇宙演變的「宇宙黑洞模型」。

黑洞型號：#1 以最小黑洞 $M_{bm} = 10^{-5}g$ 以代替次小黑洞 $M_{bs} = 2M_{bm}$；#2 微型黑洞 $M_{bo} = 2×10^{15}g$；#3 小型黑洞 $M_{bx} = 2× 10^{18}g$；#4 月亮級黑洞 $M_{by} = 10^{26}g$；#5 最後的同溫同密度黑洞（非透明黑洞）$M_{bt} = 2.5×10^{51}g$；#6 恆星級黑洞 $M_{bh} = 6×10^{33}g = 3M_\theta$；#7 巨型黑洞 $M_{bj} = 10^{42}g$；#8 宇宙黑洞 $M_{ub} = 10^{56}g$。

表二：宇宙在膨脹過程中八種典型宇宙黑洞的各種物理參數值，它就是宇宙的「時間簡史」，可據此作出我們宇宙演變的正確的、有各個時刻的各種物理參數值的「宇宙黑洞模型」。#1~#5 為「原生黑洞」；#6~#8 黑洞為「次生黑洞」。

黑洞類型	#1	#2	#3	#4	#5	#6	#7	#8
M_b（g）	$10^{-5}g$	$2×10^{15}$	$2×10^{18}$	10^{26}	10^{51}	$6×10^{33}$	10^{42}	10^{56}
R_b（cm）	10^{-33}	10^{-13}	10^{-10}	10^{-2}	10^{23}	10^6	10^{14}	10^{28}
T_b（k）	10^{32}	10^{11}	10^8	8	10^{-25}	10^{-7}	10^{-15}	10^{-29}
t_{bsr}	$5×10^{-44}$	$3×10^{-24}$	$3×10^{-21}$	$3×10^{-13}$	$3.85×10^5ys$	$3×10^{-5}$	$3×10^3$	137 億
ρ_b（g/cm^3）	$7×10^{92}$	$7×10^{52}$	$2×10^{46}$	$7×10^{30}$	10^{-20}	$1.5×10^{15}$	$7×10^{-2}$	$7×10^{-}$

(g)	10^{-5}	10^{-24}	10^{-27}	10^{-36}	10^{-61}	10^{-44}	10^{-52}	10^{-66}
	1	10^{39}	4×10^{46}	10^{62}	10^{113}	4×10^{77}	10^{94}	10^{122}
(k)	10^{32}	10^{22}	$10^{20.5}$	$10^{15.5}$	4720	-------	-------	-----
(s，y)	$10^{-42}s$	$10^{10}ys$	$10^{20}ys$	$10^{44}ys$	$10^{119}ys$	$10^{66}ys$	$10^{92}ys$	$10^{134}ys$
(cm)	10^{-33}	10^{-13}	6×10^{-10}	10^{-2}	$7，2\times10^{23}$	2×10^{6}	3×10^{14}	3×10^{28}
(s⁻¹)	10^{43}	10^{23}	10^{20}	10^{12}	10^{-14}	2×10^{4}	10^{-4}	10^{-18}
(s)	10^{-42}	10^{-21}	10^{-18}	10^{-11}	10^{15}	10^{-3}	10^{5}	$10^{12}ys$
(s)	10^{-43}	10^{-23}	10^{-20}	10^{-12}	10^{13}	$>10^{13}$	$>10^{13}$	$137\times10^{8}ys$
(erg)	10^{16}	10^{-3}	10^{-7}	10^{-15}	4×10^{-41}	10^{-23}	10^{-31}	10^{-46}
(I_o)	$I_o = h/2\pi$	$10^{39}\,I_o$	$4\times10^{46}I_o$	$4\times10^{62}I_o$	$10^{113}\,I_o$	$4\times10^{77}I_o$	$4\times10^{94}I_o$	$10^{122}\,I_o$
	π	$10^{39}\pi$	$4\times10^{46}\pi$	$10^{62}\pi$	$10^{113}\pi$	$10^{77}\pi$	$10^{94}\pi$	$10^{122}\pi$

【附注】：在宇宙輻射能溫度 T_u 項，由於宇宙在「輻射時代」結束後，進入「物質占統治時代」，輻射能和物質分開，宇宙溫度各處相差極大，無法統一。

2-2-2 從「我們史瓦西宇宙黑洞」膨脹演變過程中的「時間簡史」的表二中，看看「我們宇宙」演變的一些特性和規律。

一、將#1 最小黑洞 $M_{bm}=10^{-5}g$ 與#8 們宇宙大黑洞 $M_{bu}\approx10^{56}g$ 的各種參數值比較如下：正確結論：我們宇宙（黑

洞）137 億年的膨脹歷史就是 10^{61} 個「最小黑洞 M_{bm}」互相合併，而以光速 C 膨脹成「宇宙大黑洞 $M_{bu}=10^{56}g=M_{b8}$」的歷史。

質量比值；M_{b8}（M_{bu}）$/M_{b1}=M_{bu}/M_{bm}=10^{56}/10^{-5}=10^{61}$

視界半徑比；$R_{b8}/R_{b1}=1.5\times10^{28}/1.5\times10^{-33}=10^{61}$，

史瓦西時間（＝年齡 Au）比；$t_{s8}/t_{s1}=0.5\times10^{18}/0.5\times10^{-43}=10^{61}$；$R_b$ 上溫度比值；$T_{b8}/T_{b1}=7\times10^{-30}/0.8\times10^{32}=10^{-61}$，

m_{ss} 的比值；$m_{ss8}/m_{ss1}=10^{-66}/10^{-5}=10^{-61}$，

$-d\tau_b$ 是黑洞發射兩個鄰近 m_{ss} 的間隔時間的比值：$-d\tau_{b8}/-d\tau_{b1}=3\times10^{19}/3\times10^{-42}=10^{61}$

m_{ss} 的數目 $ni=M_b/m_{ss}$ 的比值；$ni_8/ni_1=10^{122}/1=10^{122}$；

信息量 I_m 的比值；$I_{m8}/I_{m1}=10^{122}/1=10^{122}$

黑洞平均密度 ρ_b 比值；$\rho_{b8}/\rho_{b1}=7\times10^{-30}/7\times10^{92}=10^{-122}$，

壽命比值；$\tau_{b8}/\tau_{b1}=10^{142}/10^{-42}=10^{184}$；

說明：從上面的比值來看，#8 黑洞與#1 黑洞各種性能參數的比值，凡與黑洞質量 M_b 和宇宙年齡 Au 成正比或成反比的參數，其比值均為 10^{61}（與組成宇宙 M_{bu} 的最小黑洞的數目相同）；凡與黑洞質量 M_b^2 成比例的參數，其比值均為 10^{122}；黑洞壽命與 M_b^3 成比例，其比值為 10^{183}。這些準確的比例數值證明了新黑洞理論和所有公式的正確性、圓滿的自洽性和以光速膨脹的平順性。同時，也證明廣義相對論 GRE 中存在無準確數值、無限大密度的「奇點」的荒謬性。

分析和結論：

一、從上面的各種比值可見，在我們宇宙作為「宇宙黑洞」的演變過程中，所有的物理參數值每時每刻都在改變。為什麼他們變化的比值總是正比或者反比於 10^{61}？這嚴格地證明了我們宇宙的演變膨脹，每時每刻都按照宇宙年齡 Au 以光速 C 在平順地膨脹，和按照黑洞公式（1c）在膨脹，這種膨脹就是無數「小黑洞」不停地合併成「大黑洞」的以光速 C 的膨脹，合乎哈勃定律的膨脹。因為 R_{b8}/R_{b1} 和 M_{b8}/M_{b1} 的膨脹率和增加率都是均勻一致地以光速 C 增加到 10^{61}。同樣，宇宙從 1 個 M_{bm} 合併其它的 10^{61} 個 M_{bm} 後，成為現在 $M_{bu}=8.8 \times 10^{55}g \approx 10^{56}g$ 的「宇宙大黑洞」，宇宙（黑洞）的質量也增長了 10^{61} 倍，就是說，宇宙（黑洞）從誕生生的 1 個 M_{bm} 合併增長成為現在的 10^{61} 個 M_{bm}（參見 2-1），成為現在的 $M_{bu}=8.8 \times 10^{55}g \approx 10^{56}g$。這就是表二所描述的我們宇宙（黑洞）按照黑洞公式膨脹演變的「時間簡史」。這完全證實了我們宇宙膨脹的歷史，就是無數 M_{bm} 合併而一直以光速 C 膨脹的演變史。

二、我們宇宙黑洞的「生長衰亡規律」和過程，我們宇宙演變的真實的「時間簡史」。

本文用「新黑洞理論」和許多公式計算出來的宇宙演變的不同時間點資料的表二是一部宇宙各個時間各參數值準確的「時間簡史」，它自洽地描述了我們宇宙作為黑洞 137 億年來平滑的、無突變尖點的以光速 C 的膨脹演變過程。

而表現這個過程的各個物理參數值之所以能夠連續平

滑的演變，就是因為哈勃定律（$H = 1/t$）的參數值證實了我們宇宙黑洞的視界半徑 $R_u = R_b$ 一直以光速 C 在膨脹，這是無數最小黑洞 $M_{bm} = m_p$ 一直在不斷地合併的結果。近一百年來，無數科學家們耗盡心血，也未提出宇宙演變任何一個時刻的各種物理參數（M_u，R_u，T_u，ρ_u，t_u）的正確的、自洽的數值資料，「大爆炸標準宇宙模型」實際上只較準確地確定了從宇宙誕生到輻射時代結束之間的 t—T 關係問題，即 $Tt^{1/2} = k_1$ 問題，對其餘的物理參數值的計算的公式和結果都是錯誤的，如對宇宙密度 ρ_c 的計算就錯得離譜，並且按照錯誤的弗里德曼模型，就宇宙密度「無中生有」地劃分為臨界密度 ρ_c 和實際密度 ρ_r，而在物質占統治時代，$Tt^{2/3} = k_2$ 的誤差是相當大的。而且作者上一篇 2-1 文章，用黑洞公式對宇宙誕生於最小黑洞 M_{bm}、原初暴漲、宇宙膨脹的哈勃定律都作出了新的論證和少量關鍵數值的計算，還沒有任何一個資料是違反近代精密觀測儀器的測量記錄資料的。

　　表二中黑洞質—能量 M_b 從 $10^{-5}g \sim 10^{56}g$，就是我們宇宙黑洞從誕生到現今的、黑洞由小變大、連續合併的膨脹過程和 137 億年的演變歷史。牠的這個膨脹過程完全證明「我們宇宙黑洞」完全是一個開放過程和不可逆過程，僅僅這一點就證明廣義相對論方程 GRE 對解決黑洞和宇宙學問題的無能為力。所以用本書中新黑洞理論的六個公式取代該方程，以解決黑洞和宇宙中演變中的各種問題，是正確有效的。

　　關於我們宇宙黑洞今後的膨脹演變有三種可能性已經在上篇文章 2-1 中作了論述。

　　本文的新理論和公式定性定量地確定了「我們宇宙黑洞」的命運只決定於其總質—能量 M_b 的值，和其年齡 A_u 的值，而與其內部的成分結構和運動狀態無關。

　　三、「元黑洞 M_o」的概念，即宇宙在以光速 C 膨脹過程中，如果一個人在「元黑洞 M_o」內，任何時間點，他就只能看到其視界半徑 $R_o = Ct_{uo}$（的史瓦西時間）$= CA_u$（宇宙年齡）內的宇宙，在 R_o 之外的宇宙，他是看不見的。

　　前面已經證明，我們宇宙黑洞—Cosmos BH 的 $M_{ub} = 10^{56}$g 誕生於 $N_{bu} = 10^{61}$ 個最小黑洞 $M_{bm} = m_p = 1.09 \times 10^{-5}$g，其視界半徑 $R_{bm} = 10^{-33}$cm，我們可將最小黑洞 M_{bm} 稱之為宇宙黑洞—Cosmos BH 的「最小元黑洞 $M_o = M_{bm}$」。假如任何一個人此時在 M_{bm} 內，他的視界只能在 $R_{bm} = 10^{-33}$cm 內；雖然那時整個宇宙 $M_{ub} = 10^{56}$g 的視界半徑 $R_{ub} = 10^{-13}$cm，此人見不到 $R_{bm} = 10^{-33}$cm 之外的宇宙。隨著許多 M_{bm} 由於宇宙年齡的增長而合併變大，使得「元黑洞 M_o」內包括的 M_{bm} 以光速 C 增長得愈來愈大，即 M_o 隨著其史瓦西時間 $t_{uo} = A_u$ 的增長，其 $R_o = Ct_{uo}$ 而增長，宇宙中 M_{bm} 因變大而其數目 N_{bu} 在減少，而只有在現今 $M_u = M_{ub} = 10^{56}$g 時，M_o 才膨脹成為 1 個大「元黑洞 M_o」＝宇宙黑洞 $M_{ub} = 10^{56}$g，而達到使得 $R_o = R_{ub}$。如果從宇宙誕生起，就有人類住在某「元黑洞 M_o」內的話，那麼，他所能看到的視界永遠只有其 R_o 的範圍，而不知道自己「元黑洞 M_o」之外

還有無數的其它的「元黑洞」，他的視界半徑 R_o 隨著 t_{uo} 的增長而增長，可看見和體驗上面表二中的前五種原生黑洞和#7#8 兩種次生黑洞，而直到宇宙誕生後 137 億年的今天，他才能看到一個 $M_{ub}=10^{56}g$、$R_o=R_{ub}=1.3 \times 10^{28} cm$ 的「現今大宇宙黑洞」。但是他仍然看不到這個宇宙之外是什麼。不過，科學家們現在可從宇宙誕生時的微波背景輻射的異常現象，可判斷出我們宇宙之外，還有「大宇宙」和其它「平行宇宙」的存在。

　　四、作者黑洞新理論和公式的正確性，可以完全從表二中計算出來，可從宇宙現在#8 宇宙黑洞 $M_{ub}=10^{56}g$ 的真實密度 ρ_{ub} 正確性，證實「新黑洞理論和公式」的正確性。

　　根據黑洞的公式（1m），可知，$\rho_u R_u^2 = $ 常數，可得，

$\rho_{ub}=\rho_{bm}(R_{bm}/R_{ub})^2=0.6 \times 10^{93}(1.61^2 \times 10^{-66}/1.27^2 \times 10^{56})$

$=0.964 \times 10^{-29} g/cm^3$ ⋯⋯⋯⋯⋯⋯⋯⋯⋯⋯⋯⋯⋯⋯（4a）

　　重要結論：這就是宇宙當今的實際密度 $\rho_{ur}=0.964 \times 10^{-29} g/cm^3$，可直接由黑洞公式和表二中的資料正確地計算出來，並完全與現代觀測資料完全相符合，這再一次驗證了作者在本書中提出的新黑洞理論的合乎實際的正確性。

2-2-3　對#1黑洞~#8黑洞的特性和它們之間的關係分別予以論述和分析。

　　#1~#5 原生黑洞只能暫時出現於宇宙早期的膨脹過程中，在現今物質與輻射能已經退耦的物理世界，不可能再產生#1~#4 這四種「原生黑洞」，但是有可能產生總質—能

量等於「#5 次生黑洞」，不管是「原生黑洞」，還是「次生黑洞」，其黑洞的性能參數 M_b，R_b，T_b，m_{ss}，τ_b，只決定於 M_b。只要 M_b 相同，其它的參數值就是完全相同的。但是「原生黑洞」與「次生黑洞」二者的內部成分結構和狀態是完全不同的。

【#1 次小黑洞 $M_{bs}=2M_{bm}$ 最小黑洞】

M_{bs} 是產生我們宇宙的原始細胞——原生次小黑洞。$N_{bu}\approx10^{61}$ 個 $2M_{bm}$ 的不斷地合併形成了我們宇宙誕生時的「原初暴漲」，即我們宇宙短暫的「超光速空間膨脹」。之後它們繼續不停地合併膨脹，又造成了宇宙黑洞以光速 C 的膨脹。它們是宇宙中真實存在過的、有最高能量密度和溫度的能量粒子，它的壽命比 M_{bm} 長八倍，所以會長大，不會爆炸消亡。而 M_{bm} 卻是宇宙中壽命最短的粒子，它一出現就會爆炸消亡，壽命僅僅 10^{-43} 秒。$M_{bm}=m_p$ 是連接我們物質世界與普朗克領域的「臨界點」與轉折點，將二者天衣無縫地連接在一起，正如攝氏 0^0C 的水中，有冰與液態水可共存一樣；又可分隔為本質截然不同的兩個物理世界，一是普朗克領域，由宇宙最高溫度和最高密度的普朗克粒子 m_p 組成，二是我們黑洞宇宙，二者服從決然不同的物理規律。人類未來也許永遠不能夠探測到、認識到普朗克領域及其許多的規律。

【#2 微型黑洞】

也可稱之為「原初宇宙小黑洞」$M_{bo}\approx2\times10^{15}g$，它是宇宙「原初暴漲」後的結果。

它發射的霍金輻射 m_{ss} 相當於質子質量。它的總質-能量含有 $M_b \approx 10^{39}$ 個質子 protons，其視界半徑只有一個原子核的大小。10^{39} 是狄拉克大數假說中的大數。它的壽命與宇宙的年齡相當。霍金在 1970 年代曾預言它們可能遺留而存在於現代宇宙空間，但實際不可能。因為當時的宇宙密度 ρ_u，即 M_{bo} 的密度 $\rho_{bo} = 10^{53} g/cm^3$。反物質與正物質已經湮滅為能量，剩餘的質子已經成為組成宇宙中物質的原件和基石。質子已經形成。在如此高密度下，所有的 M_{bo} 只能緊貼在一起合併，並隨著宇宙的膨脹而膨脹，物質粒子和輻射能在不停地轉變，它們不可能殘存至今。所以科學家們上世紀化了約十年時間他沒有在宇宙空間找到它們。

【#3 小型黑洞 $M_{bx} = 2 \times 10^{18} g$】

其霍金輻射 m_{ss} 的質量 $\approx 10^{-27} g \approx$ 電子質量。此時宇宙中多於質子數的正負電子會湮滅成為能量。但是此時電子由於溫度太高，輻射壓力迫使電子不能夠與質子結合成氫原子。

【#4 月亮級黑洞 $M_{by} = 10^{26} g$】

它們在其視界半徑 R_b 上的溫度 $T_b \approx 2.7 k$，它等於宇宙現在的微波背景輻射的溫度 2.7k。

從理論上說，假如在宇宙空間出現一些孤立的 $M_{by} < 10^{26} g$ 的次生黑洞，其 R_{by} 的溫度 $T_{by} > 2.7k$，它就無法吞噬宇宙中的能量，只能向宇宙空間發射相當於 $m_{ss} > 10^{-36} g$ 能量的霍金輻射，而不停地收縮其體積，直到最後收縮成

為 $M_{bm}＝m_p$ 在普朗克領域爆炸消亡。如果這些黑洞 $M_{by}＞$
$10^{26}g$，其霍金輻射溫度 $T_{by}＜2.7$ k，它就會吞噬完其周圍
的能量-物質後而長大，再發射霍金輻射而收縮，最後收縮
成為 $M_{bm}＝m_p$ 在普朗克領域爆炸而消亡。其壽命將極大地
增加。

【#5 最後的同溫同密度黑洞 $M_{bt}＝2.5×10^{51}g$】

對它詳細的論證和分析可見下面的章節，它曾經是宇
宙早期出現過的最大的「原生黑洞」，還有可能是存在於現
今宇宙中某處的「次生黑洞」。但二者內部的成分結構和狀
態是完全不同的，「原生黑洞」內部是同溫同密度的、均勻
的能量—物質漿糊，宇宙是不透明的；「次生黑洞」的內部
是透明的物質，其內部是溫度密度不均勻的物質。可能是
一個整體大黑洞；也有可能中心是一個較大的黑洞，內部
邊緣有若干「恆星級黑洞」。

【#6 恆星級黑洞 $M_{bh}＝6×10^{33}g$（$3M_\theta$）】

這類黑洞是宇宙進入「物質占統治時代，即宇宙年齡
約 1000 萬年」後，陸續不斷地生成的「次生黑洞」，它們
是確實存在於宇宙空間的物質實體。它們一代接一代生
成，但是子孫會越來越少，直到宇宙中的氫原子稀薄到無
法收縮到形成恆星發生「核聚變」後，宇宙空間可能不會
出現新的「恆星級黑洞」。

由於新星或超新星的爆炸後，其中心的殘骸在巨大的
內壓力下塌縮而成。也有可能由於雙星系統中的中子星在
吸收其伴星的能量—物質後，當質量超過 $3M_\theta$ 的奧本海

默—沃爾可夫極限時，就會塌縮成為「恆星級黑洞」。由於宇宙中多雙星系統，此類黑洞大多數隱藏於雙星系統中，也有一些恆星級黑洞孤獨地在宇宙空間漂浮。由於其視界半徑的溫度$\approx 10^{-7}$k，即 $T_b<<2.7$k，所以它只會吸收其伴星和其周圍的能量-物質而繼續增長其質量，其壽命一般大於10^{66} 年。實際上，尚無真實的觀測證據顯示它們如何由星雲塌縮而成。

　　由於主流物理學家們不承認黑洞有毛，所以不可能直接觀測來自黑洞的任何資訊。但是作者「新黑洞理論」中有公式（1b）和（1d），證明任何黑洞都發射霍金輻射 m_{ss}，它就是黑洞的毛，而且還證明了 m_{ss} 就是信息量 I_0 的攜帶者。小的 $3M_\theta$ 恆星級黑洞的半徑約 $R_b\approx 9$km，m_{ss} 的波長約$\lambda_{ss}\approx 18$km，頻率 $v\approx 20000$Hz，發射兩相鄰 m_{ss} 的時間間隔—$d\tau_b\approx 0.6\times 10^{-3}$s，從以上的資料可見，這類恆星級黑洞應該能夠按照「新黑洞理論」的公式，用近代天文觀測儀器可以觀測到其 m_{ss} 的。

　　至於大於恆星級黑洞 $M_{bh}=6\times 10^{33}$g（$3M_\theta$）的次生黑洞，其能量—質量在（$10\sim 10^6$）M_θ 的黑洞都可能存在於宇宙空間，其中偏小者有可能孤獨地存在於宇宙空間或者雙星系統中，偏大者可能存在於小星團中心。

　　原生的「恆星級黑洞 $M_{bh}=6\times 10^{33}$g（$3M_\theta$）」與其它原生小黑洞，如#1#2#3#4#5 各種黑洞一樣，是在宇宙膨脹過程中，瞬間出現，而後「轉瞬即逝」地隨著宇宙的膨脹而消失的。

【#7 巨型黑洞 $M_{bj} = 10^{42}g \approx (10^7 \sim 10^{12}) M_\theta$】

此巨型黑洞存在於星系團和星系的中心，他們是在宇宙進入「物質為主的時代」後的早期形成的「次生黑洞」。巨型黑洞內還可能存在有恆星級黑洞。究竟在宇宙演變中，是先收縮成為「巨型黑洞」，然後其內部後來再塌縮出來許多「恆星級黑洞」呢，還是先塌縮出來許多「恆星級黑洞」，而後以它們為中心，在其週邊收縮出來一個「巨型黑洞」呢？學界一直爭論不休，而無定論。作者認為應該是先有巨型黑洞，後有其內部產生恆星級黑洞，因為收縮成為巨型黑洞，只需要約數百萬~千萬年時間，而形成恆星級黑洞，需要經過「核聚變」和「新星或者超新星爆炸」階段，約需十億年以上的時間。

類星體是一些巨型黑洞的少年時期。由於它們都處在星系團的中心，其週邊遠處尚可能有許多能量—物質可供吞噬，因此，它們還可能在繼續長大。直到吞噬完週邊所有的能量—物質後，才會極慢地發射極微弱的霍金輻射。其壽命將大到 $10^{76 \sim 101}$ 年。

【#8 宇宙黑洞 $M_{ub} = 10^{56}g$】

上面 2-1 文中，已完全證實我們現在的宇宙就是一個「巨型史瓦西宇宙黑洞」，由於它來源於無數的次小黑洞 $M_{bs} = 2M_{bm}$ 的不停地合併膨脹，直到現在才形成 $M_{ub} = 10^{56}g$ 的宇宙黑洞，而且還在以光速 C 繼續膨脹，因此它屬於「次生黑洞」。

哈勃定律所反映的宇宙以光速 C 膨脹的規律就是我們

宇宙無數次小黑洞 M_{bs} 不停地合併所造成的膨脹規律。我們宇宙黑洞現在還在膨脹，這表明宇宙外面還有許多剩餘的 $M_{bs}＝2M_{bm}$ 和能量─物質可供吞噬而膨脹。我們現在無法知道宇宙視界外面還有多少剩餘的 M_{bm} 和能量─物質可供吞食。只有在未來我們宇宙的哈勃常數 $Hr＝0$ 時，就表示我們宇宙外面是空空如也，它也不膨脹了，開始發射霍金輻射而收縮了，此時可按照其年齡 Au 計算出 M_{buf} 和壽命。我們宇宙黑洞現在發射的霍金輻射 $m_{ss}≈10^{-66}g$，約隔 10^{12} 年才發出下面一個 m_{ss}。而 10^{12} 年比我們宇宙現在的年齡 137 億年還長呢。

2-2-4 「#5 最後的同溫同密度黑洞 $M_{bt}＝2.5×10^{51}g$」的意義，「原始（初）黑洞」與「次生黑洞」，宇宙透明意味著什麼？意味著中微子 m_{ne} 可能就是我們宇宙中最小的物質粒子。

從表二中可見，從#1~#5 最後的同溫同密度黑洞 M_{bt}，都是我們宇宙在膨脹過程中暫時出現過的「原始黑洞」，出現後立即膨脹長大而消失。它們和我們整個宇宙在同一時間，其輻射成分和物質成分二者，通過康普頓效應耦合在一起，形成一大團「漿糊」，它們是通過合併同類的黑洞，而以光速 C 按照哈勃定律和黑洞公式（1c）有規律性的膨脹。整個宇宙是不透明的，但是它的溫度和密度是很均勻同一的。這是宇宙年齡在「輻射時代」─385000 年結束之前的整體狀況。

在此之後，宇宙開始進入「物質占統治地位的時代」，宇宙變得透明了。因為宇宙中輻射成分和宇宙中最小的物質成分─中微子因退耦而分開，各走各路，於是部分物質粒子在引力作用下，收縮升溫而核聚變後形成「緻密星體」或者黑洞，但是輻射能則繼續膨脹降溫，因此#6 恆星級黑洞 M_{bh} 和#7 巨型黑洞 M_{bj} 是宇宙中物質粒子的引力收縮結果形成的，所以不是宇宙的「原始黑洞」，而是「次生黑洞」，其內部的密度溫度和結構是不相同的，它們因吞食外界能量-物質而膨脹，但是其膨脹速度遠小於光速 C。它們因發射微小的霍金輻射 m_{ss} 而收縮，所以收縮是極其緩慢的。

按照哈勃定律公式，設 t_u 是宇宙特徵膨脹時間，ρ_{bu} 為其相對應的宇宙密度。

$$t_u = (3/8\pi\rho_{bu}G)^{1/2} \cdots\cdots\cdots\cdots\cdots\cdots\cdots\cdots (2a)$$

根據（2a）式，在 t_u 約為宇宙誕生後 $t_u \approx 385000$ 年時，即宇宙剛結束輻射時代 Radiation Era 之前的#5 黑洞時代，可計算出那時宇宙密度已經下降到 $\rho_{bu} \approx 10^{-20}$g/cm³（參見表二）。可見，在輻射時代結束之前，從宇宙背景輻射圖顯示，宇宙內部的能量—物質密度和溫度都是相當均勻的，物質和能量是耦合在一起可以相互轉化的。這些「原始黑洞 M_o」只能互相緊貼在一起，與其它的「元黑洞 M_o」合併，隨著宇宙的膨脹而膨脹，不可能單個地收縮而保存到現在的宇宙空間。#6、#7 號次生黑洞是宇宙膨脹到物質統治時代後，由於輻射與物質的分離，輻射溫度的降低比粒子溫度的降低快得多，於是大量的物質粒子才會收縮成為後

（次）生的#6、#7 黑洞。

　　但是不管是「原生黑洞」，還是「次生黑洞」，只要其 M_b 相同，其它的一切特性和物理參數值 R_b，T_b，m_{ss}，τ_b 等等都會完全相同，其膨脹和收縮規律和命運也相同，但是每個「次生黑洞」內部的成分結構和運動狀態是不相同的。

　　（1）從「宇宙大爆炸標準模型」中，在宇宙膨脹演變從#1~#5 最後的同溫同密度黑洞 M_{bt} 消失前，即 $t_{sbm}＝Au＝385000$ 年之前，宇宙年齡 t 與宇宙溫度 T 的關係可由下面的（2b）準確地描述，T_{bm} 和 t_{sbm} 是最小黑洞 M_{bm} 的溫度和史瓦西時間，T_{bt} 和 t_{bt} 是#5 黑洞 M_{bt} 的平均溫度和史瓦西時間，

$$Tt^{1/2}＝k_1 \cdots\cdots\cdots\cdots\cdots\cdots\cdots\cdots\cdots （2b）$$

$$\therefore T_{bm}（t_{sbm}）^{1/2}＝T_{bt}（t_{bt}）^{1/2}$$

$$T_{bt}＝T_{bm}（t_{sbm}/t_{bt}）^{1/2}＝0.71\times10^{32}k（0.537\times10^{-43}/385000\times3.156\times10^7）^{1/2}＝4720k\cdots\cdots\cdots\cdots\cdots\cdots（2c）$$

　　在宇宙輻射時代結束時，即在 $t_{sbm}＝Au＝385000$ 年時，整個宇宙和#5 黑洞 M_{bt} 的溫度相同，即 $T_{bt}＝4720k$ 時，求輻射所耦合的物質粒子的相當質量 m_{ne}。按照（1b），$m_{ss}＝\kappa T_b/C^2$，

$$m_{ne}＝\kappa T_{bt}/C^2＝1.38\times10^{-16}\times4720/9\times10^{20}＝7.23\times10^{-34}g\cdots（2d）$$

　　$m_{ne}＝7.23\times10^{-34}g（0.4eV）$是什麼？請看資料：電子中微子（反中微子）的質量上限 $\upsilon_e＝9.1\times10^{-33}g$，一個光子的等價質量$＝4.2\times10^{-33}g＝2.4eV$，電子質量$＝9.11\times10^{-28}g$，μ

子中微子的質量上限＝4.8×10^{-28}g。可見，m_{ne} 應該是電子中微子或者電子反中微子，它們應該是宇宙中最小的物質粒子了，它們也是輻射時代結束時，m_{ne} 所對應的光子＝7.23×10^{-34}g（輻射能）的靜止質量。一旦在宇宙輻射時代結束，輻射能即與其對應的這種最小的物質粒子（電子中微子，反中微子）解除耦合（也許是糾纏吧）後，宇宙就變成透明的了，再也沒有更低溫更微小的物質粒子與輻射能耦合在一起了。宇宙就成為輻射成分與物質成分分離的物質占統治的時代了，在這個時代，輻射能因宇宙「小元黑洞」繼續合併的膨脹，而膨脹降溫和增加其波長；物質粒子團的收縮就形成了星雲，繼續收縮會產生核聚變而形成恆星系統，少許適合條件的行星，最後會演化出生物甚至有智慧的人類。

　　宇宙開始進入「物質占統治地位的時代」，宇宙變得透明了。其另外的重大意義表明：「在宇宙年齡 A_u 大於385,000 年之後，宇宙中再也沒有比中微子 m_{ne}＝7.23×10^{-34}g更小的物質粒子，可以與宇宙中比 4720k 更加低溫的光子（熱輻射）耦合在一起，形成一大團『漿糊』了。」由此可見，宇宙中不可能存在比中微子更小的物質粒子。

　　（2）質子的質量 m_p＝1.67×10^{-24}g，因此，m_p / m_{ne}＝$1.67 \times 10^{-24} / 7.23 \times 10^{-34}$g＝$2.3 \times 10^9 \approx 10$ 億：$1＝10^9：1 \cdots$（2d）

　　這個 10 億：1 就是輕子（光子）與重子數的比例，也是輻射時代結束時輻射能相當質量（＝中微子質量）與質子質量的比例。從而佐證了中微子的質量約為質子的 10^{-9}。

　　從上節可見，「#8 我們宇宙黑洞」內的各個星系中心有#7 巨型黑洞，包括我們銀河系中心也有巨型黑洞。在我們宇宙空間，還有許多#6 恆星級黑洞。如果某些巨型黑洞內可能也存在恆星級黑洞的話，那在我們宇宙就有 3 層大小黑洞套著，像俄羅斯套娃。既然我們宇宙外現在還可能有大量的能量—物質被吞噬進來，而且近來已經發現有其它外在平行宇宙的證據，表明我們宇宙只不過是誕生於一串葡萄中的一顆葡萄而已。至於我們宇宙之外有多少層更大的宇宙黑洞套著我們宇宙黑洞，而我們宇宙黑洞又有多少平行的兄弟姐妹宇宙黑洞，這都是人類永遠無法知道的。人類本身不過是大宇宙中偶然的短暫的過客而已。假如我們宇宙內的某巨型黑洞內有類地行星，如果上面有高級智慧生命，我們與他們都無法通訊，對我們宇宙黑洞 Cosmos BH 之外就更加無法知道了。

2-2-5　不同大小質量黑洞 M_b 的霍金輻射 m_{ss} 有不同的特性

　　#1 最小黑洞只能爆炸解體在普朗克領域，產生最高能量的 γ-射線。

　　在#1 最小黑洞~#2 微型黑洞 10^{15}g 之間的原生黑洞：其霍金輻射 m_{ss}≧質子質量（p_m＝$1.66×10^{-24}$g ）≦M_{bm} 最小黑洞 10^{-5}g。它們是宇宙中最高能量的 γ-射線。

　　在#2 微型黑洞 10^{15}g~#3 小型黑洞 $2×10^{18}$g 之間的原生黑洞，它們所發射的霍金輻射 m_{ss} 的質量是介乎質子質量 p_m~電子質量 e_m 之間的 γ-射線。

在#3 小型黑洞 2×10^{18}g~#6 恆星級黑洞 6×10^{33}g 之間的黑洞（但是#5 黑洞 M_{bt} 除外），它們所發射的霍金輻射 m_{ss} 的波長是介乎 x 射線~最長的無線電波的輻射能。

在#6 恆星級黑洞 6×10^{33}g~#8 我們宇宙大黑洞之間的黑洞（包括#5 最後的同溫同密度黑洞 M_{bt} 在內），它們所發射的霍金輻射 m_{ss} 是 10^{-44}g~10^{-66}g，根據它們的波長判斷，它們應該是目前尚無法觀測到的引力波。

2-2-6　簡短的總結

作者主要根據「新黑洞理論公式」及其它已有的基本公式，已經將我們宇宙整個「時間簡史」中的，各時間點的十來個主要物理參數值完整精確地計算出來，並且將在宇宙演變過程中有特殊性的八種黑洞的物理參數值列在上面的表二中，這些參數值是以黑洞總能量—質量 M_{bu} 或宇宙年齡 $A_u = t_u$ 為主軸、用相應的公式精準的計算出來的，並且完全與近代的天文觀測資料為依據和理論值，和哈勃定律相符合。請看看鼎鼎大名的霍金的「時間簡史」吧，你能從書中找到宇宙中某一時間點的一組準確量化的物理參數值嗎？其中只有一些無法計算和驗證的概念和多幅圖表。不怕貨比貨，對照著二本不同的「時間簡史」看看，虛實對錯優劣擺在眼前，自可判明。作者並非貶低霍金在黑洞物理學上的偉大成就，而是力圖在他們偉大成就的大樹上開出一些新花結出一些新果而已。更重要的是，許多參數，如霍金輻射 m_{ss}，黑洞發射相鄰兩霍金輻射的時間—

$d\tau_b$，m_{ss} 的信息量 I_o、黑洞的總信息量 I_m 和波長 λ_{ss}，黑洞的熵 S_b 等等的數值，以前有人計算出來過嗎？像 m_{ss}，—$d\tau_b$，I_o，I_m 等，甚至無人提出，只有作者頭一次提出、並且用新公式計算出來了。對錯好壞與否，衷心歡迎學者讀者們批判打假，以利科學的進步和發展。

== == == == == == 全文完 == == == == == ==

參考文獻：

1. 王永久，《黑洞物理學》，公式（4.2.35），湖南師範大學出版社，2000 年 4 月。

2. 蘇宜，《天文學新概論》，華中科技大學出版社，2000 年 8 月。

3. 何香濤，《觀測天文學》，科學出版社，2002 年 4 月。

4. 張洞生，《黑洞宇宙學概論》，臺灣，蘭臺出版社，ISBN：978-986-4533-13-4。

2-3　初版《黑洞宇宙學概論》用另一種方法論證「我們宇宙黑洞」來源於「前輩宇宙」的一次「大塌縮」所產生的無數的「最小黑洞 $M_{bm}=m_p$ 普朗克粒子」

它們在「普朗克領域」爆炸轉變為「次小黑洞 $M_{bs}=2M_{bm}=2m_p$」後，成為我們新宇宙的「原生小黑洞」，它們經過 137 億年以光速 C 的膨脹，成為我們現在的宇宙黑洞，其總質量—能量 $M_{ub}=M_{ur}=M_u=8.8×10^{55}g$；二種不同的證明方法得出相同的結論

> 伽俐略：「宇宙是一本永遠在我們面前打開著的大書，它是用數學語言寫成的。只有學會它的語言，我們才能讀懂它，否則只能在黑暗的迷宮中瞎逛。」
> 愛因斯坦：「如果一個想法一開始不荒謬，那麼它就毫無希望。」

2-3-1　在 2-1 章，已經根據近代多種精密天文儀器所觀測的精確資料，證明了「我們現在的宇宙」就是一個真正巨大的「史瓦西黑洞」。

其物理參數值是：其總質量—能量 $M_{ub}=M_{ur}=M_u=8.8×10^{55}g$；$R_{ub}=R_{ur}=R_u=1.27×10^{28}cm$；$\rho_{ub}=\rho_{ur}=\rho_u=0.958×10^{-29}$ g/cm^3；$Au=t_{sbu}=137$ 億年，相應地，根據前面已有的黑洞公式的計算，可得出其它的物理常數值，在 R_{ub} 上霍金輻射的相當質量 $m_{ssu}=10^{-66}g$；在 R_{ub} 上霍金輻射的溫度 $T_{ub}=10^{-39}k$；m_{ssu} 波長 $\lambda_{ssu}=2.5×10^{28}cm$；$m_{ssu}$ 頻率 $\nu_{ssu}=10^{-18}Hz$；2-1 章同時還證明了，這個巨大的「宇宙黑洞

M_{ub}」只能來源於無數「次小黑洞 $M_{bs}=2M_{bm}=2m_p$ 普朗克粒子」，不斷地合併以光速 C 膨脹而成。

問題在於這些 $M_{bm}=m_p$ 從何而來？本書中 2-1 章的唯一假設，就是根據「時間對稱原理」，假設我們現在膨脹的宇宙，來源於「大宇宙」中發生了一次「前輩宇宙」的「大塌縮」，而塌縮出無數「最小黑洞 $M_{bm}=m_p$」，它們爆炸解體後，使宇宙密度少許下降，而能生成較長壽命的「次小黑洞 $M_{bs}=2M_{bm}=2m_p$」，由於 M_{bs} 的壽命比 M_{bm} 長 10 倍，它不會和 M_{bm} 一樣，生成就爆炸，而是與其它的 M_{bs} 合併膨脹長大。經過 137 億年不斷地合併，而以光速 C 膨脹至今，形成了我們現在的「宇宙大黑洞」$=M_{ub}=M_{ur}=M_u=8.8\times10^{55}g$。

下面我們論證「前輩宇宙」的「大塌縮」，而形成我們現在「宇宙大黑洞」的過程。

2-3-2 根據什麼原理來確定我們宇宙準確的誕生時刻 t_m？

前面已從多方面論證了「我們宇宙黑洞 Cosmos BH」只能來源於 $N_{bu} \times M_{bm}$。下面幾節將詳細論證 Cosmos BH 是如何誕生於 N_{bu} 個最小黑洞 $M_{bm}=m_p$ 的原由和演變的過程的。

既然我們宇宙 $M_u=M_b$ 的視界半徑 R_u 過去一直在按照 $R_u=Ct_u$（$t_u=A_u$ 宇宙年齡）的光速 C 在膨脹，我們就可以從宇宙縮小的方向往回（後）看，以便找到宇宙較準確的、

有根據的誕生時刻 t_m。上面所提到的，下面將論證宇宙在 $t_u = 10^{-43}s = t_{sbm}$ 時，就是我們要找到的 t_m。

我們宇宙黑洞球體之所以能連成一個整體，在於宇宙中所有物質粒子之間有足夠的時間以光速 C 傳遞他們彼此之間的引力。其充要條件是 $R_u = R_b = Ct_o = Ct_b$，R_u 是宇宙「元黑洞 M_m【注意：此處 M_m 即是上面 2-2-2 節的元黑洞 M_o】」的視界半徑，t_u 是宇宙「元黑洞 M_m」的特徵膨脹時間，即從其中心將引力能以光速 C 傳遞到 R_u 末端的時間，因此才能將宇宙 R_b 內的總質能 M_b 聯繫在一起。

當對 t_u 一直往回看退縮小下去時〔注意：由於我們宇宙是一個真實的宇宙大黑洞 $M_u = M_b$，而黑洞無論是膨脹還是收縮，在最後收縮成為最小黑洞 $M_{bm} = m_p$ 前，都永遠是黑洞，都遵循史瓦西公式（1c），所以 $M_b \propto R_b \propto t_b$〕，就會不斷地收縮成 t_u 所對應的「元黑洞 M_m」，最後會達到一個極限的。就是說，當 t_u 繼續減小下去時，那些在宇宙 M_b 內的小粒子團 M_m（其實是許多半徑為 R_u 的小元黑洞 M_m）的 R_u 縮小到最後 $R_u = R_{bm}$ 即 $M_m = M_{bm}$ 時，就無法再縮小，最終也會達到一個極限，其溫度和密度最終會高到無法被壓縮，而造成任何粒子團 $M_m = M_{bm}$ 的中心引力無法傳遞到其邊界，也造成相鄰粒子團 M_m 之間無足夠時間傳遞彼此的引力，在此時刻的 $t_u = t_m$ 造成了宇宙內所有粒子內外的引力斷鏈，它們只能在極高溫高密度度下爆炸，變成碎末，無法繼續引力收縮。但從宇宙誕生膨脹的方向看，也正是在此時刻 $t_u = -t_m$，這就是「前輩宇宙」「大塌縮」後，

所造成的無數的「$M_{bm}＝M_m$」的「大爆炸」。「大爆炸」後的宇宙的密度有少許降低，宇宙中的質—能會重新聚集形成較長壽命的新的「次小黑洞 $M_{bs}＝2M_{bm}＝2M_m$」的粒子團（小元黑洞 $2M_m$）。正是這些無數的 M_{bs} 在 $2t_u＝＋2t_m$ 生成時，成為我們新宇宙誕生的時刻，而正是這些無數的 M_{bs} 成為我們現在的宇宙（黑洞）的細胞。上面是我們根據「新黑洞理論」的邏輯推理，就可以得出的我們宇宙誕生於「最小黑洞 $M_{bm}＝M_m$」的過程。相應的，我們在下面可用公式求出宇宙誕生的時刻 t_m 和黑洞 M_m 是什麼。

2-3-3　求宇宙誕生時，恢復引力鏈的那一時刻＋t_m，和重新結合成新粒子 M_m（如表 1）；宇宙「大爆炸」標準模型圖演變的「t—T」的對應關係值

　　表 1 中資料來源於參考文獻 2 和 3 的「大爆炸宇宙模型」。從表 1 中第 2 項到 13 項的輻射時代結束時，可用（3—a）式 $Tt^{1/2}＝k_1$ 和表 1 的資料表示，這是近代天體物理、宇宙觀測、基本粒子等的成就，第 14 項的「物質占統治時代」可用（3—b）式 $Tt^{2/3}＝k_2$ 近似地表示。k_1，k_2 為常數。

$$Tt^{1/2}＝k_1 \cdots\cdots（3—a）$$
$$Tt^{2/3}＝k_2 \cdots\cdots（3—b）$$

表 1：由參考文獻 10 製作成，參見 2-4-5 節圖。宇宙大爆炸標準模型 t—T 的對應值，此地表中的 t 即文中的 t_u：t—宇宙特徵膨脹時間；T—宇宙（輻射能）溫度：

	t—特徵時間	T—特徵溫度	說明
1	$t=0$	$T—\infty$	虛構的「奇點」
2	$t=10^{-43}s$	$T=10^{32}k$	普朗克時代
3	$t=10^{-35}s$	$T=10^{27}k$	大統一時代
4	$t=10^{-6}s$	$T=10^{13}k$	
5	$t=10^{-4}s$	$T=10^{12}k$	重子時代
6	$t=10^{-2}s$	$T=10^{11}k$	
7	$t=0.11s$	$T=3\times10^{10}k$	
8	$t=1.09s$	$T=10^{10}k$	輕子時代
9	$t=13.82s$	$T=3\times10^{9}k$	
10	$t=3m2s$	$T=10^{9}k$	
11	$t=3m46s$	$T=9\times10^{8}k$	
12	$t=34m40s$	$T=3\times10^{8}k$	
13	$t\approx4\times10^{5}yrs$	$T\approx3000k$	輻射時代
14	t—一直到現在	$T=2.7k$	物質占統治時代

2-3-4 求宇宙誕生的準確時間 $t_u=+t_m$

設 d_m—兩相鄰粒子間的實際距離，M_b—宇宙往後退縮變小時與 R_b 對應的宇宙總質能量，R_b—M_b 的視界半徑，t_u—宇宙內質能團（元黑洞 M_m）的引力從中心傳遞到其視界半徑 R_u 的特徵時間—史瓦西時間，C—光速，ρ—宇宙質能團 M_b 和 M_m 有相同的的平均能—質密度 g/cm^3，H—

哈勃常數，在宇宙膨脹的任一時刻，宇宙中任一地點的密度 ρ 相同。

$d_m \geq C \times 2t_u$，即 $d_m/2C \geq t_u$ ································(3)

（3）式 d_m 是質能團 M_m 內外引力斷鏈條件。（3ab）是球體公式。H＝宇宙在同一時間的哈勃常數。

$H = V/R = 1/t_u$ ·····································（3aa）

$M_u = 4\pi\rho R_u^3/3$，$R_u = Ct_u$·····························（3ab）

另一決定性條件是，當 M_b 退縮到最後成 M_m 在閥溫 T_m 可與輻射能轉換時，M_b 內大量的 M_m 就無引力而爆炸解體了。將（3aa）、（3ab）、（3ac）代入（3）成為（3a）：

$M_m = \kappa T_m/C^2$································（3ac）

$\therefore t_u^3 \leq 3\kappa T_m/4\pi\rho C^5$ ·····················（3a）

由哈勃定律可得出，將（3ad）代人（3a）成為（3b）：

$\rho = 3H^2/8\pi G = 3/(8\pi G t_u^2)$ ···············（3ad）

$\therefore t_u \leq T_m(2G\kappa)/(C^5)$ ··················（3b）

從（3—a），$Tt^{1/2} = k_1$，此地表中的 t 即文中的 t_u：

$\therefore t_u^{3/2} \leq k_1(2G\kappa)/C^5$ 或 $t_u \leq [k_1(2G\kappa)/C^5]^{2/3}$···（3c）

公式（3a）、（3b）、（3c）都是從公式（3）推導出來的，所以 3 式中的 t_u 是等值的。

求 k_1，從表 1 取 $t_u = t = 10^{-43}$s，其對應溫度 $T = 10^{32}$k

$\therefore k_1 = Tt_u^{1/2} = 10^{32} \times 10^{-43}$s $= 3^{1/2} \times 10^{10} \approx 1.732 \times 10^{10}$

將 k_1 代入公式（3c），得出下面（3ca）

$t_u^{3/2} \leq [(2G\kappa)/(C^5)] \times k_1 = 1.732 \times 10^{10}(2G\kappa)/C^5$···（3ca）

由於 $G = 6.67 \times 10^{-8}$cm^3/gs^2，$C = 3 \times 10^{10}$cm/s，$\kappa = 1.38 \times$

10^{-16}gcm/s^{2}k：

　　$\therefore t_u^{3/2} \leq$〔（$2\times6.67\times10^{-8}\times1.38\times10^{-16}$）/（$3\times10^{10}$）^{5}〕$\times$ 1.732×10^{10}）〕$=0.075758\times10^{-74}\times1.732\times10^{10}\approx0.1312\times10^{-64}$，

　　$t_u^3=0.017217\times10^{-128}=0.17217\times10^{-129}$…………（3cb）

　　所以當宇宙黑洞的 R_u 收縮（後退）到粒子團 M_m 時，令 $t_u=t_m$；於是由（3cb）最後得出（3d）：

　　$\therefore t_m=\pm0.5563\times10^{-43}$s ……………………………（3d）

　　可見，當 t_u 收縮到$=t_m$ 時，即是宇宙中所有 M_m 內和相鄰舊粒子間引力斷鏈的時間，也是 M_m 爆炸後降低密度生成新宇宙新粒子 $2M_m$ 在 t_m 恢復引力的時刻。M_m 粒子的溫度 T_m，

　　$T_m=k_1/t_m^{1/2}=0.734\times10^{32}$k…………………………（3e）

　　M_m 粒子質量和其相應的密度 ρ_m，視界半徑 R_m

　　$M_m=\kappa T_m/C^2=1.125\times10^{-5}$g ……………………（3f）

　　$\rho_m=3/（8\pi Gt_m^2）=0.5786\times10^{93}$g/cm^3……………（3g）

　　$R_m=（3m_m/4\pi\rho_m）^{1/3}=1.67\times10^{-33}$cm……………（3h）

　　$d_m=C\times2t_u=3.34\times10^{-33}cm=2R_m$…………………（3i）

2-3-5　$M_{bm}=m_p$ 和 M_m 各種參數的比較

　　由上面計算可知，在我們宇宙出生時，引力斷鏈（即 M_{bm} 爆炸）和恢復的新粒子 M_m 就是宇宙收縮後退到最後的粒子，與第一篇 1-1 章中的最小黑洞 M_{bm} 和普朗克粒子 m_p 的比較結果列在下面的表中。由下面表中的資料可知，上節得出的粒子團 M_m（小元黑洞）就是$=M_{bm}=m_p=1.09$

$\times 10^{-5}g = (hC/8\pi G)^{1/2}$。

M_{bm}、m_p 和 M_m 的各種參數計算值的比較表：可見 M_m 就是 M_{bm}：

M_m—引力斷鏈狀態	$M_{bm} = m_p$
$M_m = 1.125 \times 10^{-5}g$	$M_{bm} = 1.09 \times 10^{-5}g = m_p$
$t_m = \pm 0.5563 \times 10^{-43}s$	$t_{sbm} = 0.539 \times 10^{-43}s = t_p$
$T_m = 0.734 \times 10^{32}k$	$T_{bm} = 0.71 \times 10^{32}k = T_p$
$R_m = 1.67 \times 10^{-33}cm$	$R_{bm} = 1.61 \times 10^{-33}cm = L_p$

分析和結論：從邏輯推論上看，很明顯，既然我們宇宙現在是真實的巨無霸「史瓦西宇宙黑洞」，當將現在以光速 C 膨脹的「宇宙黑洞」往回看時，歸根結底，我們現在的宇宙黑洞 Cosmos BH 只能誕生和來源於宇宙誕生時的 N_{bu} 個最小黑洞 M_{bm} 的爆炸消亡後，再形成較大較長壽命的 $M_{bs} = 2M_{bm}$。因為在整個宇宙黑洞的連續膨脹過程中，在其任何一個中途時期，不可能突然發生出現某種強大的宇宙塌縮力，塌縮出一大群大於 M_{bm} 的黑洞，然後膨脹成現在的宇宙黑洞。上面的章節已證明了我們宇宙來源於 $N_{bu} = 10^{61}$ 個 M_{bm} 的合併。

2-3-6　我們宇宙的物質—能量不可能來源於虛無。

因此，本文中的唯一假設是「我們宇宙」來源「前輩宇宙」的一次「大塌縮 Big Crunch」，這是符合「時間對稱原理」、「質量和能量守恆和互換定律」和「因果律」的。至於「前輩宇宙」是如何在普朗克領域消失的？我們新宇

宙是如何從「前輩宇宙」的「大塌縮」中誕生出來的？誕
生我們新宇宙的關鍵，無數的新細胞「次生黑洞 $M_{bs} = 2M_{bm}$」是如何產生的？

【作者注釋】：詳細解釋和論證上述問題，請參看上篇
文章的 2-1-4 節，所有過程和證明是相同的。

＝＝＝＝＝＝＝＝＝＝＝全文完＝＝＝＝＝＝＝＝＝＝＝＝

參考文獻

1.張洞生，《黑洞宇宙學概論》初版，臺灣，蘭臺出版社，ISBN 978-986-4533-13-4

2.溫柏格，《宇宙最初三分鐘》，中國對外翻譯出版公司，1999 年。

3.Giancoli, Donglasc. Physics, Principles With Application, 5th Edition, Upper Saddle River, NJ. Prentice Hall, 1998。

2-4　作者用新黑洞理論建立了新的正確優越的「宇宙黑洞模型」，可取代有諸多錯誤的「大爆炸標準宇宙模型」

> 卡爾・波普爾：「人們盡可以把科學的歷史看作發現理論、摒棄錯了的理論並以更好的理論取而代之的歷史。」
> 愛因斯坦：「真正偉大和富有靈性的東西只能由工作在自由之中的個人所創造。」

前言：

應該用正確的「宇宙黑洞模型 CBHM」取代過時的、有許多重大錯誤的「宇宙大爆炸標準模型 CBBSM」

一、「宇宙黑洞模型 CBHM」是根據作者「新黑洞理論」的六個基本公式，來論證我們宇宙就是一個真正巨大的「史瓦西黑洞」，祂的「生長衰亡」的演變規律完全符合任何一個黑洞的公式和規律。因此，用那六個基本公式及其它有效的基本公式，就可以準確地計算出我們宇宙（黑洞）演變過程中任何一個時間點的各種物理參數值，特別是計算出來宇宙現在的實際密度 $\rho_{bu} = 0.947 \times 10^{-29} \text{g/cm}^3$，與當今實測的宇宙密度 $\rho_u = 0.958 \times 10^{-29} \text{g/cm}^3$ 幾乎完全相等，即 $\rho_{bu} = \rho_u$，只相差 0.008。這實際上證明了作者新的「宇宙黑洞模型」是一個正確的新的「宇宙模型」，以它取代過時的錯誤很多的「宇宙大爆炸標準模型 CBBSM」，是在拋棄錯誤的舊理論，因為由該模型計算出來的宇宙當今

的密度與與當今實測的宇宙密度 $\rho_u = 0.958 \times 10^{-29} \text{g/cm}^3$ 相差太大，證明該理論是背離實際的錯誤假設。現將「新黑洞理論」的六個基本公式公式列出如下：

$$M_b T_b = (C^3/4G) \times (h/2\pi\kappa) \approx 10^{27} \text{gk} \cdots\cdots\cdots （1a）$$

$$E_{ss} = m_{ss}C^2 = \kappa T_b = \nu h/2\pi = Ch/2\pi\lambda \cdots\cdots\cdots\cdots （1b）$$

$$GM_b/R_b = C^2/2R_b = 1.48 \times 10^{-28} M_b \cdots\cdots\cdots\cdots （1c）$$

$$m_{ss}M_b = hC/8\pi G = 1.187 \times 10^{-10} \text{g}^2 \cdots\cdots\cdots\cdots （1d）$$

$$m_{ssb} = M_{bm} = (hC/8\pi G)^{1/2} = m_p = 1.09 \times 10^{-5} \text{g} \cdots\cdots （1e）$$

$$\tau_b \approx 10^{-27} M_b^3 \cdots\cdots\cdots\cdots\cdots\cdots\cdots\cdots\cdots\cdots\cdots\cdots\cdots （1f）$$

$$\rho_b R_b^2 = 3C^2/(8\pi G) = \text{Constant} = 1.61 \times 10^{27} \text{g/cm} \cdots （1m）$$

內容摘要：

本文的目的和任務在於：用建立在作者正確的「新黑洞理論」及其公式基礎上的「宇宙黑洞模型」與錯誤百出「宇宙大爆炸標準模型」作比較，作者在上面 2-2 一文中，用「新黑洞理論」的十多個正確的公式，詳細地準確地計算出了每種黑洞十多個性能參數值，列在 2-2 文章的表二中，既構成了我們宇宙（黑洞）正確而實際的一部「時間簡史」，這些公式和資料也完全是作者「宇宙黑洞模型」的理論和其實際演變的正確性的根源和依據。在本文中，作者將兩種「宇宙模型」做出了對比和詳細的數值計算，證實了「宇宙大爆炸標準模型」的諸多重大的理論和背離實際的錯誤及其產生錯誤的根源。作者呼籲宇宙學者們今後採用作者的正確的符合實際和哈勃定律的「宇宙黑洞模型」，捨棄過時的錯誤很大很多的不符合哈勃定律的「宇宙

大爆炸標準模型」。

　　「新黑洞理論 NBHT」與「廣義相對論方程 GRE」在宇宙學上的根本分歧，在於對我們宇宙的起源和演變（膨脹）的觀念是完全不同的。從而導致作者根據 NBHT 及其公式建立的「宇宙黑洞模型 CBHM」，與以 GRE 理論和方程建立的「宇宙大爆炸標準模型 CBBSM」有本質的不同。CBHM 是正確的，符合哈勃定律和觀測資料的實際的。CBBSM 是錯誤和矛盾百出和不符合哈勃定律和觀測資料的實際的。

　　「新黑洞理論 NBHT」認為我們宇宙（黑洞）M_{ub} 起源於無數「最小黑洞 $M_{bm}＝m_p$ 普朗克粒子」合併所產生的以光速 C 的膨脹，它們緊貼在一起的不停的合併成更大黑洞，它們是一個開放系統的密度溫度極其均勻的降溫膨脹，其各種物理參數值完全能用正確的黑洞公式準確地計算出來，並且與近代實測資料和哈勃定律相吻合。而「宇宙大爆炸標準模型」認為宇宙起源於無窮大密度的「奇點」和「奇點的大爆炸」，但「奇點」的所有的物理參數都是「無定量」的無窮大，爆炸後的總質—能量 M_u 無法知道，對於其中某部分定量的 M_{ud} 只能被認為是一個「封閉系統」裡產生的「絕熱膨脹」。這種膨脹看起來應該就像放煙火和放炮竹一樣，是不均勻的，膨脹後各個時刻的宇宙性能參數無法用可靠和互恰的多個公式計算出來。不可能符合哈勃定律和天文觀測的宇宙的實際密度 ρ_u 的數值。

　　【作者重要解釋】：「宇宙大爆炸標準模型」的內容應該包括 2 大方面。1.宇宙本身演變的物理參數，即時間 t，

溫度 T，尺寸 R，密度 ρ 之間變化關係正確的互恰公式，包括宇宙的起源和命運等等。作者在本文中的「宇宙黑洞模型」只是否定了，「宇宙大爆炸標準模型」在這些方面的錯誤。2.「宇宙大爆炸標準模型」還有另一方面的重要內容，即在宇宙誕生初期，隨著溫度的降低，化學元素的演化理論，核合成理論，基本粒子的產生機制，星際有機分子，微波背景輻射，宇宙演變過程經歷的各個時代—重子時代—輕子時代—輻射時代—物質統治時代等，這些都是近代科學技術的真實的偉大成就，是不可否定的。因為所有這些成就只與宇宙演變過程中的溫度 T 的降低和變化有直接的關係，而與其它的物理參數 t，R，ρ 等沒有多少直接影響。因此，即使「宇宙大爆炸標準模型」在第一方面錯了，對第二方面的正確性毫無影響。

關鍵字：「新黑洞理論」及其六個經典有效的基本公式；「宇宙大爆炸標準模型」是過時的和有諸多錯誤的；新的「宇宙黑洞模型」是正確地符合哈勃定律和符合實際的；用「宇宙黑洞模型」取代「宇宙大爆炸標準模型」是正確有效的選擇。

2-4-1　用「宇宙黑洞模型 CBHM」和「宇宙大爆炸標準模型 CBBSM」來計算我們宇宙現今宇宙密度 $\rho_u = 0.958 \times 10^{-29} g/cm^3$ 的巨大差異，來證明前者的正確性和後者的巨大錯誤。

一、因為「宇宙大爆炸標準模型」理論並沒有認為我們宇宙是黑洞，學者們也不知道作者「新黑洞理論」有關

黑洞演變的一整套完備的有效公式,甚至連黑洞的霍金輻射量子 m_{ss} 的正確的計算公式都不知道。因此,他們計算出來的下面的宇宙演變的「大爆炸標準模型圖」和所建立的公式（2aa）和（2ab）都是很不正確的,實際上是一個東拼西湊而極其錯誤的理論。下面的（2d）、（2e）計算出來的錯誤結果是顯而易見的。（2aa）和（2ab）是根據什麼理論建立起來的呢?請看文章後面的參考文獻 2,即溫伯格的名著《宇宙的最初三分鐘》,此書後面的附錄注釋3—宇宙膨脹時間尺度和注釋2—臨界密度,他是按照「宇宙學原理」和弗里德曼宇宙模型,假定宇宙起源於「奇點大爆炸」後,其「總能量—物質」是一定的,且宇宙的能量—物質密度 ρ 都是均勻的,然後宇宙開始其無休止的「絕熱膨脹」,而宇宙按照以 R 為球半徑的圓周上,粒子的位能與其動能平衡的原則,再按照其它的一些物理學的原理原則,推導出一組 Weinberg 公式如下:

在以輻射能為主導的時代,

$$\rho R^4 = k_{a1} , R = t^{1/2}k_{a2} \cdots\cdots\cdots\cdots\cdots\cdots\cdots\cdots\cdots\cdots\cdots （2aa）$$

在以物資為主導的時代,$\rho R^3 = k_{b1}$,$R = t^{2/3}k_{b2}\cdots$（2ab）

二、「宇宙黑洞模型」認為宇宙起源於「最小黑洞 M_{bm} ＝ m_p 普朗克粒子 ＝ $1.09×10^{-5}$g」,其它的物理參數值為;$R_{bm} \equiv 1.61×10^{-33}$cm,$\rho_{bm} = 0.6×10^{93}$g/cm^3,$t_c = t_{sbm} = R_{bm}/C = 0.537×10^{-43}$s。

我們宇宙現今真實的年齡 A_u 的可靠數值為,$A_u = 137$億年,這是學界公認的。前面已經證明,我們宇宙一直在

以光速 C 膨脹，這種膨脹完全符合黑洞公式（1c）和哈勃定律。由此可計算出，其視界半徑 $R_u = C \times A_u = 1.3 \times 10^{28}$cm，其平均密度 $\rho_u = 3/(8\pi GA_u^2) = 0.958 \times 10^{-29}$g/cm^3。所以宇宙的總質—能量 $M_u = M_{ub} = 4\pi R_u^3 \rho_u/3 = 8.8 \times 10^{55}$g，其視界半徑 R_u 是，

$$R_u = C \times A_u = C \times t_u = 1.3 \times 10^{28}\text{cm} \cdots\cdots\cdots\cdots \text{（2b）}$$

由黑洞公式（1m）計算出來的宇宙現在的密度 ρ_u，

$$\rho_{bm}R_{bm}^2 = \rho_u R_u^2 ; \therefore \rho_u = 0.958 \times 10^{-29}\text{g/cm}^3 \cdots\cdots\cdots\cdots \text{（2c）}$$

由於「宇宙大爆炸標準模型」的宇宙「大爆炸」的起始點沒有具體的性能物理參數值，所以只能借用作者的 $M_{bm} = m_p$ 作為其起始點。計算如下：

設宇宙「輻射時代」結束時我宇宙年齡為

$$Au = 40\text{萬年} = 400000 \times 3.156 \times 10^7 = 1.2624 \times 10^{13}\text{s} \cdots\cdots \text{（2c1）}$$

$$R_{bau} = C \times 1.2624 \times 10^{13} = 3.787 \times 10^{23}\text{cm} \cdots\cdots\cdots\cdots \text{（2c2）}$$

A.第一種方法：用「CBBSM」檢驗宇宙現在密度 ρ_u，

由（2aa），在以輻射能時代結束時，其密度 ρ_{uau}，

$$\rho_{bm}R_{bm}^4 = \rho_{uau}R_{bau}^4 ; \therefore \rho_{uau} = 2 \times 10^{-125}\text{g/cm}^3 \cdots\cdots\cdots \text{（2d）}$$

由（2ab），輻射能時代結束後，在物質為主時代現今的宇宙密度 ρ_u；已知宇宙現今的視界半徑 $R_{bu} = 1.3 \times 10^{28}$cm；$\rho_{uau}R_{bau}^3 = \rho_u R_{bu}^3 ; \therefore \rho_u = 6 \times 10^{-140}g/cm^3 \cdots$（2e）

B.第二種方法：用「CBBSM」檢驗宇宙現在尺寸 R_{bu}；

根據（2aa）$-\rho R^4 = k_{a1}$，$R = t^{1/2}k_{a2}$，求「輻射時代」結束時的宇宙尺寸 R_{bau} 和密度 ρ_{uau}；

$$R_{bau} = R_{bm}(1.2624 \times 10^{13}/0.537 \times 10^{-43})^{1/2} = 2.5 \times 10^{-5}\text{cm}，$$

$\rho_{bm}R_{bm}{}^4 = \rho_{uau}R_{bau}{}^4$；$\rho_{uau} = \rho_{bm}（R_{bm}/R_{bau}）^4 = 10^{-20}g/cm^3$；
根據（2ab）—$\rho R^3 = k_{b1}$，$R = t^{2/3}k_{b2}$，求在以物資為主導的時代到現在的我們宇宙尺寸 R_{bu}，根據 $R = t^{2/3} k_{b2}$，

$R_{bu} = R_{bau}（1.37 \times 10^{10}/4 \times 10^5）^{2/3} = 0.265cm$…………（2e1）

　　顯然，$R_{bu} = 0.265cm$ 是極其荒謬的。就是說，無論用任何方法，按照 Weinberg 提出的「大爆炸宇宙模型」的公式，來計算宇宙膨脹至今的物理參數值 ρ_u 和 R_{bu} 都得出極其荒謬的結果。可見 Weinberg 並未對自己的公式作實際的驗算。

　　C.現在下面按照作者的黑洞公式（1m），$\rho_b R_b{}^2 = 1.61 \times 10^{27}g/cm$ 計算宇宙現今的實際密度 ρ_b，與近代精密天文觀測資料是完全一致的。

$\rho_b = 1.61 \times 10^{27}/〔R_b{}^2 = （1.3 \times 10^{28}）^2〕 = 0.952 \times 10^{-29}g/cm^3$…（2f）
而真實的 $\rho_u = 0.958 \times 10^{-29} g/cm^3$，所以由黑洞公式（1m）計算出來的 ρ_b 與 ρ_u 只相差 0.006。這證明作者的「宇宙黑洞模型」完全是我們宇宙演變的真實狀況的「分毫不差」的描述。而由（2aa）和（2ab）中的 $\rho R^3 = k_{b1}$ 得出的 $\rho_u = 6 \times 10^{-140}g/cm^3$ 和 $R_{bu} = 0.265cm$，不僅這數值都是大錯特錯的，而且各個公式互相矛盾、互不相容匹配。因為「宇宙黑洞」的膨脹是「開放系統」，有能量—物質的同類「小黑洞」隨時都被合併進來。而「大爆炸模型」是「絕熱膨脹」，沒有能量—物質被吸收進來，就只能極大地絕熱膨脹降溫，而造成大錯誤。這就是作者的「黑洞宇宙模型」與「大爆炸標準宇宙模型」的本質差別。

2-4-2 作者的「宇宙黑洞模型 CBHM」和傳統的「宇宙大爆炸標準模型 CBBSM」是根據大不相同的理論和公式建立起來的。

上面對宇宙現今實際密度 ρ_u 和視界半徑 R_{bu} 的計算，已經完全證明前者的完全正確和後者許多的巨大錯誤。下面將詳細的分析論證計算二者的正確和錯誤。t—為宇宙的特徵時間；T—為宇宙的特徵溫度。

表3：對比「宇宙黑洞模型 CBHM」和「宇宙大爆炸標準模型 CBBSM」的正確和錯誤。

區別	宇宙黑洞模型—CBHM	宇宙大爆炸標準模型—CBBSM
1	我們宇宙誕生於無數最小黑洞—$M_{bs}=2M_{bm}$。	我們宇宙誕生於「奇點」和「奇點大爆炸」。
2	最小黑洞 $M_{bs}=2M_{bm}$ 的各個物理參數有確定的數值。	「大爆炸奇點」是無窮大，沒有任何一個確定的物理參數值。
3	根據近代天文觀測儀器的精確測量資料，證明了我們宇宙是一個真實的「史瓦西宇宙黑洞」。它的「膨脹過程」是一個開放系統的不可逆過程，膨脹規律符合黑洞公式（1c）、哈勃定律和觀測資料。	主流學者們認為宇宙在「大爆炸」後，其「膨脹過程」被認定為是在一個「封閉系統」內的「絕熱膨脹」的「可逆過程」，它完全不符合哈勃定律和觀測資料。

4	我們宇宙黑洞的密度 ρ_{ub} 只有一個確定的值，它只取決於該黑洞的總質量和年齡——M_b，Au。因此，宇宙黑洞的 $\Omega \equiv 1 = \rho_{ub}/\rho_{ub}$，$\rho_{ub}$ 是可以用黑洞理論公式計算出來的。	用 Freidmann 方程定義的臨界密度 ρ_c 哈勃常數H_o和宇宙時間 t_u 是循環互定，用此方程定義的$\Omega = \rho_r/\rho_c \neq 1$ 來決定宇宙是一個「開放還是封閉系統」是一個偽命題。無法用測量 H_r 來區別 ρ_r 與 ρ_c。
5	任何一個黑洞包括我們宇宙黑洞的命運和壽命 τ_b 只唯一的決定於其總能量——質量——M_{ub}。	沒有理論和公式包括 Freidmann 方程能夠決定我們宇宙的命運和壽命。
6	既然宇宙的視界半徑——R_u 一直在以光速 C 膨脹，而且 R_u $=$CAu 符合黑洞公式（1c）和哈勃定律，於是宇宙黑洞的史瓦西半徑 $R_b = Ct_{sb} = R_u$ $=$CAu。	此宇宙模型的主要公式 $R = k_2 t^{1/2}$ 和 $R = k_2 t^{2/3}$ 是完全錯誤的，它們不符合哈勃定律所確定的我們宇宙一直在以光速 C 膨脹的真實狀況。
7	從 2-2 章可見，此宇宙模型有許多物理參數確定的值，如 t $=$Au，T，M_b，T_b，R_u，ρ_u，τ_b，m_{ss}，有一系列正確公式和諧地互相配合，形成一個宇宙演變的正確模型。	我們無法找到此模型的一系列和諧地互相匹配的公式和正確的物理參數值，其參數 M，t，T，R，ρ_u 的值是錯誤的和互相矛盾的。

8	此模型：宇宙起源於無數最小黑洞—$M_{bs}=2M_{bm}$；在 Au = 40 萬年前公式（2mb）—$Tt^{1/2}=k_5$，$\underline{R=k_6t}$，$TR^{1/2}=k_7$，$\rho R^2=k_8$；在 Au = 40 萬年後到現在公式（2nb）—$Tt^{3/4}=k_{15}$，$\underline{R=k_{16}}$，$TR^{3/4}=k_{17}$，$\rho R^2=k_{18}$；所有公式正確且互恰。	此模型：宇宙起源於「奇點大爆炸」；在 Au＝40 萬年前公式（2ma）—$Tt^{1/2}=k_1$，$\underline{R=k_2t^{1/2}}$，$TR=k_3$，$\rho R^4=k_4$；在 Au＝40 萬年後到現在公式（2na）—$Tt^{2/3}=k_{11}$，$\underline{R=k_{12}t^{2/3}}$，$TR=k_{13}$，$\rho R^3=k_{14}$；所有公式不符合實際和不相容。
9	從上面的公式 $\underline{R=k_{16}t}$ 看，宇宙的膨脹速度 $V_u=dR/dt=C$ 一直是確定的。這符合哈勃定律和實測資料。宇宙黑洞現在還在膨脹，因為視界外還有許多剩餘的「小黑洞」，一旦它們被全部合併進來，哈勃常數 $H_r=0$，膨脹停止，就轉為發射霍金輻射。	從上面的公式 $\underline{R=k_2t^{1/2}}$ 和 $\underline{R=k_{12}t^{2/3}}$ 看，宇宙的膨脹速度 $V_u=dR/dt=t^{-1/2}/2$（輻射時代結束前），或者 $V_u=dR/dt=2t^{-1/3}/3$（輻射時代結束後），隨著宇宙年齡的增長而減少，到年齡為無限大時，膨脹速度會逐漸降低為 0。完全違反哈勃定律和實測資料。
兩者的相似性	在輻射領域 Au＝40 萬年結束前，上面此公式 $Tt^{1/2}=\text{const}$ 是正確的。	在輻射領域結束前，此公式 $Tt^{1/2}=\text{const}$ 大致正確，但無正確的起始原點。

從表 3 的詳細分析和對比中可見，除了在宇宙的「輻射領域」結束前，此公式 $Tt^{1/2}=\text{const}$ 對二種宇宙模型都在形式上一致外，其餘各項都是南轅北轍。「宇宙黑洞模型」認為並且證實了，我們宇宙（黑洞）的膨脹，是無數「小

黑洞」不停地合併成「大黑洞」，所產生的以光速 C 的膨脹，這符合哈勃定律和實測資料。而「宇宙大爆炸標準模型」的學者們，認為宇宙在「大爆炸」後的膨脹，是在「封閉系統」內的「絕熱膨脹」，其膨脹速度與宇宙年齡 $Au=t$ 有關，宇宙年齡愈大，膨脹速度愈小，不符合哈勃定律和實測資料。

2-4-3　用計算驗證兩種模型公式的正確和錯誤。作者的新「宇宙黑洞模型」和傳統的「宇宙大爆炸標準模型」的計算公式在「輻射時代 The Radiation Era」結束前的重大區別和對錯。

在「輻射時代」結束前，即宇宙從誕生到其年齡大約在 400,000 年以前的這段時期內，我們宇宙是處在不透明的混沌時代。那時輻射能和物質是按照康普頓效應耦合在一起的，二者不停地快速產生湮滅和互相轉變。整個宇宙處於熱平衡狀態，任何時刻宇宙各處都有相同的溫度和密度。在下面的公式中，t—宇宙的特徵時間＝宇宙黑洞的年齡 Au；T—宇宙的特徵（平均）溫度；R—宇宙的特徵尺寸＝宇宙黑洞的史瓦西半徑 R_{bu}；ρ—宇宙（黑洞）的平均密度；

A.根據溫柏格提出的主要公式 $\underline{R=k_2t^{1/2}}$，「宇宙大爆炸標準模型」在 $Au=400,000$ 年前的公式組是：

$$Tt^{1/2}=k_1, \quad \underline{R=k_2t^{1/2}}, \quad TR=k_3, \quad \rho R^4=k_4 \text{ [2]} \cdots\cdots (2ma)$$

根據「新黑洞理論」的主要公式 $R=k_6t$，「宇宙黑洞模

型」在 Au＝400,000 年前的公式組是；

$Tt^{1/2}＝k_5$，$\underline{R＝k_6t}$，$TR^{1/2}＝k_7$，$\rho R^2＝k_8$………（2mb）

B.對（2ma）的解釋：$Tt^{1/2}＝k_1$、$\underline{R＝k_2t^{1/2}}$，和 $\rho R^4＝k_4$ 都來源於 Weinberg 的書《The First Three Minutes》後面的「數學注釋」，但是沒有嚴格系統的證明。他是按照宇宙「大爆炸」後的「絕熱膨脹」、「機械能守恆」等原理推演出來的。公式 $\underline{R＝k_2t^{1/2}}$ 是（2ma）中的主要公式，$TR＝k_3$ 是輻射能的膨脹公式，從 $\underline{R＝k_2t^{1/2}}$ 和 $TR＝k_3$ 可得出 $Tt^{1/2}＝k_1$。

對（2mb）的解釋：$\underline{R＝k_6t}$ 是（2mb）中的主要公式，它就是公式（2b）—$\underline{R＝Ct＝CAu}$，它表明我們宇宙（黑洞）一直在以光速膨脹的規律和事實。$TR＝const$ 應該是輻射能在一個封閉系統內的膨脹規律。但是，「宇宙黑洞」的膨脹是在一個開放系統內的膨脹，它必須符合黑洞的史瓦西公式（1c）。因此，膨脹公式就會與 （2ma）中的膨脹不同。如果一個黑洞質量—M_b 的黑洞半徑 R_b 膨脹到 $2R_b$，其具有相同溫度和密度的 M_b 就會增加到 $2M_b$。這就使得原來溫度降低成為 $T/2$ 的溫度會因同溫度同質量 M_b 的倍增，使溫度回升到 $T(1/2)^{1/2}$。因此，對於一個開放系統的黑洞的膨脹，其規律就應該從 $TR＝const$ 改變為 $TR^{1/2}＝k_7$。同時，在（2mb）中，可從 $\underline{R＝k_6t}$ 和 $TR^{1/2}＝k_7$ 得出 $Tt^{1/2}＝k_5$。$\rho R^2＝k_8$ 就是黑洞公式（1m）。

C.對公式（2ma）和（2mb）的驗證：在（2ma）和（2mb）中 $Tt^{1/2}＝k_1$ 與 $Tt^{1/2}＝k_5$ 是相同的。最大的區別是 $\underline{R＝k_2t^{1/2}}$

和 $R=k_6t$。

由於在「宇宙大爆炸標準模型」中，在「大爆炸」後沒有任何一個確定的參數值。因此，只有取「宇宙黑洞模型」中誕生的「最小黑洞 $M_{bm}=m_p=10^{-5}g$」的參數值定為驗證（2ma）和（2mb）共同的計算起點，其參數值分別為：$R_{bm}=1.61\times10^{-33}$ cm；$T_{bm}\equiv T_p=0.71\times10^{32}k$；$t_c=t_{sbm}=R_{bm}/C=0.537\times10^{-43}s$；$\rho_{bm}=0.6\times10^{93}g/cm^3$；再取 $t=400,000$ 年 $=400,000\times3.156\times10^7s=1.2624\times10^{13}s$ 為驗證計算的終點；

1.驗證（2ma）：$T_{bm}t_{sbm}^{1/2}=Tt^{1/2}$，$\therefore T=0.463\times10^4k$；

從 $\mathbf{R=k_2t^{1/2}}$，$R_{bm}/R=(t_{sbm}/t)^{1/2}$，$\therefore R=2.47\times10^{-5}$ cm；

從 $\rho R^4=k_4$，$\rho_{bm}R_{bm}^4=\rho R^4$，$\therefore \rho=1.1\times10^{-20}$ g/cm^3。

再驗證 $T_{bm}R_{bm}$ 和 TR：

$T_{bm}R_{bm}=0.71\times10^{32}k\times1.61\times10^{-33}=1.14\times10^{-1}$cmk，

$TR=0.463\times10^4\times2.47\times10^{-5}=10^{-1}$cmk，

小結：其絕熱膨脹後的宇宙質量 $M_{ut}=6.4\times10^{-34}g$。由於（$M_{ut}<<<$最小黑洞 $M_{bm}10^{-5}g$），這實在太匪夷所思了。因此，此模型中按照公式（2ma）的膨脹是完全不合實際的。由於 CBBSM 的「起始點」沒有「參數值」，是借用 CBHT 的宇宙誕生於「最小黑洞 M_{bm}」作為「起始點」，而顯得很荒謬。當然，GRE 學者們也可以認為他們沒有錯誤。

2.驗證(2mb)；$T_{bm}t_{sbm}^{1/2}=Tt^{1/2}$，$\therefore T=0.463\times10^4k$；

從 $\mathbf{R=k_6t}$，$R_{bm}/R=t_{sbm}/t$，$\therefore R=3.79\times10^{23}$cm；

從 $\rho R^2=k_8$，$\rho_{bm}R_{bm}^2=\rho R^2$，$\therefore \rho=1.083\times10^{-20}g/cm^3$；

檢查 $T_{bm}R_{bm}^{1/2}$ 和 $TR^{1/2}$；

$T_{bm}R_{bm}^{1/2}=0.71\times10^{32}k\times（1.61\times10^{-33}）^{1/2}=0.285\times10^{16}$cmk，

$TR^{1/2}=0.463\times10^4（3.79\times10^{23}）^{1/2}=0.285\times10^{16}$cmk；

　　$\therefore T_{bm}R_{bm}^{1/2}=TR^{1/2}$；$M_{ut}=4\pi\rho R^3/3=3\times10^{51}$g。

小結：1.（2mb）中的公式是互相完全相容的。2.R 和 ρ，M_{ut} 數值是完全正確和符合實際的。

3.再用哈勃公式（2n）檢查（2ma）和（2mb）二式中的密度 ρ，上面 $t_u=t=1.2624\times10^{13}$s 時，

　　$t_u^2=(3/8\pi\rho_{bu}G)$……………………………………（2n）

$\therefore$ 正確的 $\rho_{bu}=1.12\times10^{-20}$g/cm^3。由此可見，$\rho_{bu}=1.12\times10^{-20}$ g/cm^3 與（2ma）和（2mb）中的 ρ 相同。

對（2ma）的總結：雖然 ρ 和 T 的數值符合實際，但是關鍵在於（2ma）中的公式 **$R = k_2t^{1/2}$** 與 ρ 是互不相容的，因為 $M_{ut}<<<M_{bm}$。這不是一個有「因果關係」的完整體系。而且 **$R=k_2t^{1/2}$** 無法解釋實際的宇宙膨脹公式 **R/C=Au** 的準確關係，無法在實際上用 **R** 去計算宇宙一個區域的尺寸。再者，（2ma）中的 $\rho R^4=k_4$ 和（2na）中的 $\rho R^3=k_{14}$ 是違反宇宙演變中的「質量與能量的守恆和互換定律 E=MC^2」的。

2-4-4　用計算驗證二種模型公式在宇宙「物質占統治時代」的正確和錯誤

作者的新「宇宙黑洞模型」和傳統的「宇宙大爆炸標準模型」的計算公式在宇宙「物質占統治時代 Matter-dominated Era」的區別和對錯；即從宇宙年齡 t＝4

$\times 10^5$ 年直到現在的 1.37×10^{10} 年。

在宇宙的「輻射時代」結束後，宇宙開始進入「物質占統治時代」直到今天。在這段非常長的時期中，宇宙中的物質粒子和輻射能分離開了，宇宙變成透明了。來源於無數「最小黑洞 M_{bm}」的宇宙，經過 40 萬年的合併而以光速 C 膨脹後，已經長大成為很多的巨大黑洞聚集在一起。他們還在繼續合併同類而以光速 C 膨脹。輻射能在繼續大膨脹和降溫，而物質粒子在引力收縮下迅速在宇宙空間形成大量的星系恆星系統和黑洞。但是，「宇宙黑洞」的物質和能量總體仍然在以光速 C 膨脹，這是哈勃定律的實測資料能夠證實的。

A.根據溫柏格提出的公式 $\underline{R = k_{12}t^{2/3}}$，「宇宙大爆炸標準模型 CBBSM」在從 Au＝400,000 年到現在 1.37×10^{10} 年的一組公式如下（2na），

$$Tt^{2/3} = k_{11}，\underline{R = k_{12}t^{2/3}}，TR = k_{13}，\rho R^3 = k_{14} \cdots\cdots（2na）$$

根據作者「新黑洞理論」的公式 $\underline{R = k_{16}t}$，「宇宙黑洞模型」從 Au＝400,000 年到現在 1.37×10^{10} 年的一組公式是（2nb）；

$$Tt^{3/4} = k_{15}，\underline{R = k_{16}t}，TR^{3/4} = k_{17}，\rho R^2 = k_{18} \cdots\cdots（2nb）$$

對（2na）的解釋：$Tt^{2/3} = k_{11}$、$\underline{R = k_{12}t^{2/3}}$、$TR = k_{13}$ 和 $\rho R^3 = k_{14}$ 都來源於 Weinberg 的書《The First Three Minutes》後面的「數學注釋」，但是沒有嚴格系統的證明。他仍然是按照宇宙「大爆炸」後的「絕熱膨脹」、「機械能守恆」等原理推演加上推測出來的。$\underline{R = k_{12}t^{2/3}}$ 是（2na）中的主要

公式，$TR＝k_{13}$ 被仍然認為是在這時期輻射能的膨脹公式。$Tt^{2/3}＝k_{11}$ 是顯然從 $\underline{R＝k_{12}t^{2/3}}$ 和 $TR＝k_{13}$ 推演出來的。由於此時期是輻射能與物質共存而又互相分離的時期，用純屬的輻射能膨脹公式 $TR＝k_{13}$ 顯然是不適當的和錯誤的。

　　B.對（2nb）的解釋：公式 $\underline{R＝k_{16}t}$ 仍然是這時期（2nb）中的主要公式，它就是 $\underline{R＝Ct＝CAu\ 的翻版}$，表示我們宇宙長大的黑洞仍然一直在合併其同類，而以光速 C 膨脹的事實。然而，由於宇宙中大量物質粒子的收縮，騰出了大量的可給與輻射能更大的膨脹空間。因此，這時期 R 的膨脹應該更加接近於單純的輻射能的膨脹規律 $TR＝const$。因此，作者取此時期黑洞宇宙的膨脹公式為，$TR^{3/4}＝const$。公式 $\rho R^2＝k_{18}$ 來源於黑洞公式（1m）。

　　C.對公式（2na）和（2nb）的驗證：取「輻射時代」結束時，公式（2mb）中的參數值作為驗證計算的起點；即 $T＝0.463×10^4k$，$R＝3.79×10^{23}cm$，$\rho＝1.083×10^{-20}g/cm^3$。取我們宇宙現今的年齡—$t_u＝Au＝1.37×10^{10}$ 年作為計算的終點，還有 $R_{ub}＝R_{ur}＝1.3×10^{28}cm$；$\rho_{ub}＝\rho_{ur}＝0.958×10^{-29}g/cm^3$，$M_{ub}＝8.8×10^{55}g$；已知微波背景輻射溫度 $T_w＝2.7k$；

　　1.檢查（2na）；由 $Tt^{2/3}＝T_ut_u^{2/3}$；

$0.463×10^4k×（4×10^5/1.37×10^{10}）^{2/3}＝T_u$，$\therefore T_u＝4.37k$；

由 $R/R_u＝t/t_u＝（400000/1.37×10^{10}）^{2/3}$，

$3.79×10^{23}＝0.945×10^{-3}R_u$，$\therefore R_u＝4×10^{26}cm$；

由 $\rho R^3＝\rho_uR_u^3$，$\therefore \rho_u＝0.268×10^{-33}g/cm^3$；

檢查 TR 和 T_uR_u，$TR＝1.75×10^{27}cmk$，$T_uR_u＝1.7×10^{27}$

cmk，所以 TR＝T_uR_u 是相差不大；但是 ρ_u<< ρ_{ur}，

M_{ub}＝$4\pi\rho R^3/3$＝7.18×10^{46}g，

小結：1.（2na）中的公式是互相不相容的。2.R_u、M_{ub} 和 ρ_u 的值都是錯誤極大的；3.起始點的參數值取（2mb）中的正確數值，本來就會減少（2na）的誤差，如果（2na）錯誤，表明其錯誤更大。

2.檢查（2nb）：由 R/R_u＝t/t_u，∴R_u＝1.298×10^{28}cm；

由 $Tt^{3/4}$＝$T_ut_u^{2/3}$，∴T_u＝1.84k；

由 ρR^2＝$\rho_uR_u^2$；∴ρ_u＝$1.083\times10^{-20}\times$（$3.79\times10^{23}/1.298\times10^{28}$）^{2}＝$0.923\times10^{-29}$g/cm^3；

由 $TR^{3/4}$＝$T_uR_u^{3/4}$，T（R/R_u）$^{3/4}$＝T_u，∴T_u＝1.85k；

再檢查 $TR^{3/4}$ 和 $T_uR_u^{3/4}$，

$TR^{3/4}$＝$0.463\times10^4\times$（3.79×10^{23}）$^{3/4}$＝2.24×10^{21}；

$T_uR_u^{3/4}$＝$1.84\times$（1.29×10^{28}）$^{3/4}$＝2.23×10^{21}，

$TR^{3/4}$＝$T_uR_u^{3/4}$；

M_{ub}＝$4\pi\rho R^3/3$＝8.45×10^{55}g 也是正確的。

小結：

1.（2nb）中的所有公式是互相完全相容匹配的。

2.R_u 和 ρ_u、M_{ub} 的計算值都是對的。

D.分析和結論：

1.所有以上的計算表明，理論的正確性只能以其各種公式的精確的計算和互相融洽資料來證明。應該說，魔鬼總是隱藏在精確和複雜的數值計算的細節裡。

2.以「大爆炸」和公式（2ma）、（2na）組成的「宇宙

大爆炸標準模型」是完全錯誤的，這個模型毫無存在的意義。相反。以「最小黑洞—M_{bm}＝m_p—普朗克粒子」，和（2mb）、（2nb） 組成的作者的「宇宙黑洞模型」是完全正確的。用（2mb）、（2nb）和表二，就可以建立穩固的完全正確的「宇宙黑洞模型」，它可以用許多正確而相容的黑洞公式準確的計算出來，宇宙任何時刻的各種性能物理參數值，它可以完全正確有效地取代過時的錯誤百出的「宇宙大爆炸標準模型」。因為作者的新「黑洞理論及其公式」是極其相容的、自洽的、符合實際的。相反，「宇宙大爆炸標準模型」中的公式（2mb） 和（2nb）是有非常多錯誤的、極不相容的、東拼西湊的和違反實際的。特別是「大爆炸」作為我們宇宙誕生起點沒有任何一個物理參數值，違反因果律，其公式 $R＝k_2t^{1/2}$ 和 $R＝k_{12}t^{2/3}$ 是巨大錯誤，它僅有的五個性能參數 M，T，t，R，ρ 的計算數值完全矛盾不相容。該模型使黑洞理論和宇宙學成為誤導民眾和誤人子弟的虛無縹緲的玄學。作者的「黑洞理論及其公式」將 GRE 學者們，過去作為玄學的「黑洞理論和宇宙學」，還原為有正確互恰的公式和「切合實際」的學科，而且黑洞中的十多個性能參數也可以完全來源於「新黑洞理論及其公式」。

　　E.用宇宙微波背景輻射溫度檢驗二種「宇宙模型」：已知實際的微波背景輻射溫度是 $T_w＝2.7k$；上面由「宇宙大爆炸標準模型」計算的宇宙溫度是 $T_u＝T_{ubb}＝4.37k$，上面由「黑洞宇宙模型」計算的宇宙溫度是 $T_u＝T_{ubh}＝1.85k$。

二者與實際輻射溫度 Tw 相比，「黑洞宇宙模型」的誤差比較小，說明作者所取的公式（2nb）—〔$Tt^{3/4}=k_{15}$，$\underline{R=k_{16}t}$，$TR^{3/4}=k_{17}$，$\rho R^2=k_{18}$〕中，所估計的輻射能的膨脹大於實際的膨脹，所估計的物質的收縮太多了。也就是說，在宇宙的「物質占統治的時代」，所有物質佔用的宇宙空間還是有所膨脹的，只是膨脹比輻射能小得多而已。如果將（2nb）中的 $TR^{3/4=0.75}=k_{17}$ 修改成為 $TR^{0.713}=k_{17}$，於是 $T_{ubb}=2.7k$。如此，$T_{ubb}=T_w=2.7k$。相應地，（2nb）可以修改為（2nb）—〔$Tt^{0.713}=k_{15}$，$\underline{R=k_{16}t}$，$TR^{0.713}=k_{17}$，$\rho R^2=k_{18}$〕。

2-4-5　完整的「宇宙黑洞模型」

包括 1*.我們宇宙黑洞起源於無數的 $M_{bm}=m_p$；2*.公式（2mb）和（2nb）；3*.2-2 章中的表二，以及其中的十多個物理參數值及其計算公式

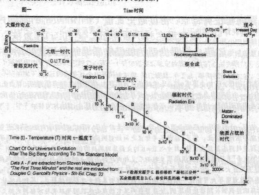

9. 附录 A：图一，宇宙演变的标准模型中温度 T 与时间 t 的关系；

附录 A　宇宙演变的标准模型中温度 T 与时间 t 的关系

圖一：宇宙「大爆炸」標準模型中溫度 T 與時間 t 演變對應圖

＝＝＝＝＝＝＝＝＝＝＝全文完＝＝＝＝＝＝＝＝＝＝＝

參考文獻：

1.張洞生，《黑洞宇宙學概論》初版，臺灣，蘭臺出版社，2015 年 11 月，ISBN：978-986-4533-13-4。

2.溫柏格，《宇宙最初三分鐘》，中國對外翻譯出版公司，1999 年。

3.王永久，《黑洞物理學》，公式（4.2.35），湖南師範大學出版社，2000 年 4 月。

4.蘇宜，《天文學新概論》，華中科技大學出版社，2000 年 8 月。

5.Douglas C Giancoli's Physics – 5th Ed, Chap. 33。

2-5　作者提出了宇宙誕生時產生「原初暴漲」的新機理及其論證，論證宇宙停止「原初暴漲」時間為 $Au=t_{o1}=10^{-36.5}s$，宇宙最終會回復到以光速 C 膨脹的時間為 $Au=t_{o2}=10^{-23}s$

——「原初暴漲」在 $Au=to1=10^{-36.5}s$ 的終結是「物極必反」的結果，表明宇宙過度地「暴漲」後，會使得溫度和密度大大地降低，而導致「熱抗力」陡降到小於「微小黑洞」之間的引力，於是宇宙「從過度膨脹衰變為收縮」，最終回復到正常以光速 C 膨脹的時間為 $Au=to2=10^{-23}s$。——

　　　　奧康姆剃刀：「從簡的回答是最好的回答。」
　　　　笛卡兒：「真理得我們自己去尋找。」

前言：
　　對我們宇宙誕生於無數的「最小黑洞 $M_{bm}=m_p$ 普朗克粒子」後，隨即發生了宇宙「原初暴漲＝宇宙超光速的空間大膨脹＝大爆炸」，作者對其產生的機理和新的解釋和論證。

　　早在 1981 年，史丹福大學的阿蘭・古斯（Alan Guth），為了能夠解決宇宙中的「平直性疑難」、「視界疑難」，和滿足宇宙動力學的要求，提出了宇宙的「原初暴漲」理論，以便使膨脹的宇宙，能夠維持實際上的宇宙密度常數。

　　為了更好地論證作者提出的我們宇宙在誕生時發生「原初暴漲」的機理，需要在下面簡述一下，前面幾篇文章對我們宇宙誕生於「最小黑洞 $M_{bm} \equiv m_p$」後，膨脹到現在成為一個「宇宙大黑洞 $M_{ub}=M_u=8.8×10^{55}g$」的過程中，得出的

一些有關的重要結論，作為論證「原初暴漲」機理的前提：

　　第一，作者在 2-1 和 2-2 文中，詳細從理論上和宇宙演變實際過程中的各種物理參數的數據上，論證了由於「前輩宇宙 M_{up}」發生的一次「大塌縮」，當塌縮到宇宙最高密度和最高溫度的「普朗克領域」時，形成無數的「普朗克粒子 $m_p \equiv M_{bm}$ 最小黑洞」，它們就會立即「大爆炸」，這是產生宇宙「原初暴漲＝超光速 C 空間膨脹」的根本原因和作者提出新論證機理的前提。「大爆炸」的直接結果就是使得整個「前輩宇宙 M_{up}」空間內的「極高能量粒子」炸成「引力斷鏈」的碎末和極大的「超光速空間膨脹」。造成宇宙由「塌縮相」轉變為「膨脹相」，為每個「碎末能量粒子」爆炸出來了大量的「活動空間」。

　　第二，但是在「大爆炸」過程中，「空間膨脹」會立刻造成「極高能量粒子」的溫度和密度的少許降低，宇宙在這個「極高密度和溫度的普朗克領域」，本來就是「能量與粒子」極其快速地互相湮滅和產生的。於是首先而極快地形成無數的「較長壽命的次小黑洞 $M_{bs}=2M_{bm}$」，由於 M_{bs} 形成了引力，又不會像 M_{bm} 一樣立即爆炸，而只能互相合併連接起來，這就使得「大爆炸」的「超光速膨脹」「盛極而衰」，降低超光速的膨脹速度。其結果就是將我們「宇宙包 M_{uo}」內所有的次小黑洞 M_{bs} 捆綁成為一體，它們也要按照黑洞公式（1m）以光速 C 合併膨脹，於是形成一個整體的「暴漲（大膨脹）的宇宙球」了。<u>因此，那個將大量 M_{bs} 連成一整體所需「暴漲」的時間 $Au=t_{01}$，就成為宇宙結束「原初暴漲」的決定性因素了</u>。而 M_{bs} 就成為誕生我們新宇宙的「細胞」

了。

「前輩宇宙 M_{up}」「大塌縮」後產生的整個 M_{up} 的「大爆炸」，當然最後會形成許多的「宇宙包 M_{uo}」，像一株葡萄一樣，而我們「宇宙包 M_{uo}」不過是其中之一個葡萄而已。

第三，「大爆炸」之所以沒有像 I_o 超新星爆炸一樣，將「宇宙包 M_{uo}」炸成「分崩離析」永遠飛散的碎末，就是因為在當時宇宙極其高的密度和溫度下，極快震動的「能量子」極快地聚合形成無數的較大的「次小黑洞 $M_{bs}=2M_{bm}$」，它們層層疊疊地緊貼捆綁在一起的合併連接，雖然造成在 <u>$Au=t_{o1}$</u> 時間減速了「原初暴漲」，但是其「暴漲」的餘威和慣性還未消失，只是減低原先超光速「暴漲」的速度而已，膨脹仍然還是大於光速 C 的。再加上無數的 M_{bs} 是層層疊疊地擠在一起的。它們在極強大的高溫「熱抗力」下的合併還會以光速膨脹。因此，只有到 <u>$Au=t_{o2}$</u> 時間，「大爆炸」的餘威完全消失了，M_{bs} 長大成為「宇宙原初小黑洞 $M_{bo}=2\times10^{15}g$」時，宇宙就回復到正常的「小黑洞」的合併造成的以光速 C 的膨脹了，即合乎黑洞公式（1m）和哈勃定律的膨脹。我們宇宙黑洞經過 137 億年以光速 C 膨脹到現在，長大成為一個「宇宙大黑洞 $M_u=M_{ub}=8.8\times10^{55}g$」。

第四，由於「次小黑洞 M_{bs} 們」是在「大爆炸」開始時的「原初暴漲」過程中形成和合併連接的，但是它們各處連接成的分散的「小團」是不足以阻止超光速的「空間膨脹」的。只有當「宇宙包 M_{uo}」內所有的「小團」的引力將它們連成一體時，即經過 <u>$Au=t_{o1}$</u> 時，才能阻止「原初暴漲」維持原來的超光速 C 的膨脹，但是它的餘威或者說慣性被 M_{bs}

們引力拉扯而繼續減速，直到 <u>Au=t_{o2}</u> 時，暴漲的慣性消失，小黑洞們長大成為許多的 $M_{bo}=2×10^{15}$g 後，最終都須符合黑洞公式（1c）的合併膨脹，即以光速 C 的膨脹。於是宇宙黑洞的各個確定的性能參數值，都可以用作者的黑洞公式計算出來，這就使得作者能夠計（估）算出「原初暴漲」終結的大致時間 t_{o1}。

　　第五，對我們宇宙在誕生時，產生「宇宙原初暴漲」機理的新的定性解釋。

　　對史瓦西黑洞公式（1c）微分，$2GM_b=C^2R_b$……（1c）

$2GdM_b=C^2dR_b$……………………………………（5a）

　　（1c）+（5a）後，

$2G（M_b+dM_b）=C^2（R_b+dR_b）dR_b$………………（5b）

由（5a）式，將 $dM_b=C^2dR_b/2G$ 變為 $dM_b=（C^2/2G）Cdt_u$，

於是 $dM_b=（C^3/2G）dt_u$，$dM_b=2×10^{38}dt_u$…………（5ba）

當令 $dt_u=1$s 秒時，上式變為，

$dM_b=C^3/2G =2×10^{38}$g $=10^5M_θ$……………………（5c）

　　由上面的推演，可以得出一些非常重要的結論：

　　1.從（5a）可知，黑洞 dR_b 的膨脹速度與其吞食進來的能量—物質多少的量 dM_b 成正比。

　　2.從（5b）可知，無論黑洞 M_b 吞食進來多少能量—物質 dM_b，它仍然是一個黑洞，只不過其 M_b 變得更大而已。

　　3.從（5c）可知，當任何大小的黑洞外面有大量的能量—物質時，都不可能產生「超光速的空間膨脹」；A*，如 $dt_u=1$s 秒時，在其 R_b 外界，在距離 r =光速 $C=3×10^{10}$cm

的環球空間內，如有 $dM_b=2×10^{38}g$ 的總能量—質量時，黑洞都能迅速在 1s 時間內將它們吞噬進去，其 R_b 就能產生以光速 C 膨脹 1 秒鐘時間。B*，當 $dM_b<2×10^{38}g$ 時，其 R_b 其膨脹速度將小於光速 C。C*，無論是黑洞吞食其外界能量—物質，還是與其它黑洞碰撞合併，只有當 $dM_b>2×10^{38}g$ 時，其 R_b 可以光速 C 膨脹多於 1 秒鐘時間，直到吞食進所有的 dM_b。這就表明，黑洞在吞食進那麼多的能量—物質 dM_b 之前，其外部空間由於能量—物質過多，就只能造成了黑洞外部能量—物質以多於 1 秒的時間流向黑洞內部，不可能出現「空間暴漲」的現象。D*，就是說，只有黑洞外面有層層疊疊的、同密度同質量的許許多多的同類黑洞的強大引力將它們捆綁在一起時，因為彼此無法吞食對方，只能一起合併而同時膨脹降溫減壓長大，如此才能產生所謂短暫的「超光速空間暴漲」。因此，這種情況只能「唯一地」發生在我們宇宙（黑洞）誕生成為無數 M_{bs} 的時刻。E*，至於兩個黑洞的碰撞合併，一定是「大黑洞」吞進「小黑洞」，然後「小黑洞」從內部吃掉「大黑洞」，而合二為一。至於多黑洞的碰撞合併，首先是最接近的兩個大小黑洞碰撞合併，「小黑洞」進入「大黑洞」內部，而吃掉「大黑洞」，然後以此類推。這些都不可能產生「超光速的空間膨脹」。

第六，對宇宙「原初暴漲=宇宙超光速的空間大膨脹=大爆炸」的更加深入的論證。

當十個黑洞的 R_{b1} 以光速膨脹成一個 $R_{b10}=10R_{b1}$ 時，$R_{b10}^3=1000R_{b1}^3$，就是說，R_{b10} 容積增大為 $1000R_{b1}$ 的容積，

而不是十個 $R_{b1}{}^3$。因此，從理論上進，如果原來的 R_{b10} 空間內的 R_{b1} 黑洞只要多於十個，就可能產生短暫的「超光速空間暴漲」。但是從實際上看，如果 R_{b10} 的外界「空空如也」，R_{b10} 就可以無限地擴大。因此，即使原來的 R_{b10} 球體內有多少個 R_{b1} 黑洞，它們的合併膨脹也不會產生短暫的「超光速空間暴漲」。只有 R_{b10} 的外界有大量的層層疊疊地同伴黑洞，在它們引力的連接下，互相捆綁在一起，每個 R_{b1} 小黑洞都要降低溫度密度而合併膨脹，才有可能產生短暫的「超光速空間暴漲」。

因此，作者認為，我們宇宙誕生時的「原初暴漲」是由於無數的 M_{bm} 的「大爆炸」和首先生成的無數的 $M_{bs}=2M_{bm}$ 合併「暴漲」綜合作用的結果。但是，只有經過 $Au=t_{o1}$ 時間，無數長大的 M_{bs} 的引力聯繫在一起時，才能結束「原初暴漲」，而後很快地恢復到宇宙整體的以光速 C 的正常膨脹。

第七，在論證宇宙誕生時「宇宙原初暴漲」機理前的幾點說明：

1.本文仍然用「最小黑洞 $M_{bm} \equiv m_p$」的參數值以代替真正「次小黑洞 $M_{bs}=2M_{bm}\equiv 2m_p$」的參數值，效果是相等的，因為 M_{bs} 的主要參數值完全只是 M_{bm} 的相同的參數值的 2 倍而已。

2.按照黑洞公式（1c）$-GM_b/R_b = C^2/2$，A、一個孤立的黑洞不會膨脹，黑洞吞食外界的能量—物質時，和與少數黑洞碰撞合併時才產生膨脹，但是最多只能會產生光速 C 的膨脹；B、只有在我們宇宙（黑洞）誕生時，在「大

爆炸」後，形成許多層層疊疊的、同類的「次小黑洞 M_{bs}」合併時，才能產生短暫的「超光速 C 空間膨脹」=「宇宙原初暴漲」。

　　3.從上面 2-1、2-2 文章可知，現在黑洞宇宙的總質量 $M_b = M_{ub} = 8.8 \times 10^{55}$g。它來自宇宙誕生時 $N_{bu}=8\times10^{60}\approx10^{61}$ 個層層疊疊的次高密度的「次小黑洞 $M_{bs}=2M_{bm}$」的合併膨脹。因此，宇宙黑洞 137 億年的膨脹，就是那諸多 N_{bu} 個 M_{bs} 在誕生時，產生短暫的「超光速空間膨脹」=「宇宙的原初暴漲」後，不斷合併產生的以光速 C 膨脹直到現在。

　　下面將證明從宇宙誕生時，將原始「宇宙包 M_{uo}」內的、我們現今黑洞宇宙的總質—能量 $M_b = M_{ub} = 8.8 \times 10^{55}$g 所組成 $M_{ub}=N_{bu}\times M_{bm}$「原初暴漲」結束時間可能達到 $Au=t_{o1}=10^{-36.5}$s，此後，宇宙變為仍然以大於光速 C 的減速膨脹，直到 $t_{o2}= 10^{-23}$s，「暴漲」的慣性消失，小黑洞們長大成為許多的 $M_{bo}=2\times10^{15}$g。於是，黑洞恢復到符合公式（1c）的合併膨脹，即以光速 C 的膨脹。經過 137 億年到現在，我們宇宙黑洞成為 $M_b=M_{ub}=8.8\times10^{55}$g。這完全符合哈勃定律和近代天文儀器所測量到的真實觀測數據。

　　關鍵字：宇宙誕生時的「原初暴漲」的新機理；「原初暴漲」=宇宙誕生時，宇宙整體的「超光速的空間膨脹」=層層疊疊最小黑洞 M_{bm} 短暫的合併暴漲；許多小黑洞正常合併的光速 C 膨脹：少數黑洞合併產生的小於

光速的膨脹；我們宇宙誕生時 M_{ub} 的「原初暴漲」的結束時間 t_{o1}；宇宙誕生時「原初暴漲」後回歸到以光速 C 膨脹的時間 t_{o2}。

2-5-1　我們宇宙誕生時是如何產生「原初暴漲」的。

我們從前面的論述已經知道，當任何一個黑洞的視界半徑 R_b 外面 3×10^{10} cm 環狀球體內，有密度足夠大和足夠多的能量—物質達到多於 2×10^{38}g 時，就可以產生以光速 C 膨脹 1 秒時間。在我們宇宙誕生時，所誕生的無數的最小黑洞 M_{bm} 的密度高達 10^{93}g/cm^3，有 10^{61}g 個層層疊疊的相同密度的「次小黑洞 $M_{bs} = 2M_{bm}$」緊貼捆綁在一起，每一個極高密度極高溫度的 M_{bs}，都要以光速 C 合併膨脹，以最快速地降溫降壓，但它們互不相讓而無法達到，只能一起產生極快速疊加的膨脹效應，使宇宙產生整體以「超光速 C 的空間膨脹」，這就是宇宙誕生時的「原初暴漲」。

下面將證明我們宇宙誕生時是如何產生「原初暴漲」的。如何認識「原初暴漲」？假設在「宇宙黑洞 M_{ub}」內，在其直徑兩端的最小黑洞 M_{bm}，求出它們之間的引力能夠以光速 C 傳遞到的時間 t_{o1}，既然在 t_{o1} 內產生「原初暴漲」的空間膨脹，就意味著傳遞最小黑洞引力的時間 nt_{sbm} 和 t_{o1}，不會因為在「空間暴漲」而改變，只有如此才能維持整個宇宙在「暴漲」後，不會像炸彈一樣，成為無數散落的碎粒。<u>因此，那個將大量 M_{bs} 連成一整</u>

體所需「暴漲」的時間 t_{o1}，就成為宇宙「原初暴漲」的決定性因素了。

假設某個 M_{bm} 在誕生後需要二或者三倍的 t_{sbm} 時間（即我們宇宙年齡以光速 C 增長）將其鄰近的 N_m 個 M_{bm} 連接起來，t_{sbm} 是最小黑洞 M_{bm} 的史瓦西時間，$t_{sbm} = R_{bm}/C = 1.61 \times 10^{-33}/(3 \times 10^{10}) = 5.37 \times 10^{-44}$s。當一個 M_{bm} 的引力走完 $2 \times t_{sbm}$ 時，它所能夠連接的其它的 M_{bm} 的數目為 N_{bm2}，於是，$N_{m2}R_{bm}^3 = (2R_{bm})^3$，則

$$N_{m2} = 8 \cdots\cdots\cdots\cdots\cdots\cdots\cdots\cdots\cdots (7a)$$

（7a）式表明，當 M_{bm} 的引力以光速 C 傳遞時間從它的 t_{sbm} 延長到 $2t_{sbm}$ 時，M_{bm} 能夠連接 8 個 M_{bm}（包括它自己在內），那麼，該 M_{bm} 需要延長多少倍時間才能將所有 M_{ub} 中的 $N_{bu} = 8.8 \times 10^{60}$ 個 M_{bm} 以光速 C 連成一體呢？（因無法知道 M_{uo}，所以只能以我們現今宇宙黑洞 M_{ub} 作計算）。

$$N_{bu} = 8.8 \times 10^{60} \approx 10^{61} = (8^{67.5}) \cdots\cdots\cdots\cdots\cdots (7b)$$

（7b）式表明，在 M_{bm} 的引力以光速 C 走過（$2^{67.5}$）倍的 t_{sbm} 後，所有的 N_{bu}（$= 8^{67.5} \approx 10^{61}$）$\times M_{bm}$ 就合併一體成為「原初暴漲」後的宇宙黑洞 M_{ub} 了。

但是，（$2^{67.5}$）$\approx (10^{20.3})$，令 $n_{o2} = 10^{20.3} \cdots\cdots\cdots$（7c）

現在以同樣的方式求 N_{m3}，

$$N_{m3}R_{bm}^3 = (3R_{bm})^3，則 N_{m3} = 27 \cdots\cdots\cdots\cdots (7d)$$

$$N_{bu} = 8.8 \times 10^{60} \approx 10^{61} = (27^{42.6})，$$

而（$3^{42.6}$）$\approx (10^{20.3})$，令 $n_{o3} = 10^{20.3}$，

　　於是 $n_o = n_{o2} = n_{o3} = n_{on} \approx (10^{20.3})$ ⋯⋯⋯⋯⋯⋯（7e）

　　分析：許多小黑洞正常合併的光速 C 膨脹：10^{61} 個 M_{bm} 正常以光速 C 的合併膨脹在一起所須時間，由（7c）和（7e）可知，不管 t_{sbm} 以幾倍的時間延長，連接整個 M_{ub} 所需的時間倍數完全是一樣的，即 $n_o = 10^{20.3}$ 倍。

　　「原初暴漲」：但從（7a）和（7d）看，由於大量層層最小黑洞的合併，其實就是無數「最小黑洞」在極高的密度溫度壓力下，彼此在一定時間內以光速 C 膨脹的合併。其層層疊疊的 M_{bm} 要求以光速 C 同時膨脹合併的疊加效應，會使每個 M_{bm} 達到相同的膨脹速度，以達到整體膨脹速度的均衡。這就必然會產生整個宇宙短暫的「超光速空間暴漲」，這種「超光速空間膨脹＝原初暴漲」，就是宇宙的「原初暴漲」。從（7a）看，當 M_{bm} 連接其它的八個 M_{bm} 時，其 R_{bm} 最終應會增長 8 倍，即 $8 = 2^3$ 倍。同樣在（7d），R_{bm} 最終也會增長 $27 = 3^3$。但是實際上，當 t_{sbm} 延長到 $2t_{sbm}$ 時，其所連接的 M_{bm} 數可能就不只是 2^3，而最多可能達到是 $(2^3)^3 = 2^9$，當然極有可能多於或者少於 2^9，這說明「原初暴漲」就是將來不及膨脹的諸多最小黑洞也抱在一起，同時合併所造成巨大的超光速「空間暴漲」。因此，當時間 t_{sbm} 延長到 $3t_{sbm}$，其所連接的 M_{bm} 的數目就多可能達到是 3^9。下面用同一方式求一般規律的 n_o，

　　令 $N_{mn} = n_o{}^9$，和 $n_o = 10^x$ ⋯⋯⋯⋯⋯⋯⋯⋯⋯（7f）

　　但 $N_{bu} \approx 10^{61}$，$10^{61} = 10^{9x}$ ⋯⋯⋯⋯⋯⋯⋯⋯⋯（7g）

$x_1 = 61/9 = 6.8$，$n_1 = (10^{6.8})$ ························ （7-1a）

（7-1a）是「超光速空間暴漲」情況下 t_{sbm} 延長的倍數 n_1。現按照從（7e）式的原理，可得出一個在沒有「暴漲」情況下的 x_2 和 n_2，稱為正常的「光速 C 膨漲」，即以光速 C 將 10^{61} 個 M_{bm} 連成一體的、t_{sbm} 延長的倍數 n_2。

$x_2 = 61/3 = 20.3$，$n_2 = 10^{20.3}$ ···················（7-1b）

於是 $n_2 = n_1^3$ 或者 $n_2 = 10^{13.5} n_1$ ···················（7-1c）

2-5-2 公式（7-1a）和（7-1b）證明了將所有 M_{ub} 連成一體而組成的「宇宙包」，可能有二種方式；但不管以何種方式，將所有 M_{bm} 連成一體為 M_{ub} 所需的時間都是僅僅由 M_{ub} 的總值所確定的。

（1）「原初暴漲」＝「超光速 C 的空間暴漲」的結束時間為：$t_{o1} = t_{sbm} \times n_1 = 5.37 \times 10^{-44} \times 10^{6.8} = 0.2 \times 10^{-36}$s $= 2 \times 10^{-37}$s $= 10^{-36.5}$s。························（7-2a）

（2）以「光速 C 膨漲」的結束時間 t_{o2}：也就是「原初暴漲」大大地降低密度後，經過快速減速收縮以恢復到正常光速 C 膨脹的時間。

$t_{o2} = t_{sbm} \times n_2 = 5.37 \times 10^{-44} \times 10^{20.3} = 10^{-23}$s·········（7-2b）

$t_{o2}/t_{o1} = 10^{-23}/10^{-36.5} = 10^{13.5} = n_2/n_1$ ··············（7-2c）

於是，$t_{o2} = 10^{-23}$s；$t_{o1} = 10^{-36.5}$s；$n_2 = 10^{20.3}$；$n_1 = 10^{6.8}$。

2-5-3 從（7-1a）和（7-1b）到（7-2a）和（7-2b），似乎可以推測出有二種「膨脹」的方式。

但是在實際上，當任何一個 M_{bm} 的 t_{sbm} 隨著宇宙年

齡的增加向 $2t_{sbm}$、$3t_{sbm}$ 增加下去時，我們宇宙黑洞就是同時在所有 M_{bs} 產生短暫的「超光速空間膨脹」的 t_{o1} 時間內，連成一體的。這極大量 M_{bs} 的極快速的「超光速空間暴漲」必然使得 M_{bs} 在 t_{o1} 時間內沒有機會發生以「光速 C 的膨脹」。在「暴漲」的最後後，在黑洞強大的「引力收縮」作用下，只能降低膨脹速度，最終在 $t_{o2} = 10^{-23}s$ 時，回歸到以光速 C 的正常速度膨脹。此後宇宙黑洞 M_{bu} 就變成為以光速 C 膨脹 137 億年直到現在。

（1）第一種是「原初暴漲＝超光速 C 空間暴漲」，即符合（7-1a）和（7-2a）的規律，其膨脹的時間從宇宙出生時的 $5.37 \times 10^{-44}s$ 到 $t_{o1} = 10^{-36.5}s$。在這極短的時間內膨脹的結果，達到了「超光速空間膨脹的完成（達到頂點）」。此後宇宙的膨脹速度就急劇下降，達到了在（$t_{o2} = 10^{-23}s$）時正常的「光速 C 膨脹」的結果。二種有不同的結束時間 $t_{o1} = 10^{-36.5}s$ 和 $t_{o2} = 10^{-23}s$，最後在 $t_{o2} = 10^{-23}s$ 時，M_{bs} 合併長大成為大量相等（一致）的、視界半徑為 R_{bo}「小元黑洞 M_{bo}」。於是整個宇宙 M_{ub} 都變成為由大量的「小元黑洞 M_{bo}」所組成。因此，宇宙在「原初暴漲」後的時間段，從 $t_{o1} = 10^{-36.5}s$ 到 $t_{o2} = 10^{-23}s$，宇宙黑洞似乎在踹一口氣後，才急劇地下降轉變成為以光速 C 膨脹。此後宇宙就變成為由大量的 M_{bo} 的合併，繼續以光速 C 膨脹到現在。

（2）第二種是以「光速 C 膨脹」（因為上面已經有了的「原初暴漲」，這種情況實際上在 t_{o1} 時間內無法產

生，它符合（7-1b）和（7-2b）的規律，其時間是在 t_{o1} 「原初暴漲」後，就轉換為快速下降到 $t_{o2} = 10^{-23}$ 後的持續以光速 C 膨脹。就是說，即使不發生「原初暴漲」，或者 t_{o1} 的結束時間無論是稍早或者稍晚於 $t_{o1} = 10^{-36.5}$s，其最後結果，也會達到 $t_{o2} = 10^{-23}$s，系稱為大量的視界半徑為 R_{bo}「小元黑洞 M_{bo}」，它們的繼續合併，造成宇宙以正常的以光速 C 膨脹到現在。

（3）宇宙「原初暴漲」後的「小元黑洞 M_{bo}」及其 R_{bo}；宇宙誕生時的「<u>原初暴漲</u>」＝「<u>超光速 C 的空間暴漲</u>」，必然會使得「光速 C 膨漲」被掩蓋，而無法展開。如此就會使得在「原初暴漲」結束後的 $t_{o1} = 10^{-36.5}$s 的宇宙，快速下降膨脹速度，達到與以「<u>光速 C 膨脹</u>」的結束時間 $t_{o2} = 10^{-23}$s 時的、同樣性能參數的宇宙「小元黑洞 M_{bo}」，它的視界半徑 R_{bo} 和密度 ρ_{bo} 的計算值為；

$R_{bo} = Ct_{o2} = 3 \times 10^{10} \times 10^{-23} = 3 \times 10^{-13}$cm；$M_{bo} = R_{bo}/1.48 \times 10^{-28} = 2 \times 10^{15}$g；$\rho_{bo} = 2 \times 10^{54}$g/cm^3 ·················（7-2d）

求當時 $Au = t_{o2} = 10^{-23}$s 時的宇宙 $M_u = M_{buo}$、ρ_{bu0} 及其 R_{buo}；

因為 $\rho_{buo} = \rho_{bo} = 2 \times 10^{54}$g/cm^3；因此，

$M_{buo} = 4\pi\rho_{bo} R_{buo}^3/3$；$R_{buo} = 2.2$cm ···············（7-2e）

M_{buo} 的數目 $N_{buo} = M_{bu}/M_{buo} = 8.8 \times 10^{55}/2 \times 10^{15} = 4 \times 10^{40}$ ·······························（7-2f）

（4）從 $t_{o2} = 10^{-23}$s 直到現在，我們宇宙黑洞的膨脹就成為合乎哈勃定律的正常膨脹＝「光速 C 膨脹」，即 R_b 以光速膨脹，是由宇宙中「最小黑洞」不斷合併長大

所產生的。

順便說一下，宇宙暴漲的結束時間 $t_{o1} = 10^{-36.5}$s 和 t_{o2} $= 10^{-23}$s 是與 NASA/WMAP 所觀察到的「暴漲時間」大致相同的。

2-5-4 下面驗算作者對宇宙「原初暴漲」新機理的計算與其他學者的計算資料作比較。

按照蘇宜《新天文學概論》中§12.7 節中的資料和計算資料，他寫道，在宇宙 t_{sbm} 為從宇宙創生起的宇宙年齡，到達 $t = 10^{-36}$s 時，宇宙經過「暴漲」的尺寸為 $R_{-36} = 3.8$cm，根據他的說法，宇宙尺寸 R 暴漲為，

$$R_{-36}/R_{-44} = 3.8/10^{-13} = 3.8 \times 10^{13} \cdots\cdots\cdots\cdots\cdots（7\text{-}4d）$$

他說宇宙體積暴漲了（3.8×10^{13}）$^3 = 10^{40}$ 倍。

下面作者的計算結果，可與蘇宜上面的資料作比較。

已知：宇宙誕生時 $M_{bm} = 10^{-5}$g，其 $R_{bm} = 1.61 \times 10^{-33}$cm，其 $\rho_{bm} = 10^{93}$g/cm^3，宇宙總質-能 $M_{ub} = 10^{56}$g，

先求宇宙在誕生時宇宙 M_{ub} 的尺寸 R_{44}：

$$R_{44}{}^3 = 3M_{ub}/4\pi\rho_{bm}，於是 R_{44} = 2.8 \times 10^{-13}\text{cm}\cdots\cdots（7\text{-}4e）$$

前節已經證明，宇宙經過「原初暴漲」時間是 $10^{6.8}$ 倍，在達到 $t_{o1} = 10^{-36.5}$s 後，就將所有的 $N_{bu} \times M_{bm}$（$= M_u$）連接在一起，而以「光速 C 膨脹」經過 $n_2 = 10^{20.3}$ 倍到達 t_{o2} $= 10^{-23}$s 時的結果是相同的，就是說，整個宇宙 M_{ub} 都由同樣大小黑洞 M_{bo} 組成。

現在求「原初暴漲」到 $t_{o1} = 10^{-36.5}$s 後的 M_{bo}。由於最

小黑洞 M_{bm} 的 R_{bm} 和 t_{sbm} 暴漲的倍數 $n_o = 10^{20.3}$ 是相同的。所以，M_{bo} 的 R_{bo} 是，

$R_{bo} = n_o R_{bm} = 10^{20.3} \times 1.61 \times 10^{-33} = 3.2 \times 10^{-13} cm$，

$M_{bo} = C^2 R_{bo} / 2G = 2 \times 10^{15} g$，

可見，$M_{bo} = 2 \times 10^{15} g$ 就是宇宙原初小黑洞。

$\rho_{bo} = 3M_{bo} / 4\pi R_{bo}^3 = 1.5 \times 10^{52} g/cm^3$，

此時，宇宙密度 ρ_{bo} 也即是宇宙「原初暴漲」到 $t_{o1} = 10^{-36.5} s$ 後宇宙的密度。而此時宇宙的 R_{ub}（$=R_{-36.5}$）是：

$R_{ub}^3 = 3M_{ub} / 4\pi\rho_{bo}$，

$R_{ub} = 12cm$ ···································（7-4f）

$R_{ub} / R_{44} = R_{-36.5} / R_{-44} = 12 / 2.8 \times 10^{-13} = 4.3 \times 10^{13} \cdots$（7-4g）

結論：1.比較（7-4d）與（7-4g）二式，它們數值是極其近似的，這表明作者提出的對我們宇宙誕生時所發生的宇宙「原初暴漲」的新觀點、公式、證明和結果都是正確的，與先前學者們的計算也是吻合的。

2.宇宙從誕生的無數 $N_{bu} \times M_{bm}$（$=1.09 \times 10^{-5} g$）起，將 $M_{ub} = 10^{61} M_{bm}$ 在從 $5.37 \times 10^{-44} s$ 到 $10^{-36.5} s$ 的時間間隔內以「原初暴漲」的「超光速空間膨脹」形式將宇宙內所有的「次小黑洞 M_{bs}」連接成均勻的一個整體。

＝＝＝＝＝＝＝＝＝＝全文完＝＝＝＝＝＝＝＝＝＝

參考文獻：

1.本書前面 1-1，2-1，2-2 各章。

2.蘇宜，《天文學新概論》，華中科技大學出版社，2000 年 8 月。

2-6 對黑洞理論和宇宙學中的一些重大問題的解釋、分析和結論

> 愛因斯坦：「宇宙中最不可理解的事，是宇宙是可以理解的。」
> 孔子：「毋意，毋必，毋固，毋我。」

2-6-1 本書建立的「新黑洞理論及其六個基本公式」定性定量地確定了黑洞和我們宇宙的命運，使「黑洞理論和宇宙學」成為可以依據公式進行量化計算的實證科學。

「奇點」被廣義相對論學者們定義為具有無窮大密度的點。廣義相對論方程 GRE 中的粒子是點結構、粒子沒有熱壓力作為對抗力、零壓宇宙模型和定質量物質粒子的收縮等假設條件都違反了熱力學定律，就必然造成解廣義相對論方程時出現「奇點」的結果。正是這些錯誤的假設使 S・霍金和 R・彭羅斯在 50 多年前證明了黑洞內部會出現「奇點」，我們宇宙誕生於「奇點」或「奇點大爆炸」的錯誤結論（其結論與他們解釋史瓦西度規完全一致）。這些學者們至少犯了二大不合「理性思維」和「科學思維」的低級錯誤：1.有限的黑洞會出現「無限大密度的奇點」，違反「因果律」；2.將數學公式中的「奇點」，強加給真實的物理世界承認其存在。為什麼他們熱衷於搞「沒有任何量化的物理參數值的奇點」呢？因為對沒有量化的事物就可以隨意地製造「幻想」和「無法驗證」，可以使人「頂禮膜拜」，成為大師。

　　本書在運用霍金的黑洞理論公式和其它經典理論公式的基礎上，進一步推導發展出來二個新的黑洞重要公式（1d）和（1e），證明了所有黑洞在吞食完其外界的能量—物質後，就開始不停地向外發射霍金輻射 m_{ss} 而收縮，直到最後只能收縮成為「最小黑洞 $M_{bm}＝m_p$ 普朗克粒子」而解體消亡，不可能繼續塌縮為「奇點」，或「奇點的大爆炸」，宇宙只能是誕生於大量的次小黑洞 $M_{bs}＝2M_{bm}≡2m_p$ 的合併膨脹。因此，本書建立的「新黑洞理論和公式」定性定量地確定了我們宇宙黑洞的命運，只決定於其總質能量 M_b 的值，使「黑洞理論和宇宙學」成為可以依據公式進行量化計算的實證科學。

　　根據「新黑洞理論及其基本公式」和其它基本公式的數值計算，作者正確的計算出來了，我們宇宙（黑洞）每時每刻有十多個物理參數值的「時間簡史」，和正確的「宇宙黑洞模型」，它完全符合哈勃定律和天文觀測資料，可以正確有效地取代過時的、錯誤百出的「宇宙大爆炸標準模型」。

2-6-2　1998 年，澳大利亞和美國的科學家在測量遙遠的 Ia 型超新星爆炸時，發現了宇宙的加速膨脹現象，作者對此存疑。

　　這種加速膨脹發生在宇宙誕生後約 87 億年時。現在主流的科學家們將宇宙產生加速膨脹的原因歸因於宇宙中出現了外來的「有排斥力的暗能量」。

但是，在 3-7 文中，根據我們宇宙演變過程中，對其性能參數值變化的精確計算表明，沒有任何外來的能量-物質進入到我們宇宙，因此得出我們宇宙沒有發生「加速膨脹」的可能性。也有許多學者否定宇宙真實地存在「加速膨脹」。

2-6-3 多宇宙（平行宇宙）存在的極大可能性。

#8 我們宇宙巨無霸黑洞 $M_{bu} \approx 10^{56}$g。根據計算，將現在整個宇宙退回到其誕生時的普朗克領域時，就是誕生我們宇宙的無數的最小黑洞 $M_{bs} = 2M_{bm} \equiv 2m_p$，宇宙當時的球半徑只有 $\approx 10^{-13}$cm。就是說，初生的宇宙只有現在的一個氫原子的大小。由於我們宇宙現在還在按照哈勃定律，以光速 C 膨脹，這表明我們宇宙黑洞 M_{ub} 現在的視界半徑之外還有不少剩餘的、即多於 $N_{bu} = 10^{61}$ 個的最小黑洞 M_{bm} 尚未合併進來，還在繼續合併膨脹。而且宇宙之外還可能有能量—物質存在，表明宇宙之外並非真空。況且，我們宇宙誕生時是如此之小，如果是「前輩大宇宙」塌縮而成，就不太可能只塌縮出唯一一個我們宇宙如此小的宇宙泡泡，定會同時塌縮出大小不同的、像葡萄珠一樣的許多宇宙小泡泡，在大宇宙膨脹之後，成為與我們宇宙平行的多宇宙，我們宇宙只不過是其中之一個小泡泡或一粒葡萄而已。

美國北卡萊羅納大學教堂山分校理論物理學家勞拉‧梅爾辛‧霍頓(the U.S. University of North Carolina at Chapel Hill, theoretical physicist Laura Mersin Horton) 早在 2005 年，她和

卡耐基梅隆大學的理查德·霍爾曼教授提出了宇宙背景輻射在早期存在異常現象的理論，並估計這種情況是由於其它外在宇宙的重力吸引所導致。2014 年 3 月，歐洲航天局公佈了根據普朗克天文望遠鏡捕捉到的資料繪製出的全天域宇宙背景輻射圖。這幅迄今為止最為精確的輻射圖顯示，目前宇宙中仍存在 138 億年前的宇宙大爆炸所發出的背景輻射有異常現象。霍頓在接受採訪時說：「這種異常現像是其他宇宙對我們宇宙的重力牽引所導致的，這種引力在宇宙大爆炸時期就已經存在。這是迄今為止，我們首次發現有其他宇宙存在的切實證據。」

2-6-4　我們宇宙外「大宇宙」的結構可能就是大黑洞內套著諸多小黑洞（平行宇宙）的多層次結構，如俄羅斯套娃。

從上節可見，我們宇宙黑洞 Cosmos BH 內的各個星系中心有巨型黑洞，包括我們銀河系中心也有巨型黑洞。在我們宇宙空間，還有許多恆星級黑洞。如果某些巨型黑洞內可能存在恆星級黑洞系統的話，那在我們宇宙就有 3 層大小黑洞套著。而且近來已經發現已有外宇宙的證據，表明我們宇宙只不過是誕生於一串葡萄中的一顆葡萄而已。至於我們宇宙之外有多少層更大的宇宙黑洞套著我們宇宙黑洞，而我們宇宙黑洞又有多少平行的兄弟姐妹黑洞，這些都是人類永遠無法知道的。人類本身不過是大宇宙中偶然的短暫的過客而已。假如我們宇宙內的某巨型黑洞內有類地行星，如果上面有高級智

慧生命，我們與他們都無法通訊，對我們宇宙黑洞 Cosmos BH 之外就更加不可知了。

2-6-5 黑洞概念和宇宙學來源於經典理論，作者用不附加任何前提條件的經典理論和公式，解決「黑洞和宇宙學」中的問題是合乎實際的，正本清源的正確有效的方法。

只有用經典理論和公式，才能解決「黑洞和宇宙學」中許多重大和懸而未決問題，經典理論並未走到盡頭，因為它們是物理世界真實性的反映，是物理世界的基礎和支柱。這或許就是作者在文中，能有幸的解決許多重大問題的緣故吧。

本書根據現成的經典理論和有效的基本公式，就能闡明和推算出我們宇宙誕生時的演變機理、條件和過程，這種演變過程的「時間簡史」完全符合最新的觀測資料和現有的物質世界的規律和物理定律，如因果律，質能轉變守恆定律，以及我們現在宇宙黑洞的膨脹規律—哈勃定律等等。

如果本文排除了宇宙誕生於「奇點」或者「奇點的大爆炸」的不實論點，那就沒有必要在宇宙創生時給於任何特殊的邊界條件（附加條件），也不必乞靈於上帝的奇跡或新物理學，如弦論或超對稱理論等，它們只能對我們宇宙起源，作出諸多牽強附會而無量化資料的假設和誤導。

北京時間 2013 年 5 月 6 日消息，據國外媒體報導，

著名宇宙學家史蒂芬・霍金日前在加利福尼亞理工學院指出：「我們的宇宙在大爆炸中產生，這個過程不需要上帝說明。」但本文所證明的大爆炸不是霍金所說的「奇點」的大爆炸，而是由大量最小黑洞 $M_{bm} = m_p$ 在普朗克領域合併時產生的「大爆炸」，和「原初暴漲」。

2-6-6　在我們黑洞宇宙的演化中，似乎無意中看到宇宙的演化也有四種狀態。宇宙的能量—物質按照不同的溫度變化，類似也有：最高溫量子態、輻射時代的混沌狀態、黑洞狀態、低溫量子態的四態。

我們的宇宙誕生於無數宇宙的「次小黑洞 $M_{bs} \approx 2M_{bm}$」，它們不斷的合併膨脹，使我們的宇宙成為當前的「巨大的 cosmos BH，$M_u = M_{bu} = 10^{56}g$」。它的膨脹過程完全證明了「我們的宇宙」是一個開放的系統，是一個不可逆的過程。然而「大爆炸」的主流學者將宇宙的膨脹視為「絕熱和可逆過程的封閉系統」。這足以證明了廣義相對論（GRE）在解決黑洞和宇宙學問題方面是無能為力的。因此，作者在本書中只能使用六個「新黑洞理論」公式來代替 GRE，就可以正確有效地解決黑洞和宇宙演化中的各種問題。

在計算和研究「我們黑洞宇宙」演化過程的 2-2 章的表 2 中，我們似乎無意中看到我們宇宙也有四種狀態。「新黑洞理論」也有序地將這四個狀態有序地聯繫起來了。

（1）第一態是普朗克時代的最高溫量子態：它是普朗克粒子（量子）狀態，是在最小黑洞 $M_{bm} = m_p$ 解體時、年齡為 0.537×10^{-43}s 時的宇宙狀態，是宇宙中最高溫度最高密度的極短期的狀態。人類也許永遠也無法探測到普朗克領域的狀態，但是我們可以合理地推測，它必定符合量子力學的「測不準原理」，和「量子引力論」的某些結論。

（2）第二態是輻射時代的混沌狀態：這個時代是從宇宙年齡的 $A_u = 0.537 \times 10^{-43}$s 到 $A_u \approx 400,000 \sim 379,000$ 年，這是輻射時代結束前的時代，那時宇宙處在物質與輻射能互相快速轉變和膠著的「混亂狀態」。這也是黑洞從 #1 到 #5 黑洞演變的降溫膨脹時代。在這個時代結束時，宇宙的溫度已經下降到約 4,500 k，電子和質子的電磁吸引力還小於熱抗力，而不可以合併成氫原子；但是中微子和輻射能仍然耦合在一起。宇宙中充滿了電離氣體。由於散射效應，光學的可見度變得非常小。因此，整個宇宙是不透明的，但是宇宙各處處於熱平衡狀態，溫度密度在同一時刻是相同的，隨著宇宙的均勻膨脹，而均勻地降溫和降密。

（3）第三態是物質占統治時代的物質向輻射能轉化的黑洞狀態：在宇宙年齡 A_u 大於 400,000 年後，中微子與輻射能脫耦了，物質與輻射能分離了，宇宙變得透明了。只有宇宙溫度降低到約 3000k 時，此時宇宙年齡 A_u 約為 100 萬年時，電子才能克服輻射壓力，與質子結合

成為氫原子。此後物質粒子才能收縮成為星系恆星黑洞行星和死亡恆星等等，由於宇宙黑洞外面還在不停地合併大量剩餘的膨脹的 M_{bm}，宇宙黑洞及其內部的輻射能仍然在以光速膨脹。這個時代的主要特徵是通過黑洞和恆星將所有的物質不可逆地最終轉化為輻射能。這是一個極其漫長的時代，它從宇宙年齡的 400,000 年到大於 10^{134} 年（因為我們宇宙黑洞現在 $M_{bu} = 10^{56}g$，現在還在膨脹，所以其壽命大於 10^{134} 年）。宇宙演變過程中的三種黑洞#6、#7、#8 出現在這個時代，它們都是「次生黑洞」。這個時代有幾個重要的時間節點：1*；現在宇宙年齡 $A_u = 137$ 億年，人類可能出現和存在的時間不超過 10^{14} 年。因為一個恆星可以將其 0.007 的物質不可逆地轉化為能量，而宇宙還在膨脹，因此估計大約在 10^{14} 年以後，宇宙中少量的氫原子就不可能收縮成為恆星了。沒有恆星，就不可能出現智慧生物了。但願有白洞蟲洞多維空間等東西存在，給與智慧生物生存的通道。2.*#8 宇宙黑洞 $M_{bu} = 10^{56}g$ 還在以光速 C 膨脹，其哈勃常數現在還有很大的數值，一旦哈勃常數什麼時候 $H_r = 0$，就表示 M_{bu} 停止膨脹了，那時的 M_{bu} 就增長為廣大的 M_{uo}。M_{no} 就變成一個向外發射霍金輻射的黑洞了，它就開始收縮了。以後會不停地收縮下去。它的壽命將達到 $A_{un} = 10^{134+n}$ 年。3.*但是據某理論計算，質子在也會衰變，其壽命大於 10^{35} 年，大約 10^{35} 年以後，宇宙將成為稀薄的電子正電子等離子體。但是這相對宇宙黑洞的壽命 A_{un}

＝10^{134+n} 年來說，簡直可以忽略不計。

（4）第四態是極低溫的霍金輻射能的低溫量子態：在#8 宇宙黑洞 M_{uo} 經過 $Aun＝10^{134+n}$ 年不停地霍金輻射後，M_{uo} 最終會收縮成為最小黑洞 M_{bm} 而消失，完成我們宇宙黑洞的一個生死輪回。此後，宇宙空間於是充滿了這種「了無生息」的冰冷的輻射能狀態。它將如何演變呢？這種太太遙遠的事件又有誰能知道呢？可見，人類在宇宙時空裡，都是極其渺小短暫的和極其偶然出現的。這才是宇宙真實的真理。

2-6-7　在 2-2 章的表二裡，是宇宙各時間點的各種物理參數值的新「時間簡史」，它準確自洽地描述了我們「宇宙黑洞」從誕生到現在的，各種物理參數值平滑的演變過程。

本文用黑洞新理論和公式計算出來的宇宙演變不同時期資料的表二，即新「時間簡史」，和「宇宙黑洞模型」，對宇宙演變任何一個時刻各種物理參數（M_u, R_u, T_u, ρ_u, t_u）推導出來了許多正確的、互洽的公式，互洽地描述了我們宇宙作為黑洞 137 億年來平滑高速的膨脹演變過程。並且詳盡地指出和分析了，過時的「宇宙大爆炸標準模型」的各種錯誤。因此，用正確有效的「宇宙黑洞模型」取代過時的和錯誤百出的「宇宙大爆炸標準模型」是宇宙學發展的必然趨勢。

作者根據本文中的新理論、觀點和公式還在第三篇另作專文探討和解決其它的一些黑洞和宇宙學中的重大

問題，如推演精密結構常數，論證原初宇宙小黑洞不可能殘存在宇宙空間；對 LIGO 測量引力波的看法；對宇宙的加速膨脹的存疑；否定宇宙中存在「負能量」；認定人類永遠不可能製造出來任何大小的「人造黑洞」；提出計算微波背景輻射溫度的新方法，和對廣義相對論方程缺陷的分析和探討等等，從多方面驗證了本文中新理論和公式合乎實際的正確有效性。

2-6-8　黑洞理論和宇宙學，本來就是牛頓力學、相對論、熱力學和量子力學四大基本理論和基本公式，綜合作用和效應的結果。

　　作者的「新黑洞理論及其六個基本公式」就是建立在這四大基本理論及其基本公式的基礎上的。因此，作者的「新黑洞理論及其公式」是回歸到研究「黑洞和宇宙學」的本源，所有公式都是四大理論的「自然物理常數 G，C，h，κ」的不同組合。而「廣義相對論方程」中，只有 G、C，兩個常數。沒有 h、κ，兩個常數，就表明沒有熱力學和量子力學的作用和效應，也必然會違反熱力學和量子力學的定律。這就必然使得「廣義相對論方程」在解決「黑洞和宇宙學」問題中，謬論頻出。另外，黑洞和宇宙隨時都在進行「質量向能量不可逆的轉變過程」，而「廣義相對論方程」無法反應這種轉變過程。因此，用「新黑洞理論及其公式」取代「廣義相對論方程」，以解決「黑洞和宇宙學」問題，必然是正確有效的選擇。

2-6-9　作科學研究的人們應當堅信我們「真實的物理世界」的一些基本規律是不可以輕易違反的。

作者用黑洞理論和許多基本公式，量化地確定了我們宇宙，從生到死的變化規律。那麼，在多宇宙大自然界，我們小宇宙中的任何事物都必須有其自己的「生長衰亡的規律」。就是說，在我們真實的物理世界，任何事物都必須符合「生長衰亡的普遍規律」，必定是「有限的」、「有界的」、「可量化的」。在科學中，搞「無窮大」「不可知」的「玄學」，「將數學公式的某些結果強加給真實的物理世界」，是學者們「誤入歧途」、「走火入魔」或者「別有用心」的表現。另外的一些普遍規律，比如「因果律」，「質量和能量守恆和轉換定律」，「熱力學第二定律」等，都是不可違反的普遍規律。為什麼許多科學家相信上帝？因為上帝是「因果律」的化身。特別是「熱力學第二定律」，所有的「不可逆過程」，都是該定律起作用的結果，比如，「覆水難收」，「破鏡不能重圓」，「永動機不可能實現」等。其它在各個不同的科學領域，都有一些特定的守恆定律，如電荷守恆，動量守恆，動量矩守恆等，是從事科學研究的人們必須首先遵從的。有人說，量子力學就是違反「因果律」的，作者不這麼認為。首先，在宏觀上分為「大概率事件」和「小概率事件」，就是「因果律」作用的結果。其次，在微觀上，每個量子的行為，如果排除外界或者人為的干涉，它必定首先要符合「測不準原理」的公式的。比如說，將一

個光子在強大引力場中的偏折，按照 GRE 的解釋，為時空彎曲的結果，牛頓力學視光子為粒子，一樣能夠得出黑洞的結論。而且光子還有波粒二重性，它的運動和行為太複雜了，人們現在對它的認識，還是處在「瞎子摸象」的不可捉摸的階段，只是現在還不知道它的「因果律」而已。

2-6-10　結論

用作者「新黑洞理論及其六個基本公式」建立起來的新的「黑洞宇宙學」，完全證實了我們宇宙就是一個「巨大的真實的史瓦西宇宙黑洞」，它的所有性能和變化規律，它的「從生到死」的命運，完全符合「新黑洞理論及其公式」的計算資料。作者不僅用正確有效的公式，計算出來了我們宇宙（黑洞）每時每刻、有正確資料的「時間簡史」，和「宇宙黑洞模型」。並且如上所述，還能夠正確有效地解釋論證和解決「黑洞和宇宙學」中許多理論和實際的問題。

＝＝＝＝＝＝＝＝＝＝＝全文完＝＝＝＝＝＝＝＝＝＝＝

參考文獻：
1.美科學家首次發現切實證據，稱宇宙或非唯一
http://www.chinareviewnews.com，2013-05-21 16:27。
2.本書的 2-1，2-2，2-4，2-5 各章。

2-7 宇宙黑洞中物質和輻射能的演變，人類的危機和命運

> 康普頓：「科學賜予人類的最大禮物是什麼呢？是使人類相信真理的力量。」
>
> Einstein：「邏輯簡單的東西，當然不一定就是物理上真實的東西。但是，物理上真實的東西一定是邏輯上簡單的東西，也就是說，它在基礎上具有統一性。」

2-7-1 我們現今的宇宙中只有兩種獨立而又互相依存和轉換的元素（東西）：運動著的（物質）粒子和輻射能（熱能），它們都是信息量的攜帶者。

它們在特定的溫度下達到短暫的動平衡，而又互相依存和轉化，我們宇宙從誕生到現在，經過 137 億年膨脹降溫的演變，使得在這個極其廣大的宇宙中，在一個小小的行星—地球上，竟然繁衍著高級智慧的人類。到現在為止，地球是宇宙中，已知唯一存在人類的星球。這真是宇宙中的奇跡。也許有人說，還有外星人。如果找不到某個（些）星球上有外星人，而只是傳說漂浮在空間的 UFO 和外星人，沒有多大的實際意義。

一、前面文章已經詳細地論證了我們現今的宇宙來源於無數的「次小黑洞 $M_{bs} = 2M_{bm} = 2m_p$ 普朗克粒子」，它們不停地合併，造成宇宙以光速 C 膨脹，經過 137 億年的膨脹降溫，演變成為現在的我們宇宙黑洞 $M_{ub} = 8.8 \times 10^{55}g$。

我們宇宙的演變看起來非常複雜，令人眼花繚亂，難以理解。其實是極其簡單明瞭的。因為我們宇宙中，至始至終只有兩種獨立而又互相依存和轉換的元素（東西）：運動變化著的（物質）粒子和輻射能（熱能）。在宇宙誕生於無數的 M_{bm} 時，那時的宇宙溫度高達 $10^{32}k$，隨著宇宙的膨脹降溫，物質粒子和輻射能互相轉變成不同的比例的形態和結構。輻射能隨著溫度的降低，只是增加波長和減少頻率，而物質粒子隨著溫度的降低而減少震動的頻率和振幅，當宇宙溫度降低到 3000k 時，電子和質子就可以克服「輻射壓力」，結合成為氫原子。它們是組成現今我們宇宙物質世界的基元。大量氫原子的「引力收縮」形成黑洞中子星白矮星，和恆星行星小行星彗星等等。當行星上的溫度降低到 900k 以下時，可能形成較大的固體物體，當溫度在一些行星上降低到 100C 以下而有液體水長期存在時，才可能出現生物，在各種合適的條件配合下，大約需要一億年的演變進化，才有可能演進出來高級智慧生物，這可能是一種極小概率事件。

二、以宇宙中最複雜的人類來說，不過是在特定溫度區間條件下，長期較穩定的環境下，生物進化演變出來的，是某種特定物質結構的一部能自動轉換物質粒子和能量的轉換機而已，或者可以說成是一部特定物質結構的「新陳代謝」機而已。人的智慧思想感情行為之所以如此複雜，在於其複雜的物質結構能夠使大量攜帶資

訊的能量，同時發射傳遞和接收資訊。看看現在的 AI 機器人，不正在逐步向人類智慧接近嗎？對人類是福是禍呢？到現在為止，它似乎還沒有達到被付與「自我更新」、「新陳代謝」的能力。

　　三、在宇宙膨脹降溫的演變過程中，是物質轉變為能量的不可逆過程。

　　（1）物質粒子與能量如何結合和轉變取決於溫度的高低，溫度愈高，物質會愈多的轉變為能量，宇宙大約在低於 4700k 時，即宇宙年齡演變到「輻射時代」結束時，就沒有物質粒子自己可以直接轉變為能量了。（2）任何物質粒子轉變為能量和任何能量轉變為熱能的過程都是熵增加的不可逆過程。（3）宇宙中似乎還沒有任何強大的力量能夠將能量聚集和壓縮成為穩定的物質粒子。（4）宇宙中的黑洞就是將其內部的所有能量—物質，通過黑洞的引力收縮，長期不斷地轉變為輻射能的不可逆的熵增加過程，所以黑洞就是將物質轉變為能量的攪碎機和轉換機。恆星是通過核聚變部分的將物質轉換為能量的不可逆過程（5）能量（輻射能）又是信息量和熵的攜帶者。因此，四種基本力（強核力，弱核力，電磁力，引力）場能的減少，會部分地轉變為熱能，也是熵和信息量增加的不可逆過程。（6）現在人類還無法通過控制「核聚變」將物質部分地轉變為能量，更不可能將能量聚合壓縮轉變為物質。

　　四、按照公式 $E = mC^2$ 即可看出。物質和輻射能二

者是相反相成和相輔相成地合為一體、而可在特定的溫度下互相轉變的。物質和輻射能都同時來源於時空，並與時空結合在一起。時空就如老子所說的「道」，「道生一」即是我們宇宙初期在高溫高壓下的物質和輻射能的統一體。「一生二」即是宇宙降溫到輻射時代結束後，物質和輻射能完全分開為獨立的二部分。「二生三」表明宇宙在「物質占統治時代」生成星系恆星行星等，「三」生「萬物」即是說明某些行星在其恆星的適當作用和供給輻射能的條件下，演化出來生命萬物甚至智慧生物—人類。所以老子又說，「萬物生於有，有生於無。」

　　五、宇宙中任何獨立、穩定的物質實體事物都是由特定量長壽命的物質粒子—主要是質子和電子，在特定溫度區間的條件下，構成不同層次和不同結構的物（實）體。

　　物質粒子與輻射能在我們宇宙誕生後的早期，約在 40 萬年的輻射時代結束前，在那時相當高的溫度和壓力下（即在高於等於該粒子的閾溫 T_v 時），是按照公式 $E＝mC^2＝\kappa T_v$，可以整體按照某些對稱原理不停地互相轉換的。在輻射時代結束後（約為宇宙誕生後 40 萬年）的物質占統治時代（Matter-dominated Era）直到現在，物質粒子只可根據 $E＝mC^2＝\kappa T_v$ 在恆星中心的核聚變中，可逐漸一小部分一小部分地轉變為輻射能而向外發出，就是說宇宙中的物質粒子在緩慢地減少而轉變為輻射能的不可逆的增加。

宇宙中最簡單而能獨立穩定存在的長壽命物質粒子是氫原子，它是由一個在中心的長壽命的質子和一個外層的負電子結合而成，它是組成現實宇宙中任何複雜物質物體的基元單位元，只有在溫度約大於 10^{13}k 的條件下，氫原子自己才能直接轉變為能量。宇宙在週期表中的 100 多種元素都是由不同數量的氫原子在不同的溫度壓力條件下（恆星中的核聚變，新星和超新星爆炸）結合而成。宇宙中任何複雜物質物體都由許多層次的、每一層次有許多不同的元素錯綜複雜地結合為分子而成。現在人類尚無能力人工製造和控制核聚變，將最簡單的氫原子合成氦。就是說，人類尚無能力製造元素，宇宙中週期表中的 100 多種元素都是大自然偉大力量創造的產物，即恆星核聚變、新星和超新星爆炸的結果。

2-7-2　生命由物質構成，生命的起源和演化，生命的存在和活動需要熱（能）量，即輻射能。

由於恆星內部的核聚變可以將部分物質變為輻射能（熱能）向外發射到宇宙空間，從而使得恆星周圍的行星能夠接收到熱量，使在其上面的物質粒子中的原子分子和電子都會因接受到某些頻率輻射能的刺激震盪，而產生運動或被激動，彼此之間在不同溫度輻射能的作用下，由長期反覆地接觸碰撞而產生化（接）合，這就必定會逐漸產生出新的分子、複雜的無機物而後結合成有機化合物甚至物種。同時恆星內的核聚變及其後的新星

和超新星爆炸為生物進化成人類，和人類的生存和發展提供了所必須的各種元素。因此，人類的出現是大自然力量（恆星和核聚變）長期作用和演化的產物。

生命的主要奧祕不在原子裡，而在分子裡，即主要在原子外層的電子結構及其互相結合和分解的複雜作用裡，因為常溫的輻射能，可以改變原子內電子的運動和層級結構，而無法撼動原子核，使電子與輻射能的複雜的互相作用，形成複雜的不同的化學鍵的分子。從上面的論述可知，地球上幾乎具有週期表中所有的 100 多種元素，它們都來源於宇宙中前期的新星或超新星爆炸後的產物，而不是太陽製造的，太陽只能將氫製造出氦鋰鈹碳氧等較輕的元素。可見，我們太陽系是次生的恆星。

但是，地球上有千千萬萬種不同的生物，甚至沒有兩片完全相同的樹葉。這種千變萬化的現象和千差萬別的結構不是由百來種不同的元素造成的，而主要是由千千萬萬不同的分子結構及其不同的結合和運動形態造成的；就是說，是原子的外層電子的不同結合和與輻射能複雜的互相作用造成的。從植物四季的春生夏長秋收冬藏和花開花落，就可了解太陽輻射能溫度頻率不大的差別對植物的生長衰亡有多麼大的影響和作用，那些微不足道的「光子小精靈」對地球上的生命有多麼大的神通啊。可是人們現在尚不知道太陽輻射能（訊息）對植物分子中的外內層電子是如何影響和作用（傳遞訊息）的。因為人們現在尚不知道運動中的電子結構（是點，是線，

是面，是雲）的複雜狀態改變、運動規律、互相作用、和與輻射能如何作用等等，也不甚了解輻射能之間的複雜的互相作用，比如神秘的量子糾纏，波粒二重性等等。

宇宙中有不同量能級的輻射能 E_r，其最大能量 E_{sb} 與最小能量E_{ss}之比 E_{sb}/E_{ss}是相差極大的 $E_{sb}/E_{ss} \approx T_{vb}/T_{vs} \approx \nu_{ssb}/\nu_{sss}/ \approx \lambda_{sss}/\lambda_{ssb} \approx 10^{60}$。作者前面已證實各種不同的輻射能都攜帶有相同的信息量 I_o，但是各種不同的輻射能都有其特定的溫度、特定的頻率和波長。由第一篇可知，當輻射能的波長 $\lambda_{ss} < 10^{-33}$cm 時，它是不可能存在的。而且，所有相同頻率的輻射能的性質是相同的，它們之間的互相作用主要來自共振效應，其次有複合疊加碰撞纏繞等。我們只知道當物體的分子運動、狀態、結構發生改變時，必須有相應頻率的、足夠的輻射能參與。同時所帶有的信息量 I_o也被一同帶進或者帶走了。

但是，我們不知道，所含不同頻率信息量的輻射能是對分子、從不同方向、在適當溫度和物質環境中，是如何反覆長期作用的，如何能被某物體的複雜分子有序地感受、接受、共振、反復地碰撞，如何造成被選擇性的吸收或排除作用，而產生新陳代謝功能的。它的碰撞如何使分子的電子結構發生「突變」的。這些複雜功能的演進會如何形成有機大分子，而後形成 RNA 和微生物（元素硼對形成 RNA 起了關鍵作用），進而形成蛋白質和 DNA 的。只有生物膜系統最後形成後，細胞膜能將DNA，RNA 和蛋白質包涵在內演變時，才算完成了從無

生物到有機物到生命（單細胞生物）的起源過程。DNA
有序地、有選擇性地「突變」是物種演化的根源，物種
的改變決定於 DNA 的「突變」，而特定的溫度和物質較
長期的穩定環境，形成了從微生物再到高級生物直到人
類的慢長地進化和演變的複雜過程。同理，物種的滅絕
也決定於溫度和環境的「突變」。生物愈高級，其遺傳密
碼 DNA 就愈複雜，其保存、修復、修改遺傳密碼的生物
神經系統就愈複雜發達和精密，而酶對修復 DNA 中的斷
裂起著重要的作用。不同的 DNA 決定了不同物種在其所
處溫度和環境中「生長衰亡」的本性。在事物的進化（退
化）即 DNA 的「突變」過程中，溫度（輻射能的頻率）
少許的改變起著重要的作用，它表示對 DNA 作用的輻射
能的波長和頻率的改變。

　　遺傳密碼的複製必須要有各種能量和輻射能的參與
和物質粒子（分子）的新陳代謝，其資訊密碼的分子載
體需具有感知的功能，即由共振效應產生的選擇性的吸
收和排除功能，這些功能之間互助合作關係的複雜化，
也許就是生物對「各種感受的互相作用到產生喜惡愛恨
等情感」的來源。當生物和人類的情感在外界環境通過
輻射能和微粒子的不斷作用和衝擊下，神經系統對其中
某些東西經過各種嚴重的反覆刺激、篩選和考驗，被感
覺神經的經驗形成具有高度的穩固性和某些固定的特徵
時，可能就形成了生物感情和思想的「慣性」，有序地反
復地選擇「吸收和排除」產生了「新陳代謝」的慣性，

而成為生物和人類的各種意識思想的「理性」和「因果性」的來源。長期慣性的許多「感情」和「理性」的交互作用形成了人的性格。所以性格就是人的慣性的生活、思想、行為方式。人們常說，性格決定命運，有相當大成分的道理。人的性格由其先天的遺傳基因和後天的、在長期經歷和閱歷的衝擊下，互相複雜的慣性作用而形成。人的性格也會因經歷而發生「漸變」，和可受到巨大的衝擊（巨大的打擊失敗或成功）而產生某些「突變」，「本性難移」和「脫胎換骨」都有可能發生，這取決於「外因」和「內因」在特地條件下的複雜的交互作用和機遇。人生最大的矛盾就是「感性」和「理性」的矛盾，即「感性」的喜惡愛恨和「理性」的是非對錯優劣所產生的反復對比較量。人在每天的日常生活中，無論所作的每一件大事還是小事，都是多種可能性選擇後的結果，是慣性的「感性」和「理性」衝突後的選擇。

「感性認識」是人們根據自己個人的「喜怒哀樂愛恨情仇和親疏遠近」的感情而存在於內心的慣性情結，「理想思維」就是按照邏輯思維對因果關係分析而得出的判斷。當人們考慮問題時，是慣於將二者結合的，使人們產生「分辨」和「分析」的能力，從而指導著人們的思想和行為作自認為正確的選擇，在處理自己和他人、社會、外界環境關係時，總會使自己在功名利祿、情權色、好惡各方面的權衡後，作出有成敗、利弊、得失、進退、升遷甚至死活等的選擇，並會引起其自身的

喜、怒、憂、思、悲、恐、驚等狀態和變化，進而採取相應的行為。快樂與痛苦不是絕對的，是矛盾的統一體，也會因人因事因時空而變化。老子：「禍兮福之所倚，福兮禍之所伏。」佛教：「禍福無門，唯人自找」，就是說，每個人的禍福苦樂好惡得失，都是其感受的知識交友職業經歷和理性的價值觀、人生觀、世界觀等綜合考量分析後選擇決定和外界環境影響衝擊下互動的結果。個人的命運由其環境經歷和「突發」的資訊及事件等外因，與其思想生活行為方式和性格等內因的「錯綜複雜」的互相作用所決定。對一個人的人生道路影響抉擇最大的主要是五小圈子：親屬圈、朋友圈、宗教圈、工作圈和知識圈（喜好讀什麼樣的書），即所謂「近朱者赤，近墨者黑」的道理。

2-7-3　人類對世界和事物的認識可能永遠是片面的，最好不應輕易談「改變世界」或「改造世界」。

因為人們對世界的感知和各種事物之間的複雜聯繫和運動規律的認識可能永遠都是片面的。因此最好不應輕易談「改變世界」或「改造世界」，而應首先權衡利弊後，以便先「改變」和「改造」自己，即修正過去舊的、片面的、甚至錯誤的思想觀念生活方式和行為。所以人的「認識世界」和隨後的「改變自己」的目的應該是使人類更適應、更和諧順應地與自然界和社會「共同生存和發展」。首先，人類或者群體或者個人的行為都不應該

成為對自然環境、社會、其它群體和個人的「麻煩製造者」和傷害者。人類製造飛機大炮汽車是「改造世界」了，但當它們過度發展的副作用，造成環境的嚴重污染和損害人類自身時，那就是在破壞世界和危害自己。此時，人就必須限制和改變自己的行為以適應環境，就是說，人的行為必須得和世界（自然）環境達到長期的動態平衡，才可共同持續的發展。人類在「改變和改造物質世界」的同時，必然也在或多或少的「破壞」世界。世界上沒有「百利而無一害」的好事。只有當「改變」與「破壞」的「好作用」長期地多於、大於、好於「壞作用」，能夠取得長期適當的動態平衡時，才能持續的發展和進步。

　　三峽大壩是真的突然地「改變了世界」，在廣大地區改變破壞了幾千上萬年形成的人類與自然界的平衡，這種平衡是那裡廣大的上下游區域的人們，長期生存和生活已經適應慣了的，建大壩後的「突變」改變了長江上下游廣大地區的氣候溫度雨量河流湖泊地質地貌地震和動植物的生態環境，從而它突然地改變了人與自然過去的既定的平衡互動關係，必然在今後很長的時間裡，對那裡的人們和廣大地區，造成生活和生存的災亂，如果人們為消除災難所付出的損失和代價大於所得的利益時，其實是在「自作孽」。當然，少數邪惡政權的當權者會假「為人民謀利益」之名，非法撈取各種利益，以滿足自己的各種惡性欲望，但是自然界對人類的錯誤和惡

性的懲罰性報復是遲早會來的。自然界的「因果律」，從一種「動平衡」被破壞，到轉變成為另外一種新的「動平衡」是必然會較快地發生的，似乎比人和人類的錯誤和惡行的「因果報應」來的快得多。

2-7-4　人類的前途和命運

　　人性是善惡，或者說的魔鬼與天使的複合體，有善的一面，也有惡的一面，基督教認為人類有原罪。人性有自私和邪惡的一面，如「貪嗔癡慢疑」、「好大喜功」、「好逸惡勞」、「急功近利」、「羨慕嫉妒恨」、「好財色和功名利祿」、「惡性欲望膨脹」、「順我者昌逆我者亡」等等，人的思想行為短期的功利性，這些都妨礙人們更好的認識世界和發展自己，可能使人走入歧途，走火入魔，甚至個人犯罪。人，特別是在壞制度下無制約的「專制獨裁」掌權者和貪婪的財富壟斷者們的惡性欲望的膨脹，是阻礙人類良性發展和造成社會罪惡的主要根源。他們為了維護有利於他們自己的壞制度，是可以不擇手段和無底線作惡的，甚至可以犯反人類的各種大屠殺罪，比如販賣活摘人體器官、納粹集中營、勞改教育營、精神病院等等。一個較好的政治經濟社會制度就是要起到「懲惡揚善」的作用，既能監督阻制掌權者和壟斷富豪們的「惡性欲望」的膨脹，也能較好地防止許多人的「好逸惡勞」和「損人利己」。如果人類社會的政治經濟制度今後（一、二百年）之內不能改善到能起到「懲惡

揚善」的作用，人類在其自身的「惡性欲望暴漲、好逸惡勞、人口暴漲和知識爆炸、環境毀壞、高科技犯罪、物種滅絕」等情況下，人類自身可能在未來被其「物欲橫流、盲目仇恨、自相殘殺、戰爭、毀壞的環境」等所毀滅。二年前霍金警告說：「一兩千年以後地球將不適合人類居住，動物滅絕後就輪到人了！那麼面臨的無疑將是被滅絕的命運，甚至可能活不過下一個千年！」

在近 200 年內，人類科學技術如果不能突破解決下面的一些重大問題，人類不僅不能繼續發展，還會面臨生存危機。

第一個問題是徹底解決「可控核聚變」問題，如能成功，就為人類製造出可提供「無限能源」的太陽，就可改善地球環境，或將某些行星改造為適宜於人類生活的類地球。還可製造出短缺的元素。

第二個問題是突破「超光速宇宙航行」的問題，如能成功，部分人類就可突破時空限制，移住宇宙中其它環境好的行星。光速 $C = R/t$ 是現在人類製造的物體運動所能達到的最大空時比例的極限。人類早就突破音障而達到超音速。如果空間和時間都不是絕對的，未來能否改變時空的最大比例而達到超光速？

第三個問題是，人類光靠使社會政治經濟文化制度公正合理化，就能制止人們各種惡性欲望（特別是掌權者和巨富者）的膨脹，和提高人口質量和道德質量，阻止環境惡化和生物滅絕嗎？能夠消滅戰爭、消除恐怖分

子和宗教種族等各種仇殺、減少個人犯罪和淨化環境嗎？現代的科學技術能夠促使人類快速發展和提高物質生活水準，控制人類人口數量，但可能永遠無法消除人類「惡性欲望膨脹」所需的無止境的需求和浪費以及對他人的控制欲和佔有欲。未來的基因改造能否修改去除人類的壞基因，提升人類的道德質量，使人性增強「真善美」，而減少「假惡醜」，使大自然供給人類所需的物質和能量，可以滿足人類的合理需要呢？

第四個問題是智慧機器人的大量快速發展和智慧的飛速提高，會不會被恐怖分子或仇恨社會和人類的份子所利用，或者由於科學家的疏忽和不可預計的錯誤，程式錯誤造成失控，造出強大而危害人類的機器人？機器人能否自我進化、惡化和突變？機器人能否成為新人種？能否優於人類？

第五個問題，同樣，改變生物的基因工程會不會出現疏忽、失控、故意，而製造出毀滅人類的細菌動物等？對人的基因改造，由於疏忽失控或者故意，而培育出危害人類的超壞人種或者超強大人種？

第六個問題，2015 年 6 月，由斯坦福大學、普林斯頓大學和伯克利大學科學家聯合發布的一項研究報告指出，地球已經進入第六次物種大滅絕階段，人類可能是最早遭殃的物種之一。其次是人口爆炸、大規模迅速的工業化、人類的貪婪慾望和懶惰，所造成的環境破壞和大量的物種滅絕。因此，人類的生存危機可能在千年內

達到某種頂峰，但是不太可能滅絕。

　　第七個問題，人類（智慧生物）在某個行星，如地球上的出現生存和演化具有極小的概率，例如我們銀河系約有 2000 億個恆星，可能出現和同時存在智慧生物的行星大概不會超過 200 個吧，即小於 10 億分之一（10^{-9}）的概率吧。地球上有消失的文明，如瑪雅文明、亞特蘭提斯等。考古學家發現了許多史前文明遺跡的證據，雖不能全信，但也不可不信。愛因斯坦和不少科學家堅信，如今冰天雪地毫無生機的南極，在一萬多年前可能曾經存在著史前文明。英國人詹姆士‧丘吉沃德在他的《遺失的大陸》一書中，詳細描繪了地面上「姆大陸」繁榮昌盛的「姆帝國」。人們在這裡共同創造了燦爛的文化。「姆大陸」消失於一萬兩千年前，與亞特蘭蒂斯大陸同時沉沒。地球歷史上有過許多巨大的自然災難，如小行星撞擊地球、大地震、大火山爆發、大洪水等，曾經引起地球上物種的大滅絕。據研究，我們人類祖先最少的時候，大約只有 2000 人在非洲生存，但是上述這些危機，包括人類的核大戰，都不足以毀滅整個人類。地球的歷史約 45 億年，如果真正能製造極其簡單工具的人類的出現只有 100 多萬年歷史的話，也只不過地球歷史的千分之幾（10^{-3}），再過約 45 億年之後，太陽將成為紅巨星，地球就會被吞沒毀滅，但是人類還能在現今美麗的地球上安穩地再生活 40 億年嗎？

　　然而天文學家白郎理在 2014 年暢銷書《罕有的地

球，為什麼複雜的生命在宇宙中並不常見》寫道，「地球能有複雜的生命是因為很多條件都恰到好處（就是說，有嚴格的定量規定）。專家指出的生命必要條件不斷地在增加，目前最常見的清單中一般有二十條之多。」為了估算同時具備這麼多不同條件所需要的機率，有些科學家很保守地選定了 1/10 的數量，作為高等生物存活所需要的每一個條件。如果每一個條件都要同時出現的話，那要將個別的機率相乘，這個使最後的數值變得很小，你有 10% 的這個，10% 的那個，相乘就成了極小的一個數值。數值大概是 $1/10^{15}$ 次，而銀河系約有 2×10^{11} 恆星。就是說，按照這個比例計算，銀河系內，除了地球有智慧生物的人類之外，不太可能有第二顆地球了。在我們整個宇宙 $M_{ub} = 10^{56}g$ 內，適合智慧生物生存的行星數目 n_{pm} 只可能約有 $n_{pm} = 10^{56} \times 0.2 / (2 \times 10^{33} \times 10^{15}) = 10^7$ 個 = 7000 萬個。這大約相當於在 $1km^3$ 的山上存在一塊 $1cm^3$ 唯一有特殊顏色的石頭。據說，古今中外，有許多關於 UFO 和飛碟的記錄和報導，甚至有人說在地球內部和月球背面都有外星人的基地。還說美國有秘密存有外星人的 51 區。這種小的概率出現可能性或許是存在的。

第八個問題，但是，在不遠的未來，能滅絕人類的最大威脅也許來自宇宙空間不遠處的超新星爆炸。近來天文學家表示，在銀河系中，有一個質量是太陽 90 倍的恆星「船底座海山二星」將會發生一次超新星爆炸，該超新星的質量是太陽的 100 到 300 倍，是一個距離地球

7500 光年的恆星，一個超新星的爆炸範圍為 50000 光年，不幸的是，地球正在死亡區域內。爆炸時將爆發出大量的伽瑪射線。如果擊中地球，它能破壞臭氧層，相當於每平方英里一千噸核爆炸的輻射量將會直射地球。一些科學家認為，可能就在我們的有生之年，「船底座海山二星」就會爆炸，並且摧毀地球上的所有生命。如此大規模的爆發很可能是地球過去一些生物滅絕的重要原因。但是人類的毀滅不等於生物的滅絕，經過 1 億年的進化，也許進化為另類的高級智慧生物。

保羅・大衛斯：「科學家普遍認為，生命是一種物質的自然狀態，不過，是一種可能性很小的狀態。」智慧生物是宇宙時空中「來之不易」的極其短暫的過客，人類自己應該懂得珍惜。

第九個問題，核大戰：21 世紀，地球上的戰爭和第三次世界大戰和核大戰的根源尚遠未消除，其根源是「腐敗的專制集權（極權）政權、原教旨政教合一政權、恐怖主義政權」，在世界民主自由法治大潮的衝擊下，與美歐日等自由民主國家政治制度的不相容性，可能發動毀滅性的恐怖戰、超限戰、突襲戰、甚至核大戰。如果美國被打敗打垮，人類社會會倒退 200~300 年，成為《動物莊園》式的新奴隸社會。如果發生「核大戰」，人類社會可能退回到「石器時代」。核大戰是 21 世紀人類社會面臨的最大的最嚴重的危機。能否避免核大戰，取決於人類「人性中的善」能否戰勝「人性中的惡」。

＝＝＝＝＝＝＝＝＝＝＝全文完＝＝＝＝＝＝＝＝＝＝＝

參考文獻：

1.何香濤，《觀測天文學》，科學出版社，2002 年 4 月。

2.張洞生，《黑洞宇宙學概論》，臺灣，蘭臺出版社，2015 年 11 月，
　ISBN：978-986-5633-13-4。

3.溫伯格，《宇宙的最初 3 分鐘》，中國對外翻譯出版公司，1999
　年，北京。

4.天文學家首次清晰觀測到銀河系中心黑洞（圖），
　http://www.enorth.com.cn，2008-09-05，08:45。

5.美科學家首次發現切實證據，稱宇宙或非唯一，
　http://www.chinareviewnews.com，2013-05-21 16:27。

第三篇　用「新黑洞理論」和公式解決黑洞和宇宙學中一些其它的重大問題

愛因斯坦：「在真理和認識方面，任何以權威者自居的人，必將在上帝的戲笑中垮臺！」

前言：

本篇共有七篇文章，是運用第一篇的「新黑洞理論」，和第二篇建立的「黑洞宇宙學」，解決黑洞與宇宙中的一些重大的「專項」問題，一方面驗證了作者「新黑洞理論」和「黑洞宇宙學」的正確性，另一方面也發展和提高了黑洞理論和宇宙學。

3-1　第一章　運用新黑洞理論推導出精密結構常數—$1/\alpha = F_n/F_e = hC/(2\pi e^2)$ 及其物理意義；L_n 和 $1/\alpha$ 的物理意義

3-2　第二章　對宇宙「原初黑洞 $M_{bo} \approx 10^{15}g$」的探討

3-3　第三章　對美國 LIGO 稱探測到宇宙空間 2 黑洞碰撞後產生引力波觀點的一些不同看法

3-4　廣義相對論方程 GRE 出現許多重大問題的原因，在於它「早出生」50 年。「新黑洞理論」與 GRE 在宇宙學研究中的區別和對比—對錯與優劣。

3-5　第五章　黑洞是大自然偉大力量的產物，人類也許永遠不可能製造出來任何大小的「真正的人造引力黑洞」。

3-6　第六章　根據作者的「新黑洞理論」，從我們宇宙（黑洞）的演變過程的真實狀況，談談作者對宇宙中有關「明物質」、「暗物質」和「暗能量」的不同於主流學者們的看法

3-7　第七章　我們宇宙是否有「加速膨脹＝空間膨脹」？關鍵在於是否有外宇宙的「能量和物質」進入我們宇宙？

3-1 用作者的「新黑洞理論」和公式，推導出精密結構常數 $1/\alpha = F_n/F_e = hC/(2\pi e^2)$ 和狄拉克大數 L_n；L_n 和 $1/\alpha$ 的物理意義

中國古諺語：「他山之石，可以攻玉。」
黑格爾：「無知者是不自由的，因為和他對立的是一個陌生的世界。」

內容摘要：

通過將 1 個氫原子作為模型和對比，可以求出氫原子核上正電子對殼上負電子的電磁力 F_e，對原子核質量與殼上電子質量的引力 F_g 之比，即 $F_e/F_g = L_n = 2.27 \times 10^{39}$ ＝狄拉克大數，這是因為靜電力和引力都同時作用在相同的電子和原子核上，而有著同一個距離 R。迄今為止，物理學家們尚未找到原子核內強核力 F_n 的準確公式和數值。作者用求 L_n 的類比的方法，取某一個特殊的微型黑洞 $M_{bo} = 0.71 \times 10^{14}$ g 作為模型，利用其內部粒子全部夸克化的特性，將兩鄰近核子（夸克）之間的強核力 F_n，與正負電子之間電磁力 F_e 共同作用在相同的夸克之上，而有相同的距離 R，由此可用類比和推論求 L_n 的相同方法，求出 F_n/F_e 之比，可得出公式 $F_n/F_e = 1/\alpha = 137.036$ ＝精密結構常數。

下面是 R・費曼論述精細結構常數（Fine-structure Constant）的一段話：

Richard Feynman: "It has been a mystery ever since it

was discovered more than fifty years ago, and all good theoretical physicists put this number up on their wall and worry about it... It's one of the greatest damn mysteries of physics: a magic number that comes to us with no understanding by man. You might say the 'hand of God' wrote that number, and 'we don't know how He pushed his pencil. ' "

　　精細結構常數將電動力學中的電荷 e、量子力學中的普朗克常數 h、相對論中的光速 C 聯繫起來，是無法從第一性原理出發導出的無量綱常數，其大小為什麼約等於 1/137 至今尚未得到滿意的回答。歷史上很多物理學家和數學家嘗試了各種各樣的方法，試圖推導出精細結構常數的數值，但至今無法得到令人信服的結果。

　　量子電動力學 QED 認為，精細結構常數 $1/\alpha$ 是電磁相互作用中電荷之間耦合強度的度量，表徵了電磁相互作用的強度。精細結構常數的數值無法從量子電動力學推導出，只能通過實驗測定。

　　在描述強相互作用的量子色動力學 QCD 和描述弱相互作用的電弱統一理論中，都有類似量子電動力學 QED 中交換粒子的過程，也具有類似的精細結構常數—耦合常數 $1/\alpha$。

　　在原子核環境下，電子被加速運動所達到的速度，不僅達不到光速 C 的水準；連光速 C 十分之一、百分之一的水準都達不到；有人說，僅僅可以達到光速 C 水準

的 137 分之一。

　　上面所有對精細結構常數的描述和解釋，只是描述它參與到哪些物理過程中，起著某些尚不明確的耦合作用，使人們無法認識其精確的物理意義和定義。但是，我們宇宙是一個對立統一的複雜的整體，許多事物有不同的規律互相聯繫著作用著。它們之間「錯綜複雜」的關係，又是和諧有序的和有「因果關係」的。因此，當人們認識到某些領域出現「新的科學理論或者公式」時，如果它還能夠證明其它領域的已知或未知的理論規律和公式的正確性時，這就會反過來有力地佐證了「新理論和公式」的正確性和可靠性。

　　關鍵字：新黑洞理論；精密結構常數 $F_n/F_e = 1/\alpha = hC/(2\pi e^2) = 137.036$；精密結構常數 $1/\alpha$ 的物理意義；狄拉克大數 $L_n = F_e/F_g = L_n = 10^{39}$；宇宙微型黑洞 $M_{bo} = 0.71 \times 10^{14}$g。

3-1-1　本文中所用的幾個黑洞普遍有效的基本公式

　　下面各式來源於本書前面的 1-1 章。

$$T_b M_b = (C^3/4G) \times (h/2\pi\kappa) \approx 10^{27} \text{gk} \cdots\cdots\cdots\cdots（1a）$$

$$m_{ss} = \kappa T_b/C^2 \cdots\cdots\cdots\cdots\cdots\cdots\cdots\cdots\cdots\cdots\cdots\cdots（1b）$$

$$GM_b/R_b = C^2/2；R_b = 1.48 \times 10^{-28} M_b \cdots\cdots\cdots\cdots（1c）$$

$$m_{ss} M_b = hC/8\pi G = 1.187 \times 10^{-10} \text{g}^2 \cdots\cdots\cdots\cdots\cdots（1d）$$

$$\rho_b R_b^2 = 3C^2/(8\pi G) = \text{Constant} = 1.61 \times 10^{27} \text{g/cm} \cdots（1m）$$

M_b—黑洞的總質能量；R_b—黑洞的視界半徑，T_b—黑

洞的視界半徑 R_b 上的溫度，m_{ss}—黑洞在視界半徑 R_b 上的霍金輻射的相當質量，ρ_b—黑洞的平均密度，κ—波爾茲曼常數 $= 1.38 \times 10^{-16} g*cm^2/s^2*k$，G—萬有引力常數 $= 6.67 \times 10^{-8} cm^3/(s^2 g)$，C—光速 $= 3 \times 10^{10} cm/s$；h—普朗克常數 $= 6.63 \times 10^{-27} gcm^2/s$；電荷電量—e $= 4.80325 \times 10^{-10} esu = 1.602210^{-19} C$（Coulomb）。

3-1-2 精密結構常數 $1/\alpha$ 可定義為 $1/\alpha = hC/(2\pi e^2) = 137.036$，並可得出精確的公式如下：

$$1/\alpha = hC/(2\pi e^2) = 137.036 = F_n/F_e \cdots\cdots\cdots\cdots\cdots (2a)$$

注意：本文中所用的核力 F_n，靜電力 F_e，引力 F_g 只是為求其相對應的核力 Fn，靜電力 Fe，引力 Fg 之比而用，它們並不是真正的核力，靜電力，引力。而宇宙中真正的基本力應該是核力 Fn，靜電力 Fe，引力 Fg，即，

$$Fn = F_n/R_n^2，Fe = F_e/R_e^2，Fg = F_g/R_g^2 \cdots\cdots\cdots\cdots (2b)$$

R 是產生作用力的二粒子之間的距離。

在上面（2a）中，其計算數值如下，

$$1/\alpha = hC/(2\pi e^2) = 6.626 \times 10^{-27} \times 2.998 \times 10^{10}/[2\pi(4.80325 \times 10^{-10})^2] = 137.0368 \approx 137.036 \cdots\cdots\cdots\cdots (2c)$$

下面，讓我們來逐步推導出（2a）式即可。

作者在下面就是要利用一個特定的微型黑洞 $M_{bo} = 0.71 \times 10^{14} g$，其內部是純粹夸克的特性，求出夸克之間的作用力（核力）F_n 與靜電力 F_e 之比，即 $F_n/F_e = 1/\alpha = 137.036$。

3-1-3　用一個氫原子作模型求出 $F_e/F_g = L_n = 2.27 \times 10^{39} = $ 狄拉克大數。

先來回顧一下拉克的大數 L_n 是怎樣來的。按照狄拉克的「大數假說」的觀念，求電磁力 F_e 與萬有引力 F_g 之比 $F_e/F_g = L_n$。

以氫原子作為模型，質子質量 $m_p = 1.6727 \times 10^{-24}$g，電子質量 $m_e = 9.1096 \times 10^{-28}$g，電子電量 $e^+ = e^- = 1.602 \times 10^{-19}$C，R 是正負電子之間的距離，萬有引力常數$G = 6.6726 \times 10^{-8}cm^3/s^2_*$g，實驗測定的比例常數 $k = 9.0 \times 10^9$N · m^2/C^2。由於 F_e 與 F_g 在氫原子中的 R 相同，因此有，

$F_g = Gm_p m_e/R^2 = 6.6726 \times 10^{-8} \times 1.6727 \times 10^{-24} \times 9.1096 \times 10^{-28}/R^2 = 101.67 \times 10^{-60}/R^2$ ⋯⋯⋯⋯⋯⋯⋯⋯⋯⋯⋯（3a）

$F_e = ke^2/R^2 = 9.0 \times 10^9$N · m^2/C$^2 \times (1.6022 \times 10^{-19}C)^2/R^2 = 9.0 \times 10^9 \times 10^5 \times 10^4 \times (1.6022 \times 10^{-19}C)^2/R^2 = 23.10 \times 10^{-20}/R^2$⋯（3b）

$\therefore L_n = F_e/F_g = 23.10 \times 10^{-20}/101.67 \times 10^{-60} = 2.27 \times 10^{39}$⋯（3c）

（3c）式表明，在同時帶電和引力的一電子和質子的距離都為 R 時，無量綱常數 $L_n = F_e/F_g = ke^2/Gm_p m_e = 2.27 \times 10^{39}$。

3-1-4　宇宙微黑洞 $M_{bo} = 0.71 \times 10^{14}$g 的特性：由純夸克組成。

按照著名的霍金黑洞熵的公式（4a），任何一個恆星在塌縮過程中，熵總是增加而信息量總是減少的。假設 S_b—恆星塌縮前的熵，S_a—塌縮後的熵，M_θ—太陽質量 =

$2×10^{33}$g，

$S_a/S_b≈10^{18}M_b/M_θ$ ···（4a）

Jacob Bekinstein 指出，在理想條件下，$S_a＝S_b$，就是說，如果熵在恆星塌縮的前後不變。這樣，就從（4a）式得出一個小黑洞 $M_{bs}≈2×10^{15}$g。它被稱為宇宙的原初小黑洞 $＝M_{bs}$，其 $R_{bs}=3×10^{-13}$cm，其密度 $ρ_{bs}≈1.8×10^{52}$g/cm^3。

但為了下面的計算方便，取一個特殊的微型黑洞 $M_{bo}=0.71×10^{14}$g 作為求 $1/α$ 的計算模型。

由前面的（1a）、（1b）、（1c）、（1d）式，在 $M_{bo}=0.71×10^{14}$g 的情況下，得出其視界半徑 $R_{bo}=1.05×10^{-14}$cm；視界半徑 R_{bo} 上的溫度 $T_{bo}=1.09×10^{13}$k；視界半徑上的霍金輻射的相當質量 $m_{sso}=P_m=1.67×10^{-24}$g＝質子質量；黑洞內平均密度 $ρ_{bo}=1.5×10^{55}$g/cm^3；該黑洞內總質子數 n_p，

$n_p=M_{bo}/m_{sso}=0.71×10^{14}/1.67×10^{-24}=0.425×10^{38}$······（4b）

從 Bekinstein 對恆星塌縮的前後熵不變的解釋可以得出有重要意義的結論。

Bekinstein 對霍金公式（4a）只作了一個簡單的數學解釋，使其能夠和諧地成立。<u>但是沒有給出其中的恰當的物理意義</u>。作者認為，（4a）應該用於解釋恆星塌縮過程中有重要意義的物理含意。

首先，（4a）表明黑洞在密度＜$ρ_{bs}=1.8×10^{52}$g/cm^3 的恆星在塌縮過程中是不等熵的。這表示質子作為粒子，在其密度＜$1.8×10^{52}$g/cm^3 的情況下，能夠保持質子的結構沒有被破壞而分解為夸克，所以質子才有熱運動、摩擦、能量

交換等所造成的額外熵的增加。但質子仍然由三夸克 uud 組成。其次，既然密度從大於 $1.8×10^{52}g/cm^3$ 到 $10^{93}g/cm^3$ 的改變過程中，不管是膨脹還是收縮，熵沒有額外的增加，證明這就是理想過程。因此，質子必須解體而不再作為粒子，質子在此過程中只能分解為夸克。換言之，夸克就是沒有熱運動和摩擦可在密度 $>1.8×10^{52}g/cm^3～10^{93}g/cm^3$ 之間作理想過程的轉變的。

重要的結論：由於微型黑洞 $M_{bo}=0.71×10^{14}g$ 的平均密度 $\rho_{bo}=1.5×10^{55}g/cm^3$ 大於 $\rho_{bs}≈1.8×10^{52}g/cm^3$，而溫度高達 $T_{bo}=1.09×10^{13}k$。因此，黑洞內部已是理想狀態，其內部所有的 $n_p=0.425×10^{38}$ 個質子都是非粒子狀態的純粹的夸克，沒有非夸克的質子存在。因此所有被囚禁在該黑洞內的質子都由被囚禁在質子內的夸克組成，在如此高溫之下，所以任意二個相鄰夸克之間的作用力必然由最強大的核力來維持。

由於近代物理學對夸克模型的結構和運動狀態的認識並不完全清楚，下面只對夸克模型與本文有關方面作簡短的描述一下：1.*根據近代粒子物理學和量子色動力學（QCD）理論認為，夸克都是被囚禁在粒子（質子或重子）內部，不可能存在單獨自由的夸克。2.*一個質子由三個夸克 uud 組成，三夸克之間的強核力將他們捆綁在一起。但每個夸克有自己的一種固有的顏色，三個夸克各有紅 R 綠 G 藍 B 的三種顏色，三種不同顏色共同構成白色，才能共同存在組成一個質子而不能分開，這就是「夸克囚禁」現

象，是泡利不相容定律的表現，「色」是夸克強作用「核力」的根源。三夸克之間既有排斥力（離心力），也有吸引力（核力），還有相對較小的電磁力，使三者能保持一定的距離，以維持三者的動態穩定平衡，永不分離。3.*二個上夸克 uu 各帶有電荷 $2e^+/3$，而一個下夸克帶有電荷 $1e^-/3$，以維持質子內電力為 e^+。4.*每個夸克上都同時具有強核力 F_n 和電力 F_e，而二種力的作用距離 R_k 應該是同一的。這就使得求 F_n/F_e 變得簡易可行。

3-1-5　求夸克之間的核強力力 F_n 與一對正負電子之間的靜電力 F_e 之比，即 F_n/F_e

　　上面已經論證了微型黑洞 $M_{bo}=0.71\times10^{14}g$ 內部是全部由夸克化的質子組成的。其霍金輻射粒子 $m_{sso}\approx1.67\times10^{-24}g$ $=m_p=$質子質量，R_{bo} 是其視界半徑，R_k 是質子內夸克之間的距離，由（1d）—$m_{ss}M_b=hC/8\pi G$，可變為（5a）：

$$4Gm_{ss}M_b=hC/2\pi \cdots\cdots\cdots\cdots\cdots\cdots\cdots\cdots\cdots\cdots\cdots（1d）$$

$$4GM_{bo}m_{sso}/R_{bo}{}^2=hC/2\pi R_{bo}{}^2=(hC/2\pi R_k{}^2)\times(R_k{}^2/R_{bo}{}^2)\cdots（5a）$$

　　令 M_b 對 m_{ss} 的引力為 Fg；

$$Fg=F_g/R_{bo}{}^2=4GM_{bo}m_{sso}/R_{bo}{}^2\cdots\cdots\cdots\cdots\cdots\cdots\cdots（5ba）$$

　　令離心力 $Fc=hC/2\pi R_{bo}{}^2=(hC/2\pi R_k{}^2)\times(R_k{}^2/R_{bo}{}^2)$

$$=Fn\times(R_k{}^2/R_{bo}{}^2)\cdots\cdots\cdots\cdots\cdots\cdots\cdots\cdots\cdots（5bb）$$

　　令夸克之間的核力 $Fn=F_n/R_k{}^2=(hC/2\pi)/R_k{}^2\cdots（5bc）$

　　於是，$Fn/Fg=R_{bo}{}^2/R_k{}^2\cdots\cdots\cdots\cdots\cdots\cdots\cdots\cdots\cdots（5bd）$

　　令作用在夸克之間的電磁力為 Fe；

$Fe＝F_e/R_k^2＝e^2/R_k^2$ ···（5c）

從（5a）式可見，其左邊的（5ba）式中，$Fg＝F_g/R_{bo}^2$ ＝$4GM_{bo}m_{sso}/R_{bo}^2$ 即是黑洞 M_{bo} 在其視界半徑 R_{bo} 上對霍金輻射 m_{sso} 的引力；在（5a）右邊的（5bb）中，$Fc＝hC/2\pi R_{bo}^2$ ＝（$hC/2\pi R_k^2$）×（R_k^2/R_{bo}^2）是霍金輻射量子 m_{sso} 在其視界半徑 R_{bo} 上以光速 C 作圓周運動的離心力 Fc；由於光速 C 是任何量子作圓周運動的離心力的最高速度，因此，在黑洞內，當質子分解為夸克後，一個夸克作為量子，在圍繞其中心的另外一個夸克作圓周運動時的離心力 Fn 也應該為（5bc）中的 $Fn＝F_n/R_k^2＝$（$hC/2\pi$）$/R_k^2$。如果質子中的三個夸克 uud 排成一條直線為（u—d—u）作圓周運動，夸克 u 圍繞 d 作圓周運動的離心力 Fn 就應該為（5bc）中的 $Fn＝F_n/R_k^2＝$（$hC/2\pi$）$/R_k^2$，R_k 即是 u 和 d 之間的距離，因為 u 上各有 $2e^+/3$，而 d 上有 $e^-/3$。<u>由於各種夸克上都有 e^+ 和 e^- 電子的電（引）力 Feg 和離心力 Fe，它們都比強核力 Fn 小於 1/100 還多，當然離心力 Fn 主要不是平衡 Fe，而是平衡強核力的夸克之間的引力，就應該是核強引力 $Fng＝Fn$。就是說，夸克的動平衡主要是其 Fng 與 Fn 的平衡，而 e^+ 和 e^- 的動平衡應該是 Feg 和 Fe 的動平衡，它相對於夸克之間的平衡來說，要小二個數量級。二種動平衡是結合在一起的，因為每一個夸克上必定有相應的電子。</u>由於鄰近二夸克同時作用著核力 $Fn＝Fng$ 與電力 $Fe＝Feg$，而有同樣的距離 R_k，因此，$Fn/Fe＝Fng/Feg＝$〔$hC/2\pi$）$/R_k^2$〕$/$〔e^2/R_k^2〕$＝F_n/F_e＝hC/2\pi e^2＝137.036＝1/\alpha$ ……（5d）

$\therefore$（5d）$\equiv$（2a）$\cdots\cdots\cdots\cdots\cdots\cdots\cdots\cdots\cdots\cdots\cdots\cdots\cdots\cdots$（5e）

上面（5d）、（5e）式就是證明的結果和結論。

而　$F_n/F_g = F_n/F_e \times F_e/F_g = 1/\alpha \times L_n = L_n/\alpha =$ $2.27 \times 10^{39} \times 137.036 = 3.11 \times 10^{41} \cdots\cdots\cdots\cdots\cdots\cdots\cdots\cdots$（5f）

下面再作進一步的論證。

首先，從（5ba）、（5bb）、（5bc）式中的各項來看，$4GM_{bo}m_{sso} = F_n = hC/2\pi$，兩邊除以 R^2 後，從（5bb）可見，就是一種黑洞對霍金輻射的引力與其離心力的平衡。從黑洞的性質來看，這種離心力（核強力）F_n 比（2b）、（5d）式中的 $F_e = ke^2 = 23.10 \times 10^{-20}$ 的引力還要大 100 倍以上，而且作用在充滿純粹夸克的 M_{bo} 內，每一個夸克上都作用著相同的核力 $F_n = F_{ng}$ 和電力 $F_e = F_{eg}$ 而有相同的 R_k。再聯想到質子內夸克的禁錮問題，當 R_k 增大時，由於 $F_n = hC/2\pi$ =常數，而（$F_{ng}+F_{eg}$）/F_n 的比值就變小了，不平衡了，這可能就是夸克被永久地禁錮在質子內的原因吧。因此，不得不使人們相信 $F_n = hC/2\pi = F_{ng}$（不同顏色夸克之間的強核引力）就代表質子內夸克之間的核力。2.*必須指出，（5a）式只有在黑洞的情況下才成立，在非黑洞時，$4GM_{bo}m_{sso} \neq$常數。可見只有用純粹質子小於等於 M_{bo} 的黑洞模型才能求出 $F_n = hC/2\pi$。其次，$F_n = hC/2\pi$ 對不同的黑洞都成立，但不同黑洞內的質子內的夸克之間有不同的 R_k，所以 $Fn = F_n/R_k^2$ 對不同的黑洞是不相同的。3.*由於黑洞內全部粒子都已經夸克化，不存在別的非夸克粒子，這才使得 F_n，F_{ng}，F_e 能分別表示任何兩鄰近夸克之間的核力

和電力。

　　第二，驗證（5a）式 $4GM_{bo}m_{sso}=F_n=hC/2\pi$，

　　先變為 $4GM_{bo}m_{sso}/F_e=F_n/F_e=hC/2\pi e^2$，於是

$4GM_{bo}m_{sso}/F_e=4\times6.67\times10^{-8}\times0.71\times10^{14}\times1.67\times10^{-24}/23.1\times10^{-20}$

$=137.036=F_n/F_e$

　　$\therefore F_n/F_e=hC/2\pi e^2=1/\alpha=137.036$ ·················（5g）

　　上面無論從公式推導，還是從數值計算上都證實了（5d）≡（2a）＝（5g）的正確性。

　　現代核子物理學中，科學家們僅僅大概地估計出 $F_n/F_e\approx10^2$。更沒有認識到和找出精密結構常數 $1/\alpha$ 的物理意義就是 F_n/F_e。作者現在最先以微黑洞 $M_{bo}=0.71\times10^{14}$g 內部是全部由夸克化的質子組成，而用類比法推導出了（5d）≡（2a）＝（5g）。

　　第三，由前面的（2b）式，可知在這 $M_{bo}=0.71\times10^{14}$g 的微型黑洞內，真正的核力 Fng，靜電力 Feg，如果二夸克之間引力是 F_{ng}，它應該就是夸克之間的「核力」，或者稱之為「色力」，它等於夸克之間的離心力 Fn。

　　$Fng=Fn，F_{ng}=F_n；Feg=Fe，F_{eg}=F_e$ ·············（5ga）

　　$Fn=F_n/R_k^2=hC/2\pi R_k^2=3.17\times10^{-17}/R_k^2=Fng$···（5gb）

　　$Fe=F_e/R_k^2=e^2/R_k^2=2.31\times10^{-19}/R_k^2=Feg$·······（5gc）

　　$Fng=F_{ng}/R_k^2$···（5gd）

　　在這裡，R_k 應是二個鄰近的夸克之間的距離。

　　前面已經得出微型黑洞 M_{bo} 的 $R_{bo}=1.05\times10^{-14}$cm，$n_p=0.425\times10^{38}$，由 $n_pR_k^3=R_{bo}^3$，因此可得出下面的（5gf）

式，$\therefore R_k = 3 \times 10^{-27}$cm ·················· （5gf）

第四，強力 Fn 有多強？

由（5gf），$R_k^2 \approx 9 \times 10^{-54}$cm，則強力和電磁力分別為，

$Fn = hC/2\pi R_k^2 = 6.626 \times 10^{-27} \times 2.998 \times 10^{10}/(2\pi \times 9 \times 10^{-54})$
$= 0.3515 \times 10^{37}$dyne

$Fe = e^2/R_k^2 = 23.1 \times 10^{-20}/9 \times 10^{-54} = 2.567 \times 10^{34}$ dyne。

驗證，$F_n/F_e = Fn/Fe = 136.92 \approx 137.036 = 1/\alpha$ ········（5g）

第五，令 F_{Mm} 是黑洞 M_{bo} 對 m_{sso} 引力，於是，

$F_{Mm} = 4GM_{bo}m_{sso}/R_{bo}^2 = 4 \times 6.67 \times 10^{-8} \times 0.71 \times 10^{14} \times 1.67 \times 10^{-24}/$
$(1.05 \times 10^{-14})^2 = 3.17 \times 10^{-17}/(1.05 \times 10^{-14})^2 =$
2.88×10^{11}dyne ·························（5h）

必須對「$F_{Mm} = 4GM_{bo}m_{sso}/R_{bo}^2$」作重點的解釋。在牛頓力學中，$M_{bo}$ 是質量集中在其中心的集中力，所以 $F_{Mm} = GM_{bo}\ m_{sso}/R_{bo}^2$。但在黑洞裡，來源於廣義相對論（1c）（1d)的 M_{bo} 的質量是分佈在整個黑洞的空間的，所以 $F_{Mm} = 4GM_{bo}m_{sso}/R_{bo}^2$（參見 1-2-5）。這說明分散質量的引力大於集中質量對同一粒子的引力。

3-1-6 再用純粹質子組成的微型黑洞 $M_{bo} = 0.71 \times 10^{14}$g 作模型，求出狄拉克大數 $F_e/F_g = L_n = 2.27 \times 10^{39}$。

由前面幾節可知，M_{bo} 由純質子組成，互相緊貼著的每個質子帶 1 個正電荷 e^+，而作為自由電子的負電子 e^-，只能因互相排斥集合在黑洞視界半徑 R_{bo} 的內側球面，這種情況與氫原子很相似，而為人們提供了一個再次驗證狄

拉克大數的好模型。由於 $M_{bo}=n_pP_m$，$m_{ss}=P_m=m_e×P_m/m_e=1836m_e$。再由公式（1d）—$m_{ss}M_{bo}=hC/8πG=1.187×10^{-10}g^2$，可變為，$GM_{bo}m_{ss}/R^2=hC/8πR^2$ ························（6a）

由於 M_{bo} 內的 n_p 個質子中，每個質子 P_m 都有一個正電荷 e+和一個質子的引力，因此，在 M_{bo} 內，引力的分佈和電力的分佈情況是相同的，這就使得人們可以認為 M_{bo} 的總引力與總電力對在 R_b 上的任何一個負電子 e$^-$ 的作用距離有同樣的 R。因此，轉換（6a）式後，

$Gn_pP_m1836m_e/R^2=hC/(8πR^2)$ ····················（6b）

同理，$n_pe^+e^-/R^2=n_pF_e/R^2$ ··························（6c）

由（6b），一個 P_m 對一個電子的引力 $F_g=GP_mm_e=hC/(1836×8πn_p)$，於是，

$F_g=hC/(1836×8πn_p)=6.63×10^{-27}×3×10^{10}/(8π1836×0.424×10^{38})=101.7×10^{-60}$ ····················（6d）

可見，（6d）$≡$（3a）····························（6e）

由於 F_e 仍然為 $F_e=23.07×10^{-20}$ ····················（3b）

$F_e/F_g=23.07×10^{-20}/101.7×10^{-60}=2.27×10^{39}$ ······（3c）

上面 $F_e/F_g=2.27×10^{39}$ 與（3c）中的結果絲毫不差，這反過來驗證了「新黑洞理論」及其公式的正確性。

3-1-7 進一步的分析和結論

一、由前面的幾節可知，因微型黑洞 $M_{bo}=0.71×10^{14}g$ 的密度已經$≈10^{56}g/cm^3$，其內部完全為 n_p 個質子分裂成的夸克組成。又由於（5d）$≡$（2a），可見，精密結構常數 1/α

就是二個相鄰夸克之間的核強力 $F_n＝F_{ng}$ 對其靜電力 $F_e＝F_{eg}$ 之比，即 $F_{ng}/F_{eg}≡1/α$，與 $F_e/F_g＝L_n$ 完全類似。顯然，F_{ng} 與 F_{eg} 有共同的距離 R_k，而作用在相同的相鄰夸克上，故（5d）式，1/α＝F_{ng}/F_{eg}＝精密結構常數的結論應該是合理和正確的。

　　二、由於作者首先證實了微型黑洞 M_{bo} 內部的質子全部夸克化後， F_{ng} 與 F_{eg} 才會作用在相同的夸克粒子上，有共同的 R_k，才能簡易地作出有普適性的對比。

　　三、正如 $F_e/F_g＝2.27×10^{39}＝L_n$，可類似的得出了 $F_n/F_e＝137.036＝1/α$。既然 L_n 可認為是 F_n 與 F_e 的耦合係數。那麼，α 就可以看成是原子核內強核力 $F_n＝F_{ng}$ 與電磁力 F_e 的耦合係數。α 作為一個特定的無量綱常數，應該有普遍的意義。

　　四、然而，由於強力 F_n 至今還未被科學家們清楚地認知和推導出正確的計算公式，要在不久的未來，$F_n/F_e＝F_{ng}/F_{eg}＝ hC/2πe^2＝137.036＝1/α$ 的（5d）式被科學家們認識到是一個準確的等式，還是相當困難的，因為很難在未來短期內製造出新的儀器，能觀測到夸克的內部結構和運動方式。

　　五、由於有人說，在原子核環境下，電子被加速運動所達到的速度，不僅達不到光速 C 的水準；連光速 C 十分之一的水準、百分之一的水準都達不到；僅僅可以達到光速 C 水準的 137 分之一。據此，（5d）—Fn/Fe＝$F_n/F_e＝hC/2πe^2＝137.036＝1/α$ 可以改寫為：

$$\alpha F_n/F_e = F_n/F_e = h\alpha C/2\pi e^2 = 1 \quad\cdots\cdots\cdots\cdots\cdots\quad (7a)$$

六、本文用《新黑洞理論和公式》準確地推導出 $1/\alpha$ $=F_n/F_e=F_{ng}/F_{eg}=hC/\left(2\pi e^2\right)$ 後，同時也驗證了作者《新黑洞理論和公式》的正確性。

七、夸克之間的引力 $F_{ng}=hC/2\pi$ 是其間電荷引力 F_{eg} 的 137.036 倍，那麼，維持夸克之間穩定的，就應該是夸克的色力—強核引力，即色力 F_{ng}。因此，$1/\alpha$ 就成為強核力與電力之間的耦合係數。

八、自由中子的壽命約 15 分鐘,中子的結構為(d—u—d)，而質子的結構為（u—d—u），由於上夸克 u 的質量稍微比下夸克 d 輕一點點，異性夸克引力和電引力是相同的，但中子內 d 產生的的離心力稍大於質子內 u 產生的的離心力；由於光速 C 是一定的，所以（$hC/2\pi$）是一定的，為了維持各自的動平衡，中子內夸克之間的距離 R_{kn} 就應該稍微大於質子內夸克之間的距離 R_{kp}，這可能是造成自由中子會在 15 分鐘內迅速解體的原因。請看，當中子與質子配合在一起時，其上下夸克的引力和電引力配合得多麼好，中子的壽命就極大地增長了。

十、$hC/2\pi$ 還有那些物理意義？在本文中,從公式（1c）（1d）可見，$hC/2\pi$ 表示黑洞的霍金輻射量子 m_{ss} 以光速 C 運動所擁有的能量。

再從 $hC/2\pi=I_oC$，表示任何輻射能就是以光速 C 行進的信息量。

＝＝＝＝＝＝＝＝＝＝＝全文完＝＝＝＝＝＝＝＝＝＝＝

參考文獻：

1.王永久，《黑洞物理學》，公式（4.2.35），湖南師範大學出版社，2000 年 4 月。

2.蘇宜，《天文學新概論》，華中科技大學出版社，中國，武漢，2000 年 8 月。

3.本書前面 1-2 章。

4.張洞生，《黑洞宇宙學概論》，臺灣，蘭臺出版社，2015 年 11 月，ISBN：978-986-5633-13-1。

5.向義和，《大學物理導論》，清華大學出版社，北京，1999 年 7 月。

3-2　對宇宙「原初黑洞 $M_{bo} \approx 10^{15}g$」的探討

＝＝對霍金有關「原初黑洞」一些觀點的評論＝＝

> 黑格爾：「我首先要求諸君信任科學，相信理性，信任自己，並相信自己。」
> 荀子：「天行有常，不為堯存，不為桀亡。」

前言：

霍金定義的「原初黑洞」不可能存在於宇宙空間

一、早在 1971 年，霍金首先提出了「原初黑洞」（primordial black hole）的概念，又稱為「太初黑洞」，它是一種在現實宇宙中假想的黑洞類型。霍金認為這類黑洞不是由大質量恆星的「引力坍縮」形成的，就是說不是「次生黑洞」，而是來源於宇宙誕生時的「奇點大爆炸」後，在宇宙形成的初期，暴漲時物質的超高密度在高速膨脹時，**「最小的是由一座山收縮而成的，如 $M_{bo} \approx 10^{15}g$，其體積僅相當現在的一顆基本粒子。」**霍金認為在宇宙大爆炸發生之際，各種質量的黑洞都是有可能生成的。

上面都是霍金文章中的話。其中，只有那一小段粗體字的話，作者是不同意的，認為是不可能「收縮」成為「原初黑洞」存在於宇宙空間的。因此，他誤認為在宇宙空間裡，目前仍可能存在著「原初黑洞」。

上世紀 70 年代，科學家們大約花了十年時間，在宇宙空間遍尋「原初黑洞」，一點蹤跡也沒有發現。

直到最近 2017 年 09 月 07 日 09:00，UCLA 的物理學家在《Physical Review Letters》期刊上發表了兩篇論文，提出了原始黑洞的新理論，認為原始黑洞是指宇宙最早形成的一批黑洞，但天體物理學家對原始黑洞是在創世大爆炸發生不到一秒時間內形成，還是最早一批恆星死亡期間形成的存在長期爭議。UCLA 物理學家提出了一種新理論認為「原始黑洞」是大爆炸發生後不久在恆星還沒有閃爍前形成的。

作者認為原始黑洞不能在最早一批恆星死亡期間形成，只能在宇宙誕生的早期，在宇宙年齡 Au＝1 秒時間內短暫的形成，而後轉瞬變大消失，不可能收縮而殘存在宇宙空間。

二、對宇宙中是否存在著「原初黑洞」的認識，其實反映主流學者們，即「宇宙大爆炸標準模型」的信奉者們，和「黑洞宇宙模型」論的作者，對宇宙膨脹的認識有本質的區別。

「宇宙大爆炸標準模型」的學者們，即信奉 GRE 的世界上的主流學者們，只能認為宇宙在「大爆炸」發生後，就是一個「封閉系統（定量）的絕熱膨脹」，就像「放煙火」一樣的爆炸，在空間會形成密度「很不均勻的五顏六色」的碎片。因此，他們堅信一些大碎片會收縮成為「原初黑洞」可以存留在宇宙空間。

作者在前面「新黑洞理論」的許多文章中，已經論證了，我們宇宙誕生於無數均勻的緊貼在一起的最小黑洞

$M_{bm} = m_p = 10^{-5}g$，其誕生時的密度為宇宙的最高密度 $10^{93}g/cm^3$，當時我們的宇宙只有一個原子的大小，半徑約 $10^{-13}cm$，而 M_{bm} 以後不斷地合併造成整體宇宙內的最小黑洞，由小到大連續的以光速 C 按照史瓦西公式的快速膨脹，它完全符合哈勃定律。當無數的緊貼著的最小黑洞 $M_{bm} = m_p = 10^{-5}g$ 合併長大到成為很小的「原初黑洞」＝ $M_{bo} \approx 10^{15}g$ 時，此時不過是宇宙年齡約為 $A_u \approx 10^{-23}s$，宇宙密度 $\approx 10^{53}g/cm^3$，它們在宇宙整體均勻和極快速膨脹過程中，所暫態形成無數緊貼著的、有均勻地極高密度和溫度的、各種同等質量同等密度和溫度的「原初黑洞」，只會隨著宇宙快速均勻地膨脹，而「轉瞬即逝」，極快地合併成許許多多稍大的「原初黑洞」，不可能如霍金所說，其中有個別「原初黑洞」，可以對抗宇宙整體膨脹的慣性，會脫離整個宇宙膨脹的大潮流大環境，而脫離宇宙整體，孤立地逃出來收縮生成各種大小的「原初黑洞」，然後能在宇宙空間單獨地存留下來，以造成宇宙的密度和溫度極不均勻的情況。它不符合我們宇宙在輻射時代 Radiation Era 結束以前，宇宙在高密度高溫下均勻的膨脹演變的實況，當時宇宙在任何時刻，各處的溫度和密度，都是達到暫時的熱動平衡的。這也是宇宙在任何時刻的哈勃常數有同一個數值的原因。宇宙的微波背景輻射圖表明，在宇宙年齡約 400,000 年時的輻射時代結束前，整個宇宙中各處的密度和溫度的各向差異是極其微小的，是在極其均勻和快速的膨脹著的，毫無許多不同的高密度的「原初黑洞」存留在膨

脹後的宇宙空間的跡象。

至於近 20 年來，NASA 的科學家們觀測到宇宙早期的 X 射線和紅外線背景的異常分佈，發現背景光中存在大量斑塊分佈，這是宇宙早期 40 萬年的「輻射時代」結束後，進入「物質占統治時代」時，約五億年時形成的第一代恆星和黑洞所造成的宇宙極大地不均勻的結果，是「次生黑洞」，而絕不是宇宙年齡在 $A_u = 1$ 秒內產生的「原初黑洞」造成的。

另外，1902 年，英國天文學家 Kings 曾經計算過，星系或者恆星形成，必須具有最低質量，稱之為金斯質量。當溫度高於 3000k 時，輻射壓力很大，自由電子還不能與質子結合成原子，金斯質量會大到星系質量的 100 萬倍。現有的星系和星系團都達不到這樣大的質量。因此，「原初黑洞」根本不可能在「輻射時代」前形成，更不可能形成後殘存在宇宙空間。而且，宇宙溫度達到 3000k 時，已經是宇宙年齡大約在約 $A_u = 100$ 萬年之時，這已經是宇宙進入物質和輻射能分離的「物質占統治的時代」了。

三、當宇宙的年齡到達 $A_u = 1$ 秒時，「原初黑洞」的質能量 M_{bo} 增長到 $M_{bo} = 10^{38}g$，其密度高達約為 $\rho_{bo} \approx 10^6 g/cm^3$，按照公式（1c）—$2GM_b = R_b C^2$；微分（1c）後，$2GdM_b = C^2 dR_b$，當 $dR_b = Cdt_u$ 時，如果 $dt_u = 1\ second$，

$$dM_b = C^3/2G = 2 \times 10^{38}g = 10^5 M_\theta \cdots\cdots\cdots\cdots（1cc）$$

（1cc）就是霍金將 dM_b 規定為 $M_{bo} \approx 10^{15}g \sim 10^{38}g$ 為「原初黑洞」範圍的原因，即宇宙誕生時的「最小黑洞 $M_{bm} =$

10^{-5}g」在 1 秒時間內以光速 C 膨脹而合併其它 10^{43} 個 M_{bm} 的結果，而成為 $M_{bo} \approx 10^{38}$g「原初黑洞」，這比太陽的質量 M_θ 還要大 10 萬倍呢。此時，宇宙還在快速以光速 C 膨脹，如果按照霍金等主流學者們的觀點，這些個巨大的 $M_{bo} \approx 10^{15}$g~$10^5 M_\theta$「原初黑洞」應該在宇宙空間廣泛地存在著，因為它們的壽命約 300 億年~10^{70} 億年，遠遠大於我們宇宙的年齡 137 億年。更為重要的是，其中 $3M_\theta$~$10^5 M_\theta$ 的「原初黑洞」如果能夠形成，會造成微波背景輻射圖呈現許多不均勻斑塊，這不符合微波背景輻射的實際。而那些小於 $3M_\theta$ 的許許多多的「原初黑洞」是不可能形成恆星級黑洞的，他們的壽命也遠大於宇宙的年齡，但是在宇宙空間也探測不到他們的蹤跡。

　　四、結論：不僅在宇宙誕生後的一秒前，而是約 40 萬年前，即輻射時代 Radiation Era 結束以前，宇宙一直處於混沌狀態，物質與能量並未退耦，它們在快速地互相轉變，宇宙的溫度密度每刻都是非常均勻的，處在暫態的平衡狀態，在宇宙整體每時刻都在快速膨脹的狀態下，不可能有各個孤立的「原初黑洞」有能力擺脫宇宙整體快速膨脹的慣性和大趨勢，而逃脫出來收縮成殘存於宇宙空間的「原初黑洞」。

　　本文的目的將注重論述現今宇宙中不存在的「原初黑洞 primordial black hole」之一 $M_{bo} \approx 10^{15}$g 的許多特性。以此作為例子，示範如何利用作者「新黑洞理論」中的公式，以數值計算來定量地解釋和解決黑洞和宇宙學中的一些問

題。

關鍵字：宇宙起源於無數最小黑洞M_{bm}＝m_p＝$1.09×10^{-5}$g；原初黑洞 primordial black hole；一種微型「原初黑洞」M_{bo}≈10^{15}g 的特性；宇宙符合哈勃定律的膨脹過程就是無數「原初黑洞」不停地合併和以光速 C 膨脹的過程。

3-2-1 「新黑洞理論」的普遍有效的六個公式

在本書最前面的 1-1-1 一文中，作者提出任何「球對稱、無旋轉、無電荷」的史瓦西黑洞 M_b 在其視界半徑 R_b 上的六個普遍有效的基本公式，不管是「原生黑洞」，還是「次生黑洞」，它們都必須符合下面黑洞的六個公式，都有相同的特性。

$$T_b M_b＝（C^3/4G）×（h/2\pi\kappa）≈10^{27}gk \cdots\cdots\cdots\cdots（1a）$$

$$E＝m_{ss}C^2＝\kappa T_b＝Ch/2\pi\lambda_{ss}＝\nu_{ss} h/2\pi\cdots\cdots\cdots（1b）$$

$$M_b/R_b＝C^2/2G＝0.6747×10^{28}g/cm\cdots\cdots\cdots\cdots\cdots（1c）$$

$$m_{ss}M_b＝hC/8\pi G＝1.187×10^{-10}g^2\cdots\cdots\cdots\cdots\cdots（1d）$$

$$m_{ssb}＝M_{bm}＝m_p＝（hC/8\pi G）^{1/2}＝1.09×10^{-5}g\cdots\cdots（1e）$$

$$\tau_{bo}＝10^{-27}M_{bo}^3\cdots\cdots\cdots\cdots\cdots\cdots\cdots\cdots\cdots\cdots\cdots（1f）$$

$$\rho_b R_b^2＝3C^2/（8\pi G）＝1.6×10^{27}g/cm\cdots\cdots\cdots\cdots（1m）$$

（1a）式是霍金的黑洞在 R_b 上的溫度 T_b 的公式；（1b）式是霍金輻射 m_{ss} 的質－能互換公式；（1c）式—是史瓦西對廣義相對論方程的特殊解；（1d）、（1e）、（1m）是作者新推導出黑洞在 R_b 上有效的公式；這些公式都是對任何黑洞普遍有效的公式。

3-2-2 人類在宇宙空間沒有找到霍金所說的任何「原初黑洞」的蹤跡；如果它們真的存在，根據「新黑洞理論」，就可以探測到它們有規律性地發射γ-射線或者電磁波的霍金輻射 m_{ss}。宇宙「原生（始）黑洞」與「次生黑洞」的區別。

「原初黑洞 $M_{bo} \approx 10^{15}g$」的壽命，霍金黑洞的壽命公式；$\tau_{bo} = 10^{-27} M_{bo}{}^3$ ⋯⋯⋯⋯⋯⋯⋯⋯⋯⋯⋯⋯⋯（1f）

$m_{ss} M_b = hC/8\pi G = 1.187 \times 10^{-10} g^2$ ⋯⋯⋯⋯⋯⋯⋯⋯⋯（1d）

對（1f）微分，令 $dM_{bo} = 1 m_{ss}$，再根據（1d）式得，黑洞發射兩個相鄰的霍金輻射 m_{ss} 的時間間隔 $-d\tau_{bo}$ 為：

$-d\tau_{bo} = 3 \times 1.187 \times 10^{-10} \times 10^{-27} M_{bo} = 0.356 \times 10^{-36} M_{bo} \cdots$（2b）

對於 $M_{bo} \approx 10^{15}g$，其壽命

$\tau_{bo} \approx 10^{18}s \approx 10^{18}s/3.156 \times 10^7 s \approx 3.17 \times 10^{10} yrs = 317$ 億年。

可見，M_{bo} 的壽命大於我們宇宙中年齡 137 億年，如果它能殘留在宇宙中，由於它們比原子還小，很難探測到，但是它們的霍金輻射就是高能γ-射線，應該能夠探測到。如果一種壽命 $\tau_{bo1} \approx 137$ 億年的「原初黑洞 M_{bo1}」能夠在宇宙中存在，我們就能探測到它們爆炸消亡的高能γ-射線。於是，

$M_{bo1} = (1.37 \times 3.156 \times 10^{17} \times 10^{27})^{1/3} = 0.756 \times 10^{15}g \cdots$（2c）

如果 M_{bo1} 是宇宙誕生時的「原初黑洞」，它們現在應該收縮成為最小黑洞 $M_{bm} = 10^{-5}g$ 的最高能γ-射線爆炸了。

再按照公式（1b）和（1d），可得出霍金輻射 m_{ss} 的頻率 ν_{ss}，和波長 λ_{ss} 的公式如下；

$$\nu_{ss}M_b = 10^{38}，\lambda_{ss} = CM_b/10^{38}\cdots\cdots\cdots\cdots\cdots\cdots（2d）$$

舉例：按照公式（2b）和（2d），$M_{bo} = 10^{38}g$ 的原初黑洞，發射兩相鄰霍金輻射 m_{ss} 的間隔時間 $d\tau_{bo} = 35.6$ 秒，其頻率 $\nu_{ss} = 1Hz$，其波長 $\lambda_{ss} = C$。當 $M_{bo} = 10^{15}g$ 的原初黑洞，其 $d\tau_{bo} \approx 10^{-21}s$，其頻率 $\nu_{ss} \approx 10^{23}Hz$，其波長 $\lambda_{ss} \approx 10^{-13}cm$。由此可見，如果在宇宙空間存在各種大小的「原初黑洞」，是很容易測量到它們發射出來的多種頻率的霍金輻射 m_{ss} 的。

結論：上面的（1d）、（2b）、（2d）公式，是「新黑洞理論」為有效地探測「原初黑洞」提供了一個簡便的新方法。就是說，如果如霍金所說，假設在宇宙空間存在宇宙初期的遺留下來的「原初黑洞」，科學家們就能探測到 M_{bo1} 發射的最高能γ-射線，也能探測到從 $M_{bo1} \approx 0.756 \times 10^{15}g$ 到 $M_{bo} \approx 10^{15}g$ 再到 $10^3 M_\theta$ 所有不同大小的「原初黑洞」的存在，它們都會按照公式（1d）、（2b）、（2d）有規律性地發射出來特定頻率 ν_{ss} 的霍金發射 m_{ss}，它們都是不同強度的從高能到低能的γ-射線，或者從高頻到低頻電磁波。如果根本沒有「原初黑洞」遺留下來，科學家們怎麼能用這種有效的新方法找到「原初黑洞」存在的蹤跡嗎？

由前面 2-2 章中知道，「原初黑洞」（$M_{bo} \approx 10^{15}g$）質量 << 太陽質量 $M_\theta = 2 \times 10^{33}g$。宇宙中存在的「恆星（太陽）級黑洞」是次生黑洞，它們是由宇宙中的新星或者超新星爆炸後被內壓力壓縮的殘骸形成，其密度約為中子星的密度 $5 \times 10^{15}g/cm^3$。而 $M_{bo} \approx 10^{15}g$ 的密度 $10^{53}g/cm^3 >> M_\theta$ 的密

度。因此，M_{bo} 只能是宇宙年齡在一秒內時，暫態出現過的「原初黑洞」，不可能是在宇宙中形成的「次生黑洞」，因為在現今的物理世界，沒有比超新星爆炸還巨大得多的壓力可以形成如此高密度 $M_{bo} \approx 10^{15}g$ 的黑洞。

宇宙「原生（始）黑洞」與「次生黑洞」的區別：1. 二者產生的機理是完全不相同的。作者的「新黑洞理論」認為，所有「原初黑洞從 $M_{bo1} = 0.756 \times 10^{15}g$ 到 $10^5 M_\theta$」，是在宇宙誕生的極早期的極高溫高壓下，在 1 秒鐘之內以光速 C 的大膨脹降溫過程中，轉瞬形成而又轉瞬膨脹長大而消失的，其內部連物質粒子都未形成。「次生黑洞」是在宇宙進入「物質占統治時代」後、宇宙年齡 $Au > 1$ 億年，由物質粒子的引力收縮和新星或者超新星爆炸而成，有極長的壽命。2.二者的性能參數值 M_b，R_b，T_b，m_{ss}，ρ_b，τ_b 中，只要有一個參數值相同，其它的參數值也一定相同，它們膨脹和收縮的公式都是（1c）和（1d）、（1e），其最後的壽命也相同。3.「原生（始）黑洞」內部的密度和溫度是均勻的相等的，而「次生黑洞」內部物質是不均勻的。

科學家們在上世紀 70 年代，經過約十多年的努力搜尋，並沒有找到它們的蹤跡，美國國家航空航天局 NASA 的費米伽馬射線太空望遠鏡衛星，2008 年 6 月報導，也沒有搜索那些原生黑洞的蛛絲馬跡，這說明 GRE 的學者仍然堅信宇宙誕生時的「奇點大爆炸」後的「絕熱膨脹」情景，就像「放煙花」一樣，是極不均勻的爆炸，才能夠形成「原初黑洞」，他們的觀點是錯誤的、違反哈勃定律的。

3-2-3 對過去存在過的宇宙「原初黑洞 $M_{bo} \approx 10^{15}g$」的分析，其內部應由夸克組成，質子已經被擠壓碎，分解為夸克。

恆星級黑洞塌縮前後的霍金熵比公式如下；

按霍金恆星塌縮前後的熵公式（3a），任何一個恆星在塌縮過程中，熵總是增加的。假設 S_b—恆星塌縮前的熵，S_a—塌縮後的熵，太陽質量 $M_\theta = 2 \times 10^{33}g$，

$$S_a/S_b = 10^{18} M_b/M_\theta \quad\text{……………………………………}（3a）$$

Jacob Bekinstein 指出，在理想條件下，$S_a = S_b$，就是說，如果熵在恆星塌縮的前後不變時，從（3a）式可得出一個小黑洞 $M_{bo} = 2 \times 10^{15}g$。這個小黑洞常被稱之為宇宙的「原初黑洞 $= M_{bo} = 2 \times 10^{15}g$」$\approx 10^{15}g$。

$M_{bo} \approx 10^{15}g$：其密度 $\rho_{bo} \approx 10^{53}g/cm^3$；其視界半徑 $R_{bo} \approx 3 \times 10^{-13}cm$；其 R_{bo} 上的溫度 $T_{bo} \approx 10^{12}k$；其霍金輻射的相當質量 $m_{sso} \approx 1.2 \times 10^{-25}g$；$Au = t_{sbo} = R_{bo}/C = 10^{-23}s \cdots$（3b）

從 Bekinstein 對恆星塌縮的前後熵不變的解釋可以得出有非常重要意義的結論。由於恆星塌縮都是熵增加的非理想過程，所以不可能塌縮出來密度約 $10^{53}g/cm^3$ 真實的 $M_{bo} = 2 \times 10^{15}g$ 小黑洞。但是，作者認為，（3a）應該能夠用於解釋恆星「理想塌縮過程」中有重要的物理含意。

重要的結論：

由（3a）塌縮出原初黑洞 $M_{bo} \approx 10^{15}g$，其密度 $\rho_{bo} \approx 10^{53}g/cm^3$ 可見，M_{bo} 成為兩種不同性質黑洞的分水嶺，大於 M_{bo} 的黑洞，內部是熵增加的非理想狀態的質子，因為

質子可有熱運動，互相摩擦。而小於 M_{bo} 的黑洞，內部質子
已經分裂成夸克，所以是等熵的理想狀態，無熱運動。雖然
現實的物理世界不可能存在 M_{bo}，但是（3a）式的理論分析
還是非常重要的。

3-2-4　從微型黑洞 $M_{bo} \approx 10^{15}g$ 中，計算出夸克（壓垮的質子和中子）半徑的尺寸 r_k。

$M_{bo} \approx 10^{15}g$ 所包含的核子數 $n_{bo} = 10^{15}g/(1.66 \times 10^{-24})$
$\approx 10^{39}$，即所謂的狄拉克大數，由於 M_{bo} 的視界半徑 R_{bo}
$\approx 3 \times 10^{-13}cm$，於是可得出，$R_{bo}^3 = n_{bo}r_k^3$，

$\therefore r_k = R_{bo}/n_{bo}^{1/3} = 3 \times 10^{-13}/10^{13} = 3 \times 10^{-26}cm$ ⋯⋯⋯（4a）

我們知道，質子核半徑 $R_p = 10^{-13}cm =$ M_{bo} 的視界半
徑 R_{bo}。因此，在 $M_{bo} \approx 10^{15}g$ 的內部，其密度達到 $10^{53}g/cm^3$
的情況下，質子和中子被擠碎成為夸克後，夸克的半徑 r_k
小到 $10^{-26}cm$。

3-2-5　從宇宙「原初黑洞」$M_{bo} \approx 10^{15}g$，談對黑洞發射霍金輻射 m_{ss} 收縮的認識和解釋。

宇宙「原初暴漲」後，$M_{bo} \approx 10^{15}g$ 大約形成於宇宙誕生
後的 $t_{o1} = 10^{-23}s$ 的瞬間（見前面 2-5 文），當時的宇宙密度
ρ_u，即 M_{bo} 的密度 $\rho_{bo} = 10^{53}g/cm^3$，在如此高密度下，所有
的 M_{bo} 只能緊貼在一起繼續合併，並隨著宇宙以光速 C 的
快速膨脹為更大的「原初黑洞」，物質粒子和輻射能在不停
地互相轉變，任何「原初黑洞」都不可能殘存至今。所以
科學家在上世紀 70 年代化了 10 年時間也未在宇宙空間找

到它們。

1. $M_{bo} = 2 \times 10^{15} g$ 的霍金輻射的相當質量 $m_{sso} \approx 1.2 \times 10^{-25}$ g，它的總質—能量含有 $M_{b0} \approx 10^{39}$ 個質子，其視界半徑只有一個原子核的大小。10^{39} 是「狄拉克大數假說」的大數 $L_n =$ 電磁力/引力。就是說，在 $M_{bo} \approx 10^{15} g$ 小黑洞內部，雖然質子之間因為距離很小，使其引力很大，但是每個質子，對被排斥到其視界半徑 R_{bo} 內側的、電子的靜電力之比仍然是 10^{-39}。

2. 而且作者在前面文章 3-1 章中，用求 L_n 的類比的方法，取某一個特殊的微型黑洞 $M_{bo3} = 0.71 \times 10^{14} g$ 作為模型，利用其內部粒子全部夸克化的特性，於是證明了兩鄰近核子（夸克）之間的強核力 F_n 與正負電子之間電磁力 F_e 共同作用在相同的夸克之上，由此可用對比和推論求 L_n 的類比方法，求得 F_n/F_e 之比，可得出公式，並且精確地證明了 $F_n/F_e = 1/\alpha = 137.036 =$ 精密結構常數＝核強力/電磁力。

3. 黑洞不斷發射霍金輻射 m_{ss} 而不斷收縮的原因

在球狀小黑洞內 10^{39} 質子因為其引力被困在視界半徑 R_{bo} 內，無法散熱，在無外界能量-物質進入黑洞的情況下，黑洞內部是靠質子的引力收縮與熱膨脹（輻射壓力）達到暫時的平衡的。由於任何黑洞霍金輻射 m_{ss} 在其 R_{bo} 的溫度 T_{bo} 總是高於其外界幾乎真空的溫度。因此，m_{ss} 在其 R_{bo} 總是處於熱不平衡的狀態，而必定流向外界。如此這般，黑洞就會一直不停地失去一個接一個的 m_{ss} 而收縮下去，

直到最後收縮變成最小黑洞 $M_{bm} = m_p$ 普朗克粒子，而爆炸解體消失在普朗克領域（參見 1-2 章）。根據同樣的道理，就可以解釋黑洞會因吞噬外界能量—物質而膨脹，因為任何一個粒子所攜帶的熱量對黑洞所起的膨脹效應總是大於其引力所起的收縮效應。這也可以旁證任何一團自由粒子在絕熱狀況下，只會是降溫膨脹而熵增加的狀態。

3-2-6　霍金說：「微小黑洞 $M_{bo} \approx 10^{15}$g 落入太陽內部，無法長大或變小。」作者論證，這種觀點是不正確的。

黑洞是大自然偉大力量的產物，人類也許永遠不可能製造出來任何「真正的人造引力（史瓦西）黑洞，當然也不可能製造出任何 $M_{bo} \approx 10^{15}$g 的「微型原初黑洞」。

霍金曾說，「即使有一個長壽命的微小黑洞 $M_{bo} \approx 10^{15}$g 落入太陽內部，也無法長大，只能存留在太陽內，在太陽死亡消失後，它才會不斷縮小，約經 100 多億年後消亡。黑洞愈小，溫度就愈高，對外界附近粒子的排斥力就愈大，愈難吸收外界物質而長大。」

霍金說：「即使一個 $M_{bo} \approx 10^{15}$g 的微小黑洞落入太陽中心，太陽也不會被這個小黑洞吃掉。小黑洞的半徑是 10^{-13} cm，與太陽內核子的半徑一樣。小黑洞可以在原子裡存在很長的時間而沒有任何可被覺察的影響。事實上，被黑洞吞噬的太陽物質在消失之前會發出很強的輻射，輻射壓對外部物質的推斥作用將限制黑洞的增長速度。被吞噬的物質流與被釋放的能量流相互調節，使得黑洞周圍區域就像

一個極其穩定的核反應爐。這個有著『黑心』的太陽將平靜地繼續著它的主序生涯，很難察覺到它的活動有什麼改變。」

　　當然，那些小於 $M_{bo2}=0.756\times10^{15}$g 的「微型黑洞」，它們的壽命小於宇宙年齡的微小黑洞，即便能夠製造出來，也只能是「不幸短命而死已」，而根本無法長大的。

　　現在來看看霍金上述的定性分析對不對呢？作者只能根據定量分析來作結論。首先，應該按照前面 1-1 節中的黑洞公式求出原初黑洞 $M_{bo}\approx10^{15}$g 的各個物理參數值的資料；$M_{bo}\approx10^{15}$g 微型黑洞：其 $R_{bo}\approx3\times10^{-13}$cm，其 $m_{sso}\approx1.2\times10^{-25}$g ≈0.1 氫原子質量，其 R_{bo} 上的溫度 $T_{bo}\approx10^{12}$k，其密度 $\rho_{bo}\approx10^{53}$g/cm^3……………………………………（6a）

　　按照（2b），$M_{bo}\approx10^{15}$g 發射 $2m_{ss}$ 的間隔時間 $-d\tau_{bo}$，
　　$-d\tau_{bo}\approx0.356\times10^{-21}$s…………………………………（6c）

　　問題在於，在太陽中心是氫原子，而非核子。現在來看太陽中心溫度為 $T_{so}\approx1.5\times10^7$k；太陽中心氫原子密度 $\rho_{so}\approx150$g/cm^3；在標準狀態下的氫原子半徑 $r_p=5.29\times10^{-9}$cm，按照 $\rho_o r_p{}^3=\rho_{so}r_{so}{}^3$，∴太陽中心的氫原子半徑 r_{so}，
　　$r_{so}\approx10^{-9}$cm………………………………………………（6d）

　　因此 M_{bo} 吸收 1 個氫原子所需時間 $t_{so}=2r_{so}/V_{av}$；
　　而 $V_{av}=a_p t_{so}<C$，
　　∴$t_{so}{}^2=2r_{so}/a_p$……………………………………………（6e）
加速度 $a_p=GM_{bo}/r_{so}{}^2=6.67\times10^{-8}\times10^{15}/10^{-18}\approx10^{26}$cm/s^2（6f）
　　$t_{so}{}^2=2\times10^{-9}/10^{26}=2\times10^{-35}$，

$$\therefore t_{so} = 4.5 \times 10^{-17}s \cdots\cdots\cdots\cdots\cdots\cdots\cdots（6g）$$

$$\therefore V_{av} = a_p t_{so} = 10^{26} \times 4.5 \times 10^{-17}s = 4.5 \times 10^9 s < C \cdots\cdots（6h）$$

而在 t_{so} 時間內所發射的霍金輻射 m_{sso} 的數量 N_{so} 是，

$$N_{so} = t_{so}/-d\tau_{bo} = 4.5 \times 10^{-17}/0.356 \times 10^{-21}s > 10^5 個\cdots（6j）$$

從（6j）式可證明，由於 N_{so} 數目太巨大，加上任何其它的附加原因，都無法抵消 M_{bo} 在太陽內發射（m_{sso}＝氫原子）的數量 N_{so} >>從太陽中吸收多於 1 個氫原子的數量。因此，M_{bo} 只能逐漸在太陽內縮小。由於 M_{bo} 的壽命約 317 億年（見上面 3-2-2 節），而太陽在 45 億年後就變為紅巨星，所以 M_{bo} 的壽命比太陽長得多。

由於 M_{bo} 的 ρ_{bo}（$10^{53}g/cm^3$）>>太陽 ρ_{so}（$150g/cm^3$）；其溫度 T_{bo}（$10^{12}k$）> T_{so}（$1.5 \times 10^7 k$）；其 R_{bo}（$3 \times 10^{-13}cm$）< r_{so}（$10^{-9}cm$）；就是說，如果一個 $M_{bo} \approx 10^{15}g$ 落進太陽中心，它很容易躲藏在氫原子巨大的空隙裡，這相當於一個 1mm 的沙子處在 10m 的空間裡的中心。因此，M_{bo} 可自由自在地在太陽空曠的內部發射（蒸發）出一個一個的高溫的霍金輻射 m_{sso} 的，而 m_{sso} 也無法阻止 M_{bo} 吸收太陽裡的氫原子。但是由於 M_{bo} 所發射的 m_{sso} 愈來愈重（大於氫原子），而且 $-d\tau_{bo}$ 的間隔時間愈來愈短。因此，M_{bo} 發射 N_{so} > 10^5 個後才可能從太陽吸收進 1~10 個氫原子。

結論：1. $M_{bo} \approx 10^{15}g$ 只可能在太陽內逐漸縮小，由於 M_{bo} 的壽命 317 億年比太陽的壽命 45 億年長得多，而太陽在 45 億年後會成為紅巨星，最後會收縮成白矮星而後黑矮星，$M_{bo} \approx 10^{15}g$ 可能經過 150~200 億年後，最後收縮成為

最小黑洞 $M_{bm} = m_p$ 普朗克粒子，在黑矮星內部爆炸解體消亡。

2.如果有一個「較大的微小黑洞 $M_{bob} \approx 10^{20}g$」，落進太陽中心，其 $R_{bob} = 3 \times 10^{-8}cm$，與太陽中的氫原子一樣大小，其視界半徑 R_{bob} 上的溫度 $T_{bob} \approx 10^7 k$，比太陽中心的溫度要低一點，其密度 $\rho_{bo0} \approx 10^{43}g/cm^3$，$m_{ssob} \approx 10^{-30}g <<$ 太陽內部的氫原子。因此，這個 $M_{bob} \approx 10^{20}g$ 就可能吸收進太陽內的氫原子大於其發射的霍金輻射 m_{ssob}，而在太陽中心長大，並且逐漸地吃掉太陽，或者保持其質量不變。但不可能縮小。

3.可見霍金對微型黑洞 $M_{bo} \approx 10^{15}g$ 落入太陽中心是不會長大或者縮小的定性猜測是不正確的，他的定性分析是不符合作者定量分析的實況的。他說：「被吞噬的物質流與被釋放的能量流相互調節，使得黑洞周圍區域就像一個極其穩定的核反應爐。這個有著『黑心』的太陽將平靜地繼續著它的主序生涯，很難察覺到它的活動有什麼改變。」他的錯誤在於他無法作定量的計算，因為他不知道作者推導出的計算黑洞發射霍金輻射的關鍵新公式，即（1d）式—$m_{ss}M_b = hC/8\pi G = 1.187 \times 10^{-10}g^2$；其次，霍金誤認為太陽中心是半徑為 $r_p = 10^{-13}cm$ 的質子或中子互相緊貼著，這是不對的。實際上，太陽中心密度只是 $\rho_{so} \approx 150g/cm^3$，只是稍稍被壓縮的氫原子，其半徑 $r_{so} \approx 10^{-9}cm$。因此，$M_{bo} \approx 10^{15}g$ 是處在太陽內氫原子的空曠空間裡，可自由地向太陽發射其霍金輻射 m_{ss}。

　　4.最重要的是，$M_{bo} \approx 10^{15}g$ 作為「原始黑洞」不能存在於宇宙中。可以看出，霍金關於 $M_{bo} \approx 10^{15}g$ 將落入太陽的假設就是「子虛烏有」。但是，人們可以用這個假設作為合理的推理和計算，以增加和增強人們對自然和科學的了解。

＝＝＝＝＝＝＝＝＝＝＝全文完＝＝＝＝＝＝＝＝＝＝＝

參考文獻：

1.張洞生，《黑洞宇宙學概論》，臺灣，蘭臺出版社，2015 年 11 月，
　ISBN：978-986-5633-13-1。

2.王允久，《黑洞物理學》，湖南科學技術出版社，2000 年 4 月。

3.蘇宜，《天文學新概論》，華中科技大學出版社，2000 年 8 月。

3-3 對美國 LIGO 宣稱實測到兩黑洞碰撞後產生引力波的看法

盧梭：「大自然從來不欺騙我們，欺騙我們的永遠是我們自己。」

愛因斯坦：「要打破人的偏見，比崩破一個原子還難。」

前言：

LIGO 科學家對他們在宇宙空間探測到兩黑洞碰撞發出的引力波的宣告和解釋。

新浪科技訊：北京時間 10 月 3 日傍晚消息，剛剛，瑞典皇家科學院宣佈將 2017 年諾貝爾物理學獎授予三位引力波探測計畫的重要科學家，三人均來自 LIGO/VIRGO 合作組，以獎勵他們在「LIGO 探測器以及引力波探測方面的決定性貢獻」。獎金的一半授予萊納・魏斯（Rainer Weiss），另外一半由巴里・巴里什（Barry C Barish）和基普・索恩（Kip S Thorne）兩人分享。

2015 年 9 月 14 日 17 點 50 分 45 秒，LIGO 觀測到了一次引力波事件，被命名為 GW150914，這次事件或許會永載天文學史冊，因為它記錄下了好幾個第一次：第一次探測到引力波，第一次通過引力波直接探測到黑洞，第一次證明了宇宙中存在雙黑洞系統（binary black holes），等等。

2016 年 2 月 11 日，根據近一年來 LIGO（The Laser Interferometer Gravitational Wave Observatory，美國鐳射干

涉引力波天文臺）官方的數次報告，LIGO 的執行理事 David Reitze 博士，激動不已地向全世界宣佈了這一重要事件，這或許也是 100 年來人類最為卓越的科學成就之一。"Ladies and gentlemen. We… have detected… gravitational waves! We did it!"（女士們先生們，我們已經探測到引力波！我們做到了！）

當然，相信探測到引力波，和證明探測到引力波，中間還有一段過程，這就是為什麼 2015 年 9 月接收到信號，來年的 2 月才向世界宣佈這個消息。在近五個月的時間裡，LIGO 需要做的是，100%肯定其結論的正確。在這段時間裡，數百人花費了幾千個小時檢查每一位元資料，每一個電腦代碼，每個測量，每次計算，每個潛在的非宇宙解釋，以及有可能存在的「流氓」或「惡意」注入（比如某個地方的某個人黑入了 LIGO 的系統，注入假信號），所有這一切，都被檢查，再檢查，然後再檢查。

序言：

科學家對探測到兩黑洞碰撞發射引力波的更多解釋。

這次探測到引力波的波源，據說是遙遠宇宙空間 13 億光年之外的雙黑洞系統。其中一個黑洞 $36M_\theta$ 倍太陽質量，另一個 $29M_\theta$ 倍太陽質量，兩者碰撞並合成一個 $62M_\theta$ 倍太陽質量的黑洞。顯然這兒有一個疑問：$36M_\theta+29M_\theta=65M_\theta$，而非 $62M_\theta$，在不超過一秒鐘的時間內，大約有相當於三個太陽質量的物質轉化成了巨大的能量的引力波釋放到太空中！LIGO 的科學家們認為他們測定的（35~150

赫茲）的波經過計算和比對後，論證為黑洞碰撞合併後所發出的引力波。三倍的太陽質量被轉換成引力波，峰值功率輸出（peak power output）約為整個可見宇宙的 50 倍。根據信號到達的時間間隔——信號首先到達路易斯安那利文斯頓的觀測台，七毫秒後信號到達 3000km 之外華盛頓漢福德的觀測台，這次的事件被天文學家們標記為 GW150914。科學家們判斷兩個黑洞碰撞的地點位於南半球（Southern Hemisphere）。正因有如此巨大的能量輻射，才使遠離這兩個黑洞的小小地球上的我們，探測到了碰撞融合之後傳來的已變得很微弱的引力波。

　　《物理評論快報》刊載論文指出，兩黑洞（$36M_\theta$, $29M_\theta$）距離地球 13 億光年，在兩黑洞合併成形的最後一刻，引力波產生了。雖然信號很短暫，但是非常明顯。這種測量的結果，成為引力波存在的最好證據。按照圖科斯基的說法，探測器中的信號，與愛因斯坦最初的理論十分相符。測量結果，符合兩個黑洞相撞產生引力波的預測。這兩個黑洞在合併的最後一刻，以極高的速度纏繞在一起。這應該是有史以來對黑洞的最直接的觀測。

　　牛頓的萬有引力定律揭示了引力與萬物的關係。而愛因斯坦的廣義相對論則將引力與四維時空的彎曲性質聯繫在一起。在愛因斯坦 1915 年提出的廣義相對論中，引力波是愛因斯坦廣義相對論中的重要推論。

　　愛因斯坦場方程的數學表明，（1）引力波為時空彎曲的漣漪，大質量加速運動的物體（如繞著彼此運行的中子

星和黑洞）將會破壞時空的結構，使得扭曲的空間的「波浪」從源頭向外輻射。這種連漪將以光速穿過宇宙，攜帶著輻射源的資訊，同時也帶走輻射源的部分能量。（2）時間和空間會在質量面前彎曲，時空在伸展和壓縮的過程中，會產生振動傳播開來，這些振動就是引力波。（3）引力波不是電磁輻射，它的特殊屬性使它可以攜帶電磁輻射所不能攜帶的有關宇宙的事物和天文事件的資訊。（4）由於引力波與物質的相互作用非常弱，它在宇宙中的穿行幾乎暢通無阻，由它攜帶的有關輻射源的資訊，不會像電磁輻射穿過星際空間時遭受種種變形或改變。因此，想要了解兩個黑洞碰撞到底是怎麼一回事，目前為止，引力波是最有效的資訊傳遞方式。（5）地球上隨時隨地都可能遭遇來自宇宙中各種源頭的引力波：兩個黑洞合併、中子星自轉、超新星核塌縮等。然而，即使是像黑洞這樣巨大質量的系統相互碰撞、合併，產生的引力波信號傳遞到地球上也是很微弱的。（6）就連愛因斯坦本人也想像不到，能通過怎樣的方法探測到引力波。以上是專家們和媒體對 LIGO 探測到引力波的報導、解釋和論證。

作者認為，（1）愛因斯坦在 100 年前提出「廣義相對論方程」時，就能預見到極低頻低能量的引力波的存在，確實是偉大的科學預見。（2）宇宙有四種基本作用力，強作用力和弱作用力都是「短程力」，它們只在微觀世界內起作用；引力和電磁力是長程力，引力是強度最弱的，比電磁力要小 10^{-39} 倍。（3）加速運動的電荷 q 輻射電磁波，

加速運動的質量 m 輻射引力波。（4）愛因斯坦當時無法想像能用何種方法探測到頻率極低的引力波。但重要的是，他無法從解「廣義相對論方程」得出，多大質量的物體、作何種多大的加速運動可以產生多大（低）頻率的引力波。那時還沒有宇宙膨脹的哈勃定律，沒有白矮星中子星黑洞，沒有量子力學的測不準原理，沒有霍金的黑洞量子輻射理論等等。（5）更重要的問題是，現在雖然有了上述許多新理論，LIGO 的科學家們也無法將非線性的二階偏微分 GRE 組解出一個「精確解」來，即從一個 $36M_\theta$ 和一個 $29M_\theta$ 黑洞，兩者碰撞並合成一個 $62\ M_\theta$ 黑洞時，是在什麼樣的運動的狀況下，發射出他們所測量到的（35 和 150 赫茲）的引力波的。所以他們只能是用電子電腦建立模型，按照數值相對論的計算（其實最後只能簡化為牛頓力學的各種雙星運動），制定出各種各樣引力波的波形，建立波形庫，與從 LIGO 得到的資料波形，經過波形的模擬計算和比對後，論證為黑洞碰撞合併後所發出的引力波的，但是我們不知道其模型根據什麼公式和初始條件，有無普遍的實用性。這就表明，至少到現在為止，LIGO 科學家們所測量到的（35 和 150 赫茲）的引力波並不能直接在輸入初始條件後，從「廣義相對論方程」中解出結果來。（6）就是說，愛因斯坦的 GRE 對引力波，現在還只是一種定性的觀念。GRE 是非線性的，極難解出，而且 GRE 學者們認為黑洞存在奇異性。因此，GRE 的黑洞碰撞模型無法解釋和證明黑洞物質崩塌湮滅成引力波，其波長和頻率是多

少？所以場方程還很難產生有使（實）用價值的定量結果。GRE 更無法證明 LIGO 所觀測到的「引力波」，就是他們所說的、兩黑洞碰撞後、「三倍的太陽質量被轉換成的引力波」。

梅曉春已經在美國《現代物理學雜誌》和《國際天文與天體物理學雜誌》發表了多篇文章，證明「愛因斯坦奇異性黑洞」不可能存在。LIGO 實驗給出相互矛盾的結果。梅曉春的結論是：「廣義相對論至今為止實際上並沒有證明，質量足夠大的星體會崩塌成密度無窮大的奇異性黑洞。事實上相對論物理學家心裡都明白，至今為止物理學上並沒有一個說得過去的，黑洞物質崩塌湮滅成引力波的理論。即使未來將引力波的觀測移到太空進行，如果還用奇異性黑洞碰撞的模型，則仍然是要失敗的。—如果說 LIGO 實驗的結論還有什麼正面的意義的話，那就是將奇異性黑洞的荒謬性，徹底地展現在世人的面前。它使物理學家不得不深思，物理學理論中引入奇異性會導致什麼樣的實驗後果。」

因此，本文的目的，在於試圖用作者的「新黑洞理論」及其基本公式，完全否定「奇異性黑洞」存在的情況下，論證兩個黑洞在碰撞合併過程中，在何種運動情況下，發出了（35 和 150 赫茲）的引力波的。

關鍵字：愛因斯坦的「廣義相對論 GRE」；引力波；LIGO；兩黑洞的碰撞；作者的「新黑洞理論及其公式」；2017 年諾貝爾物理學獎三位獲得者—萊納・魏斯（Rainer

Weiss），巴里‧巴里什（Barry C Barish），和基普‧索恩（Kip S Thorne）。

3-3-1　作者「新黑洞理論及其六個基本公式」是解決黑洞「生長衰亡規律」有效的基本公式

作者對「黑洞理論」最重要的貢獻是推導出來了霍金輻射 m_{ss} 的新公式〔1d（1e）〕，徹底否定了黑洞存在「奇點」，黑洞因為不停地發射 m_{ss}，最後收縮成為「最小黑洞 $M_{bm}＝m_p$ 普朗克粒子」，而爆炸消亡。

史瓦西黑洞（球對稱，無旋轉，無電荷）＝牛頓黑洞在其視界半徑 R_b 上的一些基本公式，是決定黑洞「生長（膨脹）衰（收縮）亡」變化和命運的規律。

M_b—黑洞的總質—能量；R_b—黑洞的視界半徑，T_b—黑洞的視界半徑 R_b 上的溫度，m_{ss}—黑洞在視界半徑 R_b 上的霍金輻射量子的相當質量，h—普朗克常數＝$6.63×10^{-27}g*cm^2/s$，C—光速＝$3×10^{10}$ cm/s，G—萬有引力常＝$6.67×10^{-8}cm^3/s^2*g$，波爾茲曼常數 $\kappa＝1.38×10^{-16} g*cm^2/s^2*k$，$L_p$—普朗克長度；

T_p—普朗克溫度；最小黑洞 M_{bm} 的視界半徑 R_{bm} 和 R_{bm} 上的溫度 T_{bm}；作者「新黑洞理論」的基本公式如下：

（1a）是霍金的黑洞在其視界半徑 R_b 上的溫度公式，

$$M_bT_b＝（C^3/4G）×（h/2\pi\kappa）≈10^{27}gk\cdots\cdots（1a）$$

（1b）是作者根據相對論、量子力學和波粒二重性，綜合得出的霍金輻射能 m_{ss} 在 R_b 上的能量轉換公式，

$$E_{ss}＝m_{ss}C^2＝\kappa T_b＝vh/2\pi＝Ch/2\pi\lambda\cdots\cdots（1b）$$

（1c）是史瓦西對場方程的解，是黑洞形成的充要條件，$GM_b/R_b = C^2/2$；$R_b = 1.48 \times 10^{-28} M_b$ ················（1c）

（1d）是作者從（1a）、（1b）新推導出的，黑洞 M_b 在 R_b 上發射霍金量子輻射 m_{ss} 的新普遍公式，

$$m_{ss}M_b = hC/8\pi G = 1.187 \times 10^{-10} g^2 \cdots\cdots\cdots\cdots\cdots (1d)$$

（1e）是作者根據（1d）的極限，取「極大的 m_{ssb} = 極小 M_{bm}」推導出的新公式，$M_{bm} = m_p$ 最後消亡在普朗克領域，

$$m_{ssb} = M_{bm} = (hC/8\pi G)^{1/2} = m_p = 1.09 \times 10^{-5} g \cdots\cdots (1e)$$

根據霍金的黑洞壽命公式，其壽命為 τ_b；

$$\tau_b \approx 10^{-27} M_b^3 \cdots\cdots\cdots\cdots\cdots\cdots\cdots\cdots\cdots\cdots\cdots\cdots\cdots (1f)$$

六公式（1a）～（1f）構成了作者「新黑洞理論」完整的科學理論體系，決定了黑洞變化的「生長衰亡的規律」。

對（1f）微分後，得出 $-d\tau_b = 3 \times 10^{-27} M_b^2 dM_b \cdots$（1g）

如果令 $dM_b = 1$ 個 m_{ss}，則 $-d\tau_b$ 就是黑洞發射二個鄰近 m_{ss} 所需的間隔時間。根據公式（1d），推導出來的一個新公式（1h），

$$-d\tau_b \approx 3 \times 10^{-27} M_b^2 dM_b \approx 0.356 \times 10^{-36} M_b \cdots\cdots\cdots\cdots (1h)$$

3-3-2 任何總質量為 M_b 的史瓦西黑洞，都是一個永遠不穩定不平衡的實體，它不停地發射不同頻率 v_{ss} 和波長 λ_{ss} 的霍金量子輻射 m_{ss}，即輻射能，是它的本能。

廣義相對論認為，加速運動的質量 m 會發射引力波，其實質的意思是，在物體作加速運動時，其邊界上被加速

的足夠低能低頻率的微粒子（量子），可作為引力波發射出去。一個孤立的黑洞本身看似沒有做加速運動，但是在其 R_b 上的霍金量子 m_{ss} 是有溫度 T_b 和震動的，還可能有圓周運動，量子的震動和改變方向都是加速運動，當黑洞的 M_b 足夠大，而頻率和能量足夠低時，就可作為引力波發射出去。

按照作者上面「新黑洞理論」的基本公式，由於在黑洞 R_b 上的 m_{ss} 不可能同時維持引力（與其離心力）和與其外界的熱力的動平衡。因此，m_{ss} 只能不停地流向幾近真空的外界，使黑洞收縮和提高溫度，以求達到新的暫時的動平衡，但是永遠不可能達到。於是只能不停地發射 m_{ss}，而最後收縮成為最小黑洞 $M_{bm} = m_p$ 普朗克粒子而消失在普朗克領域。

由（1c）、（1d）式可見，任何大小的黑洞都是一個永遠不平衡的實體，在其外界有能量—物質可被吞食，或者與其他黑洞碰撞合併時，其視界半徑 R_b 就會擴大而膨脹，直到吞食完外界能量—物質而停止膨脹後，即按照（1d）式不停地一個接一個地發射由小到大的霍金輻射（輻射能）m_{ss}，而不停地減少 M_b 和收縮 R_b，直到最後變成公式（1e）的「最小黑洞 $M_{bm} = m_p$ 普朗克粒子」，解體消亡在普朗克領域。可見，黑洞就是攪碎機和物質能量的轉換機，它將其內部所有的能量—物質 M_b，絞碎成不同頻率的霍金輻射 m_{ss}，一個接一個發射到外界。

再者，根據史瓦西公式（1c）可知，無論黑洞 M_b 的

大小，它吞食外界多少能量—物質，或者與其它黑洞合併，其膨脹與合併後，仍然是一個不同的增大的黑洞 M_b 而已。同樣，根據公式（1d）可知，無論黑洞 M_b 的大小，它發射了多少 m_{ss}，仍然是一個不同的縮小的黑洞 M_b 而已。所以不同大小質量黑洞 M_b 將嚴格地按照公式（1d），發射不同頻率和波長的霍金輻射 m_{ss}，而有不同的特性。因此可得出結論，一旦一個黑洞 M_b 形成後，而逐次發射由低頻到高頻的霍金輻射能 m_{ss}，在它最後收縮成為 $M_{bm} = m_p$，而解體消失在普朗克領域前，它會永遠是一個質量不停變化的黑洞 M_b，作者「新黑洞理論」中的黑洞永遠沒有奇異性。這就是「新黑洞理論」與廣義相對論的根本區別。其實，無論是生前的 Einstein 或者 Karl Schwarzschild，都沒有認為由「廣義相對論方程」會得出黑洞有「奇異性」。

　　按照霍金黑洞物理的理論，黑洞在其視界半徑 R_b 上有溫度 T_b，見公式（1a），T_b 作為冷源，是黑洞的最低溫度處，由於黑洞 M_b 的強大引力，其 R_b 外幾乎為真空，溫度比 T_b 更低。因此，在 R_b 上具有 T_b 的霍金輻射量子，即輻射能 m_{ss}，就會逃向外界。按照公式（1d），只有足夠大 M_b 的黑洞，才能發射足夠小（低頻率）的 m_{ss}，即引力波。黑洞會因失去 m_{ss} 而按照（1d）式不停地收縮下去，m_{ss} 會一個比一個大，其頻率增高，波長變短，直到最後成為 $M_{bm} = m_p$，其波長為 10^{-33}cm 的宇宙中的最短波，頻率為 10^{44}Hz 的宇宙中的最高頻率。

表一：根據公式（1b）和（1d）、（2a），黑洞 M_b（g）與其霍金輻射 m_{ss}（g）的波長 λ_{ss}（cm）和頻率 ν_{ss}（Hz）的關係如下：

M_b，m_{ss}	γ-射線	x 射線	電磁波	引力波
$M_b=10^{-5}\sim10^{19}$ $m_{ss}=10^{-5}\sim10^{-29}$	$\lambda_{ss}=10^{-33}\sim10^{-9}$ $\nu_{ss}=10^{43}\sim10^{19}$			
$M_b=10^{19}\sim10^{18}$ $m_{ss}=10^{-29}\sim10^{-28}$		$\lambda_{ss}=10^{-8}$ $\nu_{ss}=10^{18}$		
$M_b=10^{18}\sim10^{35}$ $m_{ss}=10^{-28}\sim10^{-45}$			$\lambda_{ss}=10^{-10}\sim10^{7}$ $\nu_{ss}=10^{20}\sim10^{3}$	
$M_b=10^{35}\sim10^{56}$ $m_{ss}=10^{-45}\sim10^{-66}$				$\lambda_{ss}=10^{7}\sim10^{28}$ $\nu_{ss}=10^{3}\sim10^{-18}$

根據公式（1b）—$m_{ss}C^2=\nu h/2\pi$ 和（1d）—$m_{ss}M_b=hC/8\pi G$，可得出黑洞發射霍金輻射 m_{ss} 的頻率 ν_{ss} 為，$\nu_{ss}=C^3/4GM_b$；所以 $\nu_{ss}M_b=10^{38}$；$\lambda_{ss}=3M_b/10^{28}=2R_b\cdots$（2a）

根據（2a），製作出黑洞 M_b 與其發射輻射能 m_{ss} 的頻率和波長的表一如上，在各個交界處，都有小部分是互相重疊的。

波長小於 0.1 埃的稱超硬 X 射線，在 0.1～1 埃範圍內的稱硬 X 射線，1～10 埃範圍內的稱軟 X 射線（X 射線波長略大於 0.5nm 的被稱作軟 X 射線）。硬 X 射線與波長長的（能量小）伽馬射線範圍重疊，伽馬射線則來源於原子核衰變。

軟硬 X 射線二者的區別在於輻射源，而不是波長。

按照作者新黑洞理論的公式，無論任何大小的一個黑

洞 M_b，都必定會一個接一個地發射霍金輻射量子 m_{ss}，其頻率愈來愈高，波長愈來愈短，這是黑洞的本性。其發射相鄰兩霍金輻射 m_{ss} 的間隔時間 $-d\tau_b$，按照公式（1h），確定的 M_b 有確定的 $-d\tau_b$ 數值。只有大質量黑洞的 $M_b > 10^{35}g$ 的黑洞，其 m_{ss} 的低頻率 $\nu_{ss} < 1000Hz$，才是引力波。

再看 LIGO 探測的二個黑洞，按照公式（2a），在合併前，一個黑洞 $36\,M_\theta = 72 \times 10^{33}g$，其霍金輻射 m_{ss} 的引力波的頻率 $\nu_{ss36} = 1390Hz$，另一個黑洞 $29M_\theta = 58 \times 10^{33}g$，其引力波的頻率 $\nu_{ss29} = 1720Hz$；而合併後的黑洞 $62\,M_\theta$ 的 $\nu_{ss62} = 806Hz$。

結論：可見，LIGO 所探測到的黑洞的霍金輻射 m_{ss} 的引力波的頻率 $\nu_{ss} = （35{\sim}150Hz）$，既不是合併前的二黑洞發射的引力波，也不是二黑洞合併後的黑洞 $62M_\theta$ 發射的引力波。（$35{\sim}150Hz$）的引力波從何而來？

3-3-3　探討 LIGO 測量的（35～150Hz）的引力波來自何處。

按照廣義相對論的定性觀點，任何加速運動的質量 m 都可發射輻射能，包括引力波，宇宙中的任何星體，包括中子星白矮星黑洞太陽地球等等，隨時都在作加速或者減速運動，宇宙中哪有作等速直線運動的物體呢？只不過由於絕大部分天體的質量 m 不夠大，其加速運動所發射的引力波的能量太小頻率太低，現代技術尚無法測量到而已。但是，按照作者黑洞公式的定量計算，黑洞質量 $M_b > 100M_\theta = 10^{35}g$，其霍金輻射 m_{ss} 的頻率 $\nu_{ss} < 1000Hz$，現代

技術應該能夠測量到的。

從上節可知，$62M_\theta$ 太陽質量的黑洞，所發射霍金輻射的頻率尚且高達 $v_{ss62}＝806Hz$，而未低到如 LIGO 測量到的（35 和 150Hz），那麼，這種低頻率的引力波只能來自兩個黑洞 $36M_\theta$ 和 $29M_\theta$ 在合併過程中的即將碰撞到的時刻，而非如 LIGO 所說，是「大約有相當於三個太陽質量的物質轉化成了巨大的能量的引力波釋放到太空中」。

由於兩黑洞 $36M_\theta$ 和 $29M_\theta$ 的質量較接近，在它們碰撞前很接近時，可以近似地看成兩黑洞是在圍繞其質量中心作加速旋轉的雙星，它碰撞前兩周發射了相鄰的兩次引力波，正好被 LIGO 接收到而已。黑洞雙星發射引力波的頻率 v_{ss}。

按照雙星運動的公式，$1/v_{ss}＝2\pi〔a^3/（GM）〕^{1/2}$，

$$a^3＝GM/4\pi^2v_{ss}^2 \quad\cdots\cdots\cdots\cdots\cdots\cdots\cdots\cdots\cdots\cdots\cdots\cdots（3a）$$

$$\therefore a^3＝229.7\times10^{24}/v_{ss}^2 \quad\cdots\cdots\cdots\cdots\cdots\cdots\cdots\cdots\cdots（3b）$$

上面（3a）式中，a 為黑洞雙星的長半軸，G 為引力常數，M 為雙星質量之和。當 $v_{ss}＝35Hz$ 時，得 a＝555km；當 $v_{ss}＝150Hz$ 時，得 a＝217km，而黑洞的半徑根據史瓦西公式（1c）—$R_b＝1.48\times10^{-28}M_b$，則 R_b 分別為 $R_{b36}＝$ 106km；$R_{b29}＝89$ km；可見此時黑洞雙星已經幾乎碰撞在一起了，就是說，LIGO 所測到的引力波 $v_{ss}＝150Hz$ 和 $v_{ss}＝35Hz$，是二者碰撞合併前的最後兩圈。由於二者的引力可以互相吸進對方的能量—物質，二者已經呈啞鈴狀了。

3-3-4   結論

（1）兩黑洞在遠處合併前，開始進入連接時的入射角（定義兩黑洞在中心連線上對撞時，入射角為零）和速度對其後的軌跡和碰撞後的質量損失有關鍵性的影響。LIGO的科學家們認為，他們測量到的引力波是兩黑洞碰撞時，損失 $3M_θ$ 質量所發出的，作者認為 LIGO 的科學家的觀點是不對的。作者認為，當兩黑洞靠近到能夠互相從對方吸引出能量—物質和碰撞時，它們的粒子只會互相碰撞摩擦纏繞，而發出 X-射線。如有粒子飛出去，丟失的大部分質量也最終會被黑洞吸收回去。那麼，$3M_θ$ 質量是如何損失的呢？作者認為，在 2 黑洞旋轉著合併成為一個 $62M_θ$ 的黑洞後，由於內部有大量的能量—物質存在著巨大的向其中心螺旋旋轉的角動量和磁場，它們最後就會像巨大的龍轉風一樣，從黑洞中心旋轉著噴射出去，它們是高溫粒子和輻射能，而不能是低頻引力波。接著可得出另一個結論。

即是：（2）LIGO 測量到的引力波的頻率 $v_{ss}＝150Hz$，應該是雙黑洞碰撞前，相距 $a＝217km$ 時，作為雙星旋轉時發射出最後的引力波的頻率。而 LIGO 所測得的 35Hz 的頻率，應該是黑洞雙星碰撞前的前一圈相距 $a＝555km$ 時，發射的引力波的頻率；而不是 LIGO 科學家認為是黑洞碰撞時，損失 $3M_θ$ 的引力波。

（3）對於一個孤立的「恆星級黑洞 $M_{bs}＝（3～100）M_θ＝（6～200）×10^{33}g$」， 其發射 2 臨近 m_{ss} 的間隔時間

—$d\tau_b \approx (10^{-3} \sim 10^{-1})$ s，其 m_{ss} 的頻率 $\nu_{ss} \approx (1.7 \times 10^4 \sim 500)$ Hz，其波長 $\lambda_{ss} \approx (20 \sim 600)$ km。如果 LIGO 未來能夠測量到這些數值，就可驗證作者「新黑洞理論」中新公式（1d）、（1e）、（1h）的正確性。

（4）據 LIGO 科學家們說，黑洞雙星距離地球 13 億光年，不知 LIGO 是否考慮和計算到紅移的影響。

（5）LIGO 很難能測量到小於 50Hz 一個孤立黑洞 M_b ＝1000M_θ 的引力波，因為其波長大於 6000km。因此，要測量更大黑洞的引力波，未來的一個新 LIGO 或許可建立在月球或火星上。

（6）最近第一次拍攝到照片 M87 的中心黑洞，其質量 $M_{b87} = 65 \times 10^8 M_\theta = 65 \times 10^{41}$g，根據（2a），其 m_{ss} 的頻率 $\nu_{ss} = 10^{-5}$Hz，波長 $\lambda_{ss} = 2 \times 10^{10}$km（約為太陽到冥王星距離的 3.5 倍）。將會永遠難探測到。

＝ ＝ ＝ ＝ ＝ ＝ ＝ ＝ ＝ ＝ ＝全文完＝ ＝ ＝ ＝ ＝ ＝ ＝ ＝ ＝ ＝ ＝

參考文獻：

1.張洞生，《黑洞宇宙學概論》，1-1 章，臺灣，蘭臺出版社，2015 年 11 月，ISBN：978-986-5633-13-1。

2.梅曉春，俞平，〈LIGO 真的探測到引力波了嗎？〉 http://www.sohu.com/a/163536175_99973296。

3.王允久，《黑洞物理學》，湖南科學技術出版社，2000 年 4 月。

3-4 廣義相對論方程 GRE 出現許多重大問題的原因，在於它「早出生」50 年。「新黑洞理論」與 GRE 在宇宙學研究中的區別和對比─對錯與優劣

在本書第一篇的 1-4、1-5、1-6、2-1、2-4 等文章中，作者詳細地分析論證了「廣義相對論方程」的許多根本性的缺陷，請看 1-6 文章中的表 1，本文的重點在於分析和論證「廣義相對論方程」在解決「宇宙學」問題時，導致得出許多荒謬的結論的深層次原因，在於它是「早出生」50 年的早產嬰兒。

> 著名科學哲學家卡爾·波普爾的金玉良言：「科學是可以犯錯誤的，因為我們都是人，而人是會犯錯誤的。」
> 愛因斯坦：「在建立一個物理學理論時，基本概念起了最主要的作用。在物理學中充滿了複雜的數學公式，但是，所有的物理學理論都起源於思維與觀念，而不是公式。」

內容摘要：

作者認為，有必要從「廣義相對論方程 GRE」建立的源頭，反思出它產生許多重大問題的科學歷史根源。

首先，回顧歷史，愛因斯坦在 1915 年提出「廣義相對論方程 GRE」時，其中並沒有宇宙學常數 $\Lambda g\mu\nu$ 項。為了得出一個平衡宇宙的解，他在 1917 年解 GRE 時，加進一個宇宙學常數 Λ，並且得出了他自認為的穩定態

宇宙解，即宇宙半徑 R 不隨時間的變化，$R_c = \Lambda_c^{-1/2}$，後來勒梅特（Lemaitre）證明，愛因斯坦的解還是不穩定的。直到 1929 年，哈勃發現了宇宙膨脹的哈勃定律之後，於是愛因斯坦在 GRE 中取消了 $\Lambda g\mu\nu$，認為這是「他一生中最大的錯誤」。$\Lambda g\mu\nu$ 就從此幾近「銷聲匿跡」了。直到 1998 年，時隔 70 多年之後，天文學家發現了所謂的「宇宙加速膨脹」，GRE 學者們於是又復活了 $\Lambda g\mu\nu$，認為它就是使宇宙「加速膨脹」的外來的「有排斥力的暗能量＝負能量」。這表明，「廣義相對論方程 GRE」本身就是一個「營養不良」的「早產嬰兒」。請問，牛頓力學熱力學量子力學電磁理論狹義相對論等有如此的反覆嗎？

　　「廣義相對論方程 GRE」是在牛頓引力理論和狹義相對論的基礎上發展出來的，它是研究空間、時間、物質和引力的理論。從上述這句話可以看出其有存在「背離實際產生錯誤」的歷史根源；（1）牛頓引力理論是符合現今物理世界真實性的正確有效的理論，得到廣泛的實際運用。狹義相對論只是根據相對性原理和光速不變原理，對物體在接近光速時的運動提出對牛頓力學的修正，並且提出了「質量和能量」的轉換和守恆定律 $E = MC^2$ 公式。但是「廣義相對論方程」在實際的運用中，只有物質的引力質量，而否定輻射能有相當的「引力質量」和「熱抗力」，導致違反熱力學定律；（2）請想一想，問一問，為什麼牛頓力學可以變化成為流體力學空氣動

力學材料力學彈性力學等學科的基礎，而「廣義相對論方程」卻仍然是「孤獨一支」，不能與其它學科融合以產生新學科呢？為什麼牛頓力學可以與熱力學量子力學等所有其它學科可以「並行不悖」，因為它們都是「開放體系」。而 GRE 卻無法與熱力學量子力學等相容，因為 GRE「完美到加不進去任何東西」。作者認為，GRE 的主要問題有：否認粒子和輻射能有「輻射壓力＝熱抗力」，否認輻射能有相當的「引力質量」，它獨特的「四維時空相對論性坐標系」，與其它任何物理學科的公式無法相容，它是物理世界的真實反映嗎？<u>它解出的度規公式只適用於「可逆過程」，無熱抗力的均勻系統（實際是質量 M＝常數的封閉系統），相對性運動系統</u>，這些都是違背熱力學和量子力學的。這或者就是愛因斯坦在他逝世前 25 年，也無法統一「廣義相對論方程」和量子力學的原因。(3) 請大家想一想，如果 GRE 在 1965 年後出現，對近代科學有什麼損失嗎？沒有。愛因斯坦最偉大的貢獻在於從狹義相對論得出 $E＝MC^2$ 公式。如果某大師在 1965 年稍後提出廣義相對論方程 GRE，大概就不會出現霍金和彭羅斯提出偉大的「奇點定理」的奇談了。當一個理論從源頭上就存在重大缺陷，容不下與其它理論公式相容的時候，它必然導致嚴重的局限性，甚至重大錯誤，而很難糾正。

Henri・Bouasse：「愛因斯坦的理論不屬於物理理論的範疇，它是一種先驗的、凌駕於一切之上的，不可理

解的理論。」作者反思後認為，「廣義相對論方程」的問題也許是太超前了，是科學上不成熟或者有缺陷的「早產嬰兒」。

　　本文的主要任務在於指出、分析和論證過去學者們用「廣義相對論方程 GRE」解決「宇宙學」問題時，出現各種不實和錯誤的科學歷史根源。只有用作者的「新黑洞理論及其基本公式」才能正確有效地解答解決「宇宙學」中的問題。

　　關鍵字：廣義相對論方程＝場方程＝GRE；奇點；弗里德曼方程和 FLRW 度規；史瓦西度規；黑洞；黑洞的霍金量子輻射 m_{ss}；普朗克粒子 m_p；最小黑洞 M_{bm}；相對論性的時空非經典性效應；無熱抗力的廣義相對論方程；作者「新黑洞理論」及其六個基本公式有廣泛正確的有效性。

3-4-1　愛因斯坦建立的「廣義相對論方程 GRE」

　　愛因斯坦在 1915 年建立的「廣義相對論方程 GRE」，在科學上好像是過於超前的，那時沒有黑洞理論和黑洞實際的存在概念，量子力學剛剛起步，沒有白矮星中子星，沒有哈勃的宇宙膨脹定律等等，只知道宇宙中有二種基本力—引力和電磁力，而正負電力在宇宙中是平衡的。因此，愛因斯坦將「物質引力」當作其 GRE 方程中，唯一使物質物體產生運動的動因。並且認定「輻射能」沒有相當的「引力質量」，忽略「輻射能」有「熱抗力」能夠對抗物質的「引力收縮」，這種偉大超前的理

論和方程式，是能夠最終依靠牛頓力學，解決了一些在
「引力場源」外的物體單純受「引力場」作用的運動問
題的。對於物體在「引力場源」內部運動時，無可避免
的會受到溫度和「熱抗力」的強大影響，單純的 GRE 和
牛頓力學都會表現的「無能為力」，但是牛頓力學可以結
合熱力學，而 GRE 卻不能，還可以根據不同物理世界的
真實特性，提出不同的初始條件和公式求解，以得出比
較正確地結論。但是複雜難解的 GRE 的統一方程，忽視
「溫度和熱抗力」，違反了熱力學定律，會產生荒謬的結
論，比如「奇點」。因此，GRE 就像是一個有些「先天不
足，後天缺少營養」，但外表卻是「可愛天使，超凡脫俗」
的「早產嬰兒」。在 100 年來科技高速發展的成就上，主
流學者們將 GRE 當作「萬能理論」來運用，這種誤導必
然會產生錯誤。比如說，霍金等大師證明「奇點」是 GRE
存在的必要條件，就是強迫真實的物理世界服從於數學
方程的荒謬思維邏輯。為什麼 T-O-V 方程（見 1-7 章（4a）
式）規定了初始條件，在 M（0）＝0 時，ρ（0）＝0，
就消除了產生「奇點」的可能性呢？為什麼對史瓦西度
規等，GRE 學者們不能同樣規定以取消「奇點」呢？

　　作者在 1-6 文章中，已經對「廣義相對論方程 GRE」
中的許多根本缺陷和問題做了全面詳細的分析和論證。
本文著重於論述和分析 GRE 作為科學理論的「早產嬰
兒」，帶著許多「先天不足，後天缺少營養」的缺陷和問
題，在解決「宇宙學」問題中出現的混亂和錯誤。

　　首先應該說，愛因斯坦建立「廣義相對論方程 GRE」在科學上是有超前的偉大成就和歷史功績的，值得人們永遠敬仰；（1）建立時空統一觀在科學和歷史上可能是一大超前的進步；（2）史瓦西得出了 GRE 的一個精確解，即黑洞公式（1c）；（3）GRE 對宇宙中巨大的「靜態引力場源」（如恆星中子星黑洞星系等等）外部的物體運動特性，得出某些相當正確的結論，主要應該歸功於 GRE 將「引力場源」內部的物質當作分佈的運動粒子來看待的，不像牛頓力學將物質總量看作為中心集中力，所以作出了較準確的數值計算；比如水星圍繞太陽旋轉時的進動，光線在太陽附近的偏折等；（4）GRE 根據大質量靜態物體外的單純的引力作用，能夠做出一些定性的遠見卓識的預見，如引力透視引力紅移引力波等，是 GRE 的偉大成就。

　　應該說，愛因斯坦根據當時的科學技術水準，建立 GRE 是沒有什麼錯誤的。最關鍵的錯誤是後世的學者們「劍走偏鋒」造成的，他們認定真實的物理世界有「奇異性黑洞」，其次是將虛幻的「新觀念」加入「宇宙學常數 Λ」中，比如：空間能、零點能、暗能量、宇宙加速膨脹等。

　　在愛因斯坦 1955 年逝世前，在理論上對「廣義相對論方程 GRE」最有影響力的二個關鍵學者是德國的史瓦西和俄國的弗里德曼。史瓦西在 1915 年 GRE 剛出臺後幾個月，於 1916 年就得出了第一個 GRE 的精確解，即

有名的史瓦西度規，建立了黑洞的第一個正確公式
（1c）—$2GM_b/R_b=C^2$。不幸的是，幾個月之後，他在第
一次世界大戰的戰場上感染了當時無法治癒的天皰瘡，
於 1916 年 5 月去世。而弗里德曼於 1922 年得出了 GRE
的另一個解，即弗里德曼方程，他也不幸地於第四年，
即 1925 年去世。如果他們二人再長壽 30~40 年，也許能
將 GRE 的發展引向另外一條正常的道路。

　　（1）愛因斯坦在 1915 年，根據他的狹義相對論的
相對性原理和光速不變原理，得出了質量能量轉換的 E
＝MC^2 公式，再加上根據「慣性質量同引力質量相等」
的等效原理，發展出來了「廣義相對論方程 GRE」，也就
是「場方程」。此方程組描述了「引力」是由「物質與能
量」產生的「時空彎曲」所造成，物質物體在引力場中
的運動軌跡，就是「時空彎曲」形成的測地線—最短路
徑。在狹義相對論中，認為以光速行進的電磁波＝輻射
能，是沒有相應的「引力質量」的。因此，愛因斯坦在
「廣義相對論方程」就以「時空彎曲」和「測地線」等
新物理概念，否定了輻射能在「引力場」中的偏折和改
變路徑，是其本身沒有「引力質量」、與引力絕緣、而走
「最短路徑—測地線」的結果。這就將物理世界牛頓力
學的物質「引力作用」的準確規律轉換成為「時空彎曲」
的「四維空間」的幾何學。問題在於，這種「時空幾何
學」（後來彭羅斯和霍金改用拓撲學）的每一個點，都能
夠準確地對應物體運動的每一個時空點嗎？任何數學公

式都不可能在「全區域」——對應於其物理理論變化規律範圍的所有點，只可能有「部分區域」符合該理論物理世界的真實性。因為真實的物理世界的物體運動和狀態的變化，往往離不開熱力學。特別是物態和結構的改變，都有其上下的「臨界點」和「相變＝突變」的。作者認為，或者至少感覺到，愛因斯坦為了建立一個獨創的、超越時代的、完整統一公式的理論體系，用「時空彎曲」的新觀念，確實是建立了「前無古人」的、過於完美的數學（幾何學）方程。但是，其後的科學發展暴露了 GRE 的許多重大缺陷，特別是在宇宙學中，只有物質的引力，而無輻射能的「熱抗力」和「引力質量」，就無法解釋宇宙的膨脹，和 $E＝MC^2$ 在宇宙演變過程中的巨大作用。

（2）雖然「廣義相對論方程 GRE」在 1915 年提出了「質量和能量」是產生「時空彎曲」和「引力場」的根源。但是在那時還遠沒有建立「宇宙大爆炸標準模型」和「恆星核聚變模型」，沒有霍金的黑洞熱力學，特別是不知道正電子和負電子碰撞在一起，會按照 $E＝MC^2$ 湮滅成為能量。因此，那時在人們和愛因斯坦在觀念上，所謂的「能量」實際上是「動量」的別名，而不是指「熱能＝輻射能」。所以，直到現在，在 GRE 中的能量—動量張量項中，只能用單純物質的「引力質量和能量密度」，而將輻射能的「引力質量和能量密度」視為 0，不能也無法在 GRE 中運用「質量和（輻射）能量的守恆和

轉換定律以及公式 $E＝MC^2$」。只有單純的物質引力作用，怎麼能夠準確地解決「宇宙學」中的問題呢？早年的拉普拉斯就是將「光」作為「有引力的物質粒子」，正確地計算出「黑星（即黑洞）」的概念的。

（3）在愛因斯坦 1915 年建立「廣義相對論方程」時，那時人們可能認為宇宙的物質總量是不變的「靜態宇宙」，輻射能是可以忽略不計的。人們是不知道「輻射能」在宇宙中所占的巨大分量和起著重大的作用的。他們不知道大量的「輻射能」有巨大的「熱抗力」，和它所具有極大比例的「引力質量」，能夠對抗宇宙演變過程中的物質的「引力收縮」，使宇宙不停地膨脹降溫，這可能是他們那時確信的觀念。所以愛因斯坦只認為物質所產生的「引力和引力場」是宇宙中所有物質物體運動的推動者和主導者、甚至決定著宇宙內所有物質物體的運動和變化，所以他的場方程只有兩項，即 Gμν 是描述時空幾何特性的愛因斯坦張量，Tμν 是物質場的能量—動量張量。所以 GRE 實際上是一團物質粒子的動力學方程，無法用 $E＝MC^2$ 質能互換。這使 GRE 無法解決「宇宙演變過程」中的許多重大問題，如宇宙的平直性、宇宙膨脹的哈勃定律、宇宙的物質和能量密度大量缺失等。這是現在的學者們，直到現在還看不到 GRE 的缺陷的原因。

（4）無論是由 GRE 得出的史瓦西度規還是弗里德曼方程，都是在物質粒子團 M＝常數的封閉系統和忽視溫度變化（熱力學定律）得出的結論。因此無法找出宇

宙膨脹的動因，和收縮成為黑洞的成因。定量的物質粒子團為什麼會膨脹，又為什麼會收縮成為黑洞？有什麼不同的初始條件和演變過程？GRE 是無法給出答案的。所以 GRE 是不管因果律的。史瓦西黑洞公式(1c)是黑洞形成的結果，是不管形成的條件和緣由的。

（5）宇宙本身包括其中任何一個獨立個體，之所以能夠獨立穩定的存在，是其內部諸多矛盾對立的雙方，如引力和熱抗力，引力和離心力，電磁引力和斥力等，在一定溫度和其它條件下，達到暫時平衡穩定的結果。一團只有引力的物質粒子，在理想的無熱抗力和無黏性的條件下，只能奔流向其質量中心，收縮成為「奇點」。這是從流體力學的邏輯推理就可以得出的結論。這是學者們忽視宇宙中大量的「輻射能」，具有巨大的「熱抗力」和物質粒子必定有「溫度」的結果。因此，GRE 中的能量－動量張量項沒有「熱抗力」對抗物質引力的收縮，是其先天性的根本缺陷。

（6）學者們在解二階微分方程組的場方程前，必須普遍地假定場的均勻性和恆質－能量 M＝常數的封閉系統，可逆過程，宇宙學原理，否認輻射能的「溫度和熱抗力」，以便使各種度規公式的適用範圍，從一個局部場的微分方程無條件地擴大到適用於廣大系統甚至宇宙。因此，在那些不合實際和違反熱力學定律的假設條件下，想要用場方程解決宇宙學和黑洞問題，是很難不產生錯誤的。所以場方程實際上就是黑洞理論和宇宙學中

的一個好看而無法實際運用、以「量化地」解決宇宙中實際問題的花瓶工程。任何一個學者只要在解方程前，提出一堆違反實際的假設條件，就能得出一個稀奇古怪和荒謬的特殊解。所以物理學大師費曼戲言：「只要給出四個自由參數，就可擬合出一頭大象，用五個參數，可以讓它的鼻子擺動。」

（7）在牛頓力學中，M 是「引力場源」大物體，得出的小粒子質量 m 的第一宇宙速度 V_1 是，$V_1^2 = GM/R$；小粒子 m 的第二宇宙速度 V_2 是，$V_2^2 = 2GM/R$，兩公式都與 m 無關。其公式的正確性是因小粒子 m 質量相對於大物體 M 太小，而被忽略其引力質量，並非 m 完全沒有引力質量。如果 m 大到不可忽略，m 與 M 就成為圍繞其「質量中心」運動的兩體問題。而廣義相對論方程得出史瓦西度規的黑洞公式（1c）—— $C^2 = 2GM_b/R_b$，與牛頓力學的理論和公式得出了完全相同結論。這就使得 GRE 用「輻射能＝光子」逃不脫黑洞時，認為輻射能完全沒有「引力質量」，從而造成 GRE 可以「冠冕堂皇」地否定輻射能具有相應的「引力質量」。認為光子在太陽附近的偏折，是輻射能沒有「引力質量」，而是遵循 GRE 的「測地線」運動的結果。

（8）從愛因斯坦在 1915 年建立廣義相對論方程起，直到現在，科學界將 GRE 用於大物體（引力場源）內部時，一是否認物質粒子收縮產生的「熱抗力」可以對抗其「引力收縮」，二是否認物質粒子的密度可以達到

最小黑洞 M_{bm} 的密度，即 $10^{93} g/cm^3$，這是作者的新黑洞理論明確地證明了的。這就是真實的物理世界能夠對抗「引力收縮」，使「奇點」不可能出現在黑洞和宇宙的強有力的物理機制。主流學者根據 GRE 的度規和拓撲學的數學公式和幾何學，提出「奇點」是 GRE 存在的必要條件，是強迫「真實的物理世界和規律」，必須屈從於數學公式某些「時空點或者區間」，「背離實際」的結果，而必然會得出錯誤的結論。

（9）上面就是作者對 GRE 看成為是一個有些「先天不足，後天缺少營養」的「早產嬰兒」的一些描述。作為虛弱的「早產嬰兒」，愛因斯坦和史瓦西是知道和明確指出了它的缺陷的。後世的學者們對於 GRE 的先天性缺陷不是設法彌補或者改正，而是違反愛因斯坦意願，擴大其缺陷，將 GRE 完全引入歧途，使其成為「不可捉摸」的玄學。這當然不是愛因斯坦和史瓦西的意願和錯誤。比如，A.*愛因斯坦和史瓦西到死都未承認黑洞存在「奇點」，然而後來的霍金和彭羅斯卻用深奧複雜的數學證明了，宇宙中存在「無跡可尋」的「奇點和奇異性黑洞」，是「廣義相對論方程 GRE」存在和正確的必要條件，這成為現今學界的主流共識，犯了用公式決定思維和實際的錯誤；B.*學者們根據簡單的物體的「熱脹冷縮」，就可知道輻射能的「熱抗力」能夠對抗物質的「引力收縮」，為什麼不將「溫度和熱能」引進 GRE 的能量-動量張量項，而堅持有「奇異性黑洞」，以違反了熱力學和因

果律呢？C.*為什麼堅持「輻射能沒有引力質量和能量密度」，而無法將 $E＝MC^2$ 引進 GRE？D.*1917 年愛因斯坦在其 GRE 中，加進了一個「有排斥力的宇宙學常數—Λ」，得出了一個穩態宇宙的解，以後勒梅特證明了，他的解仍然是不穩定的。後來愛因斯坦懊悔地認為加進 Λ，是他一生最大的錯誤。為什麼？因為他可能已經深刻地認識到，只有將 Λ 加進到 GRE 的能量—動量張量項的內部才能得到宇宙的「穩態解」，而他做不到。現在的學者們將他們所有未理解的物理現象，加上一些「新物理觀念」，如將「有排斥力的暗能量」、「真空能」當作外部的 Λ，故弄玄虛，誤導世人，是故意裝作沒有理解愛因斯坦把 Λ 當作錯誤的懊悔。E.*為什麼愛因斯坦從 1915到 1955 死前 40 年，只在 1917 年用 GRE 給宇宙得出了一個錯誤的穩定解之後，就再也不碰他的完美的 GRE，而空耗他約 25 年的壽命，去研究 GRE 與量子力學的統一？我想，他是深刻認識到，如果不將熱力學和量子力學融入 GRE，它就不可能成為真正的物理科學，GRE 就只能是數學遊戲。後世學者不結合熱力學和量子力學，以發展 GRE，而是違反愛因斯坦的意願，反其道而行之，用拓撲學取代 GRE，走入了歧途。F.*將不成熟的四維時空理論（均勻各向同性的無限時空，可逆過程，時空無縫結合）肆意無限推廣發展成多維時空，甚至 26 維，有實際意義嗎？當然這種數學遊戲也許對促進科學思維有幫助。

　　（10）作者「新黑洞理論」及其六個普遍有效的基本公式，是由牛頓力學相對論熱力學和量子力學的基本原理和基本公式組成的，是完全正確、符合宇宙運動變化真實狀況和規律的一套完整的物理學理論，而非複雜高深的數學遊戲，無需任何附加的假設條件，使 GRE 幾乎所有的缺陷都消失得「無影無蹤」，正確地解決了宇宙學中許多重大的理論和實際問題。在「新黑洞理論」基礎上建立的新「黑洞宇宙學」，證實了我們宇宙是一個真實「史瓦西宇宙黑洞」；它的「生長衰亡」規律完全符合黑洞公式；不可能出現「奇點」。並且建立了正確的「宇宙黑洞模型」，可以取代過時的、錯誤的和違反哈勃定律的「宇宙大爆炸標準模型」。

3-4-2　1917 年愛因斯坦首次就其場方程 GRE 給出了一個假穩定態宇宙的特殊解。後來，1927 年勒梅特（Lemaitre）指出，愛因斯坦的解還是不穩定的。

　　下面的廣義相對論方程（2a）是一組非線性的、複雜難解的二階非線性微分方程的組群，可分解為有十個獨立的方程式，積分每個方程至少須加兩個初始條件，根本無法解出一般解。用愛因斯坦的話說，「該方程完美到無法加進去任何東西」。愛因斯坦為了使宇宙能呈現為靜態宇宙（不動態變化的宇宙，既不膨脹也不收縮），於是嘗試加入了一個「宇宙學常數項 $\Lambda g\mu\nu$」於場方程式中，

$$G\mu\nu + \chi T\mu\nu + \Lambda g\mu\nu = 0 \cdots\cdots\cdots\cdots\cdots\cdots\cdots\cdots\cdots\cdots (2a)$$

　　上面（2a）　式就是　GRE＝場方程，該方程原來只有左邊的兩項。引力場方程是非線性的，不加諸多假設前提條件，連一個特殊解也無法求出。Gμν 是描述時空幾何特性的愛因斯坦張量。Tμν 是物質場的能量—動量張量。gμν 是度規張量。因為普通物質粒子間的引力是一種純粹的相互吸引的中心力，而在一團物質 M＝常數的純粹引力場作用下、沒有熱抗力的物質粒子的分佈是不可能達到靜態平衡的，只能向其質量中心收縮。為了維護整個宇宙的「寧靜」，Einstein 不得不忍痛對自己心愛的 GRE 作了修改，增添了一個「宇宙學項 Λgμν」。Λgμν 具有排斥力，它是愛因斯坦為了保持宇宙中引力和斥力的平衡，後來才加進去的。問題在於，Λgμν 可能使整體物質場達到平衡穩定，但是能使場內部的粒子也穩定嗎？能解出物質場內部粒子的運動軌跡（測地線）嗎？

　　1917 年愛因斯坦就其場方程 GRE 給出了一個穩定態宇宙的特殊解，即宇宙半徑 R 不隨時間的變化，

　　令 $\chi＝8\pi G/C^4$，Λ 可以取為，

$$\Lambda_c＝64\pi^2/(9\chi^2 M^2) \quad\cdots\cdots\cdots\cdots\cdots\cdots\cdots\cdots（2b）$$

　　得 $R_c＝\Lambda_c^{-1/2}\quad\cdots\cdots\cdots\cdots\cdots\cdots\cdots\cdots\cdots（2c）$

　　在廣義相對論中，當能量密度與壓強之間滿足　$\rho+3p$ ＜0 時，能量動量分佈所產生的「引力」實際上具有排斥作用。 因此在一個宇宙學常數 Λ＞0 的宇宙學模型中存在一種排斥作用，這種排斥作用與普通物質間的引力相平衡，使得 Einstein 成功地構造出了一個靜態宇宙學模型，

即得出宇宙半徑為 $R=\Lambda^{-1/2}$，即前面的公式（2c）。 這說明宇宙膨脹到密度很小的低溫情況下，要想使宇宙穩定，就得承認粒子的「輻射壓力＝熱抗力」是不可忽略的。因此，只有使 Tμν 項中的每個粒子具有溫度的熱抗力，而不是將 Λgμν 當作外部排斥力，才能使（2c）的 Tμν 內部達到平衡。

後來，勒梅特（Lemaitre）指出，愛因斯坦的解還是不穩定的。1927 年他從（2a）式中得出 R 必須滿足下面的兩個方程（2d）和 （2e）。下面 K 是空間曲率。以下公式都假設宇宙在空間上是均一且各向同性的，

$$4\pi R^3 \rho/3 = M = \text{Const} > 0 \cdots\cdots\cdots\cdots\cdots\cdots\cdots（2d）$$

$$(dR/dt)^2 = 2GM/R + \Lambda R^2/3 - KC^2 \cdots\cdots\cdots\cdots（2e）$$

（2d）表示 GRE 只適用於封閉系統，即質量 M＝常數。（2e）其實也是弗里德曼 Freidmann 方程，$(dR/dt)^2$ ＝V^2，其中的 M 和 R 表示都是時間 t 的函數，顯然與（2d）中的 M＝常數相矛盾。從（2e）可看出，當 Λ＝0（即無「有排斥力」的外力作用）時，只要給出的 R 受到任何的微擾，即 dR/dt 一旦不為零，它就會隨著時間的改變，宇宙或者膨脹，或者收縮，總是處在加速或減速運動的狀態中。其結果是與愛因斯坦的解（2c）相矛盾的。（2e）中的 K 是空間曲率，實際上只能取三個數值；K＝1、0、－1 代表著宇宙的形狀，分別代表著：K＝1 是閉合的三維球面，即封閉宇宙；K＝0 是平直歐幾里得空間，即是平直無限宇宙；K＝－1 是開放的三維雙曲面，即是開放宇宙。

3-4-3 廣義相對論方程 GRE 與新黑洞理論 NBHT 與公式應用範圍、條件和結果的比較。

人們很容易看出 GRE 是無法解決黑洞和宇宙學中的問題的。

表1：廣義相對論方程 GRE 與新黑洞理論 NBHT 及其六公式用於宇宙學的適用範圍和結果的區別和比較，各自的對錯好壞優劣。

用 GRE 解決宇宙學問題的適用範圍、前提條件，及其錯誤後果。	用新黑洞理論 NBHT 及其六公式解決宇宙學問題正確性和結果。
1.$G\mu\nu+\chi T\mu\nu+\Lambda g\mu\nu=0$ 是 10 個非線性二階偏微分方程組群，無一般解。如加許多前提條件得出的特殊解，必定錯誤。	1.宇宙是一個真實的「史瓦西黑洞」符合黑洞六公式，如知道 M_{ub} 或宇宙年齡 Au，就知道宇宙「從生到死」的變化規律性能和命運。
2.認為宇宙起源於無任何確定參數值的無窮大密度的「奇點大爆炸」。GRE 實際上無法運用質量能量轉換公式 $E=MC^2$。	2.嚴格論證了宇宙起源於無數「$M_{bs}=2M_{bm}=2m_p$」，其各種參數值都是精準確定的，黑洞公式（1b）就是 $E=MC^2$ 的實際運用。
3.宇宙在「大爆炸」後只能是「封閉系統內物質的絕熱膨脹」，不符合哈勃定律和觀測資料，加進 Λ 為外部的負能量，無法阻止「引力場源宇宙」內收縮成為「奇點」。	3.宇宙以光速 C 膨脹，來源於我們宇宙作為史瓦西黑洞，是其無數 $M_{bs}=2M_{bm}$ 不停地以光速 C 合併同類膨脹的結果，宇宙黑洞公式（1c）完全符合哈勃定律和觀測資料。

4.將 GRE 用於宇宙學時，其錯誤的根源是：A.只承認物質有引力作用，否認大量的輻射能有「引力質量」和「熱抗力」；B.無法運用 E＝MC^2；C.解 GRE 需用許多錯誤的前提條件；D.將同一個度規方程直接用於「引力場源」的外面和內部。這些重大缺點使它出現許多錯誤。	4.「新黑洞理論和其六個基本公式」是牛頓力學相對論熱力學量子力學四大經典理論及其基本公式綜合運用的結果。它證明了我們宇宙是一個真實的「史瓦西宇宙黑洞」，其變化規律和命運完全符合黑洞六公式。它不存在 GRE 的許多重大缺點，可正確有效的取而代之，以解決宇宙學中的問題 。
5.只承認物質有引力質量和 ρ_m，否認輻射能有「引力質量和 ρ_r」和「熱抗力」。無法解釋宇宙的平直性、以光速膨脹，而加入「Λ＝外部有排斥力的負能量」，以解釋宇宙膨脹，反使＝ρ_o-ρ_Λ/ρ_c<1 或者為負，變得更加荒謬。	5.認為宇宙中占大比例的輻射能有「相應的引力質量」和「熱抗力」，就是認為它們有「正能量密度 ρ_r」，能保證宇宙的平直性，和宇宙符合哈勃定律以光速 C 的膨脹。Ω=1是宇宙黑洞的本性，為M_{ub}值決定。
6.GRE 只能用於封閉系統和可逆過程，違反熱力學和實際情況。	6.黑洞膨脹和收縮都是不可逆過程，符合熱力學定律和實際情況。
7.GRE 不知道宇宙膨脹或者收縮的動因。用Ω＝ρ_o/ρ_c≠1 來決定宇宙是一個開放系統還是封閉系統實際上是一個偽命題。用Ω＝ρ_o/ρ_c 實際上無法決定宇宙的命運和壽命。	7.我們宇宙黑洞的密度 ρ_{ub} 只有一個確定的值，它只取決於該黑洞的總質量 M_{ub},因此，宇宙黑洞的Ω=1 = ρ_{ub}/ρ_{ub},ρ_{ub} 是可以用黑洞理論公式（1m）計算出來的。由 M_{ub},還可確定宇宙壽命τ_{ub}。

8.為了得出 GRE 的特殊解，必須假定許多違反實際情況和熱力學規律的錯誤前提條件，導致「奇點」和諸多荒謬結論。	8.無需假設任何前提條件，只要確定了宇宙年齡 Au 或總質量 M_{ub}，宇宙任一時刻的各種參數值的「時間簡史」都已經計算出來。
9.GRE「宇宙大爆炸標準模型」的兩組公式都是錯誤的互相矛盾的，違反哈勃定律和觀測資料的。 1.〔（2ma）—$Tt^{1/2}=k_1$，$\underline{R=k_2t^{1/2}}$，$TR=k_3$，$\rho R^4=k_4$〕；2.〔（2na）—$Tt^{2/3}=k_{11}$，$\underline{R=k_{12}t^{2/3}}$，$TR=k_{13}$，$\rho R^3=k_{14}$〕（參見 2-4 章）。	9.NBHT「宇宙黑洞模型」的兩組公式都是正確的，互相相容的，符合哈勃定律和天文觀測資料。 1.〔（2mb）—$Tt^{1/2}=k_5$；$\underline{R=k_6t}$，$TR^{1/2}=k_7$，$\rho R^2=k_8$〕；2.〔（2nb）—$Tt^{3/4}=k_{15}$，$\underline{R=k_{16}t}$，$TR^{3/4}=k_{17}$，$\rho R^2=k_{18}$〕（參見 2-4 章）。
10.用宇宙學原理無熱抗力等條件，使 GRE 必定塌縮成為「奇點」、「時空顛倒」、「內部真空」的「奇異性黑洞」，再通過蟲洞轉為白洞，成為無數據可測的天方夜譚。	10.M_{ub} 確定後，就可由黑洞壽命公式確定宇宙壽命 τ_{ub}，最終收縮成為「最小黑洞 $M_{bm}=m_p$ 普朗克粒子」而消亡，符合黑洞公式的規律。
11.解 GRE 須知宇宙物質密度等分佈，無法做到，須定出許多錯誤的假設條件，導致許多錯誤。	11.沒有任何假設前提條件，所有有關黑洞性能和變化規律的結論，都由黑洞公式直接推導出來。
12.GRE 中，只有物理常數 G 和 C，無量子力學 h 和熱力學 κ，導致「奇異性黑洞」和宇宙變化無動因。	12.黑洞六個公式由四個自然物理常數 G，C，h，κ 的不同組合組成，有量子力學和熱力學效應，符合宇宙真實。

13.GRE 用「四維時空相對論性坐標系」建立的度規，得出「鐘慢尺縮」的非經典效應，是假像，不能反映宇宙的真實運動情況。	13.NBHT 沒有相對論性效應，實際上用的是牛頓的絕對時空，因此，宇宙的性能和變化是真實狀況。
14.總結：只有物質的引力，否定輻射能有「引力質量和 ρ_r」和「熱抗力」，無法用 $E=MC^2$，解方程需加許多附加條件，用數學決定物理，這是錯誤的主要根源。	14.總結：新黑洞理論及其公式無需附加任何條件，原汁原味地來源於四大經典理論公式，是物理學，而非幾何學，符合宇宙真實狀況。

3-4-4　進一步的分析和結論

　　一、GRE 最主要的問題是其能量—質量項中，沒有「輻射能的熱抗力」以對抗物質粒子的「引力收縮」，沒有輻射能的「引力質量和正能量密度 ρ_r」以保證宇宙的平直性；也無法運用 $E=mC^2$ 公式，因此一團只有「物質引力」的收縮方程，只能奔向其「質量中心」收縮成為「奇點」。

　　其次，是 GRE 學者們企圖迫使「真實的物理世界」完全服從於其 GRE 的「時空幾何學」。而且，GRE 太複雜，在解方程前，必須加進許多「不符合實際和違反熱力學定律」的前提條件，所得出的解絕大多數是錯誤的，甚至是荒謬的。

　　二、約五十多年前，霍金寫道：「羅傑·彭羅斯和我（霍金）在 1965 年和 1970 年之間的研究指出，根據廣義相對論，在黑洞中必然存在無限大密度和空間—時間曲率的「奇

點」。這和時間開端時的大爆炸相當類似」。所以「奇點」成為廣義相對論方程一個必不可缺少的組成部分。GRE 認為星系演化經過黑洞最後還會塌縮成為「奇點」，宇宙開端有「奇點」。甚至可能存在「裸奇點」。但是愛因斯坦自己寫了一篇論文，宣布恆星的體積不會收縮為零，所以對「奇點」的證明是違反愛氏的初衷的。為避免理論與實際矛盾的尷尬，彭羅斯提出荒謬的「宇宙監督原理」來加以避免。

三、排除「奇點」的廣義相對論有什麼不好？學者們寧可迷信和服從自己的數學方程，也不相信不符合其數學方程的真實的物理世界。科學家們常用一些不合邏輯和稀奇古怪的新觀念去修補其數學方程中的缺陷，徒勞而犯錯。

四、我們的宇宙就是一個真實的宇宙黑洞。在宇宙黑洞內，我們沒有感受到「奇點」大爆炸的威脅，也沒有感受被「奇點」吞噬的危險。

五、宇宙中，當物質結構從某一層次轉變為另一層次時，會發生「相變」，兩層次的結合處是「臨界點」。當一大團物質粒子團形成一個小黑洞後，黑洞內外是 2 個極不相同的不連續的世界，內外密度相差大於 10^{40} 倍，怎能用同一個度規方程式於黑洞內外？這是誤解史瓦西度規出錯的根本原因。

六、在真實的物理世界，如果沒有對抗引力收縮的各種排斥力，如熱抗力，一塊鐵，一個人，一座山，地球等都完全可以靠其自身的引力收縮成為「奇點」，這是多麼荒謬而違反現實和熱力學定律的結論。

　　七、作者「新黑洞理論」的六個公式無需任何附件條件，是以四大經典物理學的基本公式為基礎的，故能符合實際地正確解決宇宙學和黑洞中的許多重大的基本問題，這是走正本清源的正道，故能有效地替補和取代廣義相對論方程。

＝＝＝＝＝＝＝＝＝＝＝全文完＝＝＝＝＝＝＝＝＝＝＝

參考文獻：

1.張洞生，本書前面 1-1、2-1、2-2、2-4 各章。

2.王永久，《黑洞物理學》，湖南科學技術出版社，2000 年。

3.何香濤，《觀測天文學》，科學出版社，2000 年 4 月。

4.吳時敏，《廣義相對論教程》，北京師範大學出版社，1998 年 8 月。

5.約翰・皮爾・盧考涅，《黑洞》，湖南科學技術出版社，2000 年。

6.霍金，《時間簡史》，湖南科學技術出版社，1994 年。

3-5　黑洞是大自然偉大力量的產物，人類也許永遠無法製造出任何「真正的人造引力（史瓦西）黑洞」

> 阿納托・弗蘭斯（Anatole France）：「總有好奇成為罪過的時刻，魔鬼就站在科學家身旁。」
> 黑格爾：「當人類歡呼對自然的勝利之時，也就是自然對人類懲罰的開始。」

前言：

50 多年前，某些俄羅斯科學家宣傳要製造名為「歐頓」（Otone）的人造迷你小黑洞。一歐頓的質量約等於 40 個原子質量，即 1 Otone ＝ 40×1.67×10^{-24}g≈10^{-22}g。俄羅斯科學家阿力山大・陀費芒柯（Alexander Trofeimonko）指出迷你小黑洞可以在實驗室內製造出來作為「黑洞炸彈」，可以殺死上百萬的人，但是他根本不知道 10^{-22}g 只有很小的 100 個質子的能量。他還說，50~60 年後，就是歐頓世紀。他還宣稱，迷你小黑洞在地球內部會引燃火山的爆發，在人體內會引起自燃的爆炸，等等。[1] 在 2001 年 1 月，英國的理論物理學家伍爾夫・里昂哈特（Wolf Leonhart）宣佈他和他的同僚會在實驗室製造出一個黑洞。美國理論物理學家，斯坦福大學教授，弦論的創始人之一，李奧納特・蘇士侃（Leonard Susskind）還寫了一本名著：《The Black Hole War》。

2005 年 3 月 17 日，BBS 的報告稱：位於紐約的布魯克海文國家實驗室（Brookhaven National Laboratory in

New York） 的相對重離子對撞機 （RHIC —Relative Heavy Ion Collider） 使兩個金一核子以接近光速產生對撞所產生的「火球」與微小黑洞的爆炸很相似。當金一核子相互撞成粉碎時，它們破碎成夸克和膠子微粒所形成的「高溫等離子漿球」，其溫度比太陽表面的溫度高300倍。「火球」的製造者霍納圖・納斯塔斯教授（Prof. Horatiu Nastase of Brown University in Providence of Rhode Island）說，「我們計算出來孤立子（所謂的微小黑洞）的溫度達到了 175.76 MeV， 與「火球」的實驗室溫度值 176MeV 相比較極其接近，其壽命大約為 10^{-24} 秒。」他說：「有一種不尋常的情況發生。火球所吸收的噴射粒子比計算所預計的多 10 倍多。」

英國著名的宇宙學家馬丁・里茲（Martin Reez）曾在他的名為《最後的世紀》一書中預言：「人造黑洞」是地球未來十個最大災難中之頭一名。

某些希臘和俄羅斯的科學家在 2003 年還提出高能量宇宙射線在我們大氣中對粒子和分子的碰撞產生了無數短命的微小黑洞，其質量約為 10×10^{-6}g ，其壽命約為 10^{-27}s（它不是小黑洞，它的壽命 10^{-27}s 比該黑洞的壽命 10^{-42}s 長太多）。他們還指出，當 2007 年新的歐洲粒子物理實驗室的超級強子對撞機（The New Super Hardon Collider of European Particle-physical Laboratory） 成功地工作後，其極強大的能量將每天製造出成千上萬個微小黑洞。

最近消息，2008 年 9 月 10 日：今日這台位於歐洲核研究組織（CERN）的機器—大型強子對撞機（LHC）實驗可能引發世界末日。英國《泰晤士報》網站稱：該項目的反對者認為，大型強子對撞機釋放出的超強能量可能會製造出一個黑洞，它要麼會吞噬地球，要麼產生一種「奇子」，能將地球變成一團「奇異物質」。

十多年過去了，上述製造黑洞的資訊都沒有了。證明所有上述所謂的「人造黑洞」都是假黑洞，是以訛傳訛的聳人聽聞。因為他們沒有正確計算黑洞性能的公式。

小結：當有人炫耀製造出來了「人造黑洞」時，只要問他一個簡短的問題即可：「你的黑洞是用什麼公式計算出來的？」、「如何觀測到你的黑洞的爆炸的？」

內容摘要：

40 多年來，各國的一些科學家們發表了對「人造黑洞」許多聳人聽聞的和混淆視聽的言論和文章，他們對「真正的引力黑洞即史瓦西黑洞」並未作認真的研究，甚至對黑洞的各種必須的性能物理參數的公式和數值也不知道如何去計算，對黑洞的特性只是猜想。黑洞是經典理論的產物，只能從經典理論中找出正確公式來解釋和計算。而且，黑洞理論以前並不完善，只有在作者最近推導出來黑洞的霍金輻射 m_{ss} 與黑洞質量 M_b 的準確公式（1d）—$m_{ss}M_b = hC/8\pi G = 1.187 \times 10^{-10} g^2$ 和（1e）後，黑洞理論才趨於完善，才能計算出黑洞的各種物理參數的精確數值，才知道它們「從生到死」的變化規律和公

式，和爆炸消亡時的準確的物理參數值。因此，作者可以自信地說，到目前為止，除了可以依據作者的新黑洞理論的六個基本公式，能夠準確量化地計算出黑洞最後爆炸消亡的過程和物理狀態之外，世界上還沒有第二個人可以準確量化地計算出黑洞爆炸死亡時的物理狀態。他們都有意或者無意地用不適當的公式，所計算出來的「黑洞」參數值都是錯誤的，並非「真正的史瓦西引力黑洞」所應有的數值，從而混淆了「引力黑洞」與由「高能量粒子」和「高能量粒子團漿」形成的「火球」的原則性區別，而誤導了大眾的視聽。再者，也有某些實驗科學家有可能為達到自己的特殊目的，而製造虛假的「人造黑洞」的新聞。

　　本文的目的在於用作者在第一篇「新黑洞理論」中得出的一組正確的六個黑洞基本公式，計算出大小不同的史瓦西黑洞的五個正確的性能參數—M_b，R_b，T_b，m_{ss}，τ_b 的準確數值，使人們可一目了然地知道人類或許永遠也沒有能力製造出任何大小的真正的「人造史瓦西（引力）黑洞」，它們可能只是大自然偉大力量的創造物。人們無須對聳人聽聞的「人造黑洞」謊言產生恐慌。

　　關鍵字：人造黑洞；新黑洞理論及其六個基本公式；真正的引力（史瓦西）黑洞；各種黑洞 M_b 在其視界半徑 R_b 上的參數；人類不可能製造出真正的「人造引力（史瓦西）黑洞」。

3-5-1 任何違反作者「新黑洞理論六個普遍公式」的高溫「火球」或者「粒子團」都非真實的史瓦西引力黑洞。

黑洞在其視界半徑 R_b 上各個參數的六個基本守恆公式，任何違反這些公式的高溫「火球」或者「粒子團」都非真實的引力黑洞。

本文中所論證的黑洞只是無電荷、無旋轉、球對稱的真正引力黑洞，即史瓦西（Schwarzchild）黑洞＝牛頓黑洞。

按照前面第一篇 1-1 推導出來的完整的黑洞理論和其六個基本公式如下：

（1）在本書最前面 1-1-1 節，有黑洞視界半徑 R_b 上的五個參數 M_b、R_b、T_b、m_{ss}、τ_b 的六個基本公式，其變化決定了黑洞生長衰亡的規律。這是任何黑洞包括人造黑洞的本質屬性。凡不符合這些守恆公式者就不是史瓦西引力黑洞。$T_b M_b =（C^3/4G）×（h/2\pi\kappa）\approx 10^{27}gk\cdots\cdots$（1a）

$$m_{ss}C^2=\kappa T_b=Ch/2\pi\lambda_{ss} \cdots\cdots\cdots\cdots\cdots\cdots\cdots\cdots（1b）$$

$$M_b=R_bC^2/2G=0.675\times 10^{28}R_b \cdots\cdots\cdots\cdots\cdots（1c）$$

$$m_{ss}M_b=hC/8\pi G=1.187\times 10^{-10}g^2\cdots\cdots\cdots\cdots（1d）$$

$$M_{bm}=m_p=m_{ssb}=（hC/8\pi G）^{1/2}g=1.09\times 10^{-5}g\cdots（1e）$$

$$\tau_b\approx 10^{-27}M_b^3\cdots\cdots\cdots\cdots\cdots\cdots\cdots\cdots\cdots\cdots\cdots（1f）$$

黑洞發射兩個鄰近的霍金輻射 m_{ss} 的時間間隔 $-d\tau_b$ 為；

$$-d\tau_b=3\times 10^{-27}M_b^2dM_b=3\times 10^{-27}M_b\times M_bm_{ss}=0.356\times 10^{-36}M_b（1g）$$

根據（1c）式和球體公式 $M_b=4\pi\rho_bR_b^3/3$，可得出任何一個黑洞存在的新公式（1m），

$$\rho_b R_b{}^2 = 3C^2/8\pi G = 0.16 \times 10^{28} \text{g/cm} \cdots\cdots\cdots\cdots\cdots (1m)$$

M_b—黑洞的總質—能量；R_b—黑洞的視界半徑，T_b—黑洞的視界半徑 R_b 上的溫度，m_{ss}—黑洞在視界半徑 R_b 上的霍金輻射的相當質量，ρ_b—黑洞平均密度，λ_{ss}—m_{ss} 的波長，h—普朗克常數 $= 6.63 \times 10^{-27}$g$_*$cm^2/s，C—光速 $= 3 \times 10^{10}$cm/s，G—萬有引力常數 $= 6.67 \times 10^{-8}$cm^3/s$^2{}_*$g，波爾茲曼常數 $\kappa = 1.38 \times 10^{-16}g_*cm^2/s^2{}_*$k，

結論：一、凡是符合上面六個公式（1a）~（1f）的就是真正的「引力黑洞」，「人造黑洞」也無例外。不論是自然的史瓦西黑洞，還是人類幻想製造出來的「人造黑洞」，只要其 M_b 相同，其它的參數 M_b，R_b，T_b，m_{ss}，τ_b 都是絕對相等的，因他們都必須服從上面的所有公式。

二、無論黑洞大小，它們本身是看不見的。只能由其發射的霍金輻射 m_{ss} 以直接判定其存在。而任何黑洞發射兩個鄰近的霍金輻射 m_{ss} 的時間間隔$-d\tau_b$ 是嚴格按照公式（1g）確定的。因此，如果能夠按照公式（1d）測量到小黑洞發射的γ-射線，中型黑洞發射的電磁波，大型黑洞發射的引力波（現在人類對大於 100 太陽質量的黑洞發射的引力波還沒有技術能力可以測量到），而且能夠按照公式（1g）測量到，黑洞發射兩個鄰近的霍金輻射 m_{ss} 的時間間隔$-d\tau_b$，這就直接證明了，發射霍金輻射的黑洞的真實存在。

三、但是，真正的 10^{-5}g~10^{15}g 的微小黑洞只能發射（爆發）10^{-5}g~10^{-24}g 極高能的γ-射線（它們的質量甚至

大於質子）。而 $M_{bm} = 10^{-5}g$ 的「最小黑洞」，是每個黑洞最後死亡時的「爆炸物」，而發出宇宙中最高能量的 γ-射線。

四、凡是說看到製造出來什麼「強烈閃光」、「火球」，就說成是「黑洞」，都是「假話妄語」。

3-5-2　關於真正的「人造引力黑洞」的幾條不可能製造出來的決定性的原理和現實。

一、宇宙中不可能出現和存在與「最小黑洞 $M_{bm} = m_p$ 普朗克粒子 $= 10^{-5}g$」相等或者更小的黑洞。因為 $M_{bm} = m_p$ 已經達到純屬最高能量的「普朗克領域」，溫度達到 $0.71 \times 10^{32}k$，M_{bm} 只能爆炸消亡。該領域沒有物質存在，現今物理世界的規律完全失效，根本不可能出現「黑洞」實體和概念。目前只知道「測不準原理」可用於該領域。人類也許永遠也無法觀測到該領域的實況。怎麼能製造出來比最小黑洞 M_{bm} 相等或者更小的黑洞呢？可見，凡是妄稱製造出來了小於「$M_{bm} = 10^{-5}g$」的「微小黑洞」都是假的。如果人類未來製造出來了 $M_{bm} = 10^{-5}g$，就表示人類能夠製造宇宙誕生時的狀態。這是癡心妄想。

二、看看下面的「最小黑洞 M_{bm}」的各種性能物理參數值，就會知道人類永遠也不可能製造出「最小黑洞 $M_{bm} = m_p$ 普朗克粒子 $= 10^{-5}g$」。

從 1-1-1 節「新黑洞理論」以及各個公式，計算和證明的「最小黑洞」的各個物理參數值如下：最小黑洞 M_{bm}

＝m_p 普朗克粒子＝10^{-5}g；其視界半徑 R_{bm}＝1.61×10^{-33}cm；
其史瓦西時間 t_{sbm}＝R_{bm}/C＝0.537×10^{-43}s；
其密度ρ_{bm}＝10^{93}g/cm^3；其壽命 τ_{bm}＝10^{-43} 秒，
其溫度 T_{bm}≒0.71×10^{32}k；最小黑洞 M_{bm} 的能量 E_{bm}＝10^{19}GeV。

1.最小黑洞 M_{bm} 的能量 E_{bm}＝10^{19}GeV，歐洲的超級強子對撞機製造玻色子的能量已經達到最高能量，才 750 GeV，離 E_{bm}＝10^{19}GeV 還差 10^{16} 數量級呢。也許永遠也達不到。

2.M_{bm} 的壽命 τ_{bm}＝10^{-43} 秒，即使 M_{bm} 被製造出來了，也無法極快速地供給它物質，使它長大。宇宙中最高密度的物質是中子星，其相鄰中子之間的距離是 10^{-15}cm，光速須走 10^{-25}s，比 τ_{bm}＝10^{-43} 秒還相差太遠，差 10^{18} 數量級。

3.唯一能夠使 M_{bm} 長大的辦法是供給它最高密度ρ_{bm}＝ 10^{93}g/cm^3 的物質，但是宇宙中最高密度的物質是中子星，其密度ρ_n＝10^{15}g/cm^3，差 10^{78} 數量級。

4.從上面 3-5-1 節黑洞的普遍公式可以看出，不管是自然或者人造的史瓦西黑洞，只要其質量 M_b 相同，其它的所有性能參數 R_b，T_b，m_{ss}，t_s，τ_b，ρ_b 等的數值都是完全相等的。這就是黑洞的同一性。在上面已經初步論證了人類根本無法製造出「微小黑洞 $M_{bl} \leq M_{bm}$＝10^{-5} g」，因為其壽命必須小於 10^{-43}s，其密度必須大於 10^{92}g/cm^3，其視界半徑必須小於 10^{-33}cm。這是人類永遠無法達到的。

凡是說製造出來什麼等於或者小於「最小黑洞 M_{bm}＝

m_p 普朗克粒子＝10^{-5}g」的「微小黑洞」，就說成是「黑洞」，都是「假話妄語」。

3-5-3 先來看看製造微小黑洞 M_{bn} 所需對撞機的能量問題

其實，製造微小黑洞 M_{bn}，歸根到底的先決條件是對撞機能不能供給幾乎接近無限大或者人類所需要的足夠大的能量。2012 年 7 月 4 日，歐洲核子研究組織（CERN）宣佈，大型強子對撞機（LHC）探測到質量為 126.5GeV 的新玻色子，其能製造最大粒子的能量充其量能達到 1000GeV 左右。而最小黑洞 M_{bm}＝$1.09×10^{-5}$g 的能量就達到 10^{19}GeV。就是說，如果要製造出來一個 M_{bm}，對撞機末端的瞬間輸出能量最低限度要達到 10^{19}GeV。從 126.5GeV 到 10^{19}GeV 對撞機能量還需要增大 10^{16} 倍。

這裡須注意幾點：1.對撞機消耗的總能量可能高於上述能量的 10~1000 倍以上。2.假設製造微小黑洞 M_{bn} 的過程需要對撞機工作 1 小時，這對撞機的能量消耗大致有多大呢？請看中國大陸 2008 年全年的的發電量是 34334 億 kWh，折合全國每小時發電量是 $4×10^8$kWh。美國 2006 年全年的的發電量是 42630 億 kWh，折合全國每小時發電量是 $5×10^8$ kWh。這就是說，對撞機工作 1 小時製造出一個 15 克的微小黑洞 M_{bn} 所需的能量，約等於上述中美各國全國每小時的耗電量。

以上能夠說明什麼問題呢？

1.如果能夠製造出來一個小小的「微小黑洞＝15g」，

是太困難了，耗費太大了。

2、這個 15g 的「微小黑洞」的能量大約只相當於 1 萬噸 TNT，太小兒科了。

3.這個黑洞的壽命大約 $= 10^{-23}$s。就是說，當它一製造出來，就立刻爆炸了，人們無法控制它，使它不爆炸，或者讓它定時爆炸。

4.結論：那些根本不知道作者「新黑洞理論」上面六個性能公式（1a）~（1f）的學者們，談什麼「黑洞、黑洞炸彈、黑洞戰爭」，完全是「聳人聽聞」的「胡言亂語」。

3-5-4　對撞機製造出來一個多大的「微小黑洞 $M_{bn} \geqq M_{bm}$ 最小黑洞」，才能長久地存活下來？

現在暫時不考慮對撞機的能量問題。從理論上講，給對撞機供給與需要製造出來的「微小黑洞 M_{bn}」相同密度的物質，就可以補賞該黑洞因發射霍金輻射而造成的質能量損失，使 M_{bn} 繼續成長下去。但是從最小黑洞 $M_{bm} = 1.09 \times 10^{-5}$g 到 $M_{bo} = 10^{15}$g 的密度是從 10^{92}g/cm^3 降到了 10^{52}g/cm^3（但如果宇宙中或者能製造出來這種密度相同的物質，就根本無需對撞機了）。如此高的密度的物質是人類無法製造出來的。因此，下面用另外的方法估算需要什麼樣的物質才能使製造出來的「微小黑洞 M_{bn}」長大？

（1）前面已經講過，人類根本製造不出一個微小黑洞 $M_{bn1} = 1.09 \times 10^{-5}$g $= M_{bm}$（最小黑洞）。而小於 1.09×10^{-5}g 的黑洞已進入普朗克領域，根本不可能存在。

（2）請看上面 3-5-2 節「最小黑洞 M_{bm}」各種物理參數值：上面任何一項黑洞 $M_{bn1}＝M_{bm}$ 的參數值，人類都永遠無法造出來。

（3）能否製造出來一微小黑洞 $M_{bn2}＝10g$，使其壽命 $\tau_{bn2}>10^{-24}s$？如此，或可供給該微小黑洞金屬原子使其長大。

我們知道，各種穩定的金屬元素中，其鄰近質子中子之間的距離是 $d_p≈10^{-13}cm$，光通過 d_p 所需的時間 $t＝d_p/C≈10^{-24}s$ 如果能製造出來一個微小黑洞 M_{bn2}，使其壽命 $\tau_{bn2}>10^{-24}$ s，人類可供給它如金子，它能否存活長大？

按照（1f）式 $\tau_b≈10^{-27}M_b{}^3$，如 $\tau_{bn2}>10^{-24}s$，則其 $M_{bn2}＝10g$，則其視界半徑 $R_{bn2}＝2GM_{b12}/C^2＝1.5\times10^{-27}cm$，而 M_{bn2} 有 $10/1.66\times10^{-24}＝10^{25}$ 個質子。因此，

　　$R_{bn2}（＝1.5\times10^{-27}cm）<<（d_p＝10^{-13}cm）$………（4a）

可見，當黑洞 M_{bn2} 緊貼一個金子中的質子而吸收後，距離其最近的另一個質子還是太遠了，需要時間 $t_{n2}＝（10^{-13}-2\times1.5\times10^{-27}）/C＝10^{-24}s$ 才能吸收到，而此時 M_{bn2} 因長時間得不到物質的補充，發射大量霍金輻射後，已接近最後死亡，即使能再補充質子，已經無濟於事了。

結論：$M_{b12}＝10g$ 的微小黑洞太小，即使製造出來，也無可能長大。

（3）假設取微小黑洞 $M_{bn3}＝20g$ 又如何？假定金質子之間的距離 $d_p＝10^{-13}$ cm，

首先，M_{bn3} 的壽命 $\tau_{bn3}＝10^{-27}\times20^3＝8\times10^{-24}s$，$M_{bn3}$ 吸收其

附近另外 4~10 個質子或中子所需時間 t_{n3}＝d（＝10^{-13}）/C＝ $3.34×10^{-24}$s，在 t_{n3} 時間內 M_{bn3} 因發射霍金輻射而減少了 多少質量呢？按照（1f），$\tau_b≈10^{-27}M_b^3$

$$d\tau_b≈3×10^{-27}M_b^2dM_b \quad\cdots\cdots\cdots\cdots\cdots\cdots\cdots\cdots\cdots\cdots（4b）$$

在 $d\tau_b＝t_{n3}＝3.34×10^{-24}$s 時，由（4b）式，$dM_b＝2.8$g， 而吸收附近的 4~10 個質子僅 $10p_m＝10×1.66×10^{-24}＝$ $1.66×10^{-23}$g$\cdots\cdots\cdots\cdots\cdots\cdots\cdots\cdots\cdots\cdots\cdots\cdots\cdots\cdots\cdots$（4c）

可見，dM_b（＝2.8g）$>>10p_m$（$1.66×10^{-23}$g）。

結論：微小黑洞 $M_{bn3}＝20$g 即使被製造出來，也長不大。

（4）假設取微小黑洞 $M_{bn4}＝700$g 又如何？

計算方法如同上節，可得，$\tau_{bn4}＝10^{-27}×700^3＝3.4×10^{-19}$s， $d\tau_b＝3.34×10^{-24}$s 時，其 $dM_b＝0.5×10^{-3}$g，可見，dM_b（＝ $0.5×10^{-3}$g）$>>10p_m$（＝$1.66×10^{-23}$g）。

結論：微小黑洞 $M_{bn3}＝700$g 即使被製造出來，也長不大。

（5）假設取微小黑洞 $M_{bn5}＝10^{10}$g 又如何？

計算方法如同上節，可得，$\tau_{bn4}＝10^{-27}×10^{30}＝10^3$s，$d\tau_b＝$ $3.34×10^{-24}$s 時，其 $dM_b＝10^{-17}$g。可見，dM_b（＝10^{-17}g）$>>10p_m$ （＝$1.66×10^{-23}$g）。

結論：微小黑洞 $M_{bn5}＝10^{10}$g 即使被製造出來，也長不大。

（6）假設微小黑洞 $M_{bn6}＝10^{14}$g 又如何？計算方法如 同上節，可得，$\tau_{bn4}＝10^{-27}×10^{42}＝10^{15}$s＝$3×10^7$ 年，在 $d\tau_b$ ＝$3.34×10^{-24}$s 時，其 $dM_b＝10^{-25}$g。可見，dM_b（＝10^{-25}g） $<10p_m$（＝$1.66×10^{-23}$g）。

結論：微小黑洞 $M_{bn6}＝10^{14}$g 如果被製造出來，它可

能在人類供給它普通金屬時長大。

　　問題在於人類不可能製造出如此巨大的對撞機，能將 10^{14}g 的物質放在對撞機上對撞。

　　（7）我們知道，$d_p = 10^{-13}$cm 是原子核的直徑，是元素中鄰近質子中子之間的距離，也是中子星中鄰近質子中子之間的距離。如果能夠製造出一個微小黑洞 M_{bn7}，令其視界半徑 $R_{bn7} = d_p = 10^{-13}$cm，則 M_{bn7} 一定能夠長大，$M_{bn7} = ?$

　　按照（1c）式，$M_{bn7} = C^2 R_{bn7}/2G = 0.7 \times 10^{15}$g，

　　其壽命 $\tau_{bn7} = 10^{-27} \times 0.3 \times 10^{45} = 0.3 \times 10^{18}$s $= 100 \times 10^8$ 年 ≈ 100 億年 $\approx$ 宇宙年齡。

　　可見，M_{bn7} 0.7×10^{15}g $= M_{bo}$—即宇宙的「原初宇宙小黑洞」，它當然能夠存在和長大。

　　（8）按照霍金的見解，即使一個 $M_{bn7} = M_{bo} = 10^{15}$g 的微型黑洞落入太陽中心，太陽也不會被這個小黑洞吃掉，小黑洞的半徑 10^{-13}cm，與太陽內核子的半徑一樣。小黑洞可以在原子裡存在很長的時間而沒有任何可被覺察的影響。事實上，被黑洞吞噬的太陽物質在消失之前，會發出很強的輻射，輻射壓對外部物質的推斥作用將限制黑洞的增長速度。被吞噬的物質流與被釋放的能量流相互調節，使得黑洞周圍區域就像一個極其穩定的核反應爐。這個有著「黑心」的太陽將平靜地繼續著它的主序生涯，很難察覺到它的活動有什麼改變。

　　對上述霍金所說的 $M_{bo} = 10^{15}$g 小黑洞進行驗算。根據（1d）式，$m_{ss}M_b = hC/8\pi G = 1.187 \times 10^{-10}$g^2，$M_{bo}$ 的霍金輻

射 m_{ss} 的相當質量 $m_{ss} \approx 7 \times 10^{-24} g \approx P_m =$ 太陽內質子的質量。
再看其壽命 $\tau_{bo} = \tau_{b7} > 100$ 億年。

而 $d\tau_{bo} = 3 \times 10^{-27} M_{bo}^2 dM_{bo}$，令 $dM_{bo} = m_{ss}$，則發射一
個 m_{ss} 所需的時間 $d\tau_{bo} \approx 10^{-20} s$，也大概 $\approx M_{bo}$ 從太陽內部吸
進一個質子的時間。可見，霍金的說法是大致符合黑洞的
規律的。就是說，如果考慮到黑洞在吞噬其周圍的外界物
質而產生的高溫對外部物質的推斥作用，即使製造出一個
$M_{bo} = 10^{15} g$ 的人造黑洞來，它也不可能長得更大，即使其
外面太陽停止供給它物質，其壽命 τ_{bo} 還可達到 100 億年。

【作者注釋】：如果仔細地計算起來，霍金的定性估計
解釋還是不對的。請參看前面的 3-2 文章。

3-5-5　進一步的分析和結論如下

（1）如霍金所說，連如此大和長壽命的微小黑洞
$M_{bo} = 10^{15} g$，即使製造出來也無法長大，只能不斷縮小經
約 100 億年後消亡。黑洞愈小，溫度就愈高，對外界附
近粒子的排斥力就愈大，愈難吸收外界物質而長大。那
些極短壽命的微小黑洞，從上面的微小黑洞 $M_{bn1} \sim M_{bn7}$
即便能夠製造出一個來，也只能是「不幸短命而死已」，
而根本無法長大的。

（2）大自然的偉大力量都無法使任何 $M_{bm} < 10^{-5} g$
的黑洞在宇宙中出現，渺小的人類怎可能有製造如此微
小黑洞的力量呢？而質量 $M_{bm} = 10^{-5} g$ 是宇宙誕生時所
可能存在過的最小黑洞，它們也許是上帝的傑作。我們

現在的巨無霸宇宙就是誕生於無數的這種最小黑洞的碰撞和合併。如果能製造出這種黑洞，就等於人類複製出來了新的原始宇宙，人類能夠進化成上帝嗎？上面已經證明人類不可能製造出來，從最小黑洞 $M_{bm} = 10^{-5}$g～微小黑洞 $M_{bo} = 10^{15}$g。可見人類也許永遠也無法製造出來任何大於 M_{bm} 的黑洞，它們也只能是大自然偉大力量的制造物。

（3）關鍵的問題還在於：任何黑洞的形成都是能量─物質的集中、收縮和塌縮過程，表現為密度快速增加的結果。而在對撞機上物質粒子的對撞過程如果不能在第一次碰撞中成為「微小黑洞」，許多粒子高速碰撞後就只能是反彈、飛濺和擴散的能量─物質的損失，和高溫排斥的過程，而碰撞所產生的高溫「火球」必定向外大量地輻射能量。因此，在對撞機上投入的物質再多，也只能製造出稍大一點的「火球」而已，無法做到使碰撞後的能量-物質不損失而產生收縮使其密度極快速增加而成為黑洞。

（4）最不可能辦到的是，對撞機上所對撞的金屬的原子之間有 10^{-13}cm 的距離，粒子需要以光速 C 經過 10^{-24}s 才能達到下一次碰撞，而實際上對撞機上準確同時對撞的原子僅能有幾對。最小黑洞 M_{bm} 所需原子數 $n_a = 10^{-5}/1.67 \times 10^{-24} = 10^{19}$ 個，其壽命僅僅是 10^{-43}s，即使金屬的原子能夠產生連續的碰撞，而兩次碰撞之間的間隔時間需 10^{-24} 以上，僅這一條限制，就使得人類根本無法

製造出一個「微小黑洞」而使其有可能長大。因此，如果人類無法供給極高密度的物質粒子，就是無論有多麼巨大能量的對撞機，也無可能使微小黑洞繼續存在和長大。

（5）直到現在，人們尚無法探測到大黑洞的霍金輻射，因為存在於現今宇宙空間的最小黑洞是恆星級黑洞（質量約 3×10^{33} 克），其霍金輻射是很微弱的引力波，而現在探測不到。而微小黑洞只間斷地發射單個的 γ-射線，所以對撞機上的任何「火球」絕對不是「微小黑洞」。因此，凡是宣稱製造出 $M_{bu} < 10^{-5}g$「火球」為黑洞的科學家們都是在製造忽悠大眾的聳人聽聞，他們根本不知道所有黑洞性能參數之間的真正公式。更不知道作者最近提出的的新公式（1d）和（1e）。他們所製造的不是真引力黑洞。既然「火球」不是黑洞，「火球」之間由於高溫而互相排斥使它不可能吸收到它鄰近物質時，它只能在 $10^{-24}s$ 左右時間內消失。

（6）另一關鍵在於：人造黑洞需要極巨大的能量。人類現在製造出來的對撞機的能量比對撞出一個最小黑洞 $M_{bm} = 10^{-5}g$ 所需的能量還要小 10^{16} 倍，如能製造一個 10~1000 克的微小黑洞所需的對撞機，其能量將比現在的對撞機要大 10^{23}~10^{26} 倍，人類未來也無可能製作出來。

（7）因此，其它的辦法可能是用極高的壓力壓縮一團物質，使之成為「微小黑洞」，而不是用物質的高速對撞。但是製造微小黑洞所需的高壓也是人類永遠無法達

到的。（5a）式是物質粒子團受外壓力的公式，

$$P＝n\kappa T＝\rho\kappa T/m_{ss} \quad\cdots\cdots\cdots\cdots\cdots\cdots\cdots\cdots\cdots\cdots\cdots（5a）$$

　　看看大自然產生的高壓力的情況吧。太陽中心密度約 10^2g/cm^3，其壓力已經達到約 10^{11}atm，新星和超新星爆炸時，其殘骸密度約＝10^{15}g/cm^3，所產生的內壓力至少要達到約 10^{24} atm，殘骸才能被壓縮成為中子星。如果要想製造出來一個最小黑洞 $M_{bm}＝10^{-5}$ 克，其密度 10^{93}g/cm^3，所需的壓力至少要達到 10^{84}atm，這相當於將整個宇宙的物質－能量壓回到成為一個 $R＝10^{-13}$cm 的質子，所需要的極高的壓力更是人類永遠也無法達到的。

　　（8）可見黑洞只能是大自然偉大力量的產物。所有各國科學家所宣稱或者宣傳製造出「小於 10^{-5}g~10g 的人造黑洞」的消息，都是聳人聽聞或者別有用心的假消息，是對非專業大眾的誤導或欺騙，因為他們現在還不知道計算黑洞的物理參數的六個正確公式（1a）~（1f）。

＝＝＝＝＝＝＝＝＝＝＝全文完＝＝＝＝＝＝＝＝＝＝＝

參考文獻：

1.Micro BHs existed in earth everywhere. Weapon made by a micro BH could kill a billion people.
　http://www.seawolfnet.com/forum/recommend-show.php3?id＝5566&page＝&history-url　12/18/2002

2.大紀元時報，3/25~27/2005，P.O.Box 381426，　Combridge，MA 02238-1426.

3.Horatiu Nastase: The RHIC fireball as a dual black hole.

4.BBC NEWS, Science/Nature, Lab fireball,「may be black hole」, Thursday 17 March, 2005, 11:30 GMT.
http://news.bbc.co.uk/1/hi/sci/tech/4357613.stm

5.Scientists proposed that there would be countless short-lived micro BHs in atom-phere of our earth.
http://tech.sina.com.cn/other/2003-12-15/1811268554.shtml

6.張洞生,《黑洞宇宙學概論》,臺灣,蘭臺出版社,2015 年 11 月。

3-6 根據作者的「新黑洞理論」，從我們宇宙（黑洞）演變過程中的實際狀況，談談對宇宙中有關「明物質」、「暗物質」、「暗能量」和中微子輻射能的一些看法

什麼是「暗物質」？有無「有排斥力的暗能量」？關鍵在於是否承認輻射能有相當的「引力質量」和「熱抗力」，和與物質有同樣的「正能量密度 ρ_r」。

> 溫伯格：「物理學並不是一個已完成的邏輯體系。相反，它每時每刻都存在著一些觀念上的巨大混亂，有些像民間史詩那樣，從往昔英雄時代流傳下來；而另一些則是像空想小說那樣，從我們對於將來會有偉大的綜合理論的嚮往中產生出來。」
>
> 愛因斯坦：「物理學構成了一種處在不斷進化過程中的思想邏輯體系。」

序言：

作者在前面 2-1、2-2、2-4 各章中，已經用各種方式和公式的計算證實了，我們宇宙黑洞從誕生於無數的「次小黑洞 $M_{bs}=2M_{bm}$ 最小黑洞」起，經過 137 億年的膨脹降溫降密度的演變過程，就一直是「小黑洞」合併其外界同類而膨脹成為「更大黑洞」的過程，現在已成為宇宙黑洞 $M_{bu}=M_u=8.8\times10^{55}g$。由此可以得出一些重要的結論：1.* 整個宇宙視界半徑 R_{bu} 的膨脹降溫的過程，是隨著宇宙年齡 Au 以光速恆定的增長而平順地、無突變地進行的，即

$R_{bu} \equiv CAu$；2.*R_{bu} 以光速 C 的膨脹完全符合黑洞公式（1c），哈勃定律和天文觀測資料；3.*再從黑洞的密度公式（1m）可直接計算出來我們宇宙（黑洞）現在的計算密度值 $\rho_{buc} = (R_{bm}/R_{bu})^2 \rho_{bm} = (1.61\times10^{-33}/1.3\times10^{28}) \times 0.62\times10^{93} = 0.951\times10^{-29} g/cm^3$，而 ρ_{buc} 與宇宙的實測密度值 $\rho_{bu} = 0.958\times10^{-29} g/cm^3$ 是幾乎完全相等的，這表明我們宇宙一直就是作為「宇宙黑洞」在以光速 C 膨脹的；4.*我們宇宙的整個演變過程完全符合「能量和物質的守恆和轉換定律 $E = MC^2$」，由此可以得出鐵定的結論：在我們宇宙整個的演變過程中，沒有任何宇宙外來的能量或者物質進入或者排出我們宇宙。就是說，<u>如果我們宇宙中存在「暗物質」或者「暗能量」，也不可能來自外宇宙，而是我們尚未認識的、宇宙內部能量物質的新種類、新結構形式。而不是某些 GRE 學者們臆造的來自外宇宙，也就是說，我們宇宙（黑洞）的總能量—物質 $M_u = M_{bu}$ 和「總能量密度常數 $\Omega = \rho_o/\rho_c = 1$」是恒等的</u>。這完全符合作者的「新黑洞理論及其公式」。它認為，輻射能與物質一起都有「正能量密度 $\rho_o = \rho_m + \rho_r$」，兩者共同保證了宇宙的平直性，即 $\Omega = \rho_o/\rho_c = (\rho_m + \rho_r)/\rho_c = 1$，這是黑洞的本性。而且，「輻射能」有「熱抗力」，它的降溫膨脹是宇宙產生膨脹的根源；無須外來的「負的有排斥力的暗能量—Λ」；5.*由於 GRE 學者們否認在宇宙中占大部分的「輻射能＝熱能」具有「熱抗力＝輻射壓力」和有「相當的引力質量」，而造成他們提出二大錯誤論點：一是因為他們找不到宇宙膨脹的動因，因而

臆想出宇宙存在有「排斥力的暗能量—Λ」；二是他們錯誤的認為宇宙中的物質太少了，無法保證宇宙的平直性，即保證密度常數 Ω＝1，就必須有宇宙外來的「排斥力的暗能量」。當 GRE 學者們不能用 GRE 解決問題時，就臆想出一些的「新觀念」、「新公式」，以表示他們是「理論高手」，這是他們慣用的技巧。ρ_m—物質密度，ρ_r—輻射能密度。

一、愛因斯坦的廣義相對論場方程 GRE 如下：

$$G\mu\nu = T\mu\nu + \Lambda g\mu\nu \cdots\cdots\cdots\cdots\cdots\cdots\cdots\cdots\cdots\cdots（2a）$$

$G\mu\nu$—愛因斯坦張量，$T\mu\nu$—能量動量張量，$g\mu\nu$ 是度規張量，Λ—宇宙學常數。為了計算的方便，將（2a）中的 $T\mu\nu$ 分為下面的三項，相對應的是宇宙的總能量—物質分也為三項，

$$T\mu\nu = T^1\mu\nu + T^2\mu\nu + T^3\mu\nu \cdots\cdots\cdots\cdots\cdots\cdots\cdots\cdots\cdots（2b）$$

$$M_u = M_{u1} + M_{u2} + M_{u3} = M_{bu} \cdots\cdots\cdots\cdots\cdots\cdots\cdots\cdots\cdots（a）$$

$$M_u = （M_{u1}=4\%M_u） + （M_{u2}=22\%M_u） + （M_{u3}=74\%M_u） \cdots（b）$$

$$\Omega = \rho_o/\rho_c = （\rho_m+\rho_r）/\rho_c = （\rho_{lm}+\rho_{dm}+\rho_r）/\rho_c = 1 \cdots\cdots\cdots（c）$$

上面（a）和（b）式中，是當今宇宙總能量—物質 M_u 的各部分大致的成分比例。$M_{u1}\approx4\%M_u$，它代表可見的有引力的普通物質（明物質），如星星、星際間物質等。根據對許多星系旋轉速度分佈的觀測和理論計算，暗物質 $M_{u2}\approx22\%\ M_u$，就是 $M_{u2}\approx（5~6）M_{u1}$，M_{u2} 代表有引力的不可見的星系中的暗物質。當今主流學者們按照 GRE 的臆想觀點，認為 M_{u3} 是暗能量 $M_{u3}\approx74\%M_u$，M_{u3} 就是除（$M_{u1}+M_{u2}$）之外的不明的能量或者物質，稱之為所謂的

「暗能量＝負能量＝有排斥力的負能量—Λ＝M_{u3}」。根據近代天文觀測資料表明，M_u＝（M_{u1}+M_{u2}+M_{u3}）一起的總能量物質密度，必需能夠保持我們宇宙的平直性，即（Ω＝1）和哈勃定律。因為 Guth 和 Linde 提出的宇宙暴漲論的預言以及宇宙動力學均要求，宇宙的平直性 Ω＝ρ_o/ρ_c≈1 是必須的，即必須是其實際密度 ρ_o~其臨界密 ρ_c。許多近代準確的實測數據，和宇宙早期的「微波背景輻射圖」的極度均勻性，已於 2013 年後為歐洲普朗克衛星證實 Ω＝ρ_o/ρ_c＝1.02±0.02，和宇宙年齡 Au＝137.98±0.37 億年的準確數值。而以前用有極大誤差的 Ω＝ρ_o/ρ_c 去判斷宇宙的平直性是毫無疑義的瞎折騰。

　　二、對於「明物質」M_{u1}~4% M_u，是當今所有各派學者們的共識，毫無疑義。

　　三、對於「暗物質」M_{u2}~22% M_u~6 M_{u1} 所佔有的這個比重，各派學者們大致有共識，它們存在的證據是通過星系自轉曲線就可以算出其比重。一般認為的「暗物質」有黑洞、暗星、中微子等。我們不應該忽略了極為重要的一點，那就是正是宇宙中大量的暗物質促成了宇宙結構的形成，如果沒有宇宙暗物質，就不會形成星系、恆星和行星，今天的人類了。一些著名的學者們認為，將星系團維繫在一起，並使時空平坦的「非重子物質」是「弱相互作用大質量粒子—WIMP」，或稱「溫普粒子」，他們認為 WIMP 可分為二個假設的類型，它們具有質量，因而有引力作用，都產生於大爆炸，運動速度比光速慢的叫「冷暗物質—

CDM」，運動速度接近光速的叫「熱暗物質—HDM」，它們是與普通重子物質作用微弱的物質。對於 WIMP 的來源，有多少、有引力還是斥力等？不知道。可見對於「暗物質」是「眾說紛紜」的。（作者在本章的後面認為，將 CDM 看作中微子，將 HDM 看作輻射能，就一通百通了）。

四、對於「暗能量」，學界有三種不同的認知：

1.*作者和傳統的認知，認為「暗能量」就是「輻射能＝熱能＝能量＝光子+中微子」，即是 $M_{u3} \approx 74\% M_u$，它本身就具有「膨脹的排斥力＝熱抗力＝輻射壓力」。

【作者重要注釋】：中微子由於產生來源不同有許多種類，本文中所述 $37\% M_u$ 的中微子，其能量約為 1eV 左右，來源於「輻射時代」結束時，中微子與輻射能退耦後成為宇宙中的自由粒子。其它中微子的來源有：有來源於宇宙大爆炸的約 10^{-3}eV 低能量中微子，有約 10^5eV 的太陽中微子，有約 10^8eV 的超新星爆炸中微子，有約 10^{17}eV 的高能宇宙射線中微子，而大氣層的中微子約 10^8eV~10^{14}eV 能量帶寬度特大，但是所有這些中微子的總量少於 $1\% M_u$。

2.*有人將「暗物質」和「暗能量」，即將（$M_{u2}+M_{u3}$）＝96% M_u，統統都看成為「暗能量」或者「暗物質」。然而「暗能量」和「暗物質」的唯一共同點是它們既不發光也不吸收光。但是從微觀上講，它們的組成是完全不同的。更重要的是，像普通的物質一樣，暗物質是引力自吸引的，與普通物質成團並形成星系。而暗能量是與引力相排斥的，並且在宇宙中幾乎均勻的分佈。

3.*近代 GRE 學者們，為了解釋新近對遙遠的 Ia 型超新星爆發，認為宇宙有「加速膨脹」現象，他們將（M_{u3} ＝$\Lambda g\mu\nu$）作為 GRE 中的宇宙學項 $\Lambda g\mu\nu$，認為它是具有排斥力的未知的、神秘的暗能量。新理論最著名的代表是量子場論。不幸的是，學者們按照量子場論所計算的 $\Lambda g\mu\nu$ 值（能量密度）比在真空中實際的觀測值要大 10^{123} 倍。由於這種原因，用量子場論和其它的新物理概念，來解釋 GRE 的、具有排斥力 $\Lambda g\mu\nu$，就會遇到無法克服的許多困難。而且，具有排斥力的「暗能量」，無法維持宇宙的平直性，使 $\Omega = \rho_o/\rho_c \approx 1$。因為「外來的有排斥力的暗能量—$\Lambda$」，相當於一種負密度，即—$\rho_n$，如此就必須使 $\Omega = (\rho_o - \rho_n)/\rho_c \approx 1$，這是很荒唐的。究竟什麼是「暗能量」呢？現在無人知道，許多學者都在為獲得未來的諾貝爾獎而尋找「暗能量」。中國科技大學物理學教授李淼幽默地說過：「有多少個暗能量的學者，就能想像出多少種暗能量」。

　　五、作者認為，我們宇宙黑洞 M_{bu} 誕生於無數的 M_{bm} ＝$m_p = 10^{-5}$g 時，是宇宙時間（年齡）$Au = 0.537 \times 10^{-43}$s ＝$t_{sbm}$（$M_{bm}$ 的史瓦西時間）。那時，每一個 M_{bm} 中，都是極高能量的基本粒子—重子和輕子及其反粒子等等組成的混合體—鍋湯，能量和粒子按照康普頓時間 $t_c = t_{sbm}$ 互相快速產生、湮滅和轉變。隨著宇宙年齡 Au 的增長和 M_{bm} 的合併的膨脹降溫，1.*當宇宙年齡達到「重子時代」的 $Au \approx 10^{-6}$s，宇宙溫度達到 $T_u \approx 10^{13}$k 時，由於物質（質子）和反物質（反質子）不對稱，它們湮滅成能量後，剩下的

「正物質—質子」形成了宇宙所有現在明暗物質的基元，高能電子和反電子開始顯現了。2.*當宇宙年齡增長達到「輕子時代」的 $Au \approx 10^{-2}s$，宇宙溫度達到 $T_u \approx 10^{11}k$ 時，宇宙中的質子、中子、電子、中微子、光子等都出現了。3.*當宇宙年齡增長達到「輕子時代」的 $Au \approx 2.7s$、宇宙溫度達到 $T_u \approx 5 \times 10^9 k$ 時，多餘的「正電子和負電子對」就湮滅成為能量了，此時宇宙中的電子只剩下與質子 $M_{u1} + M_{u2}$ 中正電子相等數的負電子。4.*當宇宙年齡增長達到「輻射時代」結束時，即 $Au \approx$（38~40）萬年，宇宙溫度達到 $T_u \approx 4500k$ 時，宇宙變得透明了，光子終於脫離等離子體的樊籠，可以在空間中任性傳播了。特別是輻射能與中微子分離了，不糾纏在一起了。5.*直到宇宙輻射時代結束後，進入「物質占統治時代」，物質與輻射能完全分離了，就是說，「能量＝光子」與中微子也分開了。過一小段時間後，宇宙年齡達到 $Au \approx 100$ 萬年、宇宙溫度降低到 $T_u \approx 3000k$ 時，負電子與質子中的正電子，才能克服輻射壓力結合成為氫原子的物質。而後宇宙中的氫原子很快地收縮成為現在宇宙中不同的「明物質和暗物質，即 M_{u1} 和 M_{u2}」，而分離出來的輻射能（能量）和中微子 M_{u3} 就是現在學者們所謬稱之為的「暗能量＝M_{u3}＝輻射能+中微子」。這是作者在 2-2-2、2-4 各篇中的看法。就是說，在我們宇宙（黑洞）從誕生於無數的最小黑洞 M_{bm} 起，到現在的 137 億年膨脹降溫的演變過程中，沒有新的宇宙之外的任何能量—物質加入進來，也沒有我們宇宙內部任何的能量—物質從宇宙

逃脫到外部去。整個過程就是原有的那些等量已知和未知的能量－物質互相轉變形態結構的過程。這就是「新黑洞理論及其公式」得出的觀念和結論。

本文的目的在於按照「新黑洞理論及其基本公式」證實的宇宙演變的實況，論證上述作者的觀念，即4%的「明物質」M_{u1} 就是氫原子組成的可見的物質物體，而22%的「暗物質」M_{u2} 主要就是另外的大部分「明物質」在星系團中心收縮形成的「巨型黑洞」和其它的所有黑洞；而74%的「暗能量 M_{u3}」就應該是宇宙中存在的各占一半的「37%中微子」+「37%輻射能（能量）」之和。

3-6-1 「新黑洞理論及其基本公式」來源於本書前面的1-1章。

$$T_b M_b = (C^3/4G) \times (h/2\pi\kappa) \approx 10^{27} gk \cdots\cdots (1a)$$
$$E_{ss} = m_{ss} C^2 = \kappa T_b = vh/2\pi = Ch/2\pi\lambda \cdots\cdots (1b)$$
$$GM_b/R_b = C^2/2 ; R_b = 1.48 \times 10^{-28} M_b \cdots\cdots (1c)$$
$$m_{ss} M_b = hC/8\pi G = 1.187 \times 10^{-10} g^2 \cdots\cdots (1d)$$
$$M_{bm} = m_{ssb} = m_p = (hC/8\pi G)^{1/2} = 1.09 \times 10^{-5} g \cdots (1e)$$
$$\rho_b R_b^2 = 3C^2/(8\pi G) = Constant = 1.61 \times 10^{27} g/cm \cdots (1m)$$

最小黑洞 M_{bm} 的其它的性能參數是：R_{bm}，T_{bm}，t_{sbm}，ρ_{bm} 的數值為；$R_{bm} \equiv 1.61 \times 10^{-33} cm$，$T_{bm} \equiv 0.71 \times 10^{32} k$，$t_c = t_{sbm} = R_{bm}/C = 0.537 \times 10^{-43} s$，$\rho_{bm} = 0.6 \times 10^{93} g/cm^3$，

我們現在的「宇宙黑洞」的各種物理參數值為：總質量－能量 $M_{ub} = M_u = 8.8 \times 10^{55} g$；$R_{ub} = R_u = 1.3 \times 10^{28} cm$；$\rho_{ub}$

$=\rho_u=0.958 \times 10^{-29}$ g/cm^3；Au$=$R$_{ub}$/C$=137$ 億年。

3-6-2 作者「新黑洞理論」與當今 GRE 主流學者們對宇宙演變過程中，物質與能量觀念一些主要的看法和分歧。

一、「新黑洞理論」認為我們宇宙（黑洞）是一個龐大獨立的統一體，其中只有兩種東西，物質粒子和輻射能。就是說，我們宇宙從誕生於無數的 M$_{bm}$＝m$_p$ 起，其物質和能量的總量就是確定了的。以後的各種變化，只是二者在不同溫度和其它條件下的比例轉化、結構、性能和運動狀態的改變而已。很難想像宇宙外部有某種超級強大的的力量，能夠干涉、操控我們宇宙內部自身的演變進程，或者能夠從我們宇宙抽出許多能量—物質，或者加進許多新的能量—物質。這就是對我們宇宙內部 137 億年演變過程的、符合因果律的和實際的詮釋和論斷。而 GRE 中被愛因斯坦否定的宇宙學常數項 Λgμν，使得其學者們經常提出某些背離實際違反因果律的觀念，認為有宇宙外來的力量，能夠干涉改變我們宇宙內部變化進程的「虛假的想像力」，比如，有排斥力（負能量）的暗能量，「奇點」，折疊宇宙，白洞蟲洞等，這是從背離實際的數學公式中幻想出來的玩意，是無法驗證的幻象。

二、「新黑洞理論 NBHT」成功的關鍵之一，在於其基本公式，一方面認定了宇宙中占大比例的輻射能有「相當的引力質量」，認為它們有「正能量密度 ρ$_r$」，從而與物質的「正能量密度 ρ$_m$」一起，ρ$_m$+ρ$_r$ 保證了宇宙的平直性，

即 $\Omega = \rho_o/\rho_c = (\rho_m + \rho_r)/\rho_c = 1$。另一方面認為輻射能有巨大的「熱抗力」，保證了宇宙符合以光速 C 膨脹的哈勃定律，和宇宙現今的密度 $\rho_{bu} = 0.958 \times 10^{-29} g/cm^3$ 的正確性，就是說，**NBHT 認為輻射能是具有「排斥力（熱抗力）的、引力質量和正能量密度 ρ_r」的，這使得 NBHT 完善到無懈可擊。** GRE 及其學者們「混亂和錯誤」的關鍵之一，在於只承認物質有引力質量和正能量密度 ρ_m，否認輻射能有相當的「引力質量和正能量密度 ρ_r」和「熱抗力＝輻射壓力」，認為 $\rho_r = 0$。其錯誤結果就是：因為物質密度 ρ_m 的比例太小，無法保證宇宙的平直性 $\Omega = 1$，而無法解釋宇宙以光速 C 膨脹，不得不加入一個外來的「$-\Lambda$＝有排斥力的負能量＝負能量密度 $-\rho_\Lambda$」，以解釋宇宙膨脹，這反而使得 $\Omega = \rho_m - \rho_\Lambda/\rho_c$ < 1 或者為負。他們對實測密度 $\rho_{bu} = 0.958 \times 10^{-29} g/cm^3$ 是 $(\rho_m + \rho_r)$，還是 $\rho_m - \rho_\Lambda$，是說不清的，只能故意裝糊塗，混淆二者的概念，這使得 GRE 變得更加混亂不堪和矛盾百出，是給 GRE 幫了倒忙。

　　三、「新黑洞理論」認為宇宙中只有物質粒子和輻射能，二者都具有「引力質量」，能夠通過其「引力質量」產生吸引力和收縮，二者也都有溫度（熱能），而具有作為粒子的「熱膨脹力」產生排斥，只不過物質粒子的「引力質量」比「光子—輻射能」大 $C^2 = 10^{21}$ 倍，所以其主要表現為「引力收縮」，固體液體氣體的「熱脹冷縮」就是其具有小小的「熱抗力」的表現。由於「光子—輻射能」的「引力質量」太小，其熱排斥膨脹效應就顯得遠遠大於

其引力收縮和吸引的效應，因此輻射能的主要表現是其很大的排斥力和膨脹。但在相對論學者看來，輻射能─光子沒有「引力質量」和沒有熱抗力，沒有小小的引力作用。但是宇宙中的輻射能的總量是大大的超過物質粒子的。因此，宇宙的總趨勢就是膨脹降溫。可見，無論是物質粒子還是輻射能，兩者的個體都是從生到死，同時是有引力與排斥、收縮和膨脹的對立統一體。

　　從我們宇宙誕生於無數的 $M_{bm} = m_p$ 起，宇宙中的能量（輻射能）就遠大（多）於物質，特別是在宇宙早期，由於反物質與多餘的正物質湮滅成能量後，宇宙中的能量比例更是大大地增加了。即使到了現在，宇宙中的黑洞和恆星還在慢慢地不停地和不可逆地將部分物質轉變為能量。但是，宇宙中還沒有任何力量能夠將輻射能重新聚集壓縮，使其轉變為物質。而大量的物質的引力收縮到一定的溫度和密度時，或者產生核聚變成為恆星；或者在星團和星系中心收縮成為巨型黑洞，它們都在緩慢地、不可逆地將物質轉變為能量。因此，宇宙中能量始終是宇宙中的主導力量，物質愈來愈少，能量愈來愈多。所以，宇宙中全部物質最終會轉變為能量而告終。

　　四、可見，由於 GRE 學者們不承認輻射能有相當的「引力質量」，就認為宇宙的物質太少，密度 ρ_m 太小，又認為輻射能沒有「熱抗力」，無法解釋宇宙膨脹合乎哈勃定律。因此幻想用一項「具有排斥力的負能量 $\Lambda g\mu\nu$」加進 GRE中，以求達到 $\Omega = (\rho_m - \rho_\Lambda)/\rho_c$，合乎宇宙的平直性，合

乎哈勃定律，這是不可能的。其結果必然使得小部分的 ρ_m 與大部分 ρ_Λ 相反，他們認為宇宙中的「負能量」多於「正能量」，這是「自以為是」的 GRE 學者們製造出來的荒唐和矛盾的觀念，而無法解釋宇宙黑洞從誕生到現在合乎黑洞公式（1m）和哈勃定律以光速 C 的宇宙膨脹，又不承認「物質粒子」和「輻射能」都有溫度和「熱抗力」，是產生宇宙膨脹的內因，只能無奈地將宇宙膨脹歸於外因，即「負能量＝暗能量＝$-\Lambda g\mu\nu$」。結果 GRE 學者們把宇宙學搞得矛盾百出，混亂不堪，錯誤連連，誤導世人。

　　五、對愛因斯坦質量—能量公式 $E＝MC^2$ 的理解。由於在宇宙的演變過程中，和人類的高科技實驗中，只能將物質粒子按照公式 $E＝MC^2$ 轉變為能量。因此，人們一直以來，僅僅從這一個方面去理解該公式。其實該公式還有另外的幾種含義，即無論是物質粒子，還是輻射能，都同時具有相對應的「引力質量」和「能量—熱能，波能」，見公式（1b），而且在特定的條件下可以互相轉換。GRE 在理論上雖然承認 $E＝MC^2$ 正確性，但是學者們在將 GRE 用於「宇宙學」時，卻無法運用公式 $E＝MC^2$，使得 GRE 不能解決「宇宙學」問題。

　　六、「新黑洞理論 NBHT」和「廣義相對論方程 GRE」之間在宇宙學中的根本分歧，還在於對宇宙起源和演化（擴張）的概念是完全不同的。因此，由作者的 NBHT 公式建立的「宇宙黑洞模型 CBHM」與 GRE 建立的「宇宙大爆炸標準模型 CBBSM」是有「天壤之別」的（詳見前面 2-4

章）。前者是正確有效互恰的「宇宙黑洞模型」；後者是錯誤和矛盾百出的「宇宙大爆炸標準模型」。二者在「宇宙起源」、「宇宙膨脹規律」、「宇宙膨脹速度」、「宇宙性能參數公式」、「宇宙命運」和「宇宙膨脹結果」等重大問題上，有原則的分歧。

3-6-3 如果將「暗物質 M_{u2}」存在的證據，只是通過星系自轉曲線的快速運動來計算，則 $M_{u2}≈22\% M_u$ 暗物質主要應是星系團中心的「巨型黑洞」和宇宙中其它黑洞暗星等，如果加上宇宙中大量的中微子 $≈37\%M_u$，則 $M_{u2}≈59\%M_u$。

暗物質存在的證據（這裡並未回答什麼是暗物質的問題）有不少，主要是通過星系自轉曲線就可以算出其比重。

對於一個旋轉的星系來說，根據牛頓力學物體的萬有引力與其離心力的平衡，其線速度與軌道半徑關係應該是：

$mV^2/r = GMm/R^2$；於是 $V^2 = GM/R$，$V \propto 1/R^{1/2}$ … （3a）

（3a）式表明離恆星越遠的行星，R 越大，線速度 V 越慢。

但是對許多旋渦星系的自轉速度 V 的測量曲線的結果表明，在靠近星系中心部分，恆星的運動並不服從（3a）式，而是接近剛體運動（因為中心密度大），但是到了星系的主要發光區之外，星系的轉動曲線十分反常，幾乎與距離無關，就是說，V~常數，這一結果的唯一解釋，是星系中存在著一個基本不發光的光暈，暈中存在著大量的暗物

質，除了有不發光或者發光微弱氣體雲和塵埃之外，還有大量的暗物質是無法探測到。從（3a）式可見，如果光暈中（大約在暈半徑比率為 1/5~1 之間）V≈常數，則必須M/R＝常數。由黑洞史瓦西公式（1c）—GM$_b$/R$_b$＝C^2/2 可見。只有黑洞，無論大小，其 M$_b$/R$_b$＝常數。因此，作者認為，星系中心光暈中的「暗物質」，很可能就是許多的大小的恆星級黑洞。其週邊幾近真空，也看不見。所以光暈空間呈現一片黑暗。

【作者的重要注釋】：如果暗物質不是黑洞，而是人們未知的有引力的物質，它為什麼只存在於星系和星團的中心，而不存在於整個宇宙空間？為什麼我們太陽系沒有暗物質，使地球和其它行星的移動速度快一些？

由於每個星系中心的物質密度都相對較大，很容易先收縮成為「中型黑洞」或者「大型黑洞」，然後很快吞噬其週邊物質成為「巨型黑洞」，再成為星系中心的「超巨型黑洞」。然後在其內部邊緣光暈再形成一些「恆星級黑洞」。

德國天文學家們曾於 2008 年證實，位於銀河系中心，與地球相距 2.6 萬光年的「人馬座 A」其實是一個質量超大的黑洞，約為太陽質量的 400~370 萬倍 M$_\theta$。這一重大發現所造成的轟動效應尚未平息，「錢德拉」空間望遠鏡又給我們帶來了新的驚喜：在「人馬座 A*」的周圍還存在著一個中型黑洞。也就是說，在銀河系的中心地帶其實總共分佈著兩個黑洞。據計算，這顆中型黑洞的質量差不多是太陽的 1500 倍 M$_\theta$，正是它產生的引力將恆星從與附近的恆

星團中「拽出」並導致後者進入了一條混亂的運行軌道。銀河系的重量達到 $7 \times 10^{11} M_\theta$，通俗來講，也就是 7000 億個太陽的質量。

　　過去 20 年中，科學家們一直在觀測銀河系中心一些星體的活動情況，尤其對一顆名為 S2 的星體的運行軌道進行了跟蹤研究，最終得出結論：S2 附近確實存在一個巨型黑洞約 370 萬 M_θ。而質量是太陽 7 倍的 S2，以每秒 5000 公里的高速每 15.2 年繞銀河系中心一周。之所以如此高速，是因為它周圍存在巨型黑洞，「害怕」被黑洞「吞噬」。

　　下面對上述銀河系黑洞的資料作一些粗略的計算；

　　按照（1c）計算銀河系中心巨型黑洞 $M_{by400} = 4 \times 10^6 \times 2 \times 10^{33}g = 4 \times 10^6 M_\theta$ 的視界半徑 R_{by400}；按照（1m）計算 M_{by400} 密度 ρ_{by400}；V_{s2} 是銀河系 S2 星體的線速度 5000km/s，計算 S2 的半徑 R_{s2}；

$R_{by400} = 1.48 \times 10^{-28} M_{by400} = 1.2 \times 10^{12}cm$（黑洞半徑不大），

$\rho_{by400} = 1.61 \times 10^{27}/R^2_{by400} = 10^3 g/cm^3$，

$R_{s2} = GM_{by400}/V^2_{s2} = 2 \times 10^{15}cm$，

　　上面假設的 $R_{s2} = 2 \times 10^{15}cm$ 意味著，如果 S2 以 $V_{s2} = 5000$ km/s、在半徑 R_{s2} 上圍繞 M_{by400} 旋轉，就能達到平衡。但是，S2 是大於 R_{s2} 遠離黑洞以 $P_{s2} = 15.2$ 年圍繞 M_{by400} 轉一圈的，S2 的實際運動半徑 R_{s2r} 為；

$R_{s2r} = V_{s2}P_{s2}/2\pi = 5 \times 10^8 \times 15.2 \times 3.156 \times 10^7/2\pi = 38 \times 10^{15}cm$，

　　可見，$R_{s2r} = 38 \times 10^{15}cm = 19R_{s2} = 3 \times 10^4 R_{by400}$……（3b）

　　$R_{s2r} >> R_{s2}$ 表明在銀河系中心地帶，S2 與黑洞 M_{by400}

之間有廣大的空間，其間也充滿著大量的稀薄的明物質和暗物質—許多恆星級黑洞，正是這些組成了 M_{byc}，才使得 S2 以巨大的速度 V_{s2} 圍繞 M_{by400} 旋轉；

$$M_{byc} = V^2_{s2}R_{s2r}/G = 1.4×10^{41}g = 0.7×10^8 M_\theta = 18M_{by400} \cdots（3c）$$

$$M_{byc} \text{ 的密度 } \rho_{byc} = 3M_{byc}/4\pi R_{s2}^3 = 6×10^{-10}g/cm^3 \cdots\cdots（3d）$$

　　在我們銀河系中，其中心的巨型黑洞，即暗物質所占總物質量的比例是較小的。但是，德國《明鏡》週刊 2005 年 2 月 23 日報導，一個由英國、法國、義大利和澳大利亞等國科學家組成的研究小組宣佈，他們在距離地球 2000 萬光年的室女座，發現了由暗物質組成的星系。但是，它與正常的星系不同，裡面沒有發光的恆星，人們也看不到它，它卻是一片黑暗。科學家又是怎樣發現了這個被他們命名為「室女座 HI21」的星系呢？原來，科學家通過射電望遠鏡觀察的資料可以推算一個星系的旋轉速度。他們發現「室女座 HI21」星系的旋轉速度很大，推斷它的質量比完全由正常物質組成的要大。進而，科學家推算這個「室女座 HI21」星系的質量是太陽的 1 億倍，這個質量對於一個星系來說，雖然不是很大，但如果它是由正常物質組成，就應該包含明亮的恆星，本身應該很亮，但它卻是一片黑暗，表明不含有恆星，於是科學家就作出了該星系是由暗物質組成的結論。

　　【作者認為，這個「室女座 HI21」整個星系就應該是一個週邊沒有明物質（週邊的物質能量都被吸收進黑洞而成為極近真空）的光禿禿「星系黑洞」，其內部仍然是有引

力質量的普通物質，即以氫原子組成的物質，很可能中心有個大黑洞，還有一些大小不同的恆星級黑洞在其內部的邊緣。】按照作者的「新黑洞理論」，既然能夠推算出它的旋轉速度，就應該能夠測量到它的旋轉週期或者視界半徑，可按照黑洞公式（1c）計算出其視界半徑 $R_{bHI21} = 1.48 \times 10^{-28} M_{bHI21} = 1.48 \times 10^{-28} \times 10^8 \times 2 \times 10^{33} = 3 \times 10^{13} cm$，其密度 $\rho_{bHI21} = 1.8 g/cm^3$。可見，「新黑洞理論」的公式是驗證是否是黑洞的最簡單易行的可靠方法。

3-6-4 宇宙中大量的中微子既可以當作「暗物質 M_{u2}」的一大部分，也可以當作「暗能量 M_{u3}」的一大部分。

宇宙中充斥著大量的中微子 Neutrinos，大部分為宇宙大爆炸的殘留，可由多種方式產生，如核反應爐發電（核裂變）、太陽發光（核聚變）、天然放射性（β 衰變）、超新星爆發、宇宙射線等等。平均而言，超新星爆發會產生約 10^{57} 個中微子。事實上，太陽體內有弱相互作用參與的核反應每秒會產生 10^{38} 個中微子，暢通無阻的從太陽流向太空。每秒鐘會有 1000 萬億個來自太陽的中微子穿過每個人的身體。地球面向太陽的區域每秒鐘在每平方釐米上都會穿過大約 650 億個來自太陽核反應產生的中微子。1987 年 2 月，在銀河系的鄰近星系大麥哲倫雲中發生了超新星 1987A 的爆發。日本的神岡探測器和美國的霍姆斯特克探測器幾乎同時接收到了來自超新星 1987A 的 19 個中微子，這是人類首次探測到來自太陽系

以外的中微子，在中微子天文學的歷史上具有劃時代的意義。學者們估計現在宇宙中大約為每立方釐米 300 個，上世紀的舊資料估計中微子為 $100/cm^3$。

由於中微子已經被證實有震盪，而具有質量，可以看作為物質粒子，可作為「暗物質」，但是，它又以光速 C 行進，故又可稱為「暗能量」。其實，輻射能（光子）也有波粒二重性，只不過「廣義相對論」學者們頑固地不承認輻射能有「引力質量」而已。<u>一個電子中微子質量 $\upsilon_e \approx (4\sim0.4)eV = (7.2\sim0.72)10^{-33}g$，不會小於 0.04eV，如果每個中微子的平均能量超過 50 eV 的話，那麼宇宙就會發生引力坍縮。</u>其質量是質子質量 p_m 的 10^{-9}。p_m 為質子質量 $= 1.67 \times 10^{-24}g$。因此，

$$\upsilon_e \approx (4\sim0.4) \text{ eV} \approx (7.2\sim0.72) 10^{-33}g = 10^{-9}p_m \cdots (4a)$$

一、電子中微子 υ_e 是在我們宇宙演變過程中的「輻射時代」結束時期，即宇宙年齡 $Au \approx 400,000$ 萬年、宇宙溫度降低到約 4500k 時，輻射能才與物質粒子完全退耦，特別是與大量的中微子退耦，中微子才在宇宙空間顯露出來了，宇宙才變得完全透明了。不像宇宙中的正電子和負電子，它們在宇宙溫度降低到其閥溫之下時，就會互相湮滅成為能量。中微子的自旋量子數為½，因而它是一種費米子，中微子都是左手性的。反中微子是中微子的反粒子。它與中微子一樣是電中性的。它可以在原子核發生 β 衰變時伴隨著質子與電子一起產生。它的自旋量子數也是½。實驗觀測到反中微子是右手性

的。由於反中微子與中微子都是電中性的，因而它們有可能是同一種粒子。反粒子是其本身的粒子被稱作馬約拉納費米子。如果這一點成立的話，那麼中微子與反中微子只能通過手征性加以區別。現在還沒有中微子與反中微子可以湮滅成能量的任何實際證據。不過有一種「中微子光理論」，預測中微子與反中微子湮滅會產生一個複合光子。

從宇宙膨脹降溫的演變過程中，在宇宙膨脹演變到宇宙年齡 $Au=385000$ 年時，宇宙年齡 $t_{bt}=Au$ 與宇宙溫度 T_{bt} 的關係可由下面的（4b）準確地描述，宇宙誕生最小黑洞 M_{bm} 的溫度和史瓦西時間是 $T_{bm}=0.71\times10^{32}k$ 和 $t_{sbm}=0.537\times10^{-43}s$，

$$Tt^{1/2}=k_1 \cdots\cdots\cdots\cdots\cdots\cdots\cdots\cdots\cdots\cdots\cdots（4b）$$

$$\therefore T_{bm}（t_{sbm}）^{1/2}=T_{bt}（t_{bt}）^{1/2}，$$

$$T_{bt}=T_{bm}(t_{sbm}/t_{bt})^{1/2}=0.71\times10^{32}k(0.537\times10^{-43}/385000\times3.156\times10^7)^{1/2}=4720k\cdots\cdots\cdots\cdots\cdots\cdots\cdots（4ba）$$

在宇宙輻射時代結束時，即在 $Au=t_{bt}=385000$ 年時，那時 $T_{bt}=4720k$，可由前面的（1b）式求輻射能所耦合的物質粒子的相當質量 m_{ne}。按照（1b），$m_{ne}=\kappa T_b/C^2$，$m_{ne}=\kappa T_{bt}/C^2=1.38\times10^{-16}\times4720/9\times10^{20}=7.2\times10^{-34}g\cdots（4c）$

$m_{ne}=7.2\times10^{-34}g$（0.4eV）是什麼？請看資料：電子中微子（反中微子）的質量上限 $\upsilon_e=7.2\times10^{-33}g$（4eV），一個光子的等價質量 $=4.2\times10^{-33}g=2.4eV$，電子質量 $=9.11\times10^{-28}g$，μ 子中微子的質量上限 $=4.8\times10^{-28}g$。可見，m_{ne} 應該是電子中微子

υ_e 或者電子反中微子，它們應該是宇宙中最小最輕的物質粒子了＝0.4 eV（or7.2×10^{-34}g），也就是說，我們宇宙中，在 Au＝t_{bt}＝385000 年後，再也沒有比電子中微子 υ_e 更輕的粒子了。它們也是輻射時代結束時，m_{ne} 所對應的光子＝7.2×10^{-33}g（輻射能）的靜止質量。一旦在宇宙輻射時代結束後，輻射能即與其對應的這種最小的物質粒子（電子中微子，反中微子）解除耦合後，宇宙就變成透明的了。以後，宇宙就成為進入輻射成分與物質成分分離的「物質占統治的時代」了。因此，m_{ne} 就是宇宙中最小最輕的物質粒子—中微子 υ_e，這驗證了（4a）的正確性。

二、中微子 υ_e 在宇宙空間的數量和密度

1.*資料檔中給出的數量；許多較老的估計資料認為現在宇宙中大約為每立方釐米 100 個中微子；較新的估計資料是，A lot –scientific estimates say that there are about 300 per cubic centimeter in the universe. 大部分中微子為宇宙大爆炸的殘留。其中一項資料為："Now, the size of the observable universe is a sphere about 92 billion light-years across. So the total number of neutrinos in the observable universe is about 1.2×10^{89}！"

【作者注】：1.這是按照 GRE 學者假想認定我們宇宙有「加速膨脹」得出的虛假的宇宙尺寸即「共動距離」（見下面的 3-7 章）。2.他們對中微子總數 1.2×10^{89}！如何估算？很可能是先有現在估計的中微子數約為 $300/cm^3$ 而推估出來的。

現在對上面的兩組資料進行驗算。

A.根據前面 3-6-1 節的資料，我們宇宙的視界半徑是 R_{ub} ＝R_u＝$1.3×10^{28}$cm，其體積 V_{ub}＝$4πR_{ub}^3/3$＝$9×10^{84}$cm^3。因此，宇宙中中微子總數 $N_{neu1}≈2.7×10^{87}$ 個（按 n_{neu1}＝300/cm^3 估算）。

B.92 billion light-years across＝未來可觀測的宇宙直徑 D_{u0} ＝$92×10^9×9.46×10^{17}$＝$8.7×10^{28}$cm。因此，其視界半徑 R_{uo}＝$4.35×10^{28}$cm；其體積 V_{u0}＝$3.45×10^{86}$cm^3，中微子總數 N_{neu2}＝$1.2×10^{89}$；於是得出每一個 cm^3 的中微子密度數目 n_{neu2}；

$$n_{neu2}＝1.2×10^{89}/3.45×10^{86}＝347 \text{ 個} \cdots\cdots\cdots\cdots（4fa）$$

C.作者根據「新黑洞理論」及其公式，計算出來的是<u>當今宇宙中微子</u>的數目和密度如下；

作者在上面已經論述了，我們宇宙在 Au＝385,000 年的「輻射時代」結束後，輻射能才與宇宙中最小最輕的粒子—電子中微子 $υ_e$ 解耦，使宇宙中隱藏的大量中微子 $υ_e$ 解脫出來了，並且與宇宙中的 4%明物質 M_{u1} 和 22%暗物質 M_{u2} 脫離關係。剩下來的就應該是宇宙中 74%的「被 GRE 學者稱之為『暗能量 M_{u3}』＝實際上的中微子＋輻射能」了。那麼這個 74%的暗能量 M_{u3} 就應該是由一半的 37%的中微子和另一半 37%的輻射能所組成了。由前面 3-6-1 節可知，我們宇宙的總能量—物質 M_u＝$8.8×10^{55}$g，於是宇宙中中微子總質量 $Mυ_e$＝ $8.8×10^{55}$g×0.37＝$3.3×10^{55}$g，而 $Mυ_e$ 也等於宇宙中輻射能總質量 M_{re}＝$3.3×10^{55}$g＝$Mυ_e$，於是 M_{u3}＝M_{re}＋$Mυ_e$＝宇宙中暗能量的總質量。取中微子的最小質量 $υ_e$＝$7.2×10^{-34}$g，於是現在宇宙中中微子總數 $N_{uυe3}$ 為；

$N_{uve} = 3.3 \times 10^{55} g/v_e = 4.6 \times 10^{88}$ 個，中微子個數密度 n_{uve3l} 為；

$n_{uve3l} = N_{uve}/V_{ub} = 4.6 \times 10^{88}/9 \times 10^{84} = 5,000/cm^3$

　　見（4a）式，由於取 $v_{es} = 7.2 \times 10^{-34} g$ 為最小值，所以 $n_{uve3l} = 5000/cm^3$ 可能過大，如取 $v_{em} = 40 \times 10^{-34} g$ 中間值，則 $n_{uve3m} = 1000/cm^3$，如取 $v_{el} = 72 \times 10^{-34} g$ 最大值，則 $n_{uve3s} = 500/cm^3$。

$\therefore n_{uve3l} = 5,000/cm^3 ; n_{uve3m} = 1000/cm^3 ; n_{uve3s} = 500/cm^3$（4fb）

　　另外，如果從宇宙的能量—物質密度 $\rho_u = 0.958 \times 10^{-29} g/cm^3$ 來考量計算，取中間值 $v_{em} = 40 \times 10^{-34} g$，則 n_{uve4m} 是，

$n_{uve4m} = 0.37\rho_u/v_e = 0.36 \times 10^{-29}/40 \times 10^{-34} = 1000/cm^3$；

同樣，如取 $v_{el} = 72 \times 10^{-34} g$，$n_{uve4s} = 0.37\rho_u/v_{el} = 500/cm^3$；

如取最小 $v_{es} = 7.2 \times 10^{-34} g$，$n_{uve4l} = 0.37\rho_u/v_{es} = 5000/cm^3$；

$n_{uve4l} = 5000/cm^3 ; n_{uve4m} = 1000/cm^3 ; n_{uve4s} = 500/cm^3 \cdots$（4fc）

　　結論：於是（4fb）=（4fc）。作者計算 n_{uve3} 和 n_{uve4s} 的計算值的不同來源資料都是可靠的，可謂「殊途同歸」。這證明作者「新黑洞理論」的一整套公式是完美的互相融洽的。相信作者計算結果會經得起未來準確實驗資料的考驗。

　　D.而上面 A 和 B 的計算，GRE 學者們用虛幻的「宇宙可觀測容積 V_{u0}」來源於他們用「四維時空相對論性坐標系」解 GRE 時，從度規方程中的「共動距離 R_{uo}」而來，因此他們對中微子密度的估算資料可能有時空錯亂、誤差過大之嫌。我們宇宙現在的年齡 $Au = 137$ 億年 = $4.32 \times 10^{17} s$，其對應的宇宙視界半徑是 $R_{ub} = 1.3 \times 10^{28} cm$，

而 R_{ub} 球體中的宇宙質量 $M_{ub} = 8.8 \times 10^{55}g$，和密度 ρ_{ub}，這些真實的資料是我們對現在的宇宙統一融洽的共識和正確的數值計算的結果。

3-6-5 一些重要的分析和結論

一、對於現在宇宙中總能量—物質 M_u 的三大組成部分。1.*對於可見的明物質 $M_{u1} \approx 4\%M_u$，是整個科學界無疑義的共識。2.*對於暗物質 $M_{u2} \approx 22\%M_u$，科學界的認識有較多的分歧。在此文章中，對於被其它學者認為是未知的暗物質，作者作了詳細地分析論證了，認為它們主要就是宇宙中所有的大小黑洞，其它極小部分有中子星、衰老的白矮星、褐矮星等暗星。主流學者們所認為的 WIMP 粒子，軸子，惰性中微子等，這些只是未被證實一些理論和假設，並沒有從實驗和觀測中得到證實。如果將宇宙在37%的中微子歸類於暗物質，它可能就是所謂的「CDM」，而 37%的輻射能可能就是所謂的「HDM」這就完全說得通了。則宇宙中的暗物質 M_{u2} 可認為是 $M_{u2} \approx$（22%+37%中微子）$M_u \approx 59\%M_u$。我們宇宙黑洞 $M_{ub} = 8.8 \times 10^{55}g$，實際密度 $\rho_{ub} = 0.958 \times 10^{-29}g/cm^3$，宇宙內有許多種類的物質和能量。在外宇宙的人類看來，似乎我們宇宙黑洞內只有一種同樣的暗物質。對於一個巨型黑洞 $M_{bj} \approx 10^{45}g$，其密度 $\rho_{bj} \approx 10^{-10}g/cm^3$，在人們看來，似乎所有的 M_{bj} 都是一種相同的暗物質，此乃大謬。3.*對於所謂「暗能量」$M_{u3} = 74\%M_u$，作者現在認為就是 37%的輻射能+37%的中微

子。至於各家學者對「暗物質」和「暗能量」的不同認識，還需等待以後的證據來證實。根據作者上面的各種解釋論證和計算，作者認為他們的觀點是不符合宇宙演變的實際的，是不成立的。

　　二、我們宇宙演變過程中的一個根本問題是對宇宙的能量─物質密度 ρ_u 的測量和看法。自從 1929 年提出宇宙膨脹的哈勃定律以來，實測天文學家致力於測量哈勃常數，由於天文觀測儀器落後，哈勃常數值誤差太大。新世紀以來，NASA's Spitzer Infrared Space Telescope and Wilkinson Microwave Anisotropy Detector WMAP 等太空望遠鏡的成功運用，得出了宇宙現在實際測量的準確數值：能量─物質密度 $\rho_u = \rho_o = \rho_m + \rho_r = 0.958 \times 10^{-29} \text{g/cm}^3$ 和宇宙年齡 Au＝137.98±0.37 億年。作者的「新黑洞理論公式（1m）」，可以直接計算出來宇宙黑洞的理論密度 $\rho_{ut} = \rho_u$，參見上面 3-6-1 節的公式和資料。

　　由 $\rho_{bm}R_{bm}^2 = \rho_{ut}R_{ub}^2$，可以得出 ρ_{ut} 如下，

$$\rho_{ut} = \rho_{bm}(R_{bm}/R_{ub})^2 = 0.62 \times 10^{93}(1.61 \times 10^{-33}/1.3 \times 10^{28})^2$$
$$= 0.951 \times 10^{-29} \text{g/cm}^3,$$

　　可見，$\rho_{ut} = \rho_u$，$\rho_{ut}/\rho_u = 0.9927$，誤差只有 0.73%…（5a）

　　（5a）證明了：（1）我們宇宙作為「宇宙黑洞」，在它 137 億年的膨脹演變過程中，任何時刻它只有一個唯一的宇宙黑洞密度 ρ_u，使宇宙的 $\Omega \equiv 1$，完全自然地符合宇宙的平直性；（2）證實了作者「新黑洞理論及其所有公式」的正確性。宇宙起源於無數「最小黑洞 M_{bm}」，它們不停

地合併長大，造成宇宙（黑洞）一直保持光速 C 平滑地膨脹，黑洞公式（1c）完全合乎哈勃定律和宇宙的實測資料；（3）證明了我們宇宙的整個膨脹演變過程中，既沒有宇宙（黑洞）外部的任何「正負能量—物質」加入進來，也無法使宇宙內部的「能量—物質」流出到宇宙（黑洞）外面。就是說，宇宙的演變就是其內部在「能量和物質守恆和等量轉換規律」條件下，能量和物質的按照 $E = mC^2$ 互相轉變和改變狀態和結構的過程。根本不可能有外部的「有排斥力的負能量＝暗能量＝$\Lambda g \mu v$」進入到宇宙內部，如果有，則（5a）就不能成立，即 ρ_{ut} 不可能等於 ρ_u。

三、從上面總能量-物質 M_u 中的論證和分析，作者肯定地認為：「輻射能就是 GRE 學者們稱之為的暗能量—Λ」，它根本不是什麼「暗能量」，而是「明能量」。它有溫度和熱抗力，比宇宙中的物質多得多，而且宇宙中的物質正在通過黑洞和恆星，將物質不可逆地轉變為能量，使宇宙繼續膨脹。同時，輻射能也有其相當的「引力質量」，正好填補 GRE 學者認為宇宙物質密度約 37%的差缺，解決了宇宙密度的欠缺問題。

總之，作者認為「暗物質」就是宇宙中幾乎所有的黑洞，其實黑洞內部就是普通的物質和能量。GRE 學者們用「暗能量」一詞，是在故意製造出「外來的未知的負能量」概念，用 GRE 的 $\Lambda g \mu v$ 製造「新詞」，「故弄玄虛」。

不過，作者所指出的「輻射能」，狹義地說，是指電磁波；廣義地說，應該包括所有黑洞，從最小黑洞 M_{bm}

＝$1.09×10^{-5}$g 到我們宇宙黑洞 M_{ub}＝$8.8×10^{56}$g，它們所發出的所有霍金輻射 m_{ss}，也就是說，輻射能應該包括所有的 γ–射線，X-射線，電磁波和引力波等。

＝＝＝＝＝＝＝＝＝＝＝全文完＝＝＝＝＝＝＝＝＝＝＝

參考文獻：

1.張洞生，本文前面的 1-1、2-1、2-2、2-4 章。

2.王義超，暗能量的幽靈、中國《財經》雜誌，總 176，2007 年 1 月 8 日，

http://www.caijing.com.cn/newcn/econout/other/2007-01-06/15365。

3-7　我們宇宙是否有「加速膨脹＝空間暴漲」？關鍵在於是否有極大量外宇宙的「能量－物質」進入我們宇宙？

「宇宙加速膨脹」極可能是 GRE 學者們從度規（方程）得出「共動距離」產生的幻象。

> 諾瓦爾：「理論研究就像釣魚，你不知道水中有什麼，只有投桿，才可能有收穫。」
> 愛因斯坦：「我相信，單純的思考足已了解世界。」

前言：

【作者重要注釋】：

一、首先必需定義：本文所謂我們宇宙是否有「加速膨脹＝空間暴漲」，是特別指 GRE 學者們提出的宇宙的「超光速加速膨脹＝其整體的超光速空間暴漲」，而非「小於光速的加速膨脹」。關鍵在於證實，是否有外宇宙的正或負的「能量－物質」極大量地進入到我們宇宙；其次要了解，觀測到遙遠 Ia 超新星爆炸的「大紅移量」，能否用正確公式計算出宇宙的「空間暴漲」；再次要證明他們用 GRE 的度規方程，得出的「共動距離」遠大於觀測物件的「真實距離」，是一種「幻象」。

二、「新黑洞理論 NBHT」成功的關鍵之一，在於其基本公式，一方面認定了宇宙中占大比例的輻射能有「固有的引力質量」，和有「正能量密度 ρ_r」，從而與物質的「正能量密度 ρ_m」一起，$\rho_m + \rho_r$ 保證了宇宙的平直性，

同時認為輻射能有大的「熱抗力」，保證了宇宙以光速 C 膨脹的哈勃定律，和正確有效的宇宙實測密度 $\rho_{bu}=0.958\times10^{-29}g/cm^3$。就是說，「新黑洞理論 NBHT」認為輻射能是有「引力質量和排斥力（熱抗力）的正能量密度 ρ_r」，而無需 GRE 的—Λ。這使作者的「宇宙黑洞理論」完善到無懈可擊。GRE 學者們「混亂和錯誤」的關鍵，在於只承認物質有引力質量和正能量密度 ρ_m，否認輻射能有「引力質量和正能量密度 ρ_r」和「熱抗力＝排斥力」，認為 $\rho_r=0$。其錯誤結果就是：因為宇宙物質密度 ρ_m 的比例太小，無法保證宇宙的平直性 $\Omega=1$，為了解釋宇宙以光速 C 膨脹，而不得不加入一個外來的「－Λ＝有排斥力的負能量＝負能量密度－ρ_Λ」，這反而使的 $\Omega=\rho_m-\rho_\Lambda/\rho_c<1$ 或者為負，無法使宇宙的平直性 $\Omega=1$ 和解釋宇宙以光速 C 膨脹的哈勃定律。他們對宇宙密度的實測資料 $\rho_{bu}=0.958\times10^{-29}g/cm^3$ 是無法否認的，但對 ρ_{bu} 是（$\rho_m+\rho_r$），還是 $\rho_m-\rho_\Lambda$，是說不清的，只能故意裝糊塗，混淆（$\rho_m+\rho_r$）和 $\rho_m-\rho_\Lambda$ 的概念，這使得 GRE 變得更加混亂不堪和矛盾百出，是給 GRE 幫了倒忙。既然 GRE 加入一個更大的－Λ，來解釋所謂的「宇宙加速膨脹」，就需要臆想和製作出來一個「極龐大的可觀測宇宙和其巨大的共動距離 R_{ud}」，以使人們對 GRE 的「高深莫測」表示「正確誠服」。

三、作者在前面 2-1、2-2、2-4 各章中，已經用各種方式和公式的計算證實了，我們宇宙黑洞從誕生於無數

的「M_{bm} 最小黑洞」起，經過 137 億年的合併膨脹降溫降密度的演變過程；確認了：1.*我們宇宙的實測真實年齡 A_u = 137 億光年；2.*宇宙現在的實測密度 ρ_{bu} = $0.958 \times 10^{-29} \text{g/cm}^3$，3.*宇宙（黑洞）半徑 R_{bu} 一直以光速 C 平順地無突變地膨脹，即 $R_{bu} \equiv CA_u = 1.3 \times 10^{28} \text{cm}$。4.*$M_u$ = M_{ub} = 10^{56}g。結論：A_u，ρ_{bu}，R_{bu} 的實測數值完全符合作者的黑洞公式（1c）、（1m）。就是說，這些數值是根據牛頓坐標系的絕對時空得出的真實數值，是 GRE 學者無法否認的。

　　四、我們宇宙的整個演變過程完全符合「能量和物質的守恆和轉換定律 $E = MC^2$」。由此可以得出鐵定的結論：在我們宇宙的演變過程中，沒有任何跡象表示，有宇宙外來的「正的或負能量或者物質」進入或者排出我們宇宙黑洞。就是說，如果我們宇宙中存在「暗物質」或者「暗能量」，也只能屬於「正能量密度 ρ_r」，不是如 GRE 學者們臆造的是來自外宇宙的（負−Λ），而是我們尚未認識的、宇宙內部能量物質的新種類、新結構形式。GRE 學者在解決物體的運動時，是用「四維時空相對論性坐標系」，從度規方程得出虛幻的「共動距離」，並非真實距離，正如他們以前提出「白洞」、「人擇原理」等慣用手法一樣，製造幻象，誤導世人，以表示其理論的高超。

　　本文的目的在於，按照作者的「新黑洞理論和公式」，對 GRE 學者們新提出我們宇宙有所謂的「加速膨

脹＝超光速空間暴漲」的論證，提出作者的質疑和否定，
供人們參考。

　　關鍵詞：宇宙黑洞；宇宙的「加速膨脹＝超光速空
間暴漲」；有排斥力（負）的暗能量－Λ；宇宙「加速膨
脹」的公式；遙遠的 Ia 超新星的大紅移量；可觀測宇宙
的「共動距離」是幻象。

3-7-0　與本文有關的「新黑洞理論的幾個基本公式」

$$E_{ss}＝m_{ss}C^2＝\kappa T_b＝\nu h/2\pi＝Ch/2\pi\lambda \cdots\cdots\cdots\cdots\cdots（1b）$$

$$GM_b/R_b＝C^2/2；R_b＝1.48\times10^{-28}M_b\cdots\cdots\cdots\cdots\cdots（1c）$$

$$M_{bm}＝m_{ssb}＝m_p＝（hC/8\pi G）^{1/2}＝1.09\times10^{-5}g\cdots\cdots（1e）$$

$$\rho_b R_b^2＝3C^2/（8\pi G）＝Constant＝1.61\times10^{27}g/cm\cdots（1m）$$

3-7-1　GRE 學者從新發現遙遠的 Ia 超新星爆炸，認為宇宙出現了「神秘的暗能量」，使其「加速膨脹」，多宇宙的存在。

　　1998 年，美國加里福里亞大學的勞侖斯伯克萊國家
實驗室的 Saul Perlmutter 教授和澳大利亞國立大學的
Brain Schmidt 分別領導的兩個小組，通過對遙遠的 Ia 型
超新星爆炸的觀測和計算，認為我們宇宙正在「加速膨
脹」。他們指出那些遙遠的星系正在加速地離開我們。他
們還因此獲得了 2011 年的諾貝爾物理學獎。現在，科學
家們認為我們宇宙的加速膨脹是由於宇宙外來的、無法
證實的、具有「排斥力的負能量－Λ＝神秘的暗能量」

所造成的。許多科學家正為獲得以後的諾貝爾獎，努力尋找這種暗能量。究竟什麼是暗能量呢？現在無人知道。中國科技大學物理學教授李淼幽默地說過：「有多少個研究暗能量的學者，就能想像出多少種暗能量」。那麼，GRE用「有排斥力暗能量－Λ＝負能量」來證明宇宙的「加速膨脹」，其依據、理論、公式和方法正確嗎？

　　科學家們認為使宇宙產生加速膨脹的「負能量」並不是隨宇宙的誕生出現的，而是在宇宙誕生後約 87 億年（即 50 億年前）才蹦出來的。如果由於學者們稱謂的「來自非我們宇宙固有的暗能量＝負能量」的出現，造成了宇宙的加速膨脹，這就可能清楚地表明：這就是多宇宙存在的強有力的證據。當然，多宇宙的存在本身與「加速膨脹」無關。況且，「近來，在宇宙各星系的核心，發現了存在超巨型黑洞，其質量約等值於（$10^7 \sim 10^{12}$）M_θ 太陽質量。其平均密度≈0.0183 g/cm^3」。其中會有一些恆星及其行星系統，存在於該黑洞內的邊緣。如有智慧生物出現某些行星上，他們將無法知道他們本黑洞外面的世界。這就是說，甚至在我們同一個宇宙的不同星系的任何黑洞內，智慧生物之間也無法互通資訊。因為每一個黑洞就是完全孤立而「與世隔絕」的宇宙。幸好我們太陽系不在銀河中心的超級黑洞內。否則，我們連整個銀河系都無法知道，更不知道現在整個的宇宙了。可見，大宇宙的結構，實際上比俄羅斯套娃還要複雜，大黑洞裡面套裝著層層的小黑洞，每一層還有平行的宇宙黑洞。

　　其次，美國北卡萊羅納大學教堂山分校理論物理學家勞拉‧梅爾辛‧霍頓（the U.S. University of North Carolina at Chapel Hill, theoretical physicist Laura Mersin Horton）早在 2005 年，她和卡耐基梅隆大學的理查德‧霍爾曼教授提出了宇宙大爆炸誕生時，背景輻射存在異常現象的觀點，並估計這種情況是由於其他宇宙的重力吸引所導致。2014 年 3 月，歐洲航天局公佈了根據普朗克天文望遠鏡捕捉到的資料，繪製出了全天域宇宙微波背景輻射圖。這幅迄今為止最為精確的輻射圖顯示，目前宇宙中仍存在 138 億年時的宇宙大爆炸所發出的背景輻射。霍頓在接受採訪時說：「這種異常現像是其他宇宙對我們宇宙的重力牽引所導致的，這種引力在宇宙大爆炸時期就已經存在。這是迄今為止，我們首次發現有其他宇宙存在的切實證據。」

　　我們宇宙在誕生時，其尺寸只有現在一個原子直徑大小 10^{-13} cm 的「宇宙包」，當時同時生成的定會有許多大小不同的「宇宙包」，像葡萄株一樣生成，不可能只產生出一個唯一的我們「宇宙包」。原初多「宇宙包」的存在，可能會造成後來我們宇宙黑洞與其它宇宙黑洞之間的碰撞。

　　在我們宇宙（黑洞）內，年齡 $Au > 5$ 億年的早期，在密度較高的類星體時期，各種大小（宇宙）黑洞之間的碰撞是相當多的。在宇宙膨脹了 137 億年的現在，星系遠離了，碰撞減少了。但是「恆星級黑洞」之間的碰

撞並不少見。

結論：但是多宇宙和宇宙黑洞可能發生碰撞，只可能產生宇宙「低於光速（加速）膨脹」，無法使他們產生「加速膨脹＝超光速空間暴漲」。請看以下的解釋和論證。

3-7-2 「有排斥力的暗能量－Λ＝負能量」的提出，不符合我們宇宙平直性的要求和當今較準確的觀測值（Ω＝1.02±0.02）。

一、在 1929 年哈勃提出了宇宙膨脹的哈勃定律之後，愛因斯坦懊悔地取消了其 GRE 中的宇宙學常數。但是，GRE 學者們，近來為了解釋所謂的「宇宙加速膨脹」，重新用宇宙學常數Λ來定義「Λgμν＝有排斥力的暗能量＝負能量」，使沉寂了 70 多年的Λ鹹魚翻身。但是Λ必須符合我們宇宙平直性的要求，和 2013 年普朗克衛星測量到的、當今較準確的密度常數 Ω 的觀測值（Ω＝1.02±0.02），才有可能正確。這是宇宙早期的「微波背景輻射圖」的極度均勻性已經證實了的。

愛因斯坦的廣義相對論場方程 GRE 如下：

$$G_{\mu\nu} = T_{\mu\nu} + \Lambda g_{\mu\nu} \quad\cdots\cdots\cdots\cdots\cdots\cdots\cdots\cdots\quad (2a)$$

$G_{\mu\nu}$—愛因斯坦張量，$T_{\mu\nu}$—能量動量張量，$g_{\mu\nu}$ 是度規張量，Λ—宇宙學常數。為了計算的方便，將（2a）中的 $T_{\mu\nu}$ 分為下面的三項，或者用相對應的宇宙密度常數 Ω 來表示。

$$T\mu\nu = T^1\mu\nu + T^2\mu\nu + T^3\mu\nu \cdots\cdots\cdots\cdots\cdots\cdots\cdots\cdots (2b)$$

$$\Omega = \Omega_{lm} + \Omega_{dm} + \Omega_r = \rho_0/\rho_c = (\rho_{lm} + \rho_{dm} + \rho_r)/\rho_c = 1 \cdots (2c)$$

ρ_0是宇宙的實際密度，ρ_c是宇宙理論上的臨界密度，ρ_{lm}是明物質密度，ρ_{dm}是暗物質密度，ρ_r是輻射能密度。

也可以將 $T\mu\nu$ 看成為我們宇宙的總能量—質量 $M_u = M_{bu}$。按照當今的較準確的觀測和理論計算，$T^1\mu\nu \approx 4\% T\mu\nu$，$T^1\mu\nu$ 代表可見的有引力的明物質，如星星、星際間物質等。根據對許多星系旋轉速度分佈的觀測和理論計算，$T^2\mu\nu \approx 22\% T\mu\nu$，$T^2\mu\nu$ 代表有引力的不可見的星系中的暗物質。$T^3\mu\nu \approx 74\% T\mu\nu$，它就是除（$T^1\mu\nu + T^2\mu\nu$）之外的能量和物質，它們與（$T^1\mu\nu + T^2\mu\nu$）一起的總量必需符合哈勃定律和能保持我們宇宙的平直性，即符合（2c）。因為 Guth 和 Linde 提出宇宙暴漲論的預言，和宇宙動力學均要求，宇宙的平直性 $\Omega = \rho_0/\rho_c \approx 1$ 是必須的。但是當今 GRE 學者們將 $T^3\mu\nu$ 歸之於所謂的「負的暗能量」，以便解釋宇宙的「加速膨脹」。則（2c）中的 Ω_r 為 -0.74，於是 $\Omega \approx -0.48$。豈非奇談？

然而，為了解釋新近對遙遠的 Ia 型超新星爆發所發現的所謂「宇宙的加速膨脹」，GRE 學者們提出了一些新理論，他們將（$T^3\mu\nu + \Lambda g\mu\nu$）合併到一起都當作 $\Lambda g\mu\nu$，認為 $\Lambda g\mu\nu$ 就是有「排斥力的未知的和神秘的暗能量＝負能量」。新理論最著名的代表是量子場論。在該理論中，把（$T^1\mu\nu + T^2\mu\nu = 0$）當作真空狀態，或者說是最低能量狀態或量子場的基本態，也是微觀宇宙的零點能。

而將宇宙中（$T^1\mu\nu+T^2\mu\nu\neq0$）的宏觀物質即普通物質作為量子場的激發態。對宇宙真空狀態的觀測到是大致符合於（$T^1\mu\nu+T^2\mu\nu$）≈0。於是，將 $\Lambda g\mu\nu$ 正好作為具有排斥力的 $T^3\mu\nu$ 的真空能，用於解釋新發現的宇宙的「加速膨脹」。不幸的是，按照量子場論所計算的 $\Lambda g\mu\nu$ 值，比在真空中實際的觀測值要大 10^{123} 倍多。【作者認為該數值來源於，現在宇宙的真實密度約為 10^{-30}g/cm^3，再加上按照 J. Wheeler 等估算出真空的能量密度可高達 10^{93}g/cm^3，它就是宇宙誕生時、即「最小黑洞 $M_{bm}=m_p$」的密度】。可見，用量子場論解釋 GRE 中具有排斥力 $\Lambda g\mu\nu$，只能得出宇宙現在還在「大爆炸」時代。豈不荒唐？

更為重要的是，由量子場論所計算出來的如此龐大的真空能量值，相當於必須有巨大的「負能量的能量物質密度 ρ_r」。而且，量子場論似乎把真空能量當作「無限大的免費午餐」，在宇宙中任何一點究竟有多少真空能量？為什麼從真空中的負能量不和宇宙中現有的正能量發生湮滅？如何使多於 74%的$-\Lambda g\mu\nu$ 保持宇宙的平直性？量子場論解決不了上述問題，它必定違反宇宙的平直性和因果律。而且要使 Ω 符合當今準確的觀測值（$\Omega=1.02\pm0.02$），難以哉。

二、其實許多科學家和一些觀測並不支持存在「神秘的暗能量」或「有排斥力的暗能量」。義大利國家核子物理研究所的里奧托稱：「宇宙的加速膨脹不需要神秘的

暗能量，它只不過是被忽略的大暴漲後的膨脹效應」。

　　歐洲航天局的 XMM 牛頓天文望遠鏡的科學家們，觀測到了熾熱氣體在古老星系團和年青星系團中的比例是一樣的，他們認為只有宇宙中不存在暗能量才能解釋這種現象。

　　<u>結論：因此，只有 $T^3\mu\nu/T\mu\nu \approx$「74%是正能量」才能維持現在宇宙平直性 $\Omega = 1$ 所必需的「正能量或者暗物質」，而無論多少「有排斥力的暗能量」都不能使 $\Omega = \rho_0/\rho_c = 1$。</u>

　　【作者注釋】：按照「新黑洞理論」，我們宇宙中這74%的「暗能量」，應該就是宇宙在年齡約 385000 年後，即「輻射時代」結束後，宇宙中「37%輻射能」和「37%中微子」分離後的能量總和，它們都有「正能量密度 $\rho_m + \rho_r$」（參看 2-2、3-6 章）。

　　在 2007 年 1 月 8 日，一個美國科學研究小組宣稱，經過幾年的努力，他們首次繪出了我們宇宙暗物質的三維圖。他們指出，在我們宇宙，大約有 1/6 是可見物質，其餘的 80%以上都是暗物質。他們實際上否定了暗能量的存在。

　　新浪科技訊：北京時間 2015 年 1 月 5 日消息，據物理學家組織網站報導，近日一項由美國佐治亞大學教授愛德華・基普裡奧斯（Edward Kipreos）開展的研究提出，人們看待時間膨脹的方式將會提供一種不同的暗能量解釋。所謂時間膨脹是一種由愛因斯坦預言的時間減慢效

應。

　　三、為什麼 GRE 學者們一定要將（2a）式中的 Λgμν 定義為「暗能量＝負能量＝有排斥力的暗能量－Λgμν」？

　　必須指出，作者的「新黑洞理論」與「廣義相對論方程 GRE」對我們宇宙膨脹觀念的認識和定義是完全不同的。

　　「新黑洞理論」證明了，我們宇宙從誕生於無數的「最小黑洞 M_{bm}」起，就一直是不停地合併其同類而增大的「史瓦西黑洞」，它們都是「正能量＝宇宙中已知的現有物質－能量」，其膨脹規律就是黑洞公式（1c）－$GM_b/R_b = C^2/2 \equiv$ 哈勃定律（參見前面 2-1、2-2、2-4 章），<u>而與哈勃常數 $H_o{}^2 = 8\pi G\rho_{ub}/3 = 1/Au^2$，和近代天文觀測資料完全一致。</u>

　　而 GRE 對我們宇宙膨脹的觀念，是混亂不清和錯誤的。因為 GRE 認為「空間彎曲」產生引力，方程中只有單純物質的引力作用，不承認粒子本身和輻射能都有溫度和強大的熱抗力，可以對抗其引力收縮而膨脹。因此他們認為宇宙「大爆炸」後的「正能量＝明暗物質＝26%Tμν」，必定是「封閉系統」的「絕熱膨脹」，而 26%Tμν 不足以構成宇宙的實際膨脹和 Ω＝1 的。為了不得不承認宇宙膨脹合乎哈勃定律，GRE 學者們只能認為，在（2a）中加了無中生有的 Λ 來湊合，而 Λ 只能被認定是「負能量＝暗能量＝74%Tμν＝－Λ」，但這是無法維持實際有效的

H_o 的。於是(2c)就變成為荒謬的（2d）；

$$\Omega = \rho_o/\rho_c = (\Omega_{lm} = 4\%\Omega) + (\Omega_{dm} = 22\%\Omega) - (\Omega_r = 74\%\Omega$$
$$= -\Lambda) = -48\%\Omega \cdots\cdots\cdots\cdots\cdots\cdots\cdots\cdots\cdots\cdots\cdots\cdots(2d)$$

根據荒唐的（2d），按照 GRE 學者的觀點，如果有外來的等於$-\Lambda g\mu\nu = -52\%M_u$ 的突然進入到我們宇宙，它就可以維持宇宙的負能量的平直性，使 $\Omega = -1$。而只有外來的 $-\Lambda \gg -52\% M_u$，才能使宇宙產生「加速膨脹」。這可能嗎？

3-7-3 按照新黑洞理論的公式計算結果，證實了沒有任何外界宇宙的「正負能量物質」進入我們「宇宙黑洞」的跡象。所謂宇宙的「加速膨脹」可能屬「子虛烏有」。

在前面 2-1 文中，證實了我們宇宙，從誕生於無數「最小黑洞 M_{bm}」，以光速 C 平順地膨脹到現在的「宇宙黑洞 $M_u = M_{bu} = 8.8\times10^{55}g$」，宇宙年齡 $A_u = 137$ 億年。由此計算出，其真實的視界半徑 $R_u = C\times A_u = 1.3\times10^{28}cm$，宇宙實測密度 $\rho_u = 3/(8\pi GA_u^2) = 0.958\times10^{-29}g/cm^3$。特別是 Au 和 ρ_u 這兩個數值是 GRE 學者們都絕對無法否認的。這些資料完全可以用「新黑洞理論及其基本公式」準確地計算出來。我們宇宙誕生時，最小黑洞 M_{bm} 的參數值如下：$M_{bm} = 1.09\times10^{-5}g$；$R_{bm} = 1.61\times10^{-33}$ cm；$\rho_{bm} = 0.62\times10^{93}g/cm^3$；（參見 1-1-1、2-1 章）。

從哈勃常數 $H_o = 1/Au$，$H_o^2 = 8\pi G\rho_u/3$，$\rho_u = 3H_o^2/(8\pi G)$，可得，

$Au = 1/H_0 = (3/8\pi G\rho_u)^{1/2} = 137$ 億年 $= 4.32 \times 10^{17} s \cdots\cdots$（3a）

$R_u = CAu = 3 \times 10^{10} \times 4.32 \times 10^{17} = 1.296 \times 10^{28} cm \cdots\cdots\cdots$（3b）

　　Au，ρ_u 和 R_u 的實測數值是牛頓絕對時空的真實數值。

　　從「最小黑洞 M_{bm}」膨脹到「宇宙黑洞 M_{bu}」各參數的演變，$Au/t_{sbm} = 4.32 \times 10^{17}/0.537 \times 10^{-43} = 0.8 \times 10^{61}$；

$R_{bu}/R_{bm} = 1.3 \times 10^{28}/1.61 \times 10^{-33} = 0.8 \times 10^{61}$；

$M_{bu}/M_{bm} = 8.8 \times 10^{55}/1.09 \times 10^{-5} = 0.8 \times 10^{61}$；

$\rho_u/\rho_{bm} = 0.958 \times 10^{-29}/0.62 \times 10^{93} = 1.5 \times 10^{-122} \cdots\cdots\cdots$（3c）

　　從（3a）、（3b）、（3c）看，我們宇宙從誕生到現在的演變過程中，作者的黑洞公式得出了許多正確有效的結論：（A）我們宇宙（黑洞）的 R_b 一直在以光速 C 平順無突變地膨脹；（B）宇宙以光速 C 膨脹完全符合哈勃定律和近代的實測資料；（C）宇宙黑洞只有一個確定的被 M_{ub} 決定的密度 ρ_u 和哈勃常數 H_o。因此，$\Omega \equiv 1$ 的宇宙平直性是宇宙黑洞的本性；（D）宇宙膨脹的各種參數值的互恰和平順無突變的一致性表明：在其膨脹演變的 137 億年過程中，沒有任何「突變」事件發生的跡象。就是說，沒有宇宙外的「正負能量物質」進入我們宇宙內，如果有，必然會觀察到的各種異象，如伽馬射線 x-射線等遺跡。同樣，也沒有任何力量從宇宙黑洞內將「能量物質」抽出去。因此，宇宙既無「加速膨脹」也無「減速膨脹」，完全符合宇宙內「能量和物質守恆和轉換定律」。（E）可見，GRE 學者在下面用度規方程的「共動距離」，對有「大紅移」的遙遠超新星 Ia 的爆炸，計算出來的「宇宙加速膨脹＝超光速

空間暴漲」現象，其實是用「相對論性坐標系」中的「共動距離 R_{nd}」造成的「幻象」，而非實況（參見 1-5 章）。

3-7-4 黑洞視界半徑 R_b 的膨脹速度 V_b 和加速度 a_b；宇宙（黑洞）「低於光速的加速膨脹」和「超光速的加速膨脹」。

一、黑洞低光速的加速膨脹：當黑洞 M_b 吞噬外界物質一能量或與其它黑洞碰撞合併時，由黑洞公式（1c）可知，M_b 會快速增加，其視界半徑 R_b 隨著產生膨脹速度 V_b 和加速度 a_b，對（1c）$R_b = 2GM_b/C^2$ 微分，得出 $dR_b = (2G/C^2) dM_b$，

$$\therefore V_b = dR_b/dt = (2G/C^2) dM_b/dt \cdots\cdots\cdots\cdots (4b)$$

對（4b）式再微分，R_b 的膨脹為加減速度 $a_b = dV_b/dt$，

$$a_b = (4G/C^2) d^2M_b/dt^2 \cdots\cdots\cdots\cdots\cdots\cdots (4c)$$

（4c）表明黑洞視界半徑的加（或減）速膨脹 a_b 正比例於其每秒吞噬外界物質 M_b 的增減速度。因此，黑洞吞噬外界物質所造成低光速的加速膨脹是其正常活動的表現和結果。

二、與宇宙膨脹有關的幾點重要結論：

由（4b）式，可變為下面的（4d）式，

$dM_b = (C^2/2G)(dR_b/dt) dt$，如在 $dt = 1s$ 和 $dR_b/dt = V_b = C$ 時，

$$dM_b = C^3/2G = 2 \times 10^{38}g = 10^5 M_\theta \cdots\cdots\cdots\cdots\cdots (4d)$$

三、（4d）有什麼意思？從 1*到 5*都是「低光速加速膨脹」。

1.*如果在任一黑洞 M_b 的視界半徑 R_b 的外面的 C 距離 $=3×10^{10}$cm 的環形空間內，有能量—物質 $dM_b < $（$C^3/2G$ $=2×10^{38}$g) 時，黑洞 M_b 的 R_b 吞食 dM_b 的正常膨脹速度 $V_b < C$。

2.*如果在黑洞 M_b 的 R_b 外面的 C 環形空間內，有密度足夠大的能量—物質 $dM_b = 2×10^{38}$g 時，則 R_b 可在 1 秒時間吞食完 dM_b，其正常膨脹速度 $V_b = C$。

3.*如果在黑洞 M_b 的 R_b 外面等於 C 環形空間內，有足夠多的能量—物質 $dM_b > 2×10^{38}$g，則其 R_b 吞食 dM_b 的正常膨脹速度只能 $V_b = C$，但其吞食 dM_b 的時間 $dt > 1s$。

4.*如果在黑洞 M_b 的 R_b 外面有 R>>>C 的環形空間內，有密度大於黑洞的能量物質 $dM_b >>> 2×10^{38}$g，則其 R_b 就會產以光速 C 的「空間膨脹和短暫的加速膨脹」。但實際上這種情況在宇宙中不存在，因為黑洞的密度永遠大於其外界。

5.*至於兩個黑洞的碰撞，是面接觸碰撞，需要長時間互相進入融合，而非視界半徑整體球面吞食，所以只會產生低於光速 C 的「加速膨脹」。

6.*唯一可能產生「加速膨脹＝超光速空間暴漲」的情況只能發生在宇宙誕生時的「原初暴漲」。（見 2-5 章）

7.*GRE 學者提出因宇宙整個空間出現極大量的－Λ，產生「超光速加速膨脹=超光速空間暴漲」。

3-7-5　對黑洞和「宇宙黑洞」產生「加速膨脹＝超光速空間暴漲」各種可能性的分析和結論。

一、首先要說明，按照「新黑洞理論」的觀點認為，「二個非黑洞宇宙」的合併膨脹，談不上會造成什麼「加速膨脹」或者「空間暴漲」。正如四十億年後，仙女座星系會與我們銀河系的碰撞是一樣的情況，兩者就像是二個透明物體一樣，彼此穿透而過而已，甚至可能兩者整體並不「合二為一體」，因為兩者都是無界的。

【作者認為】：大宇宙中各個層級的宇宙，都應該是有限有界的「宇宙黑洞」，就是說，各個宇宙都是有界的獨立體，極可能自然界不存在「非黑洞的宇宙」。

二、因此，當二個黑洞或者二個「宇宙黑洞」發生合併碰撞時，只是由線到面的接觸碰撞到合併，需要長時間才能互相進入融合為一體，其視界半徑球面只能以「低於光速 C 較緩慢較長時間」、「空間膨脹」，這是符合黑洞公式（1c）的正常膨脹。因此不可能產生空間的「加速膨脹＝超光速空間暴漲」。

三、因此所謂宇宙的「加速膨脹＝超光速空間暴漲」，只有在一個黑洞或者「宇宙黑洞」的情況下發生，1.*是其內部整體空間「突然」冒出極大量的「正負能量物質」，使內部整個空間產生突然地「加速膨脹＝超光速空間暴漲」，這就是 GRE 學者們所說的、「他們觀測到 Ia 超新星快速遠離我們」顯示出來的情況；但這極可能是學者們觀測、用相對論性度規方程和錯誤公式計算產生的「錯覺」，而非真

實；2.*是其視界半徑 R_b 外部的整個球面聚集有極大量稍高密度（低於黑洞密度）的「能量物質」，迫使黑洞快速地吞食，使其視界半徑球面以低於光速 C 產生的「加速膨脹」，這就是黑洞剛剛塌縮形成時，吞食外面大量「能量物質」的情況。

四、只有在宇宙誕生時，無數層層疊疊的最小黑洞 M_{bm} 在極高密度下擠在一起時，才有可能產生黑洞空間整體的「超光速加速膨脹＝原初暴漲」的情況。（參見 2-5 章）

五、結論：任何黑洞和宇宙黑洞吞食外界物質或者與其他黑洞碰撞，都會產生「短暫的低於光速的加速膨脹」，這是常態，無需有「排斥力的暗能量或曰負能量」的。作者已經證實，我們宇宙全是「物質和輻射能的正能量」一直在以光速 C 膨脹，這是公認的、無可辯駁的事實。如果像 GRE 學者們所說，宇宙的「超光速加速膨脹」是由於極大量的、充滿當時宇宙空間的「負能量－Λ」在 50 億年前的突然冒出所引起，那就得承認宇宙原來膨脹的能量也是同樣的「負能量」，二者合力向同樣的膨脹方向，才能產生宇宙負能量的「超光速加速膨脹＝空間暴漲」。如果宇宙原來的能量都是「正能量」，那麼，要由「負能量－Λ」使宇宙產生「加速膨脹」，其總量就得比原來「正能量」總量的二倍還要多得多才能產生宇宙「負能量超光速加速膨脹」。這種情況絕無可能發生。因此「超光速加速膨脹」極可能是學者們的「幻象」。

3-7-6　作者「新黑洞理論及其公式」對我們宇宙演變過程和宇宙以光速 C 膨脹，提出了一整套新的、符合實際而正確的理論計算公式和證明，對主流學者們近年來鼓吹的我們宇宙中出現有「排斥力的暗能量－Λ＝負能量」，導致宇宙「加速膨脹＝超光速空間暴漲」的觀測和計算深表質疑，甚至否定。

　　一、從 3-7-3 節可見，作者的「新黑洞理論及其公式」在本書中，得出的我們宇宙從最小黑洞 M_{bm} 到宇宙黑洞 M_{ub} 演變的四個資料，是正確有效的。這些資料是：宇宙年齡 $A_u = 137$ 億年 $= 4.32 \times 10^{17}$s，宇宙現在的真實密度 $\rho_u = 0.958 \times 10^{-29}$g/cm^3，宇宙黑洞的總能量－質量 $M_u = M_{bu} = 8.8 \times 10^{55}$g，其視界半徑 $R_u = R_{bu} = 1.3 \times 10^{28}$cm。<u>特別是 Au 和 ρ_u 的數值是 GRE 學者們都認可的。</u>也是現今精密天文觀測儀器，普朗克衛星和 WMAP 等所實測的真實數據。

　　前面的（3a）、（3b）、（3c）公式，完全證實了，在宇宙 137 億年的實際膨脹過程中，沒有宇宙外來的「有排斥力的暗能量－Λ＝負能量＝暗能量」進入到我們宇宙中來，使宇宙正常演變發生「突變」，因此不可能出現 GRE 學者所謂的「加速膨脹」，作者堅定地認為，「新黑洞理論及其六個互恰的基本公式」之所以正確，是因為它們完全符合哈勃定律和觀測資料。

　　二、「廣義相對論方程 GRE」的根本問題在於該方程中，只有自然常數 G、C，而無 h、κ；只有物質的引力作用，而無其「如影隨形」的輻射能的溫度和熱抗力，更無

輻射能的「引力質量」；雖然 GRE 承認 $E=MC^2$，但是無法在該方程中運用。這就使得 GRE 的學者們無法正確地解決「黑洞和宇宙學」中的問題，而且大多數出現謬誤。他們只能提出一些虛幻的觀念，如「負能量」、「奇點」、「白洞」、「蟲洞」、「宇宙學原理」、「人擇原理」等，以求在解複雜的 GRE 方程中，得到他們想要的結果。他們用「負能量作為 $\Lambda g\mu\nu$」，以解釋「超光速加速膨脹」，但是不符合宇宙的平直性、哈勃定律、真實密度、宇宙平順無「突變」地演變過程和實測資料。

　　據報導：「目前為止人類觀測最遠的星系——GN-z11，根據哈勃望遠鏡的測定，它的年齡高達 $A_{gn}=134$ 億年，GRE 學者們根據他們用 GRE 度規方程的計算結果，聲稱它距離我們大約 320 億光年。此處又一個年齡與距離高度不符，到底咋回事？等下你就懂了。GN-z11 的光譜紅移值為 $z=11.09$，其退行速度比 $v/C=0.999$，相當於約 $R_{cd}=32\times10^9$ 光年的「共動距離」。此地學者們按照「四維相對論性座標參照系」的度規公式，得出了一個新觀念——共動距離 R_{cd}。」魔鬼就出現在這個「共動距離」細節裡，它造成了幻象，而非實況。

　　根本問題恰恰在於：學者們根據 GN-z11 的光譜紅移值 $z=11.09$ 和退行速度比 $v/C=0.999$，計算的距離 R_{cd}，是其真實距離嗎？按照作者黑洞公式計算，真實距離是 R_r，而 $R_r\neq R_{cd}$。

$R_r=v\times A_{gn}=0.999C\times134\times10^8\times3.156\times10^7=1.27\times10^{28}\text{cm}\cdots\cdots(6a)$

$R_{cd}=32×10^9=32×10^9×3×10^{10}×3.156×10^7=3×10^{28}cm$……（6b）

可見 $R_{cd}=3×10^{28}/（1.27×10^{28}）=2.36 R_r$ ………（6c）

　　先按照「相對論性都普勒紅移量」驗算 GN-z11 的退行速度 v_1，$v_1/C=〔（1+z）^2-1〕/〔（1+z）^2+1〕$，應該是 $v_1=0.984C$，學者們認為 $v-v_1=0.999C-0.984C=0.015C$ 有差別，就用 1.5%的差別，推斷是「暗能量」產生的「宇宙空間的加速膨脹」，使他們按照「加速膨脹」，計算出很大的 $R_{cd}=3×10^{28}cm$，實在是「按需推斷」。如果差別大於 5%，也許「推斷」稍可取。

　　R_{sd} 被 GRE 學者們從度規公式定義為「共動距離」，認為 GN-z11 現在已經膨脹到了遠離我們的 $R_{cd}=3×10^{28}cm$ 處，產生了「加速膨脹＝超光速空間暴漲」。作者認為 GN-z11 的「大紅移」，並不一定是宇宙有了「超光速加速膨脹」。因此，GN-z11 還是真實地在遠離我們的 $R_r=1.27×10^{28}cm$ 處。

　　首先，GRE 學者們用近代精密天文觀測儀器，測量到了最遙遠的星系 GN-z11 的紅移 z＝11.09，和它的年齡 $A_{gn}=134$ 億年。根據這二個資料，他們發揮了高度的智慧和想像力，主觀地認定宇宙出現了大量的「有排斥力的暗能量－$Λgμv$ ＝負能量」，造成了宇宙極大的「超光速加速膨脹」。學者用度規方程中的「共動距離」，經過多種轉換和複雜的解方程和計算，得出了 GN-z11 的「共動距離」為 $R_{cd}=3×10^{28}cm$。什麼意思呢？就是說，如果沒有「加速膨脹」，GN-z11 應該呆在距離我們的 $R_r=1.27×10^{28}cm$ 處。現

在由於有「加速膨脹」，GN-z11 已經跑到遠離我們的 R_{cd} $=3×10^{28}$cm 處了。而 R_{cd}＝3/1.27＝2.36R_r。R_{cd} 被 GRE 學者們認為（假定為）是宇宙已經「超光速空間暴漲」到了我們現在可以觀察到的距離（實際是按照他們設計的公式和假參數計算出來的）。

我們宇宙的實測年齡為 A_u＝138×10^8 年，比 GN-z11 大四億年，是我們宇宙最遠的實測距離，即 R_u＝R_{ub}＝ $1.3×10^{28}$cm。於是 GRE 學者們按照計算 GN-z11 的同樣方法，依樣畫葫蘆，認定我們宇宙年齡為 A_u＝138 億年的紅移量 z_u＝100（作者在本書中取 A_u＝137 億年，相差 0.0078，誤差極小，見仁見智）。計算出我們宇宙的「共動距離」＝學者們認為是可觀測的宇宙半徑 R_{ud}＝465 億光年 ＝$4.4×10^{28}$cm，因此在他們眼中，現在可觀測的宇宙，一下變成為一個直徑為 930 億光年的「巨無霸宇宙球體」，其半徑 R_{ud}＝465/138＝$4.4×10^{28}$/$1.3×10^{28}$＝3.37R_u（＝R_{ub}）。

【作者注】：按照作者「新黑洞理論及公式」的計算，現在「宇宙黑洞」的真實半徑就是 R_u＝R_{ub}＝$1.3×10^{28}$cm。

（1）作者與 GRE 學者們的理論和計算有哪些相同點和不同點呢？相同點：二者都承認宇宙現在的實測密度是 ρ_u＝ $0.958×10^{-29}$g/cm³，宇宙實測年齡是 A_u＝（137~138）億年。不同點：作者正確的黑洞理論和計算公式，找不到有外部宇宙大量的「明或暗能量—物質」進來，成為宇宙產生「加速膨脹」的來源和跡象。而 GRE 的學者們，認定遙遠星系 GN-z11 的巨大紅移—z＝11.09，就是因為宇宙有

外來的大量的「有排斥力的暗能量－Λgμν＝負能量」，突然進入到宇宙中來。經過他們提出的一些假設觀念和條件，在用度規方程解 GRE 過程中，得出了我們宇宙產生了「空間暴漲＝超光速加速膨脹」，其「共動距離」R_{ud}＝465/138＝$3.37R_u$ 的幻象結論。

（2）只要仔細想想 GRE 學者們得出的「R_{ud}＝465/138＝ $3.37R_{ub}$」的結論，意味著什麼，就可以看出其不實性。A.*R_u 本身就表明我們宇宙在一直以光速 C 膨脹，如果 R_{ud} 確實存在，則表示 R_{ud} 或者一直以大於 3.37C 在膨脹，或者是一瞬間，R_u 增加 3.37 倍＝R_{ud}，這可能嗎？如果不是一瞬間，是在多長時間內增加的？ B.*R_{ud}＝$3.37R_{ub}$，或者表明 R_{ud} 空間有「突然」外來 M_{ud}＝3.37^3M_u＝$38M_u$。這說明有一個外來的「龐大宇宙 M_{ud}」吞食了我們這個「小宇宙」。人們能夠想像出來這「龐大宇宙」吞食和混合溶化「小宇宙」的激烈過程嗎？而不留下任何合併碰撞的遺跡？如果這「龐大宇宙」是負能量－Λ」，而「小宇宙」是「正能量」，二者不會產生「大爆炸」嗎？C.*更大的問題還在於，什麼是 M_{ud}？它從哪來來？有多少？學者們一概不知，就造出新觀念新公式。

（3）作者與 GRE 學者們，都承認宇宙現在的實測密度 ρ_u＝0.958×10^{-29}g/cm^3，宇宙實際年齡 Au＝（137~138）億年，承認其觀測值準確性。作者按照「新黑洞理論及其公式」，可極其簡單準確地、從 ρ_u 直接計算出來 Au＝（137~138）億年。從哈勃常數 H_o＝$1/Au$，H_o^2＝$8\pi G\rho_u/3$，

$\rho_u = 3H_o{}^2 / (8\pi G)$，可得出，

　　$Au = 1/H_0 = (3/8\pi G\rho_u)^{1/2} = 137$ 億年。………… （6d）

　　（6d）證實了作者黑洞理論和公式的正確性，是絕對時空的數值。GRE 學者們也無法否認其符合實際的正確性。

　　再看看 GRE 學者們是如何用許多設定條件和解複雜的度規方程，從 $H_o{}^2 = 8\pi G\rho_u/3$，如何<u>拼湊出宇宙年齡 t = Au≈138 億年的。</u>他們提出計算宇宙年齡 **t = Au** 的公式是（6e）：

$$t = \int_0^1 \frac{da}{aH(a)} = \frac{1}{H_0} \int_0^\infty \frac{dz}{(1+z)\sqrt{\Omega_r(1+z)^4 + \Omega_m(1+z)^3 + \Omega_k(1+z)^2 + \Omega_\Lambda}} \simeq 13.8 Gyear$$

$t = f_0{}^1 da/aH (a) = 1/H_0 f_0{}^\infty dz/\{ (1+z)[\Omega_r (1+z)^4 + \Omega_m (1+z)^3 + \Omega_k (1+z)^2 + \Omega_\Lambda]^{1/2}\} \approx 13.8 Gyears = 138$ 億年 = Au……………（6e）

　　以上兩個（6e）是一樣的，上面的是 GRE 學者的原型公式。

　　GRE 學者定義：上式中，a 為尺度因數（宇宙不同時刻大小和現在的大小比值），z 為紅移量，H_o 為哈勃常數，Ω_r、Ω_m，Ω_k、Ω_Λ 分別為輻射、物質、曲率、宇宙學常數所占總體能量的百分比，這裡 Ω_r 輻射組分太小，具體計算是經常忽略掉。其實，Ω_k 目前也認為接近於 0。尺度因數 a = 1/ (1+z)。

　　在他們認為 Ω_r 和 Ω_k 可忽略後，（6e）就簡化為（6e1），t = $f_0{}^1$ da/aH (a) = 1/$H_0 f_0{}^\infty$ dz/{ (1+z)[Ω_m (1+z)^3 + Ω_Λ]$^{1/2}$} ≈13.8Gyr = 138 億年 = Au ………………………………（6e1）

【作者評注】：

1.*GRE 學者詭異的公式（6e）得出與作者（6d）相同的結果，即絕對正確的 138 億年，而（6e）式中卻被他們「無中生有」地加進一個多餘的積分公式 $f_0^\infty = 1$。而且只有在積分公式總值＝1 的情況下，（6e）≡（6d）。顯然，他們需從 GRE 的度規公式得出的（6e）式而後簡化，只有先忽略 Ω_r 和 Ω_k，才易於從其餘的 Ω_m 和 Ω_Λ 2 項「按需拼湊」，使 $f_0^\infty = 1$，以便在下面，而得出（6f）式中的 r＝共動距離＝4.4×10^{28}cm＝3.37R_{ub}。

2.*問題還在於 $f_0^\infty = 1$ 和其中的各項是從何而來？在積分過程中，根據什麼選取 Ω_m 和 Ω_Λ 兩項的數據？

3.*作者「新黑洞理論」認為我們宇宙之所以能夠以光速 C 膨脹，就是因為大量的 Ω_r 輻射能有「熱抗力」，才能保持宇宙黑洞的平直性 $\Omega \equiv 1$。而 GRE 學者忽略 Ω_r，將它們歸結到有排斥力的 Ω_Λ，又認為 Ω_k 接近於 0。因此，他們認為在（6e）中，將宇宙的膨脹甚至「超光速加速膨脹」，簡化為 $\Omega_m + \Omega_\Lambda$ 這兩項作用造成的。

4.*但是在原來的 GRE 中，Ω_m 為正能量，在宇宙中的實測分量約 26%（參見前面 3-6 章）。而 Ω_Λ 為負能量。由於 GRE 學者認為 Ω_r 的「引力質量」為 0。因此，只有宇宙「突發地」出現的「負能量－Ω_Λ」必須大大地大於正能量 Ω_m，即絕對值約 $|\Omega_\Lambda| \approx 5|\Omega_m|$ 才能達到宇宙以光速 C 的「負能量膨脹」效果，而保持宇宙的平直性 $\Omega \equiv 1$。（6e）豈不荒謬？而要達到 r＝3.37R_{ub} 的宇宙負能量的「超光速加速膨脹＝空間暴漲」的效

果，就必須$|\Omega_\Lambda|\approx5|\Omega_m|\times3.37^3\approx192|\Omega_m|$，（6e）豈不更荒謬？

5.*當忽略了Ω_r、Ω_k，使（6e）簡化為（6e1）後，將積分式中的兩個變項Ω_m和Ω_Λ任意調整一下，學者們就很容易使（6e）、（6e1）達到想要的$f_0^\infty=1$，而得出 t＝Au≈138億年和 r＝4.4×10^{28}cm。

6.*最荒唐可笑的是，在實際積分驗算中，他們又將Ω_m與Ω_Λ當作「同質性能量」，即$\Omega_m+(+\Omega_\Lambda)$，否則，（6e）、（6f）的積分無解，真能忽悠！

物理學家費曼戲言：「只要給出四個自由參數，就可擬合出一頭大象，用五個參數，可以讓它的鼻子擺動。」

總之，只要 GRE 學者們不承認宇宙中大量的輻射能Ω_r有「熱抗力＝膨脹力」，和應有的「引力質量」，用「相對論性坐標系」的度規公式，他們就永遠不能正確有效地、符合實際地解決宇宙中的「膨脹」和以「光速 C 膨脹」等問題，更會造成「超光速加速膨脹＝空間暴漲」的幻象。

$$r = c\int_0^1 \frac{da}{a^2 H(a)} = \frac{c}{H_0}\int_0^\infty \frac{dz}{\sqrt{\Omega_r(1+z)^4+\Omega_m(1+z)^3+\Omega_k(1+z)^2+\Omega_\Lambda}} \simeq 46.5 G Lightyear$$

r＝Cf_0^1da/a^{2}H（a）＝C/H$_0f_0^\infty$dz/{〔Ω_r（1+z）^{4}+Ω_m（1+z）^{3}+Ω_k（1+z）^{2}+Ω_Λ〕$^{1/2}$}≈46.5Glightyears＝R$_{ud}$＝4.4×10^{28}cm……（6f）

以上二個（6f）是一樣的，上面的是 GRE 學者的原型公式。

可見，他們就是想要把簡單的事情搞複雜，以便「渾水摸魚」，在得出（6e）、（6e1）正確的 Au＝138 億年基礎上，再拼湊出他們想要的、宇宙巨大的「共動距離 r＝可觀測距離＝R$_{ud}$」，以表示他們理論的「高超」，他們可由此得出 r 的（6f）式為上面所示；

忽略了 Ω_r、Ω_k 後，其簡化的（6f1）式為，

$r=Cf_0^1 da/a^2 H(a)=C/H_0 f_0^\infty dz/\{[\Omega_m(1+z)^3+\Omega_\Lambda]^{1/2}\}\approx 46.5$
Glightyears $=R_{ud}=4.4\times10^{28}$cm ………………………（6f1）

　　由於（6f）和（6f1）的積分式內部少了一個「小數＝1/（1+z）」，就將 r 變得放大和膨脹了，使積分式 $f_0^1>1$，於是得出 $r=R_{ud}=4.4\times10^{28}cm=3.37R_u=3.37R_{ub}$。

　　作者可按照本文前面的（3b）黑洞公式，簡單地計算出來我們宇宙的半徑 $R_u=R_{bu}=C/H_0=CAu=1.3\times10^{28}$cm，它就是從（6f）和（6f1）式左邊取消積分式修正項後，而得出 $r=C/H_0=R_u=1.3\times10^{28}$cm 的相同結果。這就可以看出 GRE 學者們為了得出宇宙「超光速加速膨脹」，如何用度規公式「按需拼湊」臆造出 $r=R_{ud}=3.37R_u$ 的幻象的。準確說，他們正是為了得出他們想要的宇宙「超光速加速膨脹」，即 $r=R_{ud}=3.37R_u$，而臆造出來了（6e）和（6f）中兩個虛假的、純屬多餘的積分式。反正人類是無法觀測到大於 $r>$（$R_u=R_{bu}=1.3\times10^{28}$cm）以外的宇宙的。正如愛因斯坦指出：一切狹義相對論性的時空非經典性效應，都「僅僅只是相對運動物系之間相互觀測的純粹外部關係的結果，而不是運動物體客觀上具有的真正的物體變化。」因此，他們的「宇宙加速膨脹」是無法驗證的，正如他們以前提出的「奇點、白洞、折疊宇宙」等觀念無法驗證一樣。

　　由此可見，GRE 學者們為了證明他們想要的宇宙「超光速加速膨脹」，在（6e）和（6e1）中，最終搞成宇宙內

部Ω_m與「無中生有」的宇宙外部Ω_Λ這兩項簡單的「容易湊合」的平衡，而得出 r＝3.37R_u 的超龐大的可觀測而無法驗證的虛幻假像宇宙。但是，這種平衡不可能使Ω＝1，保持宇宙的平直性。

結論：只要將一套新觀念新理論新公式用一些邏輯串聯起來，哪怕有巨大的破綻，如能得出頗為誘人的無法驗證的新結論—畫餅，就能忽悠許多不明真相不原思索懷疑而有幻想和崇拜權威的人們頂禮膜拜。

我們宇宙是否在「超光速加速膨脹」，並非已經成為科學上和有觀測資料的定論。

2018 年 10 月 1 日 http://www.popyard.org 網站報導，根據「俄羅斯衛星通訊社」早先發佈的消息，報導了《日本天文學會歐文研究報告志》（Publications of the Astronomical Society of Japan）上的文章中稱，「已經查明，宇宙擴張的速度比人們此前想像得要慢。」報導還說，科學家們是借助斯巴魯望遠鏡（Subaru Telescope，亦稱昂星望遠鏡）對十個星系進行了觀察，從而得出了上述結論。

＝＝＝＝＝＝＝＝＝＝＝＝全文完＝＝＝＝＝＝＝＝＝＝＝＝

參考文獻：

1.本書前面 1-1、1-5、2-1、2-2、2-4、2-5、3-6 各章。

2.美科學家首次發現切實證據，稱宇宙或非唯一
　http://www.chinareviewnews.com，2013 年 5 月 21 日 16:27。

3. 王義超,〈暗能量的幽靈〉,《財經》雜誌,中國,總 176,2007 年 1 月 8 日,

http://www.caijing.com.cn/newcn/econout/other/2007-01-06/15365。

4.〈如何計算可觀測宇宙的大小？〉,

https://www.zhihu.com/question/48680185。

5.〈對暗能量理論的挑戰：宇宙的加速膨脹不需要暗能量〉,

http://tech.163.com/2005-04--25。

6.〈新發現對愛因斯坦的挑戰：暗能量可能不存在〉,

tech.163.com/2006-05-17。

7.〈科學家首次繪出了宇宙的三維暗物質圖〉,

Web.wenxuecity.com/2007-05-21。

編後記

P. Bergmann：「在許多意義上，理論物理學家只是穿了工作服的哲學家。」

愛因斯坦：「想像力比知識更重要！」

　　作者寫這篇〈編後記〉的目的在於對「科學理論研究」的方法論談談自己的一些體驗。

　　作者是在 2002 年 68 歲退休之後，從看天體物理學的大量科普讀物中了解到關於黑洞理論和宇宙學的知識，並且產生了很大的興趣的。我對神乎其神的「奇點」一開始就感到懷疑和抵觸，這可能跟我的哲學思想有關。就是說，即使對頂級科學和科學理論，也需要「常識公理」和「哲學觀」的判斷。我不相信，一團有限密度有限質量的物質會自己收縮成為無限大密度的「奇點」，這需要宇宙多麼大的收縮力量才能完成啊，這是不符合宇宙中各種守恆定律和因果律的。我相信，我們宇宙的這個物理世界是有規律的、是互相制約的、是服從因果律的、是動態平衡的、是符合熱力學第二定律的不可逆過程。從一個「廣義相對論」的數學方程，得出能夠產生無限大密度的「奇點」，而在宇宙空間又找不到其存在的蛛絲馬跡，這個數學方程顯然不是真實物理世界的反映，我們為什麼要盲目崇拜它呢？我斷斷續續地作了一些推演和計算，雖然懷疑愈來愈大，但是沒有從根本上解決問題。直到 2008 年底，我簡單地推導出來了公式（1d）和（1e）式後，我才恍然

大悟，原來黑洞最終只能收縮成為「最小黑洞 $M_{bm}＝m_p$ 普朗克粒子」，達到了引力收縮的極限，就必定「物極必反」，這是中國古老哲學的精髓，這才是真正符合邏輯和因果律的。從此，我對黑洞和宇宙學的觀念徹底改變，理論上快速進步發展。並且進一步認識和找到廣義相對論方程的解和結論出現謬論的原因。於是找出經典力學的六個有效的基本公式，互相配合，組成了一個完整融洽的「新黑洞理論」科學體系，並且在此基礎上，成功地建立起來了正確有效的「黑洞宇宙學」，發展了「黑洞熱力學」，它們可以正確有效地取代複雜無解、背離實際的廣義相對論方程 GRE，能夠較圓滿而準確地解決了「黑洞理論和宇宙學」中的許多理論和實際的重大問題。

　　本書所有的章節都是全新的觀念、理論、公式、推演和結論。作者之所以取得許多符合實際的成果，並不是因為我有淵博的知識和高深的學問，主要是因為我有「不迷信」「不盲從」和「另類思維」，即「懷疑一切」的習慣。說心裡話，我不希望我這套「淺薄的理論」能取代主流學者們信仰的、讓人們充滿幻想的廣義相對論方程 GRE。但是我希望相對論的大師們和讀者們，能夠指出本書中的理論、觀念、公式和結論的諸多缺陷，提出符合物理世界實際的新數學方程，如果它能與作者的「新黑洞理論」二者共存，互相促進和發展，或許是大有意義的。

　　作者在對「黑洞和宇宙學」約 16 年的研究探討中，經過反覆地數字計算、驗證、修改，並從理論上加以提高

和昇華，終於創新地將「黑洞理論」和「宇宙學」結合在一起，奠定了一門新學科《黑洞宇宙學》的理論基礎。本書不僅是用黑洞理論從理論上解釋了我們宇宙「從生到死」就是真正的黑洞，其「生長衰亡的規律」完全符合黑洞理論和公式，更重要的是作者推導出的許多新公式，其計算資料與實際的觀測資料是吻合的。這表明本書不只是一種理論上對「宇宙黑洞」的定性的猜測和解釋，而是可用公式定量化地計算出「宇宙黑洞」在各個時刻的十多個物理參數值的。

　　本書第三篇裡有七篇文章，每一篇都是作者運用自己的新理論和新公式，解決了黑洞和宇宙學中的重大問題，每一篇都卓有成效，它們都是前人從未解決的、或解決錯了的問題。比如，作者用黑洞理論推算出物理學中的精密結構常數 $1/\alpha = hC/2\pi e^2 = 137.036$，費曼曾經說，精密結構常數是上帝之手寫下的謎語。比如，對 LIGO 觀測到的引力波提出了許多懷疑的觀點。再比如，對宇宙「加速膨脹」，從宇宙的真實演變過程，理論和公式的推演，到數值計算，都提出了自己獨特的觀點。總之，每一篇文章都有新觀點，新論證，新結論，毫無抄襲和炒剩飯的蛛絲馬跡。本書是作者長期探索和反復計算修改而成。在探索過程中，作者對「科學理論研究」的「方法論」得出一些基本認識和體會，對錯好壞與否，或可供作參考。

　　（1）任何理論不管是社會科學還是自然科學都無法完美無缺，都是一個未完成的體系，都有其適用範圍，都

有其片面性，都需要與時俱進。

如果研究者想要對某個理論有所突破，必須要能充分認識到其正確的部分和錯誤或有缺陷的部分，首先應當懷疑那些背離實際的東西。有容乃大，創新應該建立在繼承和包容舊理論的基礎上，尊重前輩的基礎上，要認識到舊理論的存在有其歷史的合理性。作者對黑洞的探索研究就是從懷疑「奇點」的存在開始的。作者對馬列毛學說的懷疑，是從馬列主義聲稱「工人階級可以消滅其同生共死的資產階級」的錯誤觀念開始的。總之，對於一個探求科學和真理的人，產生於直覺的懷疑很重要。

在近代科學上，最著名的牛頓力學體系和愛因斯坦的廣義相對論體系，也都是有缺陷的、未完成的科學理論體系，但廣義相對論問題很多，而且是一個封閉的體系。其它如量子力學和統計力學同樣都非完整的體系，但是這些理論都是開放的體系。就是說，都非絕對真理。因此，每一個有創見、堅持不懈地從事科學理論研究的人，都有可能的機會對任何理論提出修正或建立自己的新觀念，最重要的是能提出新公式，甚至提出與舊理論不同的新理論，這是很正常的。人們不應該視之為洪水猛獸，應採取歡迎新事物的態度。

每一種舊理論都受制於當時的歷史條件、科學技術和生產力水準，都會產生一定的缺陷和片面性，需要科學的後繼者們予以補充、修正和提高，甚至否定。這正是科學技術進步發展的必然結果。

　　同時，無論有多麼偉大成就的科學家，也都有其認識的不足、疏忽、缺點、甚至錯誤，還有時代的局限性，故不可神化。然而正是他們不可能完美無缺，才給後世的學者們在新的科技成就面前，留下了繼續發展和糾錯完善的餘地。

　　每一種理論都由各種因素有規律性（或用公式圖表模型）地綜合聯繫而成，但理論的創立者們為了使解決問題簡化，往往不可能將所有主要次要因素都考慮綜合到其理論和公式中去，而只取其中幾個主要因素，忽略諸多他們當時認為的次要因素。但由於時代和條件的變化，和科學技術的發展進步，使構成某個理論的諸多因素，不僅主次地位可能發生變化，而各因素之間的關係也可能發生變化。更由甚者，由於各科學研究者考慮問題的出發點和視角不同，就可能取捨不同的因素，推導出不同的數學公式，而得出不同的理論和結論。因此，科學的理論和結論往往取決於不同的研究方法（模式或公式）。解決黑洞和宇宙學中的問題，主流學者們用解廣義相對論方程的方法，作者用經典理論的六個基本公式組合，優劣對錯，讀者可自判自明。

　　用什麼標準去判斷一個理論的正確與否？一個理論必須由其理論和公式的自洽、互恰、假設條件（應用範圍）、各參數之間的變化規律所用的數學公式、實踐資料這四者綜合而成，正確的理論是這四者應該基本上是統一和互洽的，特別是應該統一於真實的物理世界的真實資料

數值。所以，任何科學的理論的創新，無論開始於多麼「天馬行空」的幻想，但最後必須回到地上，經得起真實的物理世界觀測實驗資料的檢驗。要想在科學上取得創新的成就，就要站在科學前輩巨人的肩膀上，善於運用他們已有的成就，發現他們的缺點錯誤，不要跟在他們的後面走他們的老路而望塵莫及。問題在於個人是否有開拓新路的勇氣、視野、靈感和智慧。

對牛頓力學的批評，比如對絕對時空，對什麼是質量和引力，對星體運動的第一推動力等的批判是早已有之。而對愛因斯坦廣義相對論的批判就更廣泛了，從建立觀念和理論，到方程，到對解方程的簡化條件，到結論都受到廣泛的質疑和批判。但是還沒有一個人像作者在第一篇 1-4、1-5、1-6、2-1、2-2、2-4、3-4 章所做的那樣，對廣義相對論方程的缺陷作了全面系統的分析和論證，同時也提出了自己的理論、觀念、公式和結論。晚年的愛因斯坦寫道：「大家都認為，當我回顧自己一生的工作時。會感到坦然和滿意。但事實恰恰相反。在我提出的概念中，沒有一個我確信能堅如磐石，我也沒有把握自己總體上是否處於正確的軌道。」 這位創造了奇跡，取得劃時代偉大成功的科學巨匠，以他的輝煌，謙虛地陳述著一個真理。這也表明了時代和科學在時時進步。

（2）兩個猶太人，一個 18 世紀的偉大猶太人，馬克思，企圖用筆和腦子思考寫出社會發展的演變規律和終極真理，另一個 19 世紀初的偉大猶太人愛因斯坦也企圖用

筆和腦子思考寫出宇宙的演變發展規律和終極真理。然而
經過 100 多年來的社會實踐和新科學技術的檢驗表明，兩
種相似的研究理論的方法，對社會科學和自然科學家們都
產生了巨大的負面作用，誤導後世的學者們對追求「終極
真理」「趨之若鶩」。由於他們的理論只看到了和總結了過
去舊有的社會歷史和自然科學歷史中的某些個別的重大
事件或者因素，就以為未來必定會按照他們所寫的某些個
別因素作用的規律發展。結果羅斯福的新資本主義加四大
自由使資本主義「起死回生」，使馬克思主義走向衰亡。
而 1929 年哈勃的宇宙膨脹定律，就迫使愛因斯坦不得不
在其廣義相對論方程 GRE 中加上一項有排斥力的「宇宙
學常數」，作為引力的平衡力量予以修補。但無論是馬克
思和愛因斯坦的原教旨理論，都並未因修補而鳳凰涅槃而
絕處逢生，為什麼呢？因為他們把社會和宇宙的演變和發
展看得太簡單和單一化了。馬克思的「工人階級消滅其同
生共死的資產階級」後的「無產階級專政」決定論忽視了
科學技術、政治制度和思想文化包括宗教信仰和人在社會
發展中的推動作用，認為靠一種單一的「專政」力量就可
以將人類社會過渡到「共產主義的天堂」。愛因斯坦的廣
義相對論方程忽略了熱力學量子力學在宇宙發展演變中
的重大作用，認為靠「單純物質引力」的決定論，就可以
達到宇宙的平衡，進而確定宇宙的發展方向和命運。1917
年愛因斯坦還對該方程解出了一個假平衡宇宙的特定
解。但在 1927 年，勒梅特（Lemaitre）就證明了，愛因斯

坦的解其實是不穩定的。這表明，無論在社會科學或者自然科學上，任何沒有制約（反對和平衡的力量）的一種單純的力量，最終必然導致成為不可駕馭的魔鬼，而走向「不確定」的、可毀滅一切的「奇點」。而廣義相對論方程，正如愛因斯坦所說，完美到加不進去任何東西，也必然出現許多重大違反「物理世界」實際的謬誤，終於走向毀滅的「奇點」。

任何沒有制約（反對和平衡的力量）的一種單純的力量，必定違反中國古老哲學中的一些基本觀念，如陰陽互生，相生相剋，相輔相成，相反相成，物極必反等，最終必定推動該該事物快速地走向自我滅亡。

（3）繼馬克思和愛因斯坦之後，特別是到了近代，雖然學者們都清楚地看到了馬克思和愛因斯坦理論的巨大缺陷和錯誤，但他們沒有認識到這種研究理論的「方法論」的錯誤。那些自認為有天賦的學者們，仍然都前赴後繼的步他們的後塵，沉湎於搞終極理論，仍然企圖用筆和腦子思考，用自己個人的研究探索，窮究出社會和自然的終極真理，意圖能戴上大師的榮耀光環，永垂不朽。現在所稱的許多新理論，如弦論、膜論、多維理論、TOE（The Theory Of Everything）等大多來源如此。因為現代科學實驗需要昂貴的儀器，需要與許多人的互助合作才能完成。所以他們不願花費畢生的努力，參加繁瑣的社會或科學的實踐實際活動，擔心失敗而難以取得明星般的耀眼光環。不是說，這些新理論不能研究，他們各自在某些方面的研

究或者其副產品都可能會大大地推進社會和科學的發展，但是要想搞成什麼「終極理論」或「宇宙真理」，可能會難以如願，適得其反。

（4）一種科學理論最好建立在多個「強力支柱」的支撐上，才比較牢固穩定持久可靠。歐幾里德幾何學是建立在五個普遍公理和五個幾何公理的基礎之上的。牛頓力學是建立在運動三定律和萬有引力定律的基礎之上的。馬克斯威的電磁理論綜合了電學和磁學的各種定律。熱力學有熱力學三大定律。量子力學的基本公式和方程式更多，有測不準原理，光量子公式，德布羅意波長與動量公式，薛定諤方程等。狹義相對論是根據相對性原理和光速不變原理建立的。作者的「新黑洞理論及其六個基本公式」根據牛頓力學相對論熱力學和量子力學的基本公式建立起來的。而且所有這些理論都是開放系統。這些理論往往優點多多，而穩固持久。

回顧當今的各種「萬有理論」，或曰「終極理論」，從愛因斯坦的「廣義相對論方程」開先河起，到以後的弦論、膜論等，都是一種先驗的、假想的、靠思維邏輯推演出來的理論，往往用一種統一的複雜的數學方程組成，由單一的作用力作用，如廣義相對論方程中的物質引力作用，或者由單一的微量子組成，如弦論中的弦，而缺乏多個普遍公理或者基本公式作為支柱。這些理論往往是一個「封閉系統」，正如愛因斯坦讚美他的場方程所說：「他的場方程美到加不進去任何東西。」但是這些「萬有理論」往往因

為基礎不牢，而缺點多多，問題不少。

（5）科學理論與數學公式（或者數值圖表，數學模型）的關係：量化是科學理論成立的必要條件。牛頓力學把物理學變成了一門微積分數學方程，這是偉大的創舉。現代有不少學者沉迷於高級數學遊戲，用數學取代物理學，往往成為數學公式的奴隸，這是退化和異化。愛因斯坦指出：「在建立一個物理學理論時，基本概念起了最主要的作用。在物理學中充滿了複雜的數學公式，但是，所有的物理學理論都起源於思維與觀念，而不是公式。」

科學理論離不開數學公式。達芬奇：「人類的任何研究活動，假如不能夠用數學證明，便不能稱之為真正的科學。」數學公式是其理論的結構形式和表現形式，也是理論與結論結果之間的橋樑，沒有它，就不能對研究物體之間的變化規律作量化的處理和計算，就談不上稱之為科學。但是數學公式本身又是獨立的，有其自身的變化規律和適用區間，它並不完全必然與其理論的變化規律和適用區間完全一致，點點對應。正如演員不可能完全按照導演的理念表演一樣。嚴格的說，好的數學公式只能描述某一科學理論在某些條件下某一區間的主要規律的正確性。因此，對於學習科學理論而有志於創新的學子們，首先要探討的問題就是其數學公式在該理論中的運用條件和範圍，關注下列問題，懷疑和批判就是創新的開始。

1.物理學者對於任何一種先驗性物理理論的基本數學公式，必須審查其來源和建立的基礎的可靠性和符合實

際的範圍。

2.任何一個（組）數學公式只能有效地描述一種理論或規律中的少數幾個主要因素在特定時空區域的變化規律；與其所描繪的真實的物理世界的變化不可能完全有一一對應的關係，公式中存在的，不一定存在於真實的物理世界，公式還可能無能為力。比如，微分方程就解決不了天體運行中簡單的三體問題。影響真實物理世界變化規律的因素是很多的，一個科學家如果能夠運用數學公式，在其所研究物理世界的某個區域或者範圍內，相當正確地描述少數幾個主要因素之間的變化規律，就已經是很偉大的功績了，很值得後人敬仰了。

3.雖然數學公式的對錯優劣對其從屬的科學理論起著決定性的作用，數學公式是學者們解決其研究物件一部分「真實物理世界」問題的有效工具。但是數學公式只能服從服務與其理論和真實的物理世界。一旦一個數學公式建立起來了，或者被採用了，它就有其自身的獨立性有限性和適用的點線和區間區域，而不能完全與「真實物理世界的變化規律」有一一對應的存在。科學家的任務和智慧在於不斷地修正數學公式，使其適用於物理世界的真實，而不是製造虛幻的歪理邪說去迎合數學公式。

4.數學公式多會出現「奇點」，它描述的過程幾乎都是可逆過程，而宇宙中任何物理化學生物過程嚴格的說，都是不可逆過程。

5.數學公式往往都是連續的，而真實的物理世界的變

化過程是開放的，往往是複雜多變的，因為影響真實物理世界的事物變化的因素太多了，又很容易出現「臨界點」、「突變」，甚至會出現巧合疊加的「蝴蝶效應」等等。這些都是數學公式無能為力的。

（6）用純粹歸納法建立起來的新理論往往有很多的風險：從科學發展史上，廣義相對論，進化論，週期表等幾乎都是單純運用歸納法創造出來的，創導者們不僅需要有大學問、大智慧，還需要有想像力，有靈感和運氣。實踐證明廣義相對論方程，進化論缺陷很大很多，只有週期表是完滿成功的。為什麼？因為廣義相對論，進化論只根據想像歸納了不多的現象、因素、事實而得出來的，某些特例也不具有普遍性。而門得列耶夫在建立週期表時，已知的元素已經占到了總數的大部分，所以易於成功。歐幾里得幾何學是純粹的演繹法，它之所以能夠成功，是因為它建立在廣泛牢固可靠的公認五個普遍公理和五個幾何公理基礎之上的。牛頓萬有引力定律的成功是建立在克普勒可靠的行星運動三定律的正確軌跡的基礎之上的。現在一些流行的新理論，如弦論、膜論、量子引力論等幾乎都是頭腦中先驗的想像，加複雜的數學公式倒推演變而成，這是現代科學儀器無法探測和檢驗的領域。如果它們不承認熱力學或者量子力學，就難以推廣運用到我們以長壽命的質子電子為基元構成的物理世界。

比如，按照量子引力論觀點，真空從來就沒有真的空過。相反，真空是一鍋不斷翻滾的量子湯，正反物質的虛

粒子不斷產生又不斷消失，從而產生出能量。所謂的真空能量，現在也有人用愛因斯坦的廣義相對論方程中的宇宙學常數或者暗能量來解釋，然而，學者們對真空能量數量最簡單的估算，與空間中測量到的真空能量數量卻完全不符，足足大了大約 10^{122} 倍。這成了橫亙在理論與觀測之間的一條至今無解的巨大鴻溝。這說明不是建立在廣泛地實驗和事實基礎上的、被學者們臆想出來的（終極）理論大多是背離實際而不可靠的。

（7）在科學理論上，有許多時候，是知難行易的。越是簡單基本的東西，越難弄明白。建立理論的主要任務是建立幾個基本公式，它們是否正確有效，關鍵只有用公式的詳細數值計算，與實際問題的資料作對比，才能得出真知，魔鬼和真理往往都出現在詳細的數值計算中。

人類自文化成熟（文字語言能夠充分表達人的思想）之後，即在 2500 年前的奴隸社會時期，學者們就開始探索宇宙的本源，然而越是簡單的基本的東西，越難使人們搞清楚弄明白。但是所有的複雜都來源於簡單。現代科學對熱和溫度是什麼，力是什麼，萬有引力是什麼，熵是什麼，空間時間是什麼，測不準原理是什麼，質量是什麼，量子力學是什麼等基本問題是說不清楚、搞不明白的，至今都在瞎子摸象，對輻射能、電子、質子、中微子、夸克的性能和它們之間的互相作用所知更少，對普朗克領域幾乎一無所知。但是當人們能夠將它們的某些性能參數放進公式作量化的計算時，人們就會認識到它們的一些特性

了。比如，人們可以熟練地運用萬有引力定律，但並不了解引力是什麼。有誰能說清楚測不準原理的本質？但當它被廣泛地在公式中運用著時，人們就可以從它們各自在公式中的地位作用和運動變化中認識它們。通過詳細地數值計算，往往可以得出「真知、真相、真理」，才可以發現細節中的魔鬼而修正錯誤的認識。

（8）現代科學技術的快速發展進步隨時都會帶來重大驚人的新發現發明，它們往往能夠顛覆現有的理論。作者認為科學家們對宇宙的認識現在其實仍然是處在「瞎子摸象」的階段，都還是片面的和表面的。問題在於世界本來的面目就是複雜的多面體，而且變化多端，宇宙本身也是在變化發展著的。因此，人類對事物和宇宙的認識極不可能出現「終極理論」和「萬能理論」。

人們從上世紀 70 年代起，就推測宇宙空間存在黑洞。而直到 1992 年，哈勃太空望遠鏡終於在天鵝座 XR-1 觀察到黑洞周圍視界半徑 （Event Horizon） 的直接證據了。2008 年 8 月 21 日報導，科學家通過研究一大群漂浮在我們銀河系的中央的巨大恆星發現，它們盤旋附近的銀河系中央潛伏著一個巨大的黑洞，所有的星系中心幾乎都存在巨型黑洞，已經成為不爭的事實。但是人們沒有觀測到任何黑洞有「奇點」大爆炸的跡象存在。作者在本書中已經證實我們宇宙就是一個巨無霸史瓦西黑洞，內面有無數的恆星級黑洞和巨型黑洞。但是人類沒有感受到「奇點」大爆炸和「奇點」強引力的任何威脅和傷害。這證明廣義

相對論方程和霍金彭羅斯的解、弗里德曼的解等全是背離實際的。

2013 年 5 月，美國科學家根據宇宙誕生時的背景輻射異常現象找到了多宇宙存在的確實證據。作者也在第三篇 3-7 章文中作了一些解釋和分析。

2015 年 9 月 14 日 17 點 50 分 45 秒，LIGO 觀測到了一次引力波事件，被命名為 GW150914，這次事件或許會永載天文學史冊，因為它記錄下了好幾個第一次：第一次探測到引力波、第一次通過引力波直接探測到黑洞、第一次證明了宇宙中存在雙黑洞系統（binary black holes）等等。

2019 年 4 月 10 日，人們終於親眼目睹黑洞存在的直接證據：橫跨地球直徑的八台望遠鏡強強聯手，合作組成了史詩般的黑洞「視介面望遠鏡（Event Horizon Telescope，EHT）」，奉上了人類的第一張黑洞照片。合作組織協調召開全球六地聯合發佈，拍攝到 5500 萬光年，位於室女座一個巨型橢圓星系 M87 的中心，有超大質量黑洞的陰影照片，黑洞質量約為太陽的 65 億倍。它是黑洞存在的直接「視覺」證據。

美國正在芝加哥建立龐大的中微子探測器，以便捕獲研究被稱之為「鬼粒子」的中微子，正為未來的驚人發現創造條件。現在離人類找到「終極理論」極其遙遠，也許永遠也找不到，這反倒是人類存在和可發展的價值；如果某日終於找到「終極理論」，人類的智慧也就到頭了，就

不可能再有追求和發展了，人類就只能由腦殘、懶惰、無所事事、腐化而退化走向自我毀滅了。

（9）對於有興趣或者正在從事物理或者其它理論研究的人們，作者提出一些粗淺的注意事項，是對是錯，僅供參考。當然研究者除了精通自己的專業理論之外，應該廣泛的涉及其它的基礎理論，和一些新理論新技術重大突破性的成就。古人言：「他山之石，可以攻玉」、「觸類旁通」，你的靈感很有可能來自你「意外的」啟迪和收穫。

此外，1.研究者必須要有一些基本的哲學思維和邏輯思維，對宇宙中的一些普遍有效的基本規律和理論應該有堅定的信念。比如說，你堅信「因果律」嗎？如果你相信真實的物理世界存在「無限大密度的奇點」，那麼，產生它的「原因」可能是什麼？能夠找到嗎？為什麼那麼多科學家信仰上帝？因為他們絕大多數都相信「因果律」，而上帝耶穌釋迦摩尼都是「因果律」的化身。再比如，你相信「質能守恆和轉換定律和 $E=MC^2$」嗎？過去和現在都有許多人從理論上否定 $E=MC^2$，但是還沒有人能夠在實驗上否定它。再比如。你相信「熱力學第二定律和不可逆過程」嗎？相信「覆水難收，破鏡不能重圓」嗎？相信「對立統一定律─相反相成定律─陰陽互生定律」嗎？相信永動機嗎？相信「物極必反」嗎？作者認為，當一個研究者理解和相信現今物理世界某些最基本理論和規律時，他可能會少走彎路。就是說，世界是統一的，從事科學和科學理論研究的人，也需要有一些基本正確的「綜合常識」、「理

念」、邏輯思維、世界觀和哲學觀。

2.同理，研究者閱讀一些優良的的科普讀物，以開拓自己的視野，是很有必要的，特別是有許多真實數據資料的書，如溫伯格的《最初三分鐘》，約翰‧格里賓的《大宇宙百科全書》等，會使人受益良多。科學就是求真求實，一個追求科學和真理的人，如果對真實的數據資料不願深究，只在觀念和理論中轉圈，可能會「差之毫釐失之千里」。

3.當人們深思一個科學理論是否正確時，必須首先檢視其兩頭。第一；是看其結論是否背離實際。第二；是檢視該理論和公式建立的明的和暗的假設條件和適用範圍，看看是否背離實際。

4.科學研究成功的關鍵在於創新觀念，而更難的是建立新公式。因此研究者要對現有的理論做到「知己知彼，敢於懷疑，出奇制勝」。「出奇」就是要首先善於對「舊的觀念理論和公式」「鑽空子」或「拾遺」，找出其中的「缺陷錯誤及其根源」，許多學者只顧拼命向前沖，路上丟下的寶貝太多了。是「溫故知新」、「推陳出新」，還是「另走新路」，能否取得成就，得看研究者個人的功力、智慧、靈感和運氣了。

（10）結論：《中庸‧第二十章》中關於治學的名句，為：「博學之，審問之，慎思之，明辨之，篤行之」，相傳作者是孔子後裔子思。如何用現代的「理性和科學」思維來理解老祖宗的教誨呢？作者的理解是：博學—跟著興趣

學，帶著問題學，他山之石可以攻玉，觸類旁通；審問—敢於懷疑，提問題比解決問題更重要；慎思—對比，批判，反覆地「學而思，思而學」；明辨—認真融會貫通和求證求真；篤行—建立理論和公式；特別應該再「明辨」，要反覆重複地做。

　　以上是作者在建立「黑洞宇宙學」理論中的一些體驗和思考，好壞對錯，或可供人們參考。

張洞生　2018 年 11 月

國家圖書館出版品預行編目資料

黑洞宇宙學概論II升級版 / 張洞生　著
-- 2020 年 1 月　初版 --
臺北市：蘭臺出版社
ISBN　978-986-5633-87-5 (平裝)
1.宇宙　2.物理學
323.9　　　　　　　　　　　108015346

自然科普 5

黑洞宇宙學概論 II
升級版

著　　　者：張洞生

編　　　輯：陳嬿竹

美　　　編：陳嬿竹

封面設計：陳勁宏

出 版 者：蘭臺出版社

發　　　行：蘭臺出版社

地　　　址：台北市中正區重慶南路 1 段 121 號 8 樓之 14

電　　　話：(02)2331-1675 或 (02)2331-1691

傳　　　真：(02)2382-6225

E—MAIL：books5w@gmail.com 或 books5w@yahoo.com.tw

網路書店：http://5w.com.tw/、https://www.pcstore.com.tw/yesbooks/
　　　　　博客來網路書店、博客思網路書店
　　　　　三民書局、金石堂書店

經　　　銷：聯合發行股份有限公司

電　　　話：(02) 2917-8022　　　　傳 真：(02) 2915-7212

劃撥戶名：蘭臺出版社　帳號：18995335

香港代理：香港聯合零售有限公司

地　　　址：香港新界大蒲汀麗路 36 號中華商務印刷大樓

C&C Building, 36,Ting, Lai, Road, Tai,Po, New,Territories

電　　　話：(852)2150-2100　　　　傳真：(852)2356-0735

出版日期：2020 年 1 月　初版

定　　　價：新臺幣 380 元整（平裝）

ISBN　　978-986-5633-87-5